设计模式的艺术

刘伟 ◎ 著

清华大学出版社
北京

内 容 简 介

软件开发是一门技术，更是一门艺术。设计模式是面向对象软件开发的入门功夫，是前人经验的积累，它为构建可维护性和可复用性俱佳的软件而诞生。本书结合大量应用实例分析和讲解每个设计模式，力求通过易于接受的方式让读者学习和理解设计模式，并在真实项目实例的引导下学会选择和合理运用设计模式。

本书分为四部分，共26章内容：第1部分(第1章、第2章)为基础知识，包括设计模式概述、UML类图与面向对象设计原则等；第2部分(第3～8章)为创建的艺术，包括6种常用的创建型设计模式；第3部分(第9～15章)为组合的艺术，包括7种常用的结构型设计模式；第4部分(第16～26章)为交互的艺术，包括11种常用的行为型设计模式。

本书可作为一线软件开发人员、高等院校计算机及软件等相关专业师生、IT培训机构讲师和学员、业余软件开发人员、设计模式研究人员以及爱好者的参考用书和自学读物。

图书在版编目(CIP)数据

设计模式的艺术/刘伟著. —北京：清华大学出版社，2020.6 (2023.12重印)
ISBN 978-7-302-54188-2

Ⅰ. ①设… Ⅱ. ①刘… Ⅲ. ①软件开发 Ⅳ. ①TP311.52

中国版本图书馆CIP数据核字(2019)第256084号

策划编辑：魏江江
责任编辑：王冰飞
封面设计：刘 键
责任校对：时翠兰
责任印制：沈 露

出版发行：清华大学出版社
网 址：https://www.tup.com.cn，https://www.wqxuetang.com
地 址：北京清华大学学研大厦A座 **邮 编**：100084
社 总 机：010-83470000 **邮 购**：010-62786544
投稿与读者服务：010-62776969，c-service@tup.tsinghua.edu.cn
质量反馈：010-62772015，zhiliang@tup.tsinghua.edu.cn
课件下载：https://www.tup.com.cn，010-83470236
印 装 者：三河市铭诚印务有限公司
经 销：全国新华书店
开 本：185mm×260mm **印 张**：25.5 **字 数**：607千字
版 次：2020年6月第1版 **印 次**：2023年12月第2次印刷
印 数：2501～3000
定 价：79.80元

产品编号：084337-01

前言

在过去多年的软件开发和教学推广工作中，我时常能够听到这样的声音：

抽象类和接口到底有什么用？

继承不好吗？为什么有时候不用它来实现功能复用？

能不能在下次增加功能时不要修改源代码？每次都改，太麻烦了。

有没有一种方法能够减少类的个数？这么多类，太复杂了。

面向对象软件的可重用性不是很好吗？为什么我还是在不断编写相同的代码？

我学过设计模式，也看了好几本书，但实际开发时我还是不知道怎么运用这些模式？

……

你是否也曾有过上述疑问或者发出过类似的感慨？如果有，那么本书将是你明智的选择。本书将结合大量项目实例来逐个讲解设计模式，讲述如何通过设计模式来解决上述问题，让读者能够快速提升自己的开发功力，真正理解和掌握每个设计模式，在软件开发的内功修炼之道上迈出坚实的一步。

写作目的

> 设计面向对象软件比较困难，而设计可复用的面向对象软件就更加困难。
>
> ——GoF (1995)

软件开发是一门技术，更是一门艺术！

随着面向对象技术的发展和广泛应用，设计模式在软件开发和设计中的重要性不言而喻。作为软件开发人员，尤其是面向对象软件开发人员，设计模式已成为其内功修炼的重要组成部分之一。无论是面向对象的初学者还是具有一定经验的开发人员，都可以通过对设计模式的学习和使用来加深对面向对象思想的理解，开发出具有更好的可扩展性和复用性的软件。设计模式是前人经验的积累，它将让软件变得更像一个艺术品，而不是一堆难以维护和重用的代码。

作为一名从事模式使用和推广工作多年的教师兼开发人员，如何更好地将设计模式的思想和实践经验传递给他人一直是我在思考的一个问题，于是多年前我开始着手收集和整理所积累的一些与设计模式相关的项目实例和资源，经过无数个夜晚的“挑灯夜战”，终于完成了《设计模式的艺术：软件开发人员内功修炼之道》(2013 年，清华大学出版社出版)一书的编写工作。本书对《设计模式的艺术：软件开发人员内功修炼之道》进行了修订，并增补了部分内容，使之表述更准确、结构更紧凑、内容更丰富，借此为我国软件事业的发展和面向对象技术的推广尽一点绵薄之力。

本书内容及结构

本书将为你解答如下软件设计和开发问题：

如何确保系统中一个类只能有一个实例？（第 3 章-单例模式）

如何将对象的创建和对象的使用分离？（第 4 章-简单工厂模式）

如何通过不同的工厂来创建不同类型的对象？（第 5 章-工厂方法模式）

如何设计一个能够创建一系列产品对象的工厂？（第 6 章-抽象工厂模式）

如何通过克隆来得到一个一模一样的对象？（第 7 章-原型模式）

如何一步步创建一个包含多个组成部分的复杂对象？（第 8 章-建造者模式）

如何在不修改现有系统的前提下重用没有源码的第三方类库？（第 9 章-适配器模式）

如何避免在多层继承结构中类的个数出现爆炸式增长？（第 10 章-桥接模式）

如何使用面向对象的方式来处理软件系统中的树形结构？（第 11 章-组合模式）

如何不通过继承的方式来扩展类的功能？（第 12 章-装饰模式）

如何为复杂子系统提供一个统一的入口？（第 13 章-外观模式）

如何实现对象的多次复用以节省系统资源？（第 14 章-享元模式）

如何提供一种间接访问机制来实现对象的远程访问或受限访问？（第 15 章-代理模式）

如何让多个对象都有机会来处理同一个请求？（第 16 章-职责链模式）

如何将请求的发送者和请求的接收者完全解耦？（第 17 章-命令模式）

如何自定义一个简单的语言？（第 18 章-解释器模式）

如何间接遍历一个聚合对象中的元素？（第 19 章-迭代器模式）

如何协调多个对象之间复杂的相互调用？（第 20 章-中介者模式）

如何在软件中实现撤销功能？（第 21 章-备忘录模式）

如何实现对象之间一对多的联动？（第 22 章-观察者模式）

如何设计和实现一个具有多个状态的对象？（第 23 章-状态模式）

如何在不修改现有代码的前提下更换一种算法？（第 24 章-策略模式）

如何为一个复杂算法的某些步骤提供多种实现方式？（第 25 章-模板方法模式）

如何操作一个包含多种类型对象的复杂结构？（第 26 章-访问者模式）

本书共分为四部分，共 26 章内容。

第 1 部分：基础知识，包含第 1 章和第 2 章，主要介绍与设计模式相关的一些基础知识，包括设计模式概述、UML 类图、7 个面向对象设计原则等内容，为后续设计模式的学习奠定基础；

第 2 部分：创建的艺术，包含第 3 章至第 8 章，介绍 6 种常用的创建型设计模式，分别是单例模式、简单工厂模式、工厂方法模式、抽象工厂模式、原型模式和建造者模式；

第 3 部分：组合的艺术，包含第 9 章至第 15 章，介绍 7 种常用的结构型设计模式，分别是适配器模式、桥接模式、组合模式、装饰模式、外观模式、享元模式和代理模式；

第 4 部分：交互的艺术，包含第 16 章至第 26 章，介绍 11 种常用的行为型设计模式，分别是职责链模式、命令模式、解释器模式、迭代器模式、中介者模式、备忘录模式、观察者模式、状态模式、策略模式、模板方法模式和访问者模式。

此外，在本书的附录部分给出了常用的 24 种设计模式的定义和结构图，供读者在学习和练习时参考。

本书将结合大量应用实例来分析和讲解每个设计模式，力求通过易于接受的方式来让读者学习和理解设计模式，让读者在真实项目实例的引导下学会选择和合理运用设计模式。每章的基本结构如下：

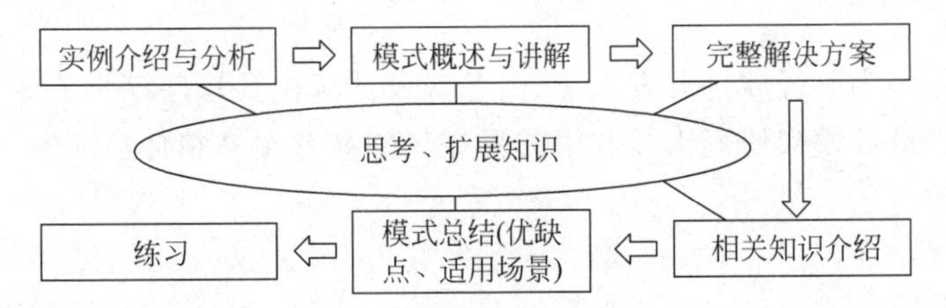

本书特色

本书不是教材，却有教材的严谨性；

本书不是科普书，却有科普书的通俗性；

本书没有故事情节，却也不失趣味性。

本书主要特点如下：

(1) 提供大量真实项目实例，针对每个设计模式至少提供了一个完整的实例，是一本基于实例驱动的设计模式实践指南，结合实例来学习设计模式，可以让读者学会在实际开发中运用设计模式，具体实例列表参见之后的“实例目录”。

(2) 内嵌了适量的思考题和练习题，所有练习题也都基于某个项目实例，让读者能够在学习的同时通过思考题和练习题来消化和进一步巩固所学知识。

(3) 提供相应的技术博客支持(CSDN 博客，地址：http://blog.csdn.net/LoveLion/)，为广大读者提供一个灵活的沟通和交流平台。

(4) 内容全面，语言通俗，讲解深入，难度适中，可满足不同层次读者的需求，每个实例都提供了完整的可执行代码和结构图，所有结构图(类图)均严格按照 UML 2.X 标准绘制，代码均在 JDK 1.8 环境下通过测试且运行无误。

目标读者

如果你是一位有一定开发经验的一线软件开发人员，想提升自己的软件设计与开发功力，希望设计并开发出可复用性和可维护性俱佳的面向对象软件，那么本书为你而写；

如果你是一位计算机或软件相关专业的教育工作者，想在教授设计或编程类课程的同时让学生掌握一些面向对象设计技巧并将其应用于项目实践，那么本书为你而写；

如果你是一名刚接触面向对象编程的初学者，想更好地理解面向对象思想并编写出高质量的程序代码，那么本书为你而写；

如果你是一位软件工程或者软件架构设计研究人员，正从事或者准备从事面向对象软件设计等相关研究工作，那么本书也为你而写。

无论你使用的编程语言是 C++、Java、C#、VB.NET、Objective-C，还是 JavaScript、PHP、Delphi、Python 等，我相信本书都会有你想要的内容。

本书适用于：

从没接触过设计模式，想用较短的时间来熟悉并掌握设计模式的读者；

学习过设计模式，有一定基础，但不知道如何在实际开发中运用设计模式的读者；

使用过设计模式，想对 GoF 设计模式全面学习的读者；

……

总之，本书可作为一线软件开发人员、高等院校计算机及软件等相关专业师生、IT 培训机构讲师和学员、设计模式研究人员和模式爱好者的参考用书和自学读物。

感谢

感谢我的师长，没有你们多年的悉心教诲与耐心指导，就没有现在的我，我也会将你们的精神传承下去，为我国教育与软件事业的发展尽自己一份绵薄之力。

感谢我的家人在本书的写作过程中默默的支持与付出，感谢各位同事与好友在我写作过程中给予的宝贵意见和建议，正因为有你们，我的奋斗之路才会如此丰富多彩。

感谢参与本书初稿校对工作的学生，你们从学习者的角度提出了一些建议，有助于本书的充实和完善。

感谢 CSDN 技术博客中那些认识的、不认识的网友们对我工作的肯定，谢谢你们的支持与鼓励。

感谢所有帮助和支持过我的朋友，特别是那些听过我课的学生和企业学员，同时在本书的编写过程中我参考和引用了国内外很多书籍和网站的相关资料，个别实例的初始原型也来源于网络，由于涉及的网站和网页太多，无法一一列举，在此向有关作者一并予以感谢。

感谢武侠巨匠金庸老先生，那些武侠小说给予我太多写作灵感，同时书中不少实例中的人名也源于小说中那些经典的武侠人物。谨以此书缅怀金庸先生。

最后特别感谢清华大学出版社的编辑为本书出版所做出的努力，你们的专业和严格让我在写作过程中倍感压力，但也充满了激情与动力，因为我们的目标一致：为读者送上最好的图书！

由于时间仓促、学识有限，虽经多次审阅与校稿，但书中不足和疏漏之处难免，恳请广大读者将意见和建议通过清华大学出版社反馈给我，力求精益求精，更趋完美。

刘　伟
2020 年 1 月于湖南长沙

实例目录

本书所采用的讲解实例和练习实例如下表所示。

设计模式名称		讲解实例	练习实例
创建型模式	单例模式	Windows 任务管理器、负载均衡器	数据库连接池
	简单工厂模式	图表库	几何图形绘图工具
	工厂方法模式	日志记录器	图片读取器
	抽象工厂模式	界面皮肤库	手机游戏软件
	原型模式	OA 系统工作周报、OA 系统公文管理器	销售管理系统中的客户类
	建造者模式	RPG 网络游戏中的游戏角色	视频播放软件
结构型模式	适配器模式	教务管理系统与算法库重用	OA 系统加密模块
	桥接模式	跨平台图像浏览系统	数据转换工具
	组合模式	杀毒软件	界面控件库
	装饰模式	图形界面构件库、OA 系统文档处理	数据加密模块
	外观模式	文件加密模块	智能手机控制与管理软件一键备份功能
	享元模式	围棋软件	多功能文档编辑器
	代理模式	收费商务信息查询系统、OA 系统方法调用日志	网络图片查看器
行为型模式	职责链模式	SCM 系统之采购审批子系统	OA 系统假条审批模块
	命令模式	自定义功能键、简易计算器、网站配置文件管理工具	公告板系统
	解释器模式	机器人控制程序、基于字符界面的格式化指令	数据库同步指令
	迭代器模式	销售管理系统数据遍历	教务管理系统学生信息遍历、逐页迭代器
	中介者模式	CRM 系统客户信息管理窗口	图形界面类库
	备忘录模式	中国象棋软件	RPG 网游
	观察者模式	多人联机对战游戏	自定义登录组件、实时在线股票软件
	状态模式	信用卡业务系统、屏幕放大镜工具	纸牌游戏软件
	策略模式	影院售票系统	飞机模拟系统
	模板方法模式	银行业务支撑系统利息计算模块、销售管理系统数据图表显示功能	数据库操作模块
	访问者模式	OA 系统员工数据汇总	奖励审批系统

目录

配套资源下载

第1部分　基础知识

第2部分　创建的艺术——创建型模式

第3部分 组合的艺术——结构型模式

第1部分　基础知识

软件开发是一门技术，更是一门艺术！

本部分主要介绍在学习设计模式时所涉及的基础知识，包括以下两部分内容。

(1) 从对武功招式与内功的讨论引出软件开发中的招式与内功。其中，设计模式作为面向对象开发人员需要具备的“内功”之一，在软件开发中发挥着非常重要的作用。本书第1章将回答以下3个问题：

① 设计模式从何而来？

② 设计模式是什么？

③ 设计模式有什么用？

(2) 为了能够更好地学习和理解每一个设计模式，本书第2章对学习设计模式的一些预备知识进行了介绍。它们属于“基础内功”，旨在为后续学习奠定基础，其内容包括UML类图相关知识以及7个面向对象设计原则。这7个面向对象设计原则分别为：

① 单一职责原则(Single Responsibility Principle,SRP)。

② 开闭原则(Open-Closed Principle,OCP)。

③ 里氏代换原则(Liskov Substitution Principle,LSP)。

④ 依赖倒转原则(Dependency Inversion Principle,DIP)。

⑤ 接口隔离原则(Interface Segregation Principle,ISP)。

⑥ 合成复用原则(Composite Reuse Principle,CRP)。

⑦ 迪米特法则(Law of Demeter,LoD)。

第1章

从招式与内功谈起——设计模式概述

关于金庸小说中到底是招式重要还是内功重要的争论从未停止，这里并不分析张无忌的九阳神功和令狐冲的独孤九剑到底哪个更厉害，每个武林人士梦寐以求的应该是既有淋漓的招式又有深厚的内功。软件开发技术也包括一些招式和内功：Java、C＃、C++等编程语言，Eclipse、Visual Studio 等开发工具，JSP、ASP. NET 等开发技术，Struts、Hibernate、JBPM 等框架技术，所有这些都可以认为是招式；而数据结构、算法、设计模式、重构、软件工程等则为内功。招式可以很快学会，但是内功的修炼需要更长的时间。每位软件开发人员都希望成为一名兼具淋漓招式和深厚内功的“上乘”软件工程师，对设计模式的学习与领悟会令“内功”大增，再结合日益纯熟的“招式”，软件开发“功力”一定会达到一个新的境界。既然这样，还等什么，赶快行动吧，下面就正式踏上神奇而又美妙的设计模式之旅。

1.1 设计模式从何而来

在介绍设计模式的起源之前，先要了解一下模式的诞生与发展。与很多软件工程技术一样，模式起源于建筑领域，与只有几十年历史的软件工程相比，已经拥有几千年沉淀的建筑工程有太多值得学习和借鉴的地方。

模式是如何诞生的？先来认识一个人——Christopher Alexander（克里斯托弗·亚历山大），哈佛大学建筑学博士、美国加州大学伯克利分校建筑学教授、加州大学伯克利分校环境结构研究所所长、美国艺术和科学院院士等，他还有一个“昵称”——模式之父（the father of patterns）。Christopher Alexander 博士及其研究团队用了约 20 年的时间，对住宅和周边环境进行了大量的调查研究和资料收集工作，发现人们对舒适住宅和城市环境存在一些共同的认知规律。Christopher Alexander 在著作 *A Pattern Language*：*Towns*，*Buildings*，*Construction* 中把这些认同规律归纳为 253 个模式（Pattern），对每一个模式都从**前提条件（Context）**、**目标问题（Theme 或 Problem）**、**解决方案（Solution）**三方面进行了描述，并给出了从用户需求分析到建筑环境结构设计直至经典实例的过程模型。

在 Christopher Alexander 的另一部经典著作 *The Timeless Way of Building*（《建筑的永恒之道》）中，他给出了关于模式的定义：每个模式都描述了一个在我们的环境中不断出现的问题，然后描述了该问题的解决方案的核心，通过这种方式，我们可以无数次地重用那些已有的成功的解决方案，无须再重复相同的工作。这个定义可以简单地用一句话表示：

> 模式是在特定环境下人们解决某类重复出现问题的一套成功或有效的解决方案。(A pattern is a successful or efficient solution to a recurring problem within a context.)

1990年，软件工程界开始关注Christopher Alexander等在这一住宅、公共建筑与城市规划领域的重大突破。最早将模式的思想引入软件工程方法学的是1991—1992年以"四人组(Gang of Four，简称GoF，分别是Erich Gamma、Richard Helm、Ralph Johnson和John Vlissides)"自称的4位著名软件工程学者，他们在1994年归纳发表了23种在软件开发中使用频率较高的设计模式，旨在用模式来统一沟通面向对象方法在分析、设计和实现间的鸿沟。

GoF将模式的概念引入软件工程领域，这标志着软件模式的诞生。软件模式(Software Patterns)是将模式的一般概念应用于软件开发领域，即软件开发的总体指导思路或参照样板。软件模式并非仅限于设计模式，还包括架构模式、分析模式和过程模式等，实际上，在软件开发生命周期的每一个阶段都存在着一些被认同的模式。

软件模式是指在软件开发过程中某些可重现问题的有效解决方法，其基础结构主要由四部分构成，包括问题描述(待解决的问题是什么)、前提条件(在何种环境或约束条件下使用)、解法(如何解决)和效果(有哪些优缺点)，如图1-1所示。

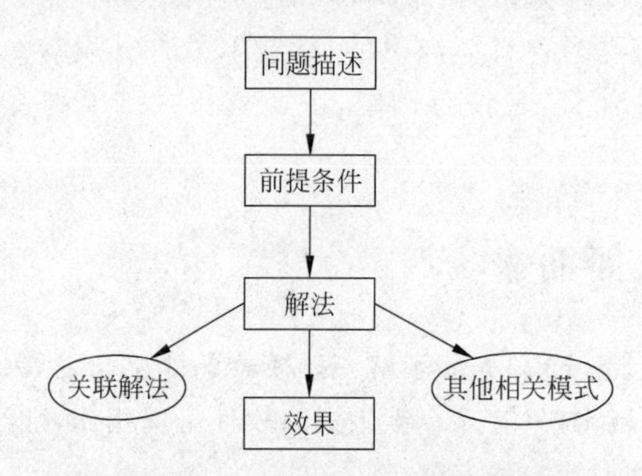

图1-1　软件模式基本结构

软件模式与具体的应用领域无关，也就是说无论是移动应用开发、桌面应用开发、Web应用开发还是嵌入式软件的开发，都可以使用软件模式。

在软件模式中，设计模式是研究最为深入的分支。设计模式用于在特定的条件下为一些重复出现的软件设计问题提供合理的、有效的解决方案。它们融合了众多专家的设计经验，已经在成千上万的软件中得以应用。1995年，GoF将收集和整理好的23种设计模式汇编成*Design Patterns: Elements of Reusable Object-Oriented Software*(《设计模式：可复用面向对象软件的基础》)一书，该书的出版也标志着设计模式正式成为面向对象(Object Oriented)软件工程的一个重要研究分支。

从1995年至今，无论是在大型API或框架(例如JDK、.NET Framework等)、轻量级框架(例如Struts、Spring、Hibernate、JUnit等)，还是应用软件的开发中，设计模式都得到了广泛应用。正在从事面向对象开发或正准备从事面向对象开发的技术人员，无论是使用

Java、C＃、Objective-C、VB. NET、Smalltalk 等纯面向对象编程语言，还是使用 C++、PHP、Delphi、JavaScript、Python 等可支持面向对象编程的语言，都应该懂一点设计模式。

1.2 设计模式是什么

俗话说：站在别人的肩膀上，我们会看得更远。利用设计模式，通过一些成熟的设计方案来指导新项目的开发和设计，便能开发出既具有良好的灵活性和可扩展性，又易于复用的软件系统。

设计模式的一般定义如下：

> **设计模式（Design Pattern）**是一套被反复使用的、多数人知晓的、经过分类编目的代码设计经验的总结，使用设计模式是为了可以重用代码，让代码更容易被他人理解并且提高代码的可靠性。

狭义的设计模式是指 GoF 在 *Design Patterns：Elements of Reusable Object-Oriented Software*（《设计模式：可复用面向对象软件的基础》）一书中所介绍的 23 种经典设计模式。不过设计模式并不仅仅只有这 23 种，随着软件开发技术的发展，越来越多的新模式不断诞生并得以应用。本书将主要围绕 GoF 23 种模式进行讲解。

设计模式一般包含模式名称、问题、目的、解决方案、效果等组成要素，其中关键要素是模式名称、问题、解决方案和效果。**模式名称（Pattern Name）**通过一两个词来为模式命名，以便我们更好地理解模式并方便开发人员之间的交流，绝大多数模式都是根据其功能或模式结构来命名的（GoF 设计模式中没有一个模式用人名命名）；**问题（Problem）**描述了应该在何时使用模式，它包含了设计中存在的问题以及问题存在的原因；**解决方案（Solution）**描述了一个设计模式的组成部分，以及这些组成部分之间的相互关系、各自的职责和协作方式，通常解决方案通过 UML 类图和核心代码进行描述；**效果（Consequence）**描述了模式的优缺点以及在使用模式时应权衡的问题。

虽然 GoF 设计模式只有 23 个，但是它们各具特色，每个模式都为某一类可重复的设计问题提供了一套解决方案。根据它们的用途，设计模式可分为创建型（Creational）、结构型（Structural）和行为型（Behavioral）3 种。其中，创建型模式主要用于描述如何创建对象；结构型模式主要用于描述如何实现类或对象的组合；行为型模式主要用于描述类或对象怎样交互以及怎样分配职责。在 GoF 23 种设计模式中，包含 5 种创建型设计模式、7 种结构型设计模式和 11 种行为型设计模式。此外，根据某个模式主要是用于处理类之间的关系还是用于处理对象之间的关系，设计模式还可以分为类模式和对象模式。经常将两种分类方式结合使用，如单例模式是对象创建型模式，模板方法模式是类行为型模式。

值得一提的是，有一个设计模式虽然不属于 GoF 23 种设计模式，但一般在介绍设计模式时都会对它进行说明，它就是简单工厂模式，也许是太“简单”了，GoF 并没有把它写到那本经典著作中，不过现在大部分的设计模式书籍都会对它进行专门的介绍，本书也不例外。

表 1-1 列出了本书将要介绍的 24 种设计模式。其中，模式的“学习难度”和“使用频率”是笔者在多年模式使用和推广过程中的经验总结，供大家参考。

表 1-1 常用设计模式一览表

类 型	模式名称	学习难度	使用频率
创建型模式 (Creational Pattern)	单例模式 (Singleton Pattern)	★☆☆☆☆	★★★★☆
	简单工厂模式 (Simple Factory Pattern)	★★☆☆☆	★★★☆☆
	工厂方法模式 (Factory Method Pattern)	★★☆☆☆	★★★★★
	抽象工厂模式 (Abstract Factory Pattern)	★★★★☆	★★★★★
	原型模式 (Prototype Pattern)	★★★☆☆	★★★☆☆
	建造者模式 (Builder Pattern)	★★★★☆	★★☆☆☆
结构型模式 (Structural Pattern)	适配器模式 (Adapter Pattern)	★★☆☆☆	★★★★☆
	桥接模式 (Bridge Pattern)	★★★☆☆	★★★☆☆
	组合模式 (Composite Pattern)	★★★☆☆	★★★★☆
	装饰模式 (Decorator Pattern)	★★★☆☆	★★★☆☆
	外观模式 (Facade Pattern)	★☆☆☆☆	★★★★★
	享元模式 (Flyweight Pattern)	★★★★☆	★☆☆☆☆
	代理模式 (Proxy Pattern)	★★★☆☆	★★★★☆
行为型模式 (Behavioral Pattern)	职责链模式 (Chain of Responsibility Pattern)	★★★☆☆	★★☆☆☆
	命令模式 (Command Pattern)	★★★☆☆	★★★★☆
	解释器模式 (Interpreter Pattern)	★★★★★	★☆☆☆☆
	迭代器模式 (Iterator Pattern)	★★★☆☆	★★★★★
	中介者模式 (Mediator Pattern)	★★★☆☆	★★☆☆☆
	备忘录模式 (Memento Pattern)	★★☆☆☆	★★☆☆☆
	观察者模式 (Observer Pattern)	★★★☆☆	★★★★★
	状态模式 (State Pattern)	★★★☆☆	★★★☆☆
	策略模式 (Strategy Pattern)	★☆☆☆☆	★★★★☆
	模板方法模式 (Template Method Pattern)	★★☆☆☆	★★★☆☆
	访问者模式 (Visitor Pattern)	★★★★☆	★☆☆☆☆

1.3 设计模式有什么用

简单来说，设计模式至少有如下几个用途：

（1）设计模式来源于众多专家的经验和智慧，它们是从许多优秀的软件系统中总结出的成功的、能够实现可维护性复用的设计方案，使用这些方案可以避免做一些重复性的工作，有助于提高设计和开发效率。

（2）设计模式提供了一套通用的设计词汇和一种通用的形式来方便开发人员之间进行沟通和交流，使得设计方案更加通俗易懂。交流通常很耗时，任何有助于提高交流效率的东西都可以为开发人员节省不少时间。无论使用哪种编程语言，做什么类型的项目，甚至一个国际化的开发团队，当面对同一个设计模式时，大家的理解并无歧义，因为设计模式是跨语言、跨平台、跨应用、跨国界的。

（3）大部分设计模式都兼顾了系统的可重用性和可扩展性，这使得开发人员可以更好地重用一些已有的设计方案、功能模块甚至一个完整的软件系统，避免经常做一些重复的设计、编写一些重复的代码。此外，随着软件规模的日益增大，软件寿命的日益变长，系统的可维护性和可扩展性也越来越重要，许多设计模式将有助于提高系统的灵活性和可扩展性，在不修改或者少修改现有系统的基础上增加、删除或者替换功能模块，如果一点设计模式都不懂，要做到这一点还是很困难的。

（4）合理使用设计模式并对设计模式的使用情况进行文档化，将有助于别人更快地理解系统。对于离职人员的项目，只要接手人员也懂设计模式，就能够很快理解该项目的设计思路和实现方案，使得后续工作顺利进行。

（5）最后一点对初学者很重要，学习设计模式将有助于初学者更加深入地理解面向对象思想。例如，如何将代码分散在几个不同的类中？为什么要有“接口”？何谓针对抽象编程？何时不应该使用继承？如何不修改源代码增加新功能？同时还能够更好地阅读和理解现有类库（如 JDK）与其他系统中的源代码，早点脱离面向对象编程的“菜鸟期”。

1.4 个人观点

作为设计模式的忠实粉丝和推广人员，在正式开始本书的学习之前，我结合多年的模式应用和教育培训经验与大家分享几点个人看法，以供参考。

（1）掌握设计模式并不是件很难的事情，关键在于多思考，多实践，要对自己有信心。

（2）在学习每个设计模式时至少应该掌握如下几点：这个设计模式的意图是什么，它要解决一个什么问题，什么时候可以使用它；它是如何解决问题的，掌握它的结构图，记住它的关键代码；能够想到至少两个它的应用实例，一个生活中的，一个软件中的；这个模式的优缺点是什么，在使用时要注意什么。当你能够回答上述所有问题时，恭喜你，你了解一个设计模式了，至于掌握它，那就在实际开发中去使用吧，用多了自然就掌握了。

（3）“如果想体验一下运用模式的感觉，那么最好的方法就是运用它们。”正如本章最开始所说的，设计模式是“内功心法”，它还是要与“实战招式”相结合才能够相得益彰。学习设计模式的目的在于应用，如果不懂如何使用一个设计模式，而只是学过，能够说出它的用途，绘制它的结构，充其量也只能说你了解这个模式，严格一点说：不会在开发中灵活运用一个模式基本上等于没学。所以一定要做到：少说多做。

(4) 千万不要滥用模式，不要试图在一个系统中用上所有的模式，也许有这样的系统，但至少到目前为止笔者还没有碰到过。每个模式都有自己的适用场景，不能为了使用模式而使用模式，滥用模式不如不用模式，因为滥用的结果不仅得不到“艺术品”一样的软件，还很有可能是一堆垃圾代码。

(5) 如果将设计模式比喻成“三十六计”，那么每一个模式都是一种计策，它为解决某一类问题而诞生，不管这个设计模式的难度如何，使用频率高不高，我建议大家都应该好好学学，多学一个模式也就意味着多了“一计”，说不定什么时候一不小心就用上了。因此，模式学习之路上要不怕困难，勇于挑战，有的模式虽然难一点，但反复琢磨，反复研读，应该还是能够征服的。

(6) 设计模式的“上乘”境界：“手中无模式，心中有模式。”模式使用的最高境界是你已经不知道具体某个设计模式的定义和结构了，但你会灵活自如地选择一种设计方案(其实就是某个设计模式)来解决某个问题。设计模式已经成为你开发技能的一部分，能够手到擒来，“内功”与“招式”已浑然一体。这个境界并不是看完某本书或者开发一两个项目就能够达到的，它需要不断沉淀与积累。所以，对模式的学习不要急于求成。

(7) 最后一点来自 GoF 已故成员、我个人最尊敬和崇拜的软件工程大师之一 John Vlissides 的著作 *Pattern Hatching Design Patterns Applied*(《设计模式沉思录》)：模式从不保证任何东西，它不能保证你一定能够做出可复用的软件，提高你的生产率，更不能保证世界和平。模式并不能替代人来完成软件系统的创造，它们只不过会给那些缺乏经验但却具备才能和创造力的人带来希望。

扩展

John Vlissides(1961—2005)，GoF 成员，斯坦福大学计算机科学博士，原 IBM 研究员，因患脑瘤于 2005 年 11 月 24 日(感恩节)病故，享年 44 岁，为纪念他的贡献，ACM SIGPLAN 特设立 John Vlissides 奖。

第2章

预备知识——UML类图与面向对象设计原则

在学习设计模式之前，需要掌握一些预备知识，主要包括UML类图和面向对象设计原则，它们是"基础内功"，将为后续的"深入修行"奠定基础。

UML类图可用于描述每一个设计模式的结构以及对模式实例进行说明，而模式结构又是设计模式解法的核心组成部分。学一个设计模式，如果不能绘制和理解其结构图，基本上等于没学。

面向对象设计原则是评价每个设计模式应用效果的重要依据。每个模式都符合一个或多个面向对象设计原则(个别模式除外)，这些原则都是从无数项目中提取出来的经验性原则，它们为消除软件设计和实现中的"臭味(Bad Smell)"而诞生，力图为当前系统提供最好的设计方案。常用的面向对象设计原则包括7个，分别是单一职责原则、开闭原则、里氏代换原则、依赖倒转原则、接口隔离原则、合成复用原则和迪米特法则。

2.1 UML概述

不知道大家在看武侠电视剧的时候有没有注意过一个细节，很多传说中的"武功秘籍"并不全是文字，通常都配有图片，因为与文字相比，图形更加直观易懂。与这些"武功秘籍"相似，设计模式通常也结合一些图形来进行描述，其中最常用、使用最广泛的图形描述技术就是UML(Unified Modeling Language，统一建模语言)。

UML诞生于20世纪90年代，当时面向对象分析和设计方法发展非常迅速。随着面向对象技术的广泛应用，其相关研究也十分活跃，包括面向对象建模技术。在那个群雄逐鹿的年代，先后诞生了50多种建模技术。每一种技术的创造者都在努力推崇并完善自己的产品。每一种技术都有一群自己的粉丝，大家为了让更多人使用与自己相同的技术而不断"游说"他人并相互"诋毁"，于是爆发了一场"方法大战"。

在众多的建模技术中，Grady Booch的Booch方法、James Rumbaugh的OMT(Object Modeling Technology，对象建模技术)、Ivar Jacobson的OOSE(Object Oriented Software Engineering，面向对象软件工程)以及Peter Coad和Edward Yourdon的Coad/Yourdon方法最引人注目，这些技术也各自拥有一个庞大的用户群。为了解决建模方法过多带来的种种问题，Booch方法、OMT和OOSE的3位创始人，为创建一个统一的建模语言而开始合作。他们3人中最先走到一起的是Grady Booch和James Rumbaugh，从1994年开始，他们在Rational软件公司(该公司于2002年被IBM收购)开始了UML的创建工作，当时他们的目标是创建一种新的名为"Unified Method(统一方法)"的方法，用来对当时存在的众多方法进行规范化和标准化，该方法将Booch方法和Rumbaugh的OMT-2方法统一起来。1995年，OOSE方法和Objectory方法的创建者Ivar Jacobson也加入其中。此时，UML 3位创始人正式联手，史称"UML三友"，面向对象建模语言也进入3位大师一统江湖的阶段。

1996年6月和10月，UML发布了0.9版和0.91版，名称也由之前的UM改为UML，同年，UML被OMG(Object Management Group，对象管理组织)提议为面向对象可视化建模语言的推荐标准。1997年11月，在Ivar Jacoboson、Grady Booch以及James Rumbaugh的共同努力下，UML 1.1版本提交给OMG并获得通过，UML 1.1成为建模语言的工业标准。在2003年6月的OMG技术会议上，UML 2.0获得正式通过，UML的发展与应用也上升到一个新的高度，越来越多的人开始学习和使用UML来进行软件建模。正因为如此，软件大师Martin Fowler曾说过"你应该使用UML吗？是！旧的面向对象符号正在快速消失，新的书、文章将全部采用UML作为符号。如果你正要开始使用建模符号，你就该直接学习UML。"

1. UML特性

UML名称中所包含的3个单词正是UML特性的体现：

(1) UML融合了多种优秀的面向对象建模方法以及多种得到认可的软件工程方法，消除了因方法林立且相互独立而带来的种种不便，集百家之所长，故名"**统一(Unified)**"。UML通过统一的表示方法，让不同知识背景的领域专家、系统分析设计人员和开发人员以及用户可以方便地交流。

(2) UML是一种通用的可视化**建模(Modeling)**语言，不同于编程语言，它通过一些标准的图形符号和文字来对系统进行建模，用于对软件进行描述、可视化处理、构造和建立软件系统制品的文档。UML适用于各种软件开发方法、软件生命周期的各个阶段、各种应用领域以及各种开发工具，UML是一种总结了以往建模技术的经验并吸收了当今最优秀成果的标准建模方法。

(3) UML是一种**语言(Language)**，也就意味着它有属于自己的标准表达规则，它不是一种类似Java、C++、C#的编程语言，而是一种分析设计语言，也就是一种建模语言。

2. UML结构

UML是一种由图形符号表达的建模语言，其结构主要包括以下几个部分：

(1) **视图(View)**：UML视图用于从不同的角度来表示待建模系统。视图是由许多图形组成的一个抽象集合，在建立一个系统模型时，只有通过定义多个视图，每个视图显示该系统的一个特定方面，才能构造出该系统的完整蓝图，视图也将建模语言链接到开发所选择的方法和过程。

UML视图包括用户视图、结构视图、行为视图、实现视图和环境视图。其中，用户视图以用户的观点表示系统的目标，它是所有视图的核心，用于描述系统的需求；结构视图表示系统的静态行为，描述系统的静态元素，如包、类与对象，以及它们之间的关系；行为视图表示系统的动态行为，描述系统的组成元素（如对象）在系统运行时的交互关系；实现视图表示系统中逻辑元素的分布，描述系统中物理文件以及它们之间的关系；环境视图表示系统中物理元素的分布，描述系统中硬件设备以及它们之间的关系。

（2）**图（Diagram）**：UML 图是描述 UML 视图内容的图形。最新的 UML 2.0 提供了13 种图，分别是用例图（Use Case Diagram）、类图（Class Diagram）、对象图（Object Diagram）、包图（Package Diagram）、组合结构图（Composite Structure Diagram）、状态图（State Diagram）、活动图（Activity Diagram）、顺序图（Sequence Diagram）、通信图（Communication Diagram）、定时图（Timing Diagram）、交互概览图（Interaction Overview Diagram）、组件图（Component Diagram）和部署图（Deployment Diagram），通过它们之间的相互结合可提供待建模系统的所有视图。其中，用例图对应用户视图，类图、对象图、包图和组合结构图对应结构视图，状态图、活动图、顺序图、通信图、定时图和交互概览图对应行为视图，组件图对应实现视图，部署图对应环境视图。

（3）**模型元素（Model Element）**：模型元素是指 UML 图中所使用的一些概念，它们对应于普通的面向对象概念，如类、对象、消息以及这些概念之间的关系，如关联关系、依赖关系、泛化关系等。同一个模型元素可以在多个不同的 UML 图中使用，但是无论在哪个图中，同一个模型元素都必须保持相同的意义并具有相同符号。

（4）**通用机制（General Mechanism）**：UML 提供的通用机制为模型元素提供额外的注释、信息和语义，这些通用机制也提供了扩展机制，允许用户对 UML 进行扩展，如定义新的建模元素、扩展原有元素的语义、添加新的特殊信息来扩展模型元素的规则说明等，以便适用于一个特定的方法或过程、组织或用户。

扩展

如果大家希望深入学习和理解 UML，可参阅以下几本经典 UML 书籍：

[1] Grady Booch，James Rumbaugh，Ivar Jacobson. UML 用户指南[M]. 2 版·修订版. 邵维忠，麻志毅，等译. 北京：人民邮电出版社，2013.

[2] Grady Booch，Ivar Jacobson，James Rumbaugh. UML 参考手册[M]. 2 版. UML China，译. 北京：机械工业出版社，2005.

[3] Craig Larman. UML 和模式应用（原书第 3 版）[M]. 李洋，郑龑，等译. 北京：机械工业出版社，2006.

2.2 类与类的 UML 图示

在 UML 2.0 的 13 种图形中，类图是使用频率最高的两种 UML 图之一（另一种是用于需求建模的用例图），它用于描述系统中所包含的类以及它们之间的相互关系，帮助人们简化对系统的理解，是系统分析和设计阶段的重要产物，也是系统编码和测试的重要模型依据。

在设计模式中，可以使用类图来描述一个模式的结构并对每一个模式实例进行分析。

1. 类

类(**Class**)封装了数据和行为,是面向对象的重要组成部分,它是具有相同属性、操作、关系的对象集合的总称。在系统中,每个类都具有一定的职责。职责指的是类要完成什么样的功能,要承担什么样的义务。一个类可以有多种职责,设计得好的类一般只有一种职责。在定义类的时候,将类的职责分解成为类的属性和操作(即方法)。类的属性即类的数据职责,类的操作即类的行为职责。设计类是面向对象设计中最重要的组成部分,也是最复杂和最耗时的部分。

在软件系统运行时,**类将被实例化成对象**(**Object**),对象对应于某个具体的事物,是类的实例(Instance)。

类图(**Class Diagram**)是用出现在系统中的不同类来描述系统的静态结构,主要用来描述不同的类以及它们之间的关系。

2. 类的 UML 图示

在 UML 中,类使用包含类名、属性和操作且带有分隔线的长方形来表示,如定义一个 Employee 类,它包含属性 name、age 和 email,以及操作 modifyInfo(),在 UML 类图中该类如图 2-1 所示。

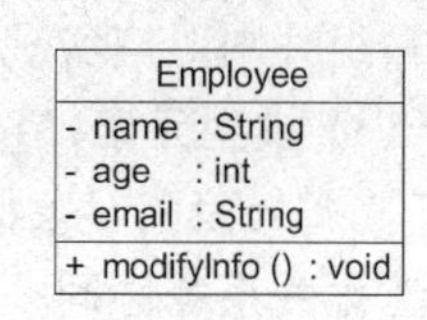

图 2-1 类的 UML 图示

图 2-1 对应的 Java 代码片段如下:

```
public class Employee {
    private String name;
    private int age;
    private String email;

    public void modifyInfo() {
        …
    }
}
```

在 UML 类图中,类一般由三部分组成。

(1) 类名:每个类都必须有一个名字,类名是一个字符串。

(2) 类的属性(Attributes):属性是指类的性质,即类的成员变量。一个类可以有任意多个属性,也可以没有属性。

UML 规定属性的表示方式为:

```
可见性 名称:类型 [ = 默认值 ]
```

其中:

① “可见性”表示该属性对于类外的元素而言是否可见,包括公有(public)、私有(private)和受保护(protected)3 种,在类图中分别用符号+、-和#表示。

② “名称”表示属性名,用一个字符串表示。

③ “类型”表示属性的数据类型,可以是基本数据类型,也可以是用户自定义类型。

④ “默认值”是一个可选项，即属性的初始值。

(3) 类的操作(Operations)：操作是类的任意一个实例对象都可以使用的行为，是类的成员方法。

UML 规定操作的表示方式为：

```
可见性 名称([参数列表]) [ : 返回类型]
```

其中：

① “可见性”的定义与属性的可见性定义相同。

② “名称”即方法名，用一个字符串表示。

③ “参数列表”表示方法的参数，其语法与属性的定义相似，参数个数是任意的，多个参数之间用逗号“,”隔开。

④ “返回类型”是一个可选项，表示方法的返回值类型，依赖于具体的编程语言，可以是基本数据类型，也可以是用户自定义类型，还可以是空类型(void)。如果是构造方法，则无返回类型。

说明

在本书中，名词“操作(Operation)”“方法(Method)”与“函数(Function)”同义。

2.3　类之间的关系

在软件系统中，类并不是孤立存在的，类与类之间存在各种关系。对于不同类型的关系，UML 提供了不同的表示方式。

1. 关联关系

关联(Association)关系是类与类之间最常用的一种关系，它是一种结构化关系，用于表示一类对象与另一类对象之间有联系，如汽车和轮胎、师傅和徒弟、班级和学生等。在 UML 类图中，用实线连接有关联关系的对象所对应的类，在使用 Java、C# 和 C++等编程语言实现关联关系时，通常将一个类的对象作为另一个类的成员变量。在使用类图表示关联关系时可以在关联线上标注角色名，一般使用一个表示二者之间关系的动词或者名词表示角色名(有时该名词为实例对象名)，关系的两端代表两种不同的角色。因此，在一个关联关系中可以包含两个角色名，角色名不是必需的，可以根据需要增加，其目的是使类之间的关系更加明确。

例如在一个登录界面类 LoginForm 中包含一个 JButton 类型的注册按钮 loginButton，它们之间可以表示为关联关系。代码实现时可以在 LoginForm 中定义一个名为 loginButton 的属性对象，其类型为 JButton，如图 2-2 所示。

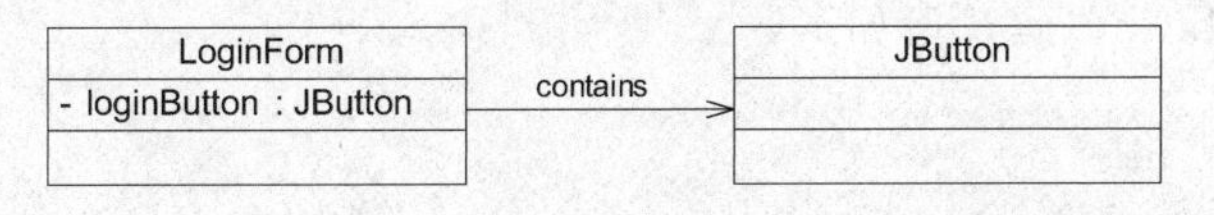

图 2-2　关联关系实例

图 2-2 对应的 Java 代码片段如下：

```
public class LoginForm {
    private JButton loginButton;      //定义为成员变量
    …
}

public class JButton {
    …
}
```

在 UML 中，关联关系通常又包含如下几种形式。

1）双向关联

默认情况下，关联是双向的。例如，顾客（Customer）购买商品（Product）并拥有商品，反之，卖出的商品总有某个顾客与之相关联。因此，Customer 类和 Product 类之间具有双向关联关系，如图 2-3 所示。

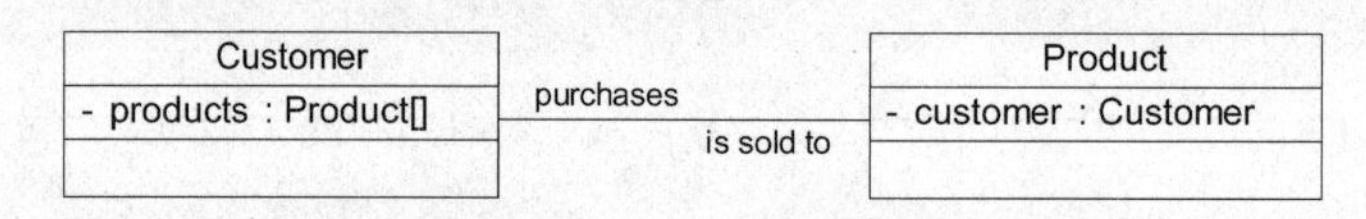

图 2-3 双向关联实例

图 2-3 对应的 Java 代码片段如下：

```
public class Customer {
    private Product[ ] products;
    …
}

public class Product {
    private Customer customer;
    …
}
```

2）单向关联

类的关联关系也可以是单向的，在 UML 中单向关联用带箭头的实线表示。例如，顾客（Customer）拥有地址（Address），则 Customer 类与 Address 类具有单向关联关系，如图 2-4 所示。

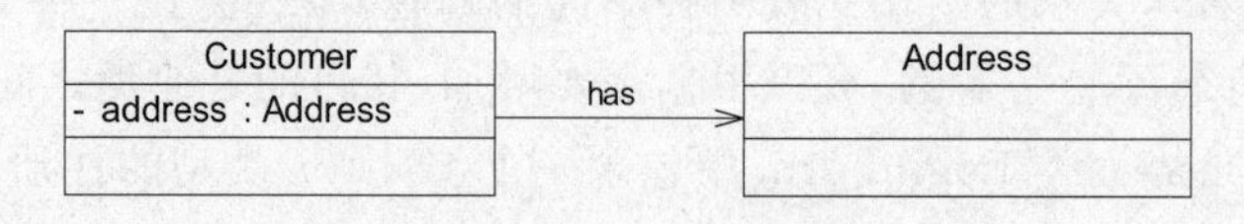

图 2-4 单向关联实例

图 2-4 对应的 Java 代码片段如下：

```
public class Customer {
    private Address address;
```

```
    …
}

public class Address {
    …
}
```

3）自关联

在系统中可能会存在一些类的属性对象类型为该类本身，这种特殊的关联关系称为自关联。例如，一个节点类(Node)的成员又是节点 Node 类型的对象，如图 2-5 所示。

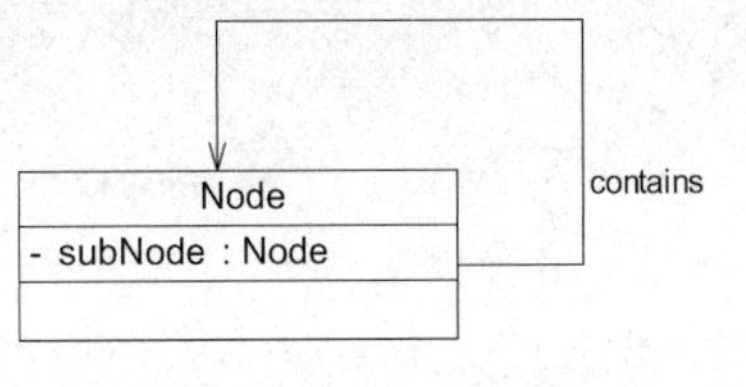

图 2-5 自关联实例

图 2-5 对应的 Java 代码片段如下：

```
public class Node {
    private Node subNode;
    …
}
```

4）多重性关联

多重性关联关系又称为重数性(Multiplicity)关联关系，表示两个关联对象在数量上的对应关系。在 UML 中，对象之间的多重性可以直接在关联直线上用一个数字或一个数字范围表示。

对象之间可以存在多种多重性关联关系，常见的多重性表示方式如表 2-1 所示。

表 2-1 多重性表示方式

表示方式	说明
1..1	表示另一个类的一个对象只与该类的一个对象有关系
0..*	表示另一个类的一个对象与该类的零个或多个对象有关系
1..*	表示另一个类的一个对象与该类的一个或多个对象有关系
0..1	表示另一个类的一个对象没有或只与该类的一个对象有关系
$m..n$	表示另一个类的一个对象与该类最少 m、最多 n 个对象有关系 ($m \leqslant n$)

例如，一个界面(Form)可以拥有零个或多个按钮(Button)，但是一个按钮只能属于一个界面，因此，一个 Form 类的对象可以与零个或多个 Button 类的对象相关联，但一个 Button 类的对象只能与一个 Form 类的对象关联，如图 2-6 所示。

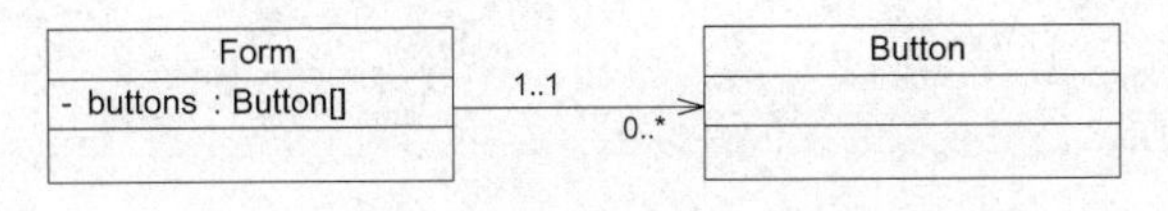

图 2-6 多重性关联实例

图 2-6 对应的 Java 代码片段如下：

```
public class Form {
    private Button[ ] buttons;      //定义一个集合对象
    …
}

public class Button {
    …
}
```

5）聚合关系

聚合(Aggregation)关系表示整体与部分的关系。在聚合关系中，成员对象是整体对象的一部分，但是成员对象可以脱离整体对象独立存在。在 UML 中，聚合关系用带空心菱形的直线表示。例如，汽车发动机(Engine)是汽车(Car)的组成部分，但是汽车发动机可以独立存在，因此，汽车和发动机是聚合关系，如图 2-7 所示。

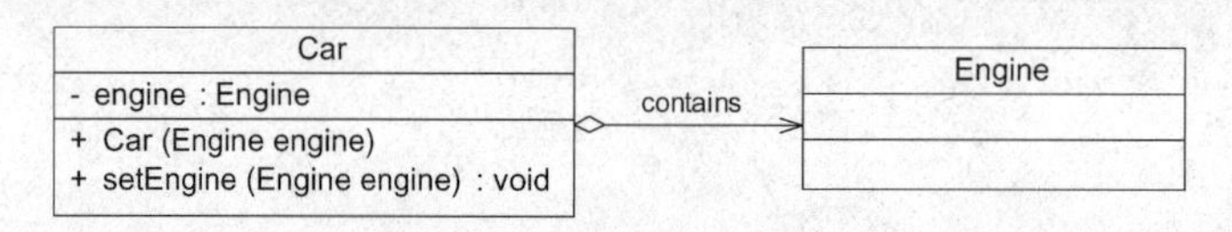

图 2-7　聚合关系实例

在代码实现聚合关系时，成员对象通常作为构造方法、Setter 方法或业务方法的参数注入整体对象中。图 2-7 对应的 Java 代码片段如下：

```
public class Car {
    private Engine engine;

    //构造注入
    public Car(Engine engine) {
        this.engine = engine;
    }

    //设值注入
    public void setEngine(Engine engine) {
        this.engine = engine;
    }
    …
}

public class Engine {
    …
}
```

6）组合关系

组合(Composition)关系也表示类之间整体和部分的关系，但是在组合关系中整体对象可以控制成员对象的生命周期。一旦整体对象不存在，成员对象也将不存在，成员对象与整体对象之间具有同生共死的关系。在 UML 中，组合关系用带实心菱形的直线表示。例如，人的头(Head)与嘴巴(Mouth)，嘴巴是头的组成部分之一，而且如果头没了，嘴巴也就没了，因此头和嘴巴是组合关系，如图 2-8 所示。

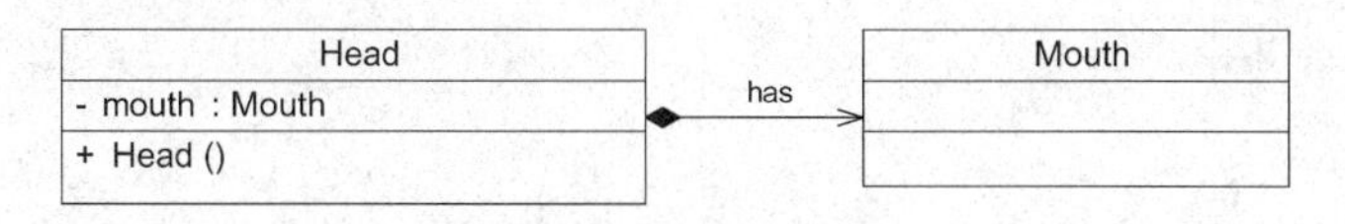

图 2-8 组合关系实例

在代码实现组合关系时，通常在整体类的构造方法中直接实例化成员类。图 2-8 对应的 Java 代码片段如下：

```
public class Head {
    private Mouth mouth;

    public Head() {
        mouth = new Mouth();      //实例化成员类
    }
    ...
}

public class Mouth {
    ...
}
```

2. 依赖关系

依赖(Dependency)关系是一种使用关系，特定事物的改变有可能会影响到使用该事物的其他事物，在需要表示一个事物使用另一个事物时使用依赖关系。大多数情况下，依赖关系体现在某个类的方法使用另一个类的对象作为参数。在 UML 中，依赖关系用带箭头的虚线表示，由依赖的一方指向被依赖的一方。例如，驾驶员开车，在 Driver 类的 drive()方法中将 Car 类型的对象 car 作为一个参数传递，以便在 drive()方法中能够调用 Car 类的 move()方法，且驾驶员的 drive()方法依赖车的 move()方法，因此类 Driver 依赖类 Car，如图 2-9 所示。

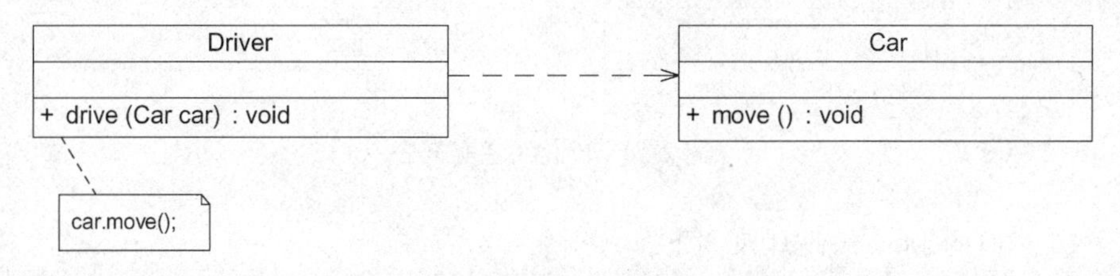

图 2-9 依赖关系实例

在系统实施阶段，依赖关系通常通过 3 种方式来实现：第 1 种也是最常用的一种方式，是如图 2-9 所示的将一个类的对象作为另一个类中方法的参数；第 2 种方式是在一个类的方法中将另一个类的对象作为其局部变量；第3种方式是在一个类的方法中调用另一个类的静态方法。图2-9对应的Java代码片段如下：

```
public class Driver {
    public void drive(Car car) {
        car.move();
    }
    …
}

public class Car {
    public void move() {
        …
    }
    …
}
```

3. 泛化关系

泛化(Generalization)关系也就是继承关系，用于描述父类与子类之间的关系，父类又称作基类或超类，子类又称作派生类。在UML中，泛化关系用带空心三角形的直线来表示。在代码实现时，使用面向对象的继承机制来实现泛化关系，如在Java语言中使用extends关键字、在C++/C#中使用冒号"："来实现。例如，Student类和Teacher类都是Person类的子类，Student类和Teacher类继承了Person类的属性和方法，Person类的属性包含姓名(name)和年龄(age)，每一个Student和Teacher也都具有这两个属性。另外Student类增加了属性学号(studentNo)，Teacher类增加了属性教师编号(teacherNo)，Person类的方法包括行走move()和说话say()，Student类和Teacher类继承了这两个方法，而且Student类还新增方法study()，Teacher类新增方法teach()，如图2-10所示。

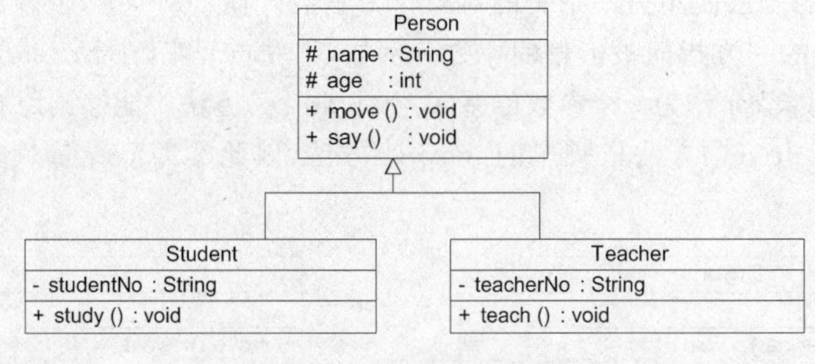

图2-10 泛化关系实例

图2-10对应的Java代码片段如下：

```
//父类
public class Person {
    protected String name;
    protected int age;
```

```
    public void move() {
        …
    }

    public void say() {
        …
    }
}

//子类
public class Student extends Person {
    private String studentNo;

    public void study() {
        …
    }
}

//子类
public class Teacher extends Person {
    private String teacherNo;

    public void teach() {
        …
    }
}
```

4. 接口与实现关系

在很多面向对象语言中都引入了接口的概念，如 Java、C# 等。在接口中，通常没有属性，而且所有的操作都是抽象的，只有操作的声明，没有操作的实现。UML 中用与类的表示法类似的方式表示接口，如图 2-11 所示。

接口之间也可以有与类之间关系类似的继承关系和依赖关系，但是接口和类之间还存在一种实现(Realization)关系。在这种关系中，类实现了接口，类中的操作实现了接口中所声明的操作。在 UML 中，类与接口之间的实现关系用带空心三角形的虚线来表示。例如，定义了一个交通工具接口 Vehicle，包含一个抽象操作 move()，在类 Ship 和类 Car 中都实现了该 move()操作，不过具体的实现细节将会不一样，如图 2-12 所示。

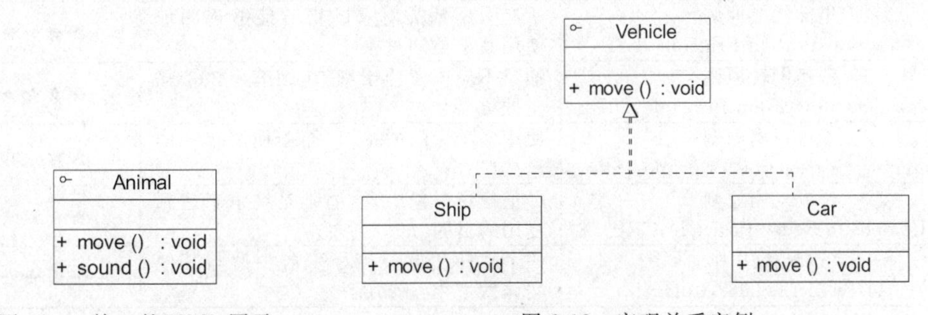

图 2-11 接口的 UML 图示

图 2-12 实现关系实例

实现关系在编程实现时，不同的面向对象语言也提供了不同的语法，如在Java语言中使用implements关键字，而在C#中使用冒号“：”来实现。图2-12对应的Java代码片段如下：

```
public interface Vehicle {
    public void move();
}

public class Ship implements Vehicle {
    public void move() {
        …
    }
}

public class Car implements Vehicle {
    public void move() {
        …
    }
}
```

2.4 面向对象设计原则概述

面向对象设计的目标之一在于支持可维护性复用，一方面需要实现设计方案或者源代码的重用，另一方面要确保系统能够易于扩展和修改，具有较好的灵活性。面向对象设计原则为支持可维护性复用而诞生，这些原则蕴含在很多设计模式中，它们是从许多设计方案中总结出的指导性原则。面向对象设计原则也是用于评价一个设计模式的使用效果的重要指标之一，在之后的设计模式学习中，大家经常会看到诸如“×××模式符合×××原则”“×××模式违反了×××原则”这样的语句。

最常用的7种面向对象设计原则如表2-2所示。

表2-2 7种常用的面向对象设计原则

设计原则名称	定　义	使用频率
单一职责原则 (Single Responsibility Principle,SRP)	一个类只负责一个功能领域中的相应职责	★★★★☆
开闭原则 (Open-Closed Principle,OCP)	软件实体应对扩展开放，而对修改关闭	★★★★★
里氏代换原则 (Liskov Substitution Principle,LSP)	所有引用基类对象的地方能够透明地使用其子类的对象	★★★★★
依赖倒转原则 (Dependence Inversion Principle,DIP)	抽象不应该依赖于细节，细节应该依赖于抽象	★★★★★
接口隔离原则 (Interface Segregation Principle,ISP)	使用多个专门的接口，而不使用单一的总接口	★★☆☆☆
合成复用原则 (Composite Reuse Principle,CRP)	尽量使用对象组合，而不是继承来达到复用的目的	★★★★☆
迪米特法则 (Law of Demeter,LoD)	一个软件实体应当尽可能少地与其他实体发生相互作用	★★★☆☆

2.5 单一职责原则

单一职责原则是最简单的面向对象设计原则，它用于控制类的粒度大小。单一职责原则定义如下：

单一职责原则(Single Responsibility Principle，SRP)：*一个类只负责一个功能领域中的相应职责。或者可以定义为：就一个类而言，应该只有一个引起它变化的原因。*

单一职责原则的核心思想是：一个类不能太“累”！在软件系统中，一个类(大到模块，小到方法)承担的职责越多，它被复用的可能性就越小，而且一个类承担的职责过多，就相当于将这些职责耦合在一起，当其中一个职责变化时，可能会影响其他职责的运作。因此要将这些职责进行分离，将不同的职责封装在不同的类中，即将不同的变化原因封装在不同的类中；如果多个职责总是同时发生改变，则可将它们封装在同一类中。

单一职责原则是实现高内聚、低耦合的指导方针，它是最简单但又最难运用的原则，需要设计人员发现类的不同职责并将其分离，这需要设计人员具有较强的分析设计能力和相关实践经验。

下面通过一个简单实例来进一步分析单一职责原则。

Sunny 软件公司开发人员针对某 CRM(Customer Relationship Management，客户关系管理)系统中客户信息图形统计模块提出了如图 2-13 所示的初始设计方案结构图。

在图 2-13 中，CustomerDataChart 类中的方法说明如下：getConnection()方法用于连接数据库，findCustomers()方法用于查询所有的客户信息，createChart()方法用于创建图表，displayChart()方法用于显示图表。

CustomerDataChart
+ getConnection () : Connection + findCustomers () : List + createChart () : void + displayChart () : void

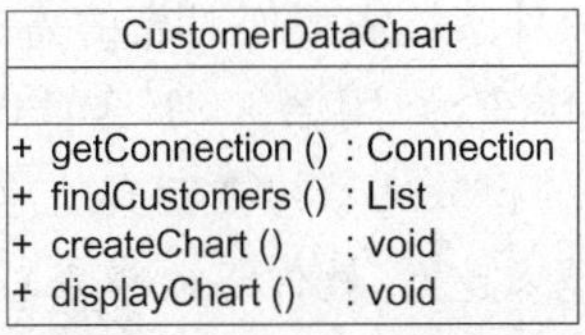

图 2-13　初始设计方案结构图

现使用单一职责原则对其进行重构。

在图 2-13 中，CustomerDataChart 类承担了太多的职责，既包含与数据库相关的方法，又包含与图表生成和显示相关的方法。如果在其他类中也需要连接数据库或者使用 findCustomers()方法查询客户信息，则难以实现代码的重用。无论是修改数据库连接方式，还是修改图表显示方式，都需要修改该类，它拥有不止一个引起它变化的原因，违背了单一职责原则。因此需要对该类进行拆分，使其满足单一职责原则。类 CustomerDataChart 可拆分为如下 3 个类。

(1) DBUtil：负责连接数据库，包含数据库连接方法 getConnection()。

(2) CustomerDAO：负责操作数据库中的 Customer 表，包含对 Customer 表的增/删/改/查等方法，如 findCustomers()。

(3) CustomerDataChart：负责图表的生成和显示，包含方法 createChart() 和 displayChart()。

对图 2-13 使用单一职责原则重构后的结构如图 2-14 所示。

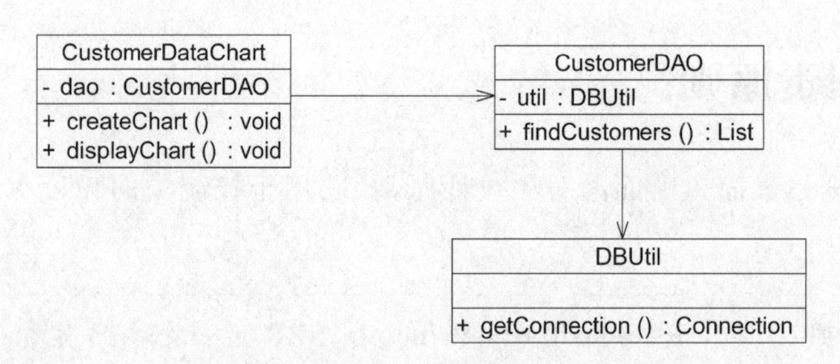

图 2-14 对图 2-13 重构后的结构图

2.6 开闭原则

开闭原则是面向对象的可复用设计的第一块基石，它是最重要的面向对象设计原则。开闭原则由 Bertrand Meyer 于 1988 年提出，其定义如下：

> **开闭原则（Open-Closed Principle，OCP）**：一个软件实体应当对扩展开放，对修改关闭。即软件实体应尽量在不修改原有代码的情况下进行扩展。

在开闭原则的定义中，软件实体可以指一个软件模块、一个由多个类组成的局部结构或一个独立的类。

任何软件都需要面临一个很重要的问题，即它们的需求会随时间的推移而发生变化。当软件系统需要面对新的需求时，应该尽量保证系统的设计框架是稳定的。如果一个软件设计符合开闭原则，那么可以非常方便地对系统进行扩展，而且在扩展时无须修改现有代码，使得软件系统在拥有适应性和灵活性的同时具备较好的稳定性和延续性。随着软件规模越来越大，软件寿命越来越长，软件维护成本越来越高，设计满足开闭原则的软件系统也变得越来越重要。

为了满足开闭原则，需要对系统进行抽象化设计，抽象化是开闭原则的关键。在 Java、C# 等编程语言中，可以为系统定义一个相对稳定的抽象层，而将不同的实现行为移至具体的实现层中完成。在很多面向对象编程语言中都提供了接口、抽象类等机制，可以通过它们定义系统的抽象层，再通过具体类来进行扩展。如果需要修改系统的行为，无须对抽象层进行任何改动，只需要增加新的具体类来实现新的业务功能即可，实现在不修改已有代码的基础上扩展系统的功能，达到开闭原则的要求。

在本书所要介绍的 24 种设计模式中，大部分设计模式都符合开闭原则。在对每个模式进行优缺点评价时，都会将开闭原则作为一个重要的评价依据，以判断基于该模式设计的系统是否具备良好的灵活性和可扩展性。

2.7 里氏代换原则

里氏代换原则由 2008 年图灵奖得主、美国第一位计算机科学女博士 Barbara Liskov 教授和卡内基·梅隆大学 Jeannette Wing 教授于 1994 年提出。其严格表述如下：如果对每个类型为 S 的对象 o1，都有类型为 T 的对象 o2，使得以 T 定义的所有程序 P 在所有的对象 o1 都代换 o2 时，程序 P 的行为没有变化，那么类型 S 是类型 T 的子类型。这个定义比较拗口且难以理解，因此一般使用它的另一个通俗版定义：

> **里氏代换原则(Liskov Substitution Principle，LSP)**：所有引用基类(父类)的地方必须能透明地使用其子类的对象。

里氏代换原则表明，在软件中将一个基类对象替换成它的子类对象，程序将不会产生任何错误和异常，反过来则不成立。如果一个软件实体使用的是一个子类对象，那么它不一定能够使用基类对象。例如，我喜欢动物，那我一定喜欢狗，因为狗是动物的子类；但是我喜欢狗，不能据此断定我喜欢动物，因为我并不喜欢老鼠，虽然它也是动物。

里氏代换原则是实现开闭原则的重要方式之一。由于使用基类对象的地方都可以使用子类对象，因此在程序中尽量使用基类类型来对对象进行定义，而在运行时再确定其子类类型，用子类对象来替换父类对象。

在运用里氏代换原则时，应该将父类设计为抽象类或者接口，让子类继承父类或实现父接口，并实现在父类中声明的方法。程序运行时，子类实例替换父类实例，可以很方便地扩展系统的功能，无须修改原有子类的代码，增加新的功能可以通过增加一个新的子类来实现。

扩展

里氏代换原则以 Barbara Liskov(芭芭拉·利斯科夫)教授的姓氏命名。芭芭拉·利斯科夫是美国计算机科学家，2008 年图灵奖得主，2004 年约翰·冯诺依曼奖得主，美国工程院院士，美国艺术与科学院院士，美国计算机协会会士，麻省理工学院电子电气与计算机科学系教授，她是美国第一位计算机科学女博士。

2.8 依赖倒转原则

如果说开闭原则是面向对象设计的目标的话，那么依赖倒转原则就是面向对象设计的主要实现机制之一，它是系统抽象化的具体实现。依赖倒转原则是 Robert C. Martin 在 1996 年为“C++Reporter”所写的专栏 Engineering Notebook 的第 3 篇，后来加入他在 2002 年出版的经典著作 *Agile Software Development，Principles，Patterns，and Practices* 一书中。依赖倒转原则定义如下：

> **依赖倒转原则(Dependency Inversion Principle，DIP)**：抽象不应该依赖于细节，细节应该依赖于抽象。换言之，要针对接口编程，而不是针对实现编程。

依赖倒转原则要求在程序代码中传递参数时或在关联关系中，尽量引用层次高的抽象层类，即使用接口和抽象类进行变量类型声明、参数类型声明、方法返回类型声明，以及数据类型的转换等，而不要用具体类来做这些事情。为了确保该原则的应用，一个具体类应当只实现接口或抽象类中声明过的方法，而不要给出多余的方法，否则将无法调用到在子类中增加的新方法。

在引入抽象层后,系统将具有很好的灵活性。在程序中尽量使用抽象层进行编程,而将具体类写在配置文件中。这样一来,如果系统行为发生变化,只需要对抽象层进行扩展,并修改配置文件,而无须修改原有系统的源代码,就能扩展系统的功能,满足开闭原则的要求。

在实现依赖倒转原则时,需要针对抽象层编程,而将具体类的对象通过**依赖注入**(**Dependency Injection,DI**)的方式注入其他对象中。**依赖注入**是指当一个对象要与其他对象发生依赖关系时,通过抽象来注入所依赖的对象。常用的注入方式有 3 种:**构造注入**、**设值注入**(**Setter 注入**)和**接口注入**。构造注入是指通过构造函数来传入具体类的对象,设值注入是指通过 Setter 方法来传入具体类的对象,而接口注入是指通过实现在接口中声明的业务方法来传入具体类的对象。这些方法在定义时使用的是抽象类型,在运行时再传入具体类型的对象,由子类对象来覆盖父类对象。

扩展

软件工程大师 Martin Fowler 在其文章 *Inversion of Control Containers and the Dependency Injection pattern* 中对依赖注入进行了深入的分析,参考链接:http://martinfowler.com/articles/injection.html。

下面通过一个简单实例来加深对开闭原则、里氏代换原则和依赖倒转原则的理解。

Sunny 软件公司开发人员在开发某 CRM 系统时发现:该系统经常需要将存储在 TXT 或 Excel 文件中的客户信息转存到数据库中,因此需要进行数据格式转换。在客户数据操作类中将调用数据格式转换类的方法实现格式转换和数据库插入操作,初始设计方案结构如图 2-15 所示。

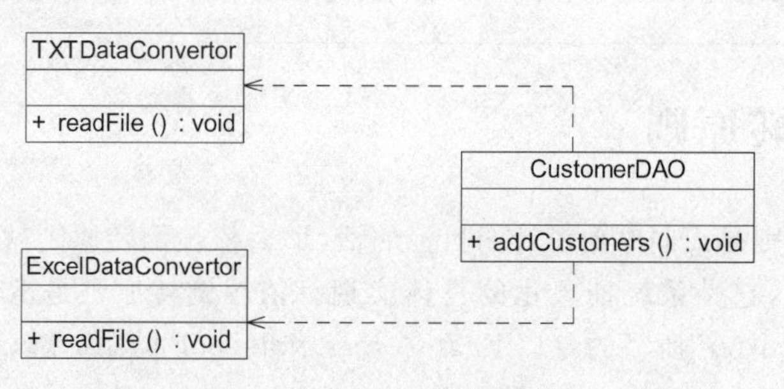

图 2-15 初始设计方案结构图

在编码实现图 2-15 所示结构时,Sunny 软件公司开发人员发现该设计方案存在一个非常严重的问题,由于每次转换数据时数据来源不一定相同,因此需要更换数据转换类,如有时需要将 TXTDataConvertor 改为 ExcelDataConvertor。此时,需要修改 CustomerDAO 的源代码,而且在引入并使用新的数据转换类时也不得不修改 CustomerDAO 的源代码,系统扩展性较差,违反了开闭原则,现需要对该方案进行重构。

在本实例中,由于 CustomerDAO 针对具体数据转换类编程,因此在增加新的数据转换类或者更换数据转换类时都不得不修改 CustomerDAO 的源代码。可以通过引入抽象数据转换类解决该问题。在引入抽象数据转换类 DataConvertor 之后，CustomerDAO 针对抽象类 DataConvertor 编程，而将具体数据转换类的类名存储在配置文件中，符合依赖倒转原则。根据里氏代换原则，程序运行时，具体数据转换类对象将替换 DataConvertor 类型的对象，程序不会产生任何异常。更换具体数据转换类时无须修改源代码，只需要修改配置文件；如果需要增加新的具体数据转换类，只要将新增数据转换类作为 DataConvertor 的子类并修改配置文件即可，原有代码无须做任何修改，满足开闭原则。重构后的结构如图 2-16 所示。

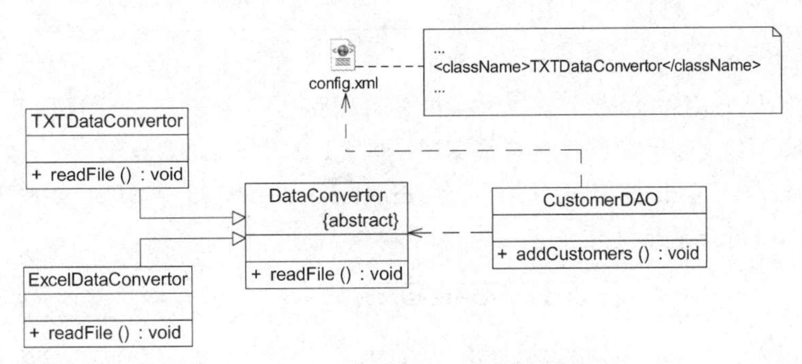

图 2-16　对图 2-15 重构后的结构图

在上述重构过程中，使用了开闭原则、里氏代换原则和依赖倒转原则。在大多数情况下，这 3 个设计原则会同时出现，开闭原则是目标，里氏代换原则是基础，依赖倒转原则是手段，它们相互补充，相辅相成，目标一致，只是分析问题时所站角度不同而已。

2.9 接口隔离原则

接口隔离原则定义如下：

> **接口隔离原则（Interface Segregation Principle，ISP）**：使用多个专门的接口，而不使用单一的总接口，即客户端不应该依赖那些它不需要的接口。

根据接口隔离原则，当一个接口太大时，需要将它分割成一些更细小的接口，使用该接口的客户端仅需知道与之相关的方法即可。每个接口应该承担一种相对独立的角色。这里的“接口”有两种不同的含义：一种是指一个类型所具有的方法特征的集合，仅仅是一种逻辑上的抽象；另一种是指某种语言具体的“接口”定义，有严格的定义和结构，例如 Java 语言中的 interface。对于这两种不同的含义，ISP 的表达方式以及含义都有所不同。

（1）当把“接口”理解成一个类型所提供的所有方法特征的集合时，这就是一种逻辑上的概念，接口的划分将直接带来类型的划分。可以把接口理解成角色，一个接口只能代表一个角色，每个角色都有它特定的一个接口，此时，这个原则可以叫作“**角色隔离原则**”。

（2）如果把“接口”理解成狭义的特定语言的接口，那么 ISP 表达的意思是指接口仅仅提供客户端需要的行为，客户端不需要的行为则隐藏起来，应当为客户端提供尽可能小的单独的接口，而不要提供大的总接口。在面向对象编程语言中，实现一个接口就需要实现该接口中定义的所有方法，因此大的总接口使用起来不一定很方便。为了使接口的职责单一，需要将大接口中的方法根据其职责不同分别放在不同的小接口中，以确保每个接口使用起来都较为方便，并各承担某一单一角色。接口应该尽量细化，同时接口中的方法应该尽量少，每个接口中只包含一个客户端(如子模块或业务逻辑类)所需的方法即可，这种机制也称为**“定制服务”**，即为不同的客户端提供宽窄不同的接口。

下面通过一个简单实例来加深对接口隔离原则的理解。

Sunny 软件公司开发人员针对某 CRM 系统的客户数据显示模块设计了如图 2-17 所示的 CustomerDataDisplay 接口。其中，方法 readData()用于从文件中读取数据；方法 transformToXML()用于将数据转换成 XML 格式；方法 createChart()用于创建图表；方法 displayChart()用于显示图表；方法 createReport()用于创建文字报表；方法 displayReport()用于显示文字报表。

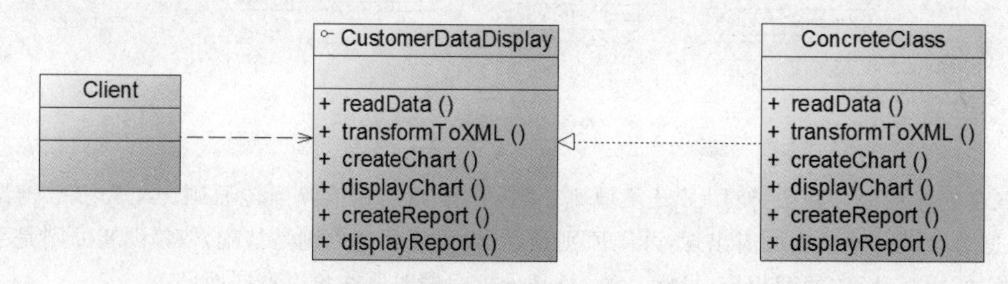

图 2-17 初始设计方案结构图

在实际使用过程中发现该接口很不灵活。例如，如果一个具体的数据显示类无须进行数据转换(源文件本身就是 XML 格式)，但由于实现了该接口，将不得不实现其中声明的 transformToXML()方法(至少需要提供一个空实现)。如果需要创建和显示图表，除了需实现与图表相关的方法外，还需要实现创建和显示文字报表的方法，否则程序在编译时将报错。

现使用接口隔离原则对其进行重构。

在图 2-17 中，由于在接口 CustomerDataDisplay 中定义了太多方法，即该接口承担了太多职责。一方面导致该接口的实现类很庞大，在不同的实现类中都不得不实现接口中定义的所有方法，灵活性较差，如果出现大量的空方法，将导致系统中产生大量的无用代码，影响代码质量；另一方面由于客户端针对大接口编程，将在一定程度上破坏程序的封装性，客户端看到了不应该看到的方法，没有为客户端定制接口。因此需要将该接口按照接口隔离原则和单一职责原则进行重构，将其中的一些方法封装在不同的小接口中，确保每个接口使用起来都较为方便，并各承担某一单一角色，每个接口中只包含一个客户端(如模块或类)所需的方法即可。

通过使用接口隔离原则，本实例重构后的结构如图 2-18 所示。

在使用接口隔离原则时，需要注意控制接口的粒度。接口不能太小，如果太小会导致系统中接口泛滥，不利于维护；接口也不能太大，太大的接口将违背接口隔离原则，灵活性较差，使用起来很不方便。一般而言，接口中仅包含为某一类用户定制的方法即可。

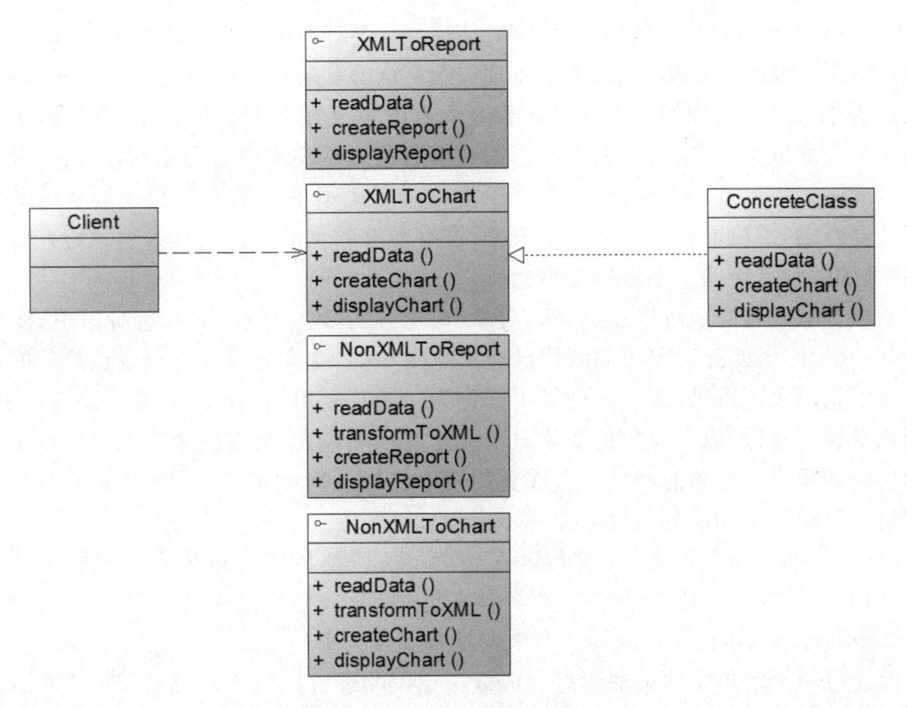

图 2-18 对图 2-17 重构后的结构图

扩展

在《敏捷软件开发——原则、模式与实践》一书中，Robert C. Martin 从解决“接口污染”的角度对接口隔离原则进行了详细介绍，大家可以参阅该书第 12 章——接口隔离原则(ISP)，进行深入学习。

2.10 合成复用原则

合成复用原则又称为组合/聚合复用原则(Composition/Aggregate Reuse Principle, CARP)，其定义如下：

> **合成复用原则(Composite Reuse Principle, CRP)**：尽量使用对象组合，而不是继承来达到复用的目的。

合成复用原则就是在一个新的对象里通过关联关系(包括组合关系和聚合关系)来使用一些已有的对象，使之成为新对象的一部分；新对象通过委派调用已有对象的方法达到复用功能的目的。简言之：复用时要尽量使用组合/聚合关系(关联关系)，少用继承。

在面向对象设计中，可以通过两种方法在不同的环境中复用已有的设计和实现，即通过组合/聚合关系或通过继承，但首先应该考虑使用组合/聚合，组合/聚合可以使系统更加灵活，降低类与类之间的耦合度，一个类的变化对其他类造成的影响相对较少。其次才考虑继承，在使用继承时，需要严格遵循里氏代换原则，有效使用继承会有助于对问题的理解，降低复杂度，而滥用继承反而会增加系统构建和维护的难度以及系统的复杂度，因此需要慎重使用继承复用。

通过继承来进行复用的主要问题在于继承复用会破坏系统的封装性，因为继承会将基类的实现细节暴露给子类，由于基类的内部细节通常对子类来说是可见的，所以这种复用又称"白箱"复用。如果基类发生改变，那么子类的实现也不得不发生改变。从基类继承而来的实现是静态的，不可能在运行时发生改变，没有足够的灵活性。而且继承只能在有限的环境中使用(如类没有声明为不能被继承)。

由于组合或聚合关系可以将已有的对象(也可称为成员对象)纳入新对象中，使之成为新对象的一部分，因此新对象可以调用已有对象的功能，这样做可以使得成员对象的内部实现细节对于新对象不可见，所以这种复用又称为"黑箱"复用。相对继承关系而言，"黑箱"复用的耦合度相对较低，成员对象的变化对新对象的影响不大，可以在新对象中根据实际需要有选择性地调用成员对象的操作。合成复用可以在运行时动态进行，新对象可以动态地引用与成员对象类型相同的其他对象。

一般而言，如果两个类之间是"Has-A"的关系，应使用组合或聚合；如果是"Is-A"关系，可使用继承。"Is-A"是严格的分类学意义上的定义，意思是一个类是另一个类的"一种"；而"Has-A"则不同，它表示某一个角色具有某一项责任。

下面通过一个简单实例来加深对合成复用原则的理解。

Sunny 软件公司开发人员在初期的 CRM 系统设计中，考虑到客户数量不多，系统采用 MySQL 作为数据库，与数据库操作有关的类(如 CustomerDAO 类等)都需要连接数据库，连接数据库的方法 getConnection()封装在 DBUtil 类中。由于需要重用 DBUtil 类的 getConnection()方法，设计人员将 CustomerDAO 作为 DBUtil 类的子类，初始设计方案结构如图 2-19 所示。

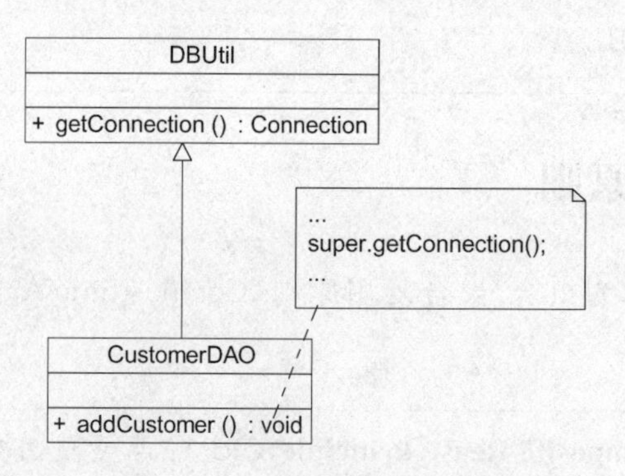

图 2-19 初始设计方案结构图

随着客户数量的增加，系统决定升级为 Oracle 数据库，因此需要增加一个新的 OracleDBUtil 类来连接 Oracle 数据库。由于在初始设计方案中 CustomerDAO 和 DBUtil 之间是继承关系，因此在更换数据库连接方式时需要修改 CustomerDAO 类的源代码，将 CustomerDAO 作为 OracleDBUtil 的子类，这将违反开闭原则。(当然也可以修改 DBUtil 类的源代码，同样会违反开闭原则。)

现使用合成复用原则对其进行重构。

根据合成复用原则，在实现复用时应该多用关联，少用继承。因此在本实例中可以使用关联复用来取代继承复用，重构后的结构如图 2-20 所示。

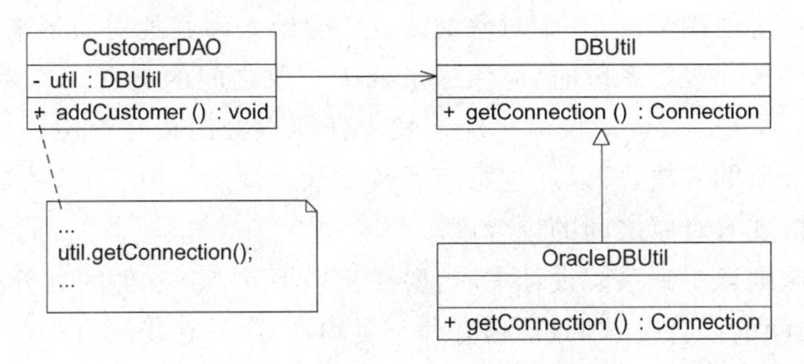

图 2-20　对图 2-19 重构后的结构图

在图 2-20 中，CustomerDAO 和 DBUtil 之间的关系由继承关系变为关联关系，采用依赖注入的方式将 DBUtil 对象注入 CustomerDAO 中，可以使用构造注入，也可以使用设值注入。如果需要对 DBUtil 的功能进行扩展，可以通过其子类来实现，如通过子类 OracleDBUtil 来连接 Oracle 数据库。由于 CustomerDAO 针对 DBUtil 编程，根据里氏代换原则，DBUtil 子类的对象可以覆盖 DBUtil 对象，只需在 CustomerDAO 中注入子类对象即可使用子类所扩展的方法。例如在 CustomerDAO 中注入 OracleDBUtil 对象，即可实现 Oracle 数据库连接，原有代码无须修改，而且还可以很灵活地增加新的数据库连接方式。

2.11　迪米特法则

迪米特法则来自 1987 年美国东北大学(Northeastern University)一个名为 Demeter 的研究项目。迪米特法则又称为最少知识原则(Least Knowledge Principle，LKP)，其定义如下：

> **迪米特法则(Law of Demeter，LoD)**：一个软件实体应当尽可能少地与其他实体发生相互作用。

如果一个系统符合迪米特法则，那么当其中某一个模块发生修改时，就会尽量少地影响其他模块，扩展会相对容易。这是对软件实体之间通信的限制。迪米特法则要求限制软件实体之间通信的宽度和深度。迪米特法则可降低系统的耦合度，使类与类之间保持松散的耦合关系。

迪米特法则还有几种定义形式：不要和“陌生人”说话，只与你的直接朋友通信等。在迪米特法则中，对于一个对象，其“朋友”包括以下几类：

(1) 当前对象本身(this)。

(2) 以参数形式传入到当前对象方法中的对象。

(3) 当前对象的成员对象。

(4) 如果当前对象的成员对象是一个集合，那么集合中的元素也都是朋友。

(5) 当前对象所创建的对象。

任何一个对象,如果满足上面的条件之一,就是当前对象的"朋友",否则就是"陌生人"。在应用迪米特法则时,一个对象只能与直接朋友发生交互,不要与"陌生人"发生直接交互,这样做可以降低系统的耦合度,一个对象的改变不会给太多其他对象带来影响。

迪米特法则要求在设计系统时,应该尽量减少对象之间的交互。如果两个对象之间不必彼此直接通信,那么这两个对象就不应当发生任何直接的相互作用;如果其中一个对象需要调用另一个对象的方法,可以通过第三者转发这个调用。简言之,就是通过引入一个合理的第三者来降低现有对象之间的耦合度。

在将迪米特法则运用到系统设计中时,要注意以下几点:在类的划分上,应当尽量创建松耦合的类,类之间的耦合度越低,就越有利于复用,一个处在松耦合中的类一旦被修改,不会对关联的类造成太大波及;在类的结构设计上,每个类都应当尽量降低其成员变量和成员函数的访问权限;在类的设计上,只要有可能,一个类应当设计成不变类;在对其他类的引用上,一个对象对其他对象的引用应当降到最低。

下面通过一个简单实例来加深对迪米特法则的理解。

Sunny 软件公司所开发的 CRM 系统包含很多业务操作窗口。在这些窗口中,某些界面控件之间存在复杂的交互关系,一个控件事件的触发将导致多个其他界面控件产生响应。例如,当一个按钮(Button)被单击时,对应的列表框(List)、组合框(ComboBox)、文本框(TextBox)、文本标签(Label)等都将发生改变,在初始设计方案中,界面控件之间的交互关系可简化为如图 2-21 所示结构。

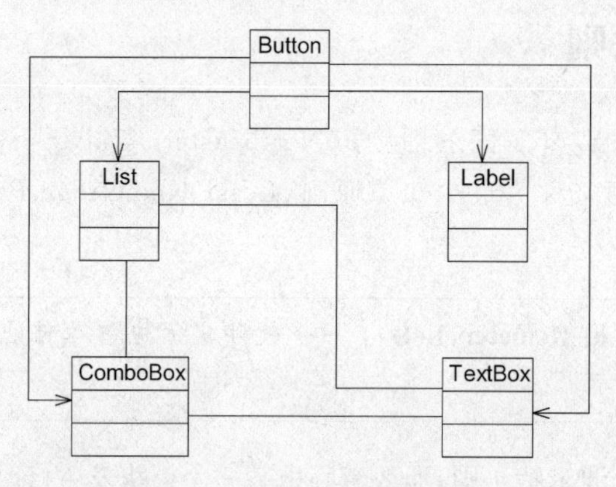

图 2-21 初始设计方案结构图

在图 2-21 中,由于界面控件之间的交互关系复杂,导致在该窗口中增加新的界面控件时需要修改与之交互的其他控件的源代码,系统扩展性较差,也不便于增加和删除控件。

现使用迪米特对其进行重构。

在本实例中,可以通过引入一个专门用于控制界面控件交互的中间类(Mediator)来降低界面控件之间的耦合度。引入中间类之后,界面控件之间不再发生直接引用,而是将请求先转发给中间类,再由中间类来完成对其他控件的调用。当需要增加或删除新的控件时,只需修改中间类即可,无须修改新增控件或已有控件的源代码。重构后的结构如图 2-22 所示。

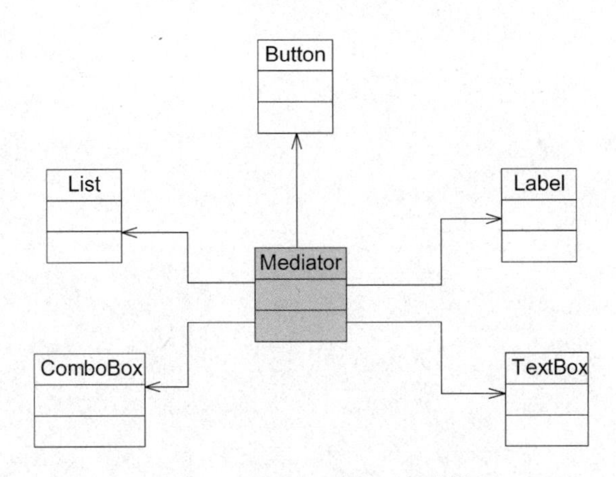

图 2-22　对图 2-21 重构后的结构图

在图 2-22 中省略了中间类以及控件的属性和方法定义，在本书第 20 章中将进一步对该实例进行讲解，详细说明中间类 Mediator 的设计和实现。

至此，常用的 7 个面向对象设计原则全部介绍完毕，在此后的设计模式讲解中会多次提到这些原则。这 7 个原则也如同修炼设计模式内功的“入门功夫”，将为后续设计模式的学习奠定基础。大部分设计模式都通过应用一个或多个设计原则来为系统提供设计方案，从而构建出支持可维护性复用的软件。

第 2 部分　创建的艺术——创建型模式

创建型模式(Creational Pattern)关注对象的创建过程，是一类最常用的设计模式，在软件开发中应用非常广泛。创建型模式将对象的创建和使用分离，在使用对象时无须关心对象的创建细节，从而降低系统的耦合度，让设计方案更易于修改和扩展。每个创建型模式都通过采用不同的解决方案来回答 3 个问题：创建什么(What)，由谁创建(Who)和何时创建(When)。

GoF 设计模式中包含 5 种创建型模式。通常将一种非 GoF 模式——简单工厂模式作为学习其他工厂模式的基础。本部分一共介绍 6 种创建型模式，其名称、定义、学习难度和使用频率如下表所示。

模式名称	定　义	学习难度	使用频率
单例模式 (Singleton Pattern)	确保某一个类只有一个实例，而且自行实例化并向整个系统提供这个实例	★☆☆☆☆	★★★★☆
简单工厂模式 (Simple Factory Pattern)	定义一个工厂类，它可以根据参数的不同返回不同类的实例，被创建的实例通常都具有共同的父类	★★☆☆☆	★★★☆☆
工厂方法模式 (Factory Method Pattern)	定义一个用于创建对象的接口，让子类决定将哪一个类实例化	★★☆☆☆	★★★★★
抽象工厂模式 (Abstract Factory Pattern)	提供一个创建一系列相关或相互依赖对象的接口，而无须指定它们具体的类	★★★★☆	★★★★★
原型模式 (Prototype Pattern)	使用原型实例指定创建对象的种类，并且通过复制这些原型创建新的对象	★★★☆☆	★★★☆☆
建造者模式 (Builder Pattern)	将一个复杂对象的构建与它的表示分离，使得同样的构建过程可以创建不同的表示	★★★★☆	★★☆☆☆

第3章

确保对象的唯一性——单例模式

从本章开始，正式进入设计模式的学习。模式虽多，但难度不一，本章将要介绍的单例模式是结构最简单的设计模式。单例模式用于创建那些在软件系统中独一无二的对象，是一个简单但很实用的设计模式，本书将从它开始为大家逐一展现设计模式的魅力。

3.1 单例模式的动机

对于一个软件系统中的某些类而言，无须创建多个实例。举个大家都熟知的例子——Windows 任务管理器，如图 3-1 所示。可以做一个这样的尝试：在 Windows 任务栏的右键弹出菜单上多次单击“启动任务管理器”，看能否打开多个任务管理器窗口（**注：** 计算机中毒或私自修改 Windows 内核者除外）。在正常情况下，无论启动任务管理器多少次，Windows 系统始终只能弹出一个任务管理器窗口，也就是说，在一个 Windows 系统中，任务管理器存在唯一性。为什么要这样设计呢？可以从以下两个方面来分析：其一，如果能弹出多个窗口，且这些窗口的内容完全一致，全部是重复对象，这势必会浪费系统资源（任务管理器需要获取系统运行时的诸多信息，这些信息的获取需要消耗一定的系统资源，包括 CPU 资源及

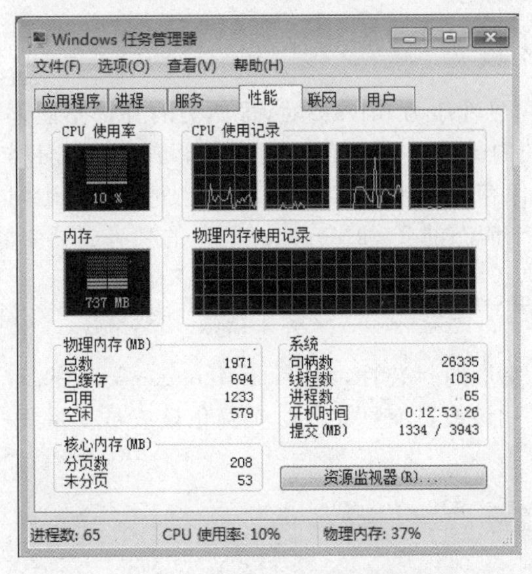

图 3-1 Windows 任务管理器

内存资源等)，而且根本没有必要显示多个内容完全相同的窗口；其二，如果弹出的多个窗口内容不一致，问题就更加严重了，这意味着在某一瞬间系统资源使用情况和进程、服务等信息存在多个状态，例如任务管理器窗口 A 显示“CPU 使用率”为 10%，窗口 B 显示“CPU 使用率”为 15%，到底哪个才是真实的呢？这会给用户带来误解，更不可取。由此可见，确保 Windows 任务管理器在系统中有且仅有一个非常重要。

在实际开发中也经常遇到类似的情况，为了节约系统资源，有时需要确保系统中某个类只有唯一一个实例，当这个唯一实例创建成功之后，无法再创建一个同类型的其他对象，所有的操作都只能基于这个唯一实例。为了确保对象的唯一性，可以通过单例模式来实现，这就是单例模式的动机所在。

3.2 单例模式概述

下面来模拟实现 Windows 任务管理器。假设任务管理器的类名为 TaskManager，在 TaskManager 类中包含了大量的成员方法，例如构造函数 TaskManager()，显示进程的方法 displayProcesses()，显示服务的方法 displayServices()等，该类的示意代码如下：

```
class TaskManager {
    public TaskManager() {…}                           //初始化窗口
    public void displayProcesses() {…}                 //显示进程
    public void displayServices() {…}                  //显示服务
…
}
```

为了实现 Windows 任务管理器的唯一性，通过以下 3 步对 TaskManager 类进行重构：

(1) 由于每次使用 new 关键字来实例化 TaskManager 类时都将产生一个新对象，为了确保 TaskManager 实例的唯一性，需要禁止类的外部直接使用 new 来创建对象，因此需要将 TaskManager 的构造函数的可见性改为 private，代码如下：

```
private TaskManager() {…}
```

(2) 将构造函数的可见性改为 private 后，虽然类的外部不能再使用 new 来创建对象，但是在 TaskManager 的内部还是可以创建对象的，可见性只对类外有效。因此，可以在 TaskManager 中创建并保存这个唯一实例。为了让外界可以访问这个唯一实例，需要在 TaskManager 中定义一个静态的 TaskManager 类型的私有成员变量，代码如下：

```
private static TaskManager tm = null;
```

(3) 为了保证成员变量的封装性，将 TaskManager 类型的 tm 对象的可见性设置为 private，但外界该如何使用该成员变量并何时实例化该成员变量呢？答案是增加一个公有的静态方法，代码如下：

```
public static TaskManager getInstance() {
    if (tm == null) {
        tm = new TaskManager();                //自行实例化
```

```
        }
        return tm;
    }
```

在 getInstance()方法中首先判断 tm 对象是否存在,如果不存在(即 tm == null 为 true),则使用 new 关键字创建一个新的 TaskManager 类型的 tm 对象,再返回新创建的 tm 对象;否则直接返回已有的 tm 对象。

需要注意的是 getInstance()方法的修饰符,首先它应该是一个 public 方法,以便外界其他对象使用;其次它使用了 static 关键字,即它是一个静态方法,在类外可以直接通过类名来访问,而无须创建 TaskManager 对象。事实上,在类外也无法创建 TaskManager 对象,因为构造函数是私有的。

思考

为什么要将成员变量 tm 定义为静态变量?

通过以上 3 个步骤,完成了一个最简单的单例类的设计,其完整代码如下:

```
class TaskManager {
    private static TaskManager tm = null;
    private TaskManager() { … }                      //初始化窗口
    public void displayProcesses() { … }             //显示进程
    public void displayServices() { … }              //显示服务

    public static TaskManager getInstance() {
        if (tm == null) {
            tm = new TaskManager();
        }
        return tm;
    }
    …
}
```

在类外无法直接创建新的 TaskManager 对象,但可以通过代码 TaskManager.getInstance()访问实例对象。第一次调用 getInstance()方法时将创建唯一实例,再次调用时将返回第一次创建的实例。

上述代码也是单例模式的一种最典型实现方式,有了以上基础,理解单例模式的定义和结构就非常容易了。单例模式定义如下:

> 单例模式(Singleton Pattern):确保某一个类只有一个实例,而且自行实例化并向整个系统提供这个实例,这个类称为单例类,它提供全局访问的方法。单例模式是一种对象创建型模式。

单例模式有 3 个要点:①某个类只能有一个实例;②它必须自行创建这个实例;③它必须自行向整个系统提供这个实例。

单例模式是结构最简单的设计模式,在它的核心结构中只包含一个被称为单例类的特殊类。单例模式结构如图 3-2 所示。

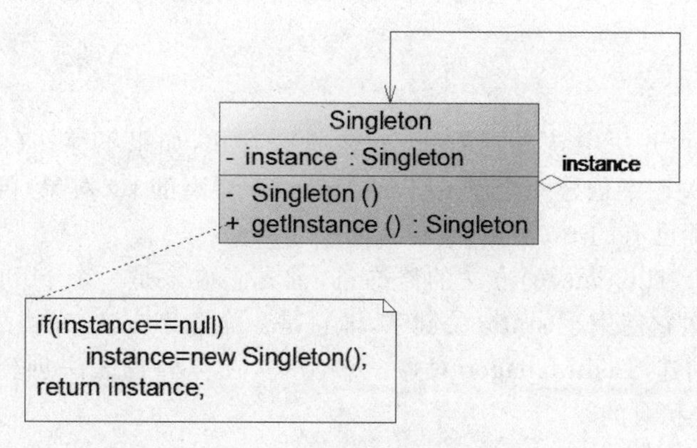

图 3-2 单例模式结构图

从图 3-2 可以看出，单例模式结构图中只包含一个单例角色。

Singleton（单例）：在单例类的内部实现只生成一个实例，同时它提供一个静态的 getInstance()方法，让客户可以访问它的唯一实例；为了防止在外部对单例类实例化，它的构造函数可见性为 private；在单例类内部定义了一个 Singleton 类型的静态对象，作为供外部共享访问的唯一实例。

3.3 负载均衡器的设计

Sunny 软件公司承接了一个服务器负载均衡（Load Balance）软件的开发工作，该软件运行在一台负载均衡服务器上，可以将并发访问和数据流量分发到服务器集群中的多台设备上进行并发处理，提高系统的整体处理能力，缩短响应时间。由于集群中的服务器需要动态删减，且客户端请求需要统一分发，因此需要确保负载均衡器的唯一性，即只能有一个负载均衡器来负责服务器的管理和请求的分发，否则将会带来服务器状态的不一致以及请求分配冲突等问题。如何确保负载均衡器的唯一性是该软件成功的关键。

Sunny 公司开发人员通过分析和权衡，决定使用单例模式来设计该负载均衡器，结构图如图 3-3 所示。

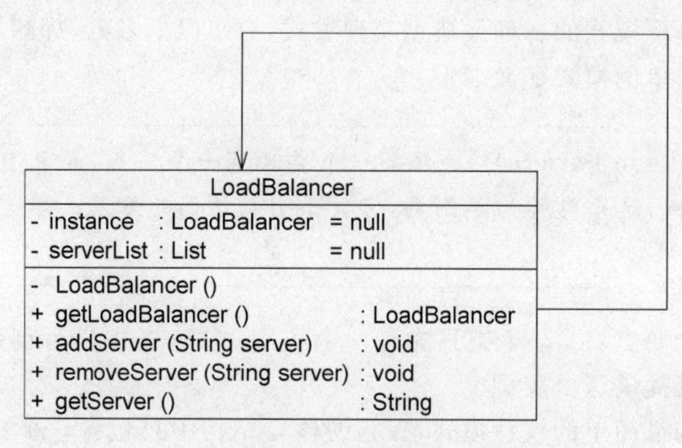

图 3-3 服务器负载均衡器结构图

在图 3-3 中，将负载均衡器 LoadBalancer 设计为单例类，其中包含一个存储服务器信息的集合 serverList，每次在 serverList 中随机选择一台服务器来响应客户端的请求，实现代码如下：

```
import java.util.*;

//负载均衡器 LoadBalancer: 单例类,真实环境下该类将非常复杂,包括大量初始化的工作和业务方
//法,考虑到代码的可读性和易理解性,只列出部分与模式相关的核心代码
class LoadBalancer {
    //私有静态成员变量,存储唯一实例
    private static LoadBalancer instance = null;
    //服务器集合
    private List serverList = null;

    //私有构造函数
    private LoadBalancer() {
        serverList = new ArrayList();
    }

    //公有静态成员方法,返回唯一实例
    public static LoadBalancer getLoadBalancer() {
        if (instance == null) {
            instance = new LoadBalancer();
        }
        return instance;
    }

    //增加服务器
    public void addServer(String server) {
        serverList.add(server);
    }

    //删除服务器
    public void removeServer(String server) {
        serverList.remove(server);
    }

    //使用 Random 类随机获取服务器
    public String getServer() {
        Random random = new Random();
        int i = random.nextInt(serverList.size());
        return (String)serverList.get(i);
    }
}
```

编写如下客户端测试代码：

```
class Client {
    public static void main(String args[]) {
```

```
        //创建 4 个 LoadBalancer 对象
        LoadBalancer balancer1,balancer2,balancer3,balancer4;
        balancer1 = LoadBalancer.getLoadBalancer();
        balancer2 = LoadBalancer.getLoadBalancer();
        balancer3 = LoadBalancer.getLoadBalancer();
        balancer4 = LoadBalancer.getLoadBalancer();

        //判断服务器负载均衡器是否相同
        if (balancer1 == balancer2 && balancer2 == balancer3 && balancer3 == balancer4) {
            System.out.println("服务器负载均衡器具有唯一性!");
        }

        //增加服务器
        balancer1.addServer("Server 1");
        balancer1.addServer("Server 2");
        balancer1.addServer("Server 3");
        balancer1.addServer("Server 4");

        //模拟客户端请求的分发
        for (int i = 0; i < 10; i++) {
            String server = balancer1.getServer();
            System.out.println("分发请求至服务器: " + server);
        }
    }
}
```

编译并运行程序,输出结果如下:

```
服务器负载均衡器具有唯一性!
分发请求至服务器: Server 1
分发请求至服务器: Server 3
分发请求至服务器: Server 4
分发请求至服务器: Server 2
分发请求至服务器: Server 3
分发请求至服务器: Server 2
分发请求至服务器: Server 3
分发请求至服务器: Server 4
分发请求至服务器: Server 4
分发请求至服务器: Server 1
```

虽然创建了 4 个 LoadBalancer 对象,但是它们实际上是同一个对象。因此,通过使用单例模式可以确保 LoadBalancer 对象的唯一性。

3.4 饿汉式单例与懒汉式单例的讨论

Sunny 公司开发人员使用单例模式实现了负载均衡器的设计,但是在实际使用中出现了一个非常严重的问题。当负载均衡器在启动过程中用户再次启动负载均衡器时,系统无任何异常，但当客户端提交请求时出现请求分发失败。通过仔细分析发现原来系统中还是存在多个负载均衡器对象，导致分发时目标服务器不一致，从而产生冲突。为什么会这样呢？Sunny 公司开发人员百思不得其解。

现在对负载均衡器的实现代码进行再次分析。当第一次调用 getLoadBalancer()方法创建并启动负载均衡器时，instance 对象为 null 值，因此系统将执行代码“instance = new LoadBalancer();”，在此过程中，由于要对 LoadBalancer 进行大量初始化工作，需要一段时间来创建 LoadBalancer 对象。而在此时，如果再一次调用 getLoadBalancer()方法（通常发生在多线程环境中），由于 instance 尚未创建成功，仍为 null 值，判断条件“instance == null”为真值，因此代码“instance = new LoadBalancer();”将再次执行，导致最终创建了多个 instance 对象，这违背了单例模式的初衷，也导致系统发生运行错误。

如何解决该问题？至少有两种解决方案。在正式介绍这两种解决方案之前，先介绍一下单例类的两种不同实现方式——饿汉式单例类（Eager Singleton）和懒汉式单例类（Lazy Singleton）。

1. 饿汉式单例类

饿汉式单例类是实现起来最简单的单例类，其结构图如图 3-4 所示。

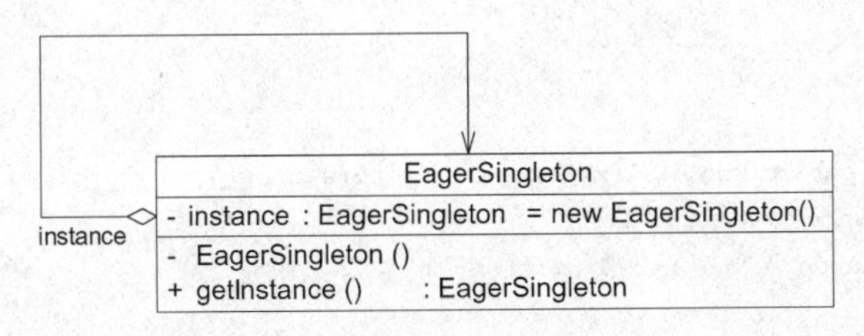

图 3-4　饿汉式单例结构图

从图 3-4 中可以看出，由于在定义静态变量的时候实例化单例类，因此在类加载时就已经创建了单例对象，代码如下：

```
class EagerSingleton {
    private static final EagerSingleton instance = new EagerSingleton();
    private EagerSingleton() { }

    public static EagerSingleton getInstance() {
        return instance;
    }
}
```

当类被加载时，静态变量 instance 会被初始化，此时类的私有构造函数会被调用，单例类的唯一实例将被创建。如果使用饿汉式单例来实现负载均衡器 LoadBalancer 类的设计，则不会出现创建多个单例对象的情况，可确保单例对象的唯一性。

2. 懒汉式单例类与线程锁定

除了饿汉式单例外，还有一种经典的懒汉式单例，也就是前面提到的负载均衡器

LoadBalancer 类的实现方式。懒汉式单例类结构图如图 3-5 所示。

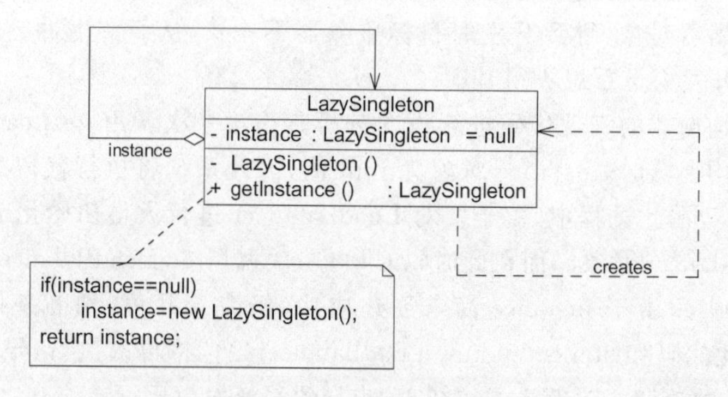

图 3-5 懒汉式单例结构图

从图 3-5 中可以看出，懒汉式单例在第一次调用 getInstance()方法时实例化，在类加载时并不自行实例化，这种技术又称为**延迟加载(Lazy Load)技术**，即需要的时候再加载实例。为了避免多个线程同时调用 getInstance()方法，可以使用关键字 synchronized，代码如下：

```
class LazySingleton {
    private static LazySingleton instance = null;

    private LazySingleton() { }

    synchronized public static LazySingleton getInstance() {
        if (instance == null) {
            instance = new LazySingleton();
        }
        return instance;
    }
}
```

该懒汉式单例类在 getInstance()方法前面增加了关键字 synchronized 进行线程锁定，以处理多个线程同时访问的问题。上述代码虽然解决了线程安全问题，但是每次调用 getInstance()时都需要进行线程锁定判断，在多线程高并发访问环境中，将会导致系统性能大大降低。如何既解决线程安全问题又不影响系统性能呢？继续对懒汉式单例进行改进。事实上，无须对整个 getInstance()方法进行锁定，只需锁定代码“instance = new LazySingleton();”即可。因此，getInstance()方法可以进行如下改进：

```
public static LazySingleton getInstance() {
    if (instance == null) {
        synchronized (LazySingleton.class) {
            instance = new LazySingleton();
        }
    }
    return instance;
}
```

问题貌似得以解决，事实并非如此。如果使用以上代码来创建单例对象，还是会存在单例对象不唯一。原因如下：

假如某一瞬间线程 A 和线程 B 都在调用 getInstance()方法，此时 instance 对象为 null 值，均能通过"instance == null"的判断。由于实现了 synchronized 加锁机制，线程 A 进入 synchronized 锁定的代码中执行实例创建代码，线程 B 处于排队等待状态，必须等待线程 A 执行完毕后才可以进入 synchronized 锁定代码。但当 A 执行完毕时，线程 B 并不知道实例已经创建，将继续创建新的实例，导致产生多个单例对象，违背单例模式的设计思想。因此需要进行进一步改进，在 synchronized 锁定代码中再进行一次"instance == null"判断，这种方式称为**双重检查锁定(Double-Check Locking)**。使用双重检查锁定实现的懒汉式单例类完整代码如下：

```
class LazySingleton {
    private volatile static LazySingleton instance = null;

    private LazySingleton() { }

    public static LazySingleton getInstance() {
        //第一重判断
        if (instance == null) {
            //锁定代码块
            synchronized (LazySingleton.class) {
                //第二重判断
                if (instance == null) {
                    instance = new LazySingleton();    //创建单例实例
                }
            }
        }
        return instance;
    }
}
```

需要注意的是，如果使用双重检查锁定来实现懒汉式单例类，需要在静态成员变量 instance 之前增加修饰符 volatile，被 volatile 修饰的成员变量可以确保多个线程都能够正确处理，且该代码只能在 JDK 1.5 及以上版本中才能正确执行。由于 volatile 关键字会屏蔽 Java 虚拟机所做的一些代码优化，可能会导致系统运行效率降低，因此即使使用双重检查锁定来实现单例模式也不是一种完美的实现方式。

扩展

IBM 公司高级软件工程师 Peter Haggar 2004 年在 IBM developerWorks 上发表了一篇名为《双重检查锁定及单例模式——全面理解这一失效的编程习语》的文章，对 JDK 1.5 之前的双重检查锁定及单例模式进行了全面分析和阐述，参考链接：http://www.ibm.com/developerworks/cn/java/j-dcl.html。

3. 饿汉式单例类与懒汉式单例类比较

饿汉式单例类在类被加载时就将自己实例化，它的优点在于无须考虑多线程访问问题，可以确保实例的唯一性；从调用速度和反应时间角度来讲，由于单例对象一开始就得以创建，因此要优于懒汉式单例。但是无论系统在运行时是否需要使用该单例对象，由于在类加载时该对象就需要创建，因此从资源利用效率角度来讲，饿汉式单例不及懒汉式单例，而且在系统加载时由于需要创建饿汉式单例对象，加载时间可能会比较长。

懒汉式单例类在第一次使用时创建，无须一直占用系统资源，实现了延迟加载。但是必须处理好多个线程同时访问的问题，特别是当单例类作为资源控制器，在实例化时必然涉及资源初始化，而资源初始化很有可能耗费大量时间，这意味着出现多线程同时首次引用此类的概率变得较大，需要通过双重检查锁定等机制进行控制，这将导致系统性能受到一定影响。

3.5 一种更好的单例实现方法

饿汉式单例类不能实现延迟加载，不管将来用不用，它始终占据内存；懒汉式单例类线程安全控制烦琐，而且性能受影响。可见，无论是饿汉式单例还是懒汉式单例都存在这样那样的问题。有没有一种方法，能够将两种单例的缺点都克服，而将两者的优点合二为一呢？答案是肯定的。下面来学习这种更好的被称为 Initialization on Demand Holder (IoDH)的技术。

实现 IoDH 时，需在单例类中增加一个**静态(static)内部类**，在该内部类中创建单例对象，再将该单例对象通过 getInstance()方法返回给外部使用，实现代码如下：

```
//Initialization on Demand Holder
class Singleton {
    private Singleton() {
    }

    private static class HolderClass {
        private final static Singleton instance = new Singleton();
    }

    public static Singleton getInstance() {
        return HolderClass.instance;
    }

    public static void main(String args[]) {
        Singleton s1, s2;
        s1 = Singleton.getInstance();
        s2 = Singleton.getInstance();
        System.out.println(s1 == s2);
    }
}
```

编译并运行上述代码，运行结果为：true，即创建的单例对象 s1 和 s2 为同一对象。由于静态单例对象没有作为 Singleton 的成员变量直接实例化，因此类加载时不会实例化 Singleton。第一次调用 getInstance()时将加载内部类 HolderClass，在该内部类中定义了一个 static 类型的变量 instance，此时会首先初始化这个成员变量，由 Java 虚拟机来保证其线程安全性，确保该成员变量只能初始化一次。由于 getInstance()方法没有被任何线程锁定，因此其性能不会造成任何影响。

通过使用 IoDH，既可以实现延迟加载，又可以保证线程安全，不影响系统性能。因此，IoDH 不失为一种最好的 Java 语言单例模式实现方式；其缺点是与编程语言本身的特性相关，很多面向对象语言不支持 IoDH。

练习

分别使用饿汉式单例、带双重检查锁定机制的懒汉式单例以及 IoDH 技术实现负载均衡器 LoadBalancer。

至此，3 种单例类的实现方式均已学习完毕，它们分别是饿汉式单例、懒汉式单例以及 IoDH。

3.6 单例模式总结

单例模式作为一种目标明确、结构简单、理解容易的设计模式，在软件开发中使用频率相当高，在很多应用软件和框架中都得以广泛应用。

1. 主要优点

单例模式的主要优点如下：

(1) 单例模式提供了对唯一实例的受控访问。因为单例类封装了它的唯一实例，所以它可以严格控制客户怎样以及何时访问它。

(2) 由于在系统内存中只存在一个对象，因此可以节约系统资源。对于一些需要频繁创建和销毁的对象，单例模式无疑可以提高系统的性能。

(3) 允许可变数目的实例。基于单例模式，开发人员可以进行扩展，使用与控制单例对象相似的方法来获得指定个数的实例对象，既节省系统资源，又解决了由于单例对象共享过多有损性能的问题。(**注**：自行提供指定数目实例对象的类可称之为多例类。)

2. 主要缺点

单例模式的主要缺点如下：

(1) 由于单例模式中没有抽象层，因此单例类的扩展有很大的困难。

(2) 单例类的职责过重，在一定程度上违背了单一职责原则。因为单例类既提供了业务方法，又提供了创建对象的方法(工厂方法)，将对象的创建和对象本身的功能耦合在一起。

(3) 现在很多面向对象语言(如 Java、C#)的运行环境都提供了自动垃圾回收技术，因此，如果实例化的共享对象长时间不被利用，系统会认为它是垃圾，会自动销毁并回收资源，下次利用时又将重新实例化，这将导致共享的单例对象状态的丢失。

3. 适用场景

在以下情况下可以考虑使用单例模式：

(1) 系统只需要一个实例对象。例如，系统要求提供一个唯一的序列号生成器或资源管理器，或者需要考虑资源消耗太大而只允许创建一个对象。

(2) 客户调用类的单个实例只允许使用一个公共访问点。除了该公共访问点，不能通过其他途径访问该实例。

思考

Sunny 软件公司开发人员欲创建一个数据库连接池，将指定个数的(如 2 个或 3 个)数据库连接对象存储在连接池中，客户端代码可以从池中随机取一个连接对象来连接数据库。试通过对单例类进行改造，设计一个能够自行提供指定个数实例对象的数据库连接类。

第4章

集中式工厂的实现——简单工厂模式

工厂模式是最常用的一类创建型设计模式。通常所说的工厂模式是指工厂方法模式，它也是使用频率最高的工厂模式，这在第 5 章将详细介绍。本章将要学习的简单工厂模式是工厂方法模式的“小弟”，它不属于 GoF 23 种设计模式，但在软件开发中应用也较为频繁，通常将它作为学习其他工厂模式的入门。此外，工厂方法模式还有一位“大哥”——抽象工厂模式，将在第 6 章进行介绍。这 3 种工厂模式各具特色，难度也逐个加大，在软件开发中都得到了广泛应用，成为面向对象软件中常用的对象创建工具。

4.1 图表库的设计

Sunny 软件公司欲基于 Java 语言开发一套图表库，该图表库可以为应用系统提供各种不同外观的图表，例如柱状图、饼状图、折线图等。Sunny 软件公司图表库设计人员希望为应用系统开发人员提供一套灵活易用的图表库，而且可以较为方便地对图表库进行扩展，以便能够在将来增加一些新类型的图表。

Sunny 软件公司图表库设计人员提出了一个初始设计方案，将所有图表的实现代码封装在一个 Chart 类中，其框架代码如下：

```
class Chart {
    private String type; //图表类型

    public Chart(Object[][] data, String type) {
        this.type = type;
        if (type.equalsIgnoreCase("histogram")) {
            //初始化柱状图
        }
        else if (type.equalsIgnoreCase("pie")) {
            //初始化饼状图
        }
        else if (type.equalsIgnoreCase("line")) {
            //初始化折线图
```

```
        }
    }

    public void display() {
        if (this.type.equalsIgnoreCase("histogram")) {
            //显示柱状图
        }
        else if (this.type.equalsIgnoreCase("pie")) {
            //显示饼状图
        }
        else if (this.type.equalsIgnoreCase("line")) {
            //显示折线图
        }
    }
}
```

客户端代码通过调用 Chart 类的构造函数来创建图表对象，根据参数 type 的不同可以得到不同类型的图表，然后再调用 display()方法来显示相应的图表。

不难看出，Chart 类是一个“巨大的”类，在该类的设计中存在以下几个问题：

(1) 在 Chart 类中包含很多“if…else…”代码块，整个类的代码相当冗长，代码越长，阅读难度、维护难度和测试难度也越大；而且大量条件语句的存在还将影响系统的性能，程序在执行过程中需要做大量的条件判断。

(2) Chart 类的职责过重，它负责初始化和显示所有的图表对象，将各种图表对象的初始化代码和显示代码集中在一个类中实现，违反了单一职责原则，不利于类的重用和维护；而且将大量的对象初始化代码都写在构造函数中将导致构造函数非常庞大，对象在创建时需要进行条件判断，降低了对象创建的效率。

(3) 当需要增加新类型的图表时，必须修改 Chart 类的源代码，违反了开闭原则。

(4) 客户端只能通过 new 关键字来直接创建 Chart 对象，Chart 类与客户端类耦合度较高，对象的创建和使用无法分离。

(5) 客户端在创建 Chart 对象之前可能还需要进行大量初始化设置，例如设置柱状图的颜色、高度等。如果在 Chart 类的构造函数中没有提供一个默认设置，那就只能由客户端来完成初始设置，这些代码在每次创建 Chart 对象时都会出现，导致代码的重复。

面对一个结构如此巨大、职责如此重，且与客户端代码耦合度非常高的类，应该怎么办？本章将要介绍的简单工厂模式将在一定程度上解决上述问题。

4.2 简单工厂模式概述

简单工厂模式并不属于 GoF 23 个经典设计模式，但通常将它作为学习其他工厂模式的基础，它的设计思想很简单，其基本流程如下：

首先将需要创建的各种不同对象(例如各种不同的 Chart 对象)的相关代码封装到不同的类中，这些类称为具体产品类，而将它们公共的代码进行抽象和提取后封装在一个抽象产品类中，每一个具体产品类都是抽象产品类的子类。然后提供一个工厂类用于创建各种产品，在工厂类中提供一个创建产品的工厂方法，该方法可以根据所传入的参数不同创建不同的具体产品对象。客户端只需调用工厂类的工厂方法并传入相应的参数即可得到一个产品对象。

简单工厂模式定义如下：

> **简单工厂模式**(**Simple Factory Pattern**)：定义一个工厂类，它可以根据参数的不同返回不同类的实例，被创建的实例通常都具有共同的父类。因为在简单工厂模式中用于创建实例的方法是静态(static)方法，因此简单工厂模式又被称为**静态工厂方法**(**Static Factory Method**)**模式**，它属于类创建型模式。

简单工厂模式的要点在于：当你需要什么，只需要传入一个正确的参数，就可以获取你所需要的对象，而无须知道其创建细节。

简单工厂模式结构比较简单，如图 4-1 所示，其核心是工厂类的设计。

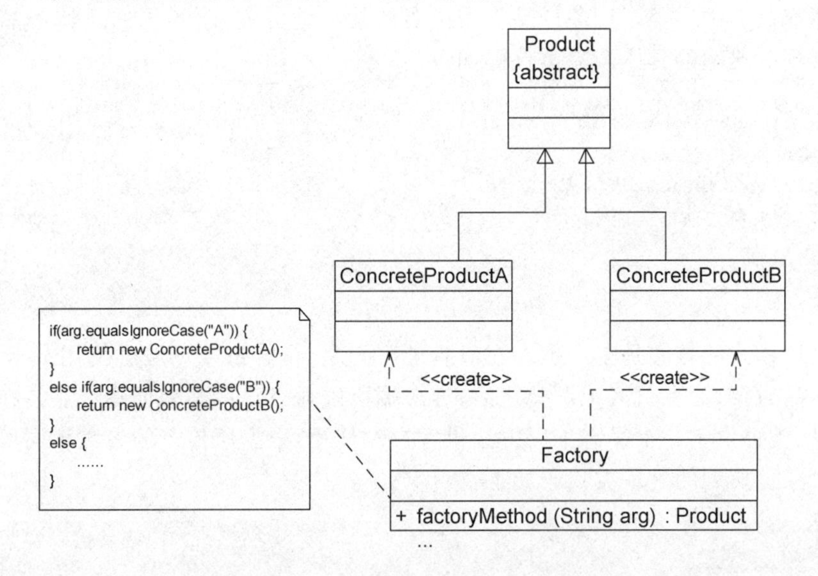

图 4-1　简单工厂模式结构图

从图 4-1 可以看出，在简单工厂模式结构图中包含以下 3 个角色。

(1) Factory(工厂角色)：即工厂类，它是简单工厂模式的核心，负责实现创建所有产品实例的内部逻辑。工厂类可以被外界直接调用，创建所需的产品对象。在工厂类中提供了静态的工厂方法 factoryMethod()，它的返回类型为抽象产品类型 Product。

(2) Product(抽象产品角色)：它是工厂类所创建的所有对象的父类，封装了各种产品对象的公有方法。抽象产品的引入将提高系统的灵活性，使得在工厂类中只需定义一个通用的工厂方法，因为所有创建的具体产品对象都是其子类对象。

(3) ConcreteProduct(具体产品角色)：它是简单工厂模式的创建目标，所有被创建的对象都充当这个角色的某个具体类的实例。每个具体产品角色都继承了抽象产品角色，需要实现在抽象产品中声明的抽象方法。

在简单工厂模式中，客户端通过工厂类来创建一个产品类的实例，而无须直接使用 new 关键字来创建对象，它是工厂模式家族中最简单的一员。

在使用简单工厂模式时，首先需要对产品类进行重构，不能设计一个包罗万象的产品类，而需根据实际情况设计一个产品层次结构。将所有产品类公共的代码移至抽象产品类,并在抽象产品类中声明一些抽象方法,以供不同的具体产品类来实现。典型的抽象产品类代码如下:

```
abstract class Product {
    //所有产品类的公共业务方法
    public void methodSame() {
        //公共方法的实现
    }

    //声明抽象业务方法
    public abstract void methodDiff();
}
```

在具体产品类中实现了抽象产品类中声明的抽象业务方法,不同的具体产品类可以提供不同的实现。典型的具体产品类代码如下:

```
class ConcreteProduct extends Product{
    //实现业务方法
    public void methodDiff() {
        //业务方法的实现
    }
}
```

简单工厂模式的核心是工厂类。在没有工厂类之前,客户端一般会使用 new 关键字来直接创建产品对象,而在引入工厂类之后,客户端可以通过工厂类来创建产品。在简单工厂模式中,工厂类提供了一个静态工厂方法供客户端使用,根据所传入的参数不同可以创建不同的产品对象。典型的工厂类代码如下:

```
class Factory {
    //静态工厂方法
    public static Product getProduct(String arg) {
        Product product = null;
        if (arg.equalsIgnoreCase("A")) {
            product = new ConcreteProductA();
            //初始化设置 product
        }
        else if (arg.equalsIgnoreCase("B")) {
            product = new ConcreteProductB();
            //初始化设置 product
        }
        return product;
    }
}
```

在客户端代码中,通过调用工厂类的工厂方法即可得到产品对象,典型代码如下:

```
class Client {
    public static void main(String args[]) {
```

```
        Product product;
        product = Factory.getProduct("A"); //通过工厂类创建产品对象
        product.methodSame();
        product.methodDiff();
    }
}
```

4.3 完整解决方案

为了将 Chart 类的职责分离，同时将 Chart 对象的创建和使用分离，Sunny 软件公司开发人员决定使用简单工厂模式对图表库进行重构，重构后的图表库结构如图 4-2 所示。

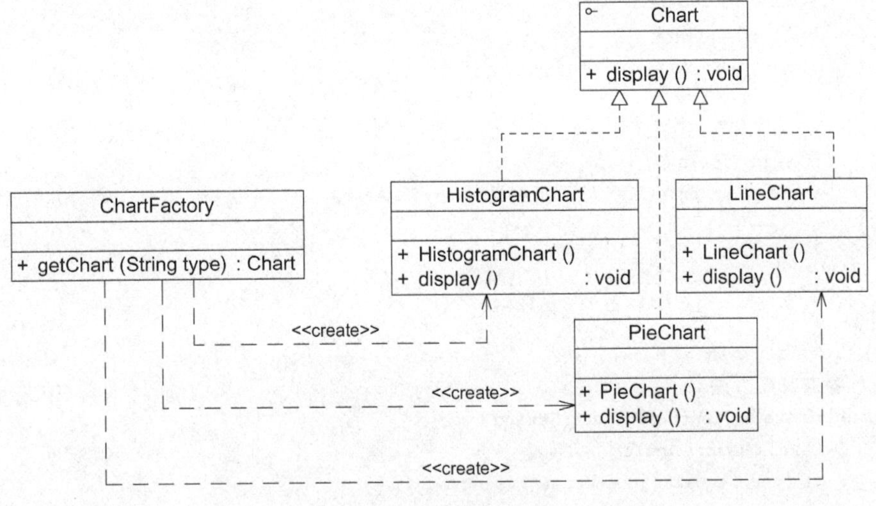

图 4-2　图表库结构图

在图 4-2 中，Chart 接口充当抽象产品类，其子类 HistogramChart、PieChart 和 LineChart 充当具体产品类，ChartFactory 充当工厂类。完整代码如下：

```
//抽象图表接口：抽象产品类
interface Chart {
    public void display();
}

//柱状图类：具体产品类
class HistogramChart implements Chart {
    public HistogramChart() {
        System.out.println("创建柱状图!");
    }

    public void display() {
        System.out.println("显示柱状图!");
    }
```

```
}

//饼状图类：具体产品类
class PieChart implements Chart {
    public PieChart() {
        System.out.println("创建饼状图!");
    }

    public void display() {
        System.out.println("显示饼状图!");
    }
}

//折线图类：具体产品类
class LineChart implements Chart {
    public LineChart() {
        System.out.println("创建折线图!");
    }

    public void display() {
        System.out.println("显示折线图!");
    }
}

//图表工厂类：工厂类
class ChartFactory {
    //静态工厂方法
    public static Chart getChart(String type) {
        Chart chart = null;
        if (type.equalsIgnoreCase("histogram")) {
            chart = new HistogramChart();
            System.out.println("初始化设置柱状图!");
        }
        else if (type.equalsIgnoreCase("pie")) {
            chart = new PieChart();
            System.out.println("初始化设置饼状图!");
        }
        else if (type.equalsIgnoreCase("line")) {
            chart = new LineChart();
            System.out.println("初始化设置折线图!");
        }
        return chart;
    }
}
```

编写如下客户端测试代码：

```
class Client {
    public static void main(String args[]) {
```

```
        Chart chart;
        chart = ChartFactory.getChart("histogram");     //通过静态工厂方法创建产品
        chart.display();
    }
}
```

编译并运行程序，输出结果如下：

```
创建柱状图!
初始化设置柱状图!
显示柱状图!
```

在客户端测试类中，使用工厂类的静态工厂方法创建产品对象。如果需要更换产品，只需修改静态工厂方法中的参数即可，例如将柱状图改为饼状图，只需将代码：

```
chart = ChartFactory.getChart("histogram");
```

改为：

```
chart = ChartFactory.getChart("pie");
```

编译并运行程序，输出结果如下：

```
创建饼状图!
初始化设置饼状图!
显示饼状图!
```

4.4　方案的改进

Sunny 软件公司开发人员发现在创建具体 Chart 对象时，每更换一个 Chart 对象都需要修改客户端代码中静态工厂方法的参数，客户端代码将要重新编译，这对于客户端而言，违反了开闭原则。有没有一种方法能够在不修改客户端代码的前提下更换具体产品对象呢？答案是肯定的。下面将介绍一种常用的实现方式。

可以将静态工厂方法的参数存储在 XML 或 properties 格式的配置文件中，如 config.xml，代码如下：

```
<?xml version = "1.0"?>
<config>
    <chartType>histogram</chartType>
</config>
```

再通过一个工具类 XMLUtil 来读取配置文件中的字符串参数。XMLUtil 类的代码如下：

```
import javax.xml.parsers.*;
import org.w3c.dom.*;
import org.xml.sax.SAXException;
import java.io.*;

public class XMLUtil {
    //该方法用于从 XML 配置文件中提取图表类型,并返回类型名
    public static String getChartType() {
        try {
            //创建文档对象
            DocumentBuilderFactory dFactory = DocumentBuilderFactory.newInstance();
            DocumentBuilder builder = dFactory.newDocumentBuilder();
            Document doc;
            doc = builder.parse(new File("config.xml"));

            //获取包含图表类型的文本节点
            NodeList nl = doc.getElementsByTagName("chartType");
            Node classNode = nl.item(0).getFirstChild();
            String chartType = classNode.getNodeValue().trim();
            return chartType;
        }
        catch(Exception e) {
            e.printStackTrace();
            return null;
        }
    }
}
```

在引入了配置文件和工具类 XMLUtil 之后,客户端代码修改如下:

```
class Client {
    public static void main(String args[]) {
        Chart chart;
        String type = XMLUtil.getChartType();      //读取配置文件中的参数
        chart = ChartFactory.getChart(type);       //创建产品对象
        chart.display();
    }
}
```

不难发现,在上述客户端代码中不包含任何与具体图表对象相关的信息。如果需要更换具体图表对象,只需修改配置文件 config.xml,无须修改任何源代码,符合开闭原则。

思考

在简单工厂模式中增加新的具体产品时是否符合开闭原则？如果不符合,原有系统需做出哪些修改？

4.5 创建对象与使用对象

与一个对象相关的职责通常有3类：对象本身所具有的职责、创建对象的职责和使用对象的职责。对象本身的职责比较容易理解，就是对象自身所具有的一些数据和行为，可通过一些公开的方法来实现其职责。在本节中，将简单讨论一下对象的创建职责和使用职责。

在Java语言中，通常有以下几种创建对象的方式：

(1) 使用new关键字直接创建对象。

(2) 通过反射机制创建对象(第5章将学习此方式)。

(3) 通过clone()方法创建对象(第7章将学习此方式)。

(4) 通过工厂类创建对象。

毫无疑问，在客户端代码中直接使用new关键字是最简单的一种创建对象的方式，但是它的灵活性较差，下面通过一个简单的示例来加以说明：

```
class LoginAction {
    private UserDAO udao;

    public LoginAction() {
        udao = new JDBCUserDAO();         //创建对象
    }

    public void execute() {
        //其他代码
        udao.findUserById();              //使用对象
        //其他代码
    }
}
```

在LoginAction类中定义了一个UserDAO类型的对象udao，在LoginAction的构造函数中创建了JDBCUserDAO类型的udao对象，并在execute()方法中调用了udao对象的findUserById()方法，这段代码看上去并没有什么问题。下面来分析一下LoginAction和UserDAO之间的关系。LoginAction类负责创建了一个UserDAO子类的对象并使用UserDAO的方法来完成相应的业务处理。也就是说，LoginAction既负责udao的创建，又负责udao的使用，创建对象和使用对象的职责耦合在一起，这样的设计会导致一个很严重的问题：如果在LoginAction中希望能够使用UserDAO的另一个子类如HibernateUserDAO类型的对象，必须修改LoginAction类的源代码，违反了开闭原则。如何解决该问题？

最常用的一种解决方法是将udao对象的创建职责从LoginAction类中移除，在LoginAction类之外创建对象。那么谁来负责创建UserDAO对象呢？答案是：工厂类。通过引入工厂类，客户类(如LoginAction)不涉及对象的创建，对象的创建者也不会涉及对象的使用。引入工厂类UserDAOFactory之后的结构如图4-3所示。

工厂类的引入将降低因为产品或工厂类改变所带来的维护工作量。如果UserDAO的某个子类的构造函数发生改变或者需要添加或移除不同的子类，只要维护

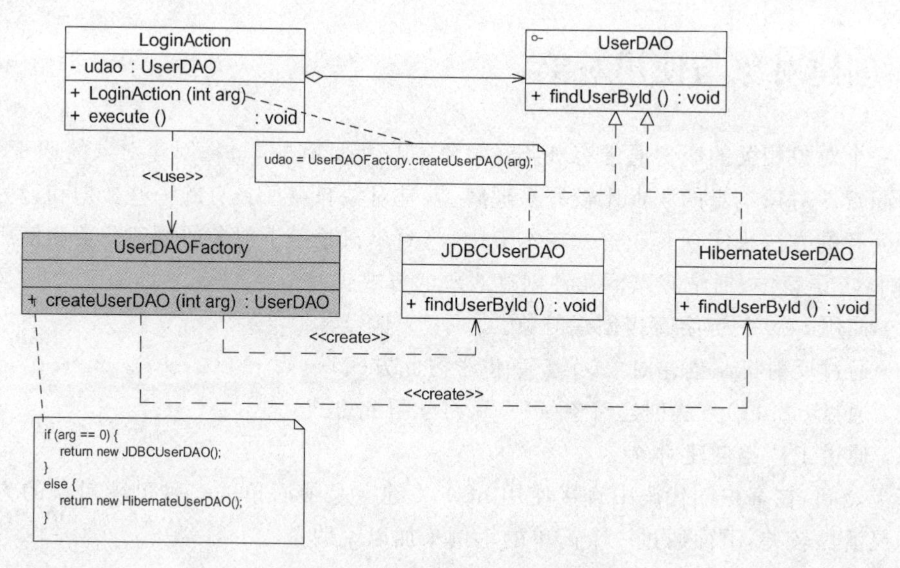

图 4-3　引入工厂类之后的结构图

UserDAOFactory 的代码，而不会影响到 LoginAction。如果 UserDAO 的接口发生改变，例如添加、移除方法或改变方法名，只需要修改 LoginAction，不会给 UserDAOFactory 带来任何影响。

所有的工厂模式都强调一点：两个类 A 和 B 之间的关系应该仅仅是 A 创建 B 或是 A 使用 B，而不能两种关系都有。将对象的创建和使用分离，也使得系统更加符合单一职责原则，有利于对功能的复用和系统的维护。

此外，将对象的创建和使用分离还有一个好处：防止用来实例化一个类的数据和代码在多个类中到处都是，可以将有关创建的知识搬移到一个工厂类中，这在 Joshua Kerievsky 的《重构与模式》一书中有专门的一节来进行介绍。因为有时候创建一个对象不只是简单调用其构造函数，还需要设置一些参数，可能还需要配置环境。如果将这些代码散落在每一个创建对象的客户类中，势必会出现代码重复、创建蔓延的问题，而这些客户类其实无须承担对象的创建工作，只需使用已创建好的对象就可以了。此时，可以引入工厂类来封装对象的创建逻辑和客户代码的实例化/配置选项。

使用工厂类还有一个“不是特别明显的”优点，一个类可能拥有多个构造函数，而在 Java、C# 等语言中构造函数名字都与类名相同，客户端只能通过传入不同的参数来调用不同的构造函数创建对象，从构造函数和参数列表中也许大家根本不了解不同构造函数所构造的产品的差异。但如果将对象的创建过程封装在工厂类中，可以提供一系列名字完全不同的工厂方法，每一个工厂方法对应一个构造函数，客户端可以以一种更加可读、易懂的方式来创建对象。而且，从一组工厂方法中选择一个意义明确的工厂方法，比从一组名称相同参数不同的构造函数中选择一个构造函数要方便很多，如图 4-4 所示。

在图 4-4 中，矩形工厂类 RectangleFactory 提供了两个工厂方法 createRectangle()和 createSquare()，一个用于创建长方形，一个用于创建正方形，这两个方法比直接通过构造函数来创建长方形或正方形对象意义更加明确，也在一定程度上降低了客户端调用时出错的概率。

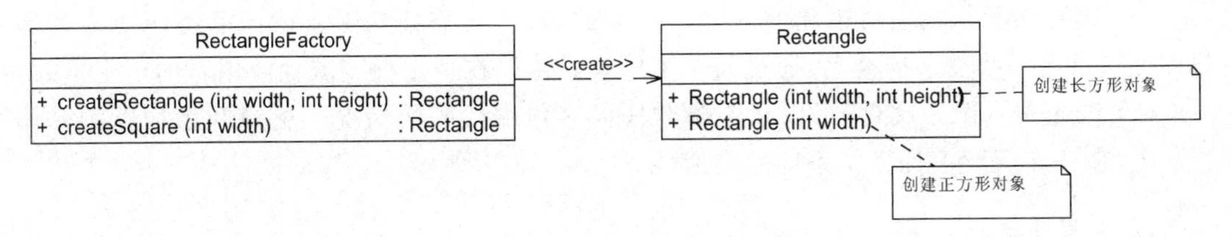

图 4-4 矩形工厂与矩形类

那么,是否需要为设计中的每一个类都配备一个工厂类?答案是:具体情况具体分析。如果产品类很简单,而且不存在太多变数,其构造过程也很简单,此时无须为其提供工厂类,直接在使用之前实例化即可。例如 Java 语言中的 String 类,就无须为它专门提供一个 StringFactory。若为每一个类都配备一个工厂类,会导致工厂泛滥,增加系统的复杂度。

注: 以上关于创建对象和使用对象的讨论适用于各种工厂模式,包括第 5 章将要介绍的工厂方法模式和第 6 章将要介绍的抽象工厂模式。

4.6 简单工厂模式的简化

有时候,为了简化简单工厂模式,可以将抽象产品类和工厂类合并,将静态工厂方法移至抽象产品类中,如图 4-5 所示。

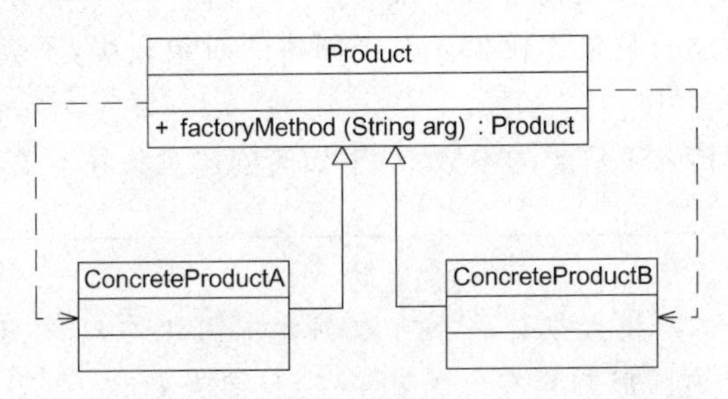

图 4-5 简化的简单工厂模式

在图 4-5 中,客户端可以通过产品父类的静态工厂方法,根据参数的不同创建不同类型的产品子类对象,这种做法在 JDK 等类库和框架中也广泛存在。

4.7 简单工厂模式总结

简单工厂模式提供了专门的工厂类用于创建对象,将对象的创建和对象的使用分离开,它作为一种最简单的工厂模式在软件开发中得到了较为广泛的应用。

1. 主要优点

简单工厂模式的主要优点如下:

(1) 工厂类包含必要的判断逻辑,可以决定在什么时候创建哪一个产品类的实例。客户端可以免除直接创建产品对象的职责,而仅仅"消费"产品。简单工厂模式实现了对象创建和使用的分离。

(2) 客户端无须知道所创建的具体产品类的类名，只需要知道具体产品类所对应的参数即可。对于一些复杂的类名，通过简单工厂模式可以在一定程度减少使用者的记忆量。

(3) 通过引入配置文件，可以在不修改任何客户端代码的情况下更换和增加新的具体产品类，在一定程度上提高了系统的灵活性。

2. 主要缺点

简单工厂模式的主要缺点如下：

(1) 由于工厂类集中了所有产品的创建逻辑，职责过重，一旦不能正常工作，整个系统都要受到影响。

(2) 使用简单工厂模式势必会增加系统中类的个数（引入了新的工厂类），增加了系统的复杂度和理解难度。

(3) 系统扩展困难。一旦添加新产品就不得不修改工厂逻辑，在产品类型较多时，有可能造成工厂逻辑过于复杂，不利于系统的扩展和维护。

(4) 简单工厂模式由于使用了静态工厂方法，造成工厂角色无法形成基于继承的等级结构。

3. 适用场景

在以下情况下可以考虑使用简单工厂模式：

(1) 工厂类负责创建的对象比较少。由于创建的对象较少，不会造成工厂方法中的业务逻辑太过复杂。

(2) 客户端只知道传入工厂类的参数，对于如何创建对象并不关心。

练习

使用简单工厂模式设计一个可以创建不同几何形状（如圆形、方形和三角形等）的绘图工具，每个几何图形都具有绘制 draw()和擦除 erase()两个方法，要求在绘制不支持的几何图形时，提示一个 UnSupportedShapeException。

第5章

多态工厂的实现——工厂方法模式

简单工厂模式虽然简单，但存在一个很严重的问题：当系统中需要引入新产品时，由于静态工厂方法通过所传入参数的不同来创建不同的产品，这必定要修改工厂类的源代码，将违背开闭原则。如何实现增加新产品而不影响已有代码？工厂方法模式为此应运而生。本章将介绍第 2 种工厂模式——工厂方法模式。

5.1 日志记录器的设计

Sunny 软件公司欲开发一个系统运行日志记录器(Logger)，该记录器可以通过多种途径保存系统的运行日志，例如通过文件记录或数据库记录，用户可以通过修改配置文件灵活地更换日志记录方式。在设计各类日志记录器时，Sunny 公司的开发人员发现需要对日志记录器进行一些初始化工作，初始化参数的设置过程较为复杂，而且某些参数的设置有严格的先后次序，否则可能会发生记录失败。如何封装记录器的初始化过程并保证多种记录器切换的灵活性是 Sunny 公司开发人员面临的一个难题。

Sunny 公司的开发人员通过对该需求进行分析，发现该日志记录器有如下两个设计要点：

(1) 需要封装日志记录器的初始化过程，这些初始化工作较为复杂。例如需要初始化其他相关的类，还有可能需要配置工作环境(例如连接数据库或创建文件)，导致代码较长。如果将它们都写在构造函数中，会导致构造函数庞大，不利于代码的修改和维护。

(2) 用户可能需要更换日志记录方式，在客户端代码中需要提供一种灵活的方式来选择日志记录器，尽量在不修改源代码的基础上更换或者增加日志记录方式。

Sunny 公司开发人员最初使用简单工厂模式对日志记录器进行了设计，初始结构如图 5-1 所示。

在图 5-1 中，LoggerFactory 充当创建日志记录器的工厂，提供了工厂方法 createLogger()用于创建日志记录器，Logger 是抽象日志记录器接口，其子类为具体日志记录器。其中，工厂类 LoggerFactory 代码片段如下：

```
//日志记录器工厂
class LoggerFactory {
```

```
    //静态工厂方法
    public static Logger createLogger(String args) {
        if(args.equalsIgnoreCase("db")) {
            //连接数据库,代码省略
            //创建数据库日志记录器对象
            Logger logger = new DatabaseLogger();
            //初始化数据库日志记录器,代码省略
            return logger;
        }
        else if(args.equalsIgnoreCase("file")) {
            //创建日志文件,代码省略
            //创建文件日志记录器对象
            Logger logger = new FileLogger();
            //初始化文件日志记录器,代码省略
            return logger;
        }
        else {
            return null;
        }
    }
}
```

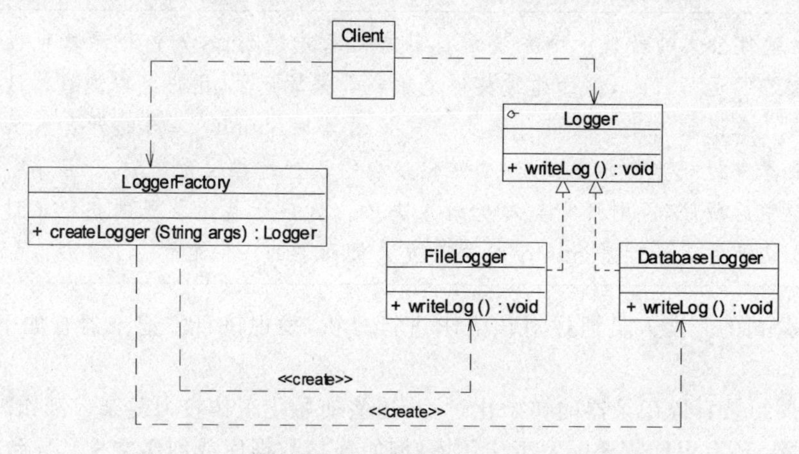

图 5-1　基于简单工厂模式设计的日志记录器结构图

为了突出设计重点,上述代码进行了简化,省略了具体日志记录器类的初始化代码。在 LoggerFactory 类中提供了静态工厂方法 createLogger(),用于根据所传入的参数创建各种不同类型的日志记录器。通过使用简单工厂模式,将日志记录器对象的创建和使用分离,客户端只需使用由工厂类创建的日志记录器对象即可,无须关心对象的创建过程。

但是,虽然简单工厂模式实现了对象的创建和使用分离,仍然存在以下两个问题:

(1) 工厂类过于庞大,包含了大量的 if…else…代码,导致维护和测试难度增大。

(2) 系统扩展不灵活,如果增加新类型的日志记录器,必须修改静态工厂方法的业务逻辑,违反了开闭原则。

如何解决这两个问题并提供一种简单工厂模式的改进方案呢?这就是本章所要介绍的

工厂方法模式的动机之一。

5.2　工厂方法模式概述

在简单工厂模式中只提供一个工厂类，该工厂类处于对产品类进行实例化的中心位置，它需要知道每个产品对象的创建细节，并决定何时实例化哪一个产品类。简单工厂模式最大的缺点是当有新产品要加入系统中时，必须修改工厂类，需要在其中加入必要的业务逻辑，这违背了开闭原则。此外，在简单工厂模式中，所有的产品都由同一个工厂创建，工厂类职责较重，业务逻辑较为复杂，具体产品与工厂类之间的耦合度高，严重影响了系统的灵活性和扩展性，而工厂方法模式则可以很好地解决这一问题。

在工厂方法模式中，不再提供一个统一的工厂类来创建所有的产品对象，而是针对不同的产品提供不同的工厂，系统提供一个与产品等级结构对应的工厂等级结构。工厂方法模式定义如下：

> **工厂方法模式(Factory Method Pattern)**：定义一个用于创建对象的接口，让子类决定将哪一个类实例化。工厂方法模式让一个类的实例化延迟到其子类。工厂方法模式又简称为**工厂模式(Factory Pattern)**，又可称作**虚拟构造器模式(Virtual Constructor Pattern)**或**多态工厂模式(Polymorphic Factory Pattern)**。工厂方法模式是一种类创建型模式。

工厂方法模式提供一个抽象工厂接口来声明抽象工厂方法，而由其子类来具体实现工厂方法，创建具体的产品对象。工厂方法模式结构如图 5-2 所示。

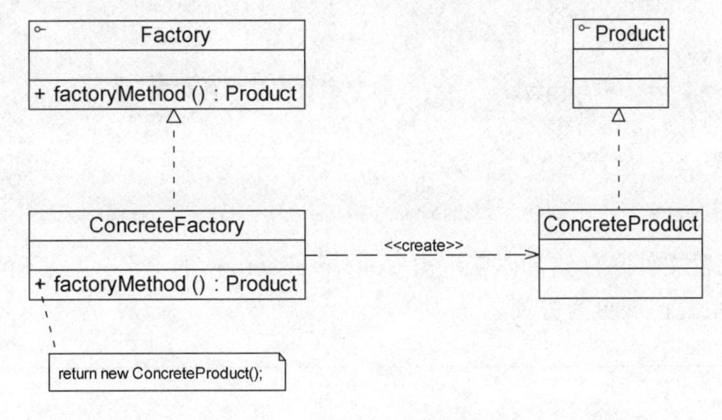

图 5-2　工厂方法模式结构图

从图 5-2 可以看出，在工厂方法模式结构图中包含以下 4 个角色。

(1) Product(抽象产品)：它是定义产品的接口，是工厂方法模式所创建对象的超类型，也就是产品对象的公共父类。

(2) ConcreteProduct(具体产品)：它实现了抽象产品接口，某种类型的具体产品由专门的具体工厂创建，具体工厂和具体产品之间一一对应。

(3) Factory(抽象工厂)：在抽象工厂类中，声明了工厂方法(Factory Method)，用于返回一个产品。抽象工厂是工厂方法模式的核心,所有创建对象的工厂类都必须实现该接口。

(4) ConcreteFactory(具体工厂):它是抽象工厂类的子类,实现了抽象工厂中定义的工厂方法,并可由客户端调用,返回一个具体产品类的实例。

与简单工厂模式相比,工厂方法模式最重要的区别是引入了抽象工厂角色。抽象工厂可以是接口,也可以是抽象类或者具体类,其典型代码如下:

```
interface Factory {
    public Product factoryMethod();
}
```

在抽象工厂中声明了工厂方法但并未实现工厂方法,具体产品对象的创建由其子类负责。客户端针对抽象工厂编程,可在运行时再指定具体工厂类。具体工厂类实现了工厂方法,不同的具体工厂可以创建不同的具体产品,其典型代码如下:

```
class ConcreteFactory implements Factory {
    public Product factoryMethod() {
        return new ConcreteProduct();
    }
}
```

在实际使用时,具体工厂类在实现工厂方法时除了创建具体产品对象之外,还可以负责产品对象的初始化工作以及一些资源和环境配置工作,例如连接数据库、创建文件等。

在客户端代码中,只需关心工厂类即可。不同的具体工厂可以创建不同的产品,典型的客户端类代码片段如下:

```
…
Factory factory;
factory = new ConcreteFactory();          //可通过配置文件实现
Product product;
product = factory.factoryMethod();
…
```

可以通过配置文件来存储具体工厂类 ConcreteFactory 的类名,更换新的具体工厂时无须修改源代码,系统扩展更为方便。

思考

工厂方法模式中的工厂方法能否为静态方法?为什么?

5.3 完整解决方案

Sunny 公司开发人员决定使用工厂方法模式来设计日志记录器,其基本结构如图 5-3 所示。

在图 5-3 中,Logger 接口充当抽象产品,其子类 FileLogger 和 DatabaseLogger 充当具体产

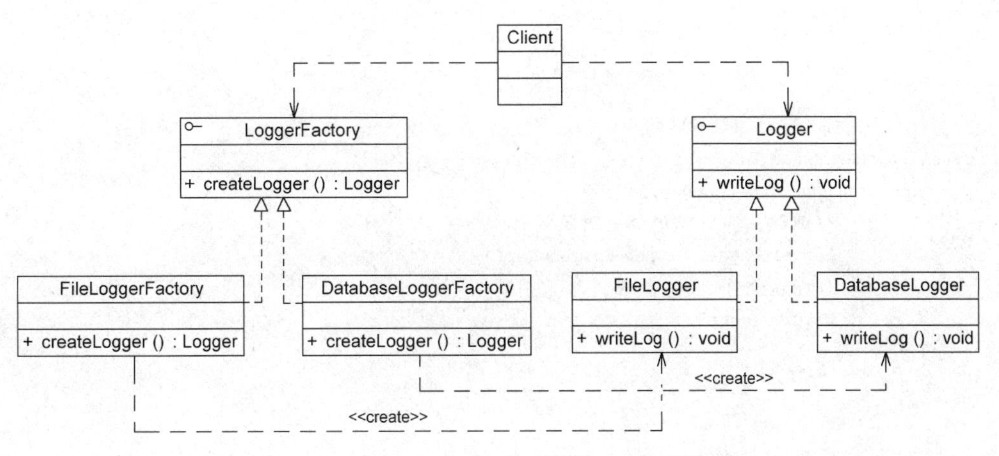

图 5-3 使用工厂方法模式设计的日志记录器结构图

品。LoggerFactory 接口充当抽象工厂,其子类 FileLoggerFactory 和 DatabaseLoggerFactory 充当具体工厂。完整代码如下:

```
//日志记录器接口:抽象产品
interface Logger {
    public void writeLog();
}

//数据库日志记录器:具体产品
class DatabaseLogger implements Logger {
    public void writeLog() {
        System.out.println("数据库日志记录。");
    }
}

//文件日志记录器:具体产品
class FileLogger implements Logger {
    public void writeLog() {
        System.out.println("文件日志记录。");
    }
}

//日志记录器工厂接口:抽象工厂
interface LoggerFactory {
    public Logger createLogger();
}

//数据库日志记录器工厂类:具体工厂
class DatabaseLoggerFactory implements LoggerFactory {
    public Logger createLogger() {
            //连接数据库,代码省略
            //创建数据库日志记录器对象
            Logger logger = new DatabaseLogger();
            //初始化数据库日志记录器,代码省略
            return logger;
```

```
    }
}

//文件日志记录器工厂类:具体工厂
class FileLoggerFactory implements LoggerFactory {
    public Logger createLogger() {
            //创建文件日志记录器对象
            Logger logger = new FileLogger();
            //创建文件,代码省略
            return logger;
    }
}
```

编写如下客户端测试代码:

```
class Client {
    public static void main(String args[]) {
        LoggerFactory factory;
        Logger logger;
        factory = new FileLoggerFactory();     //可引入配置文件实现
        logger = factory.createLogger();
        logger.writeLog();
    }
}
```

编译并运行程序,输出结果如下:

```
文件日志记录。
```

5.4 反射与配置文件

为了让系统具有更好的灵活性和可扩展性,Sunny 公司开发人员决定对日志记录器客户端代码进行重构,使得可以在不修改任何客户端代码的基础上更换或增加新的日志记录方式。

在客户端代码中将不再使用 new 关键字来创建工厂对象,而是将具体工厂类的类名存储在配置文件(例如 XML 文件)中,通过读取配置文件获取类名字符串,再使用 Java 的反射机制,根据类名字符串生成对象。在整个实现过程中需要用到两个技术: Java 反射机制与配置文件读取。软件系统的配置文件通常为 XML 文件,可以使用 DOM (Document Object Model)、SAX (Simple API for XML)、StAX (Streaming API for XML)等技术来处理 XML 文件。关于 DOM、SAX、StAX 等技术的详细学习,大家可以参考其他相关资料,在此不予扩展。

扩展

关于 Java 与 XML 的相关资料,大家可以阅读 Tom Myers 和 Alexander Nakhimovsky 所著的《Java XML 编程指南》一书。

Java 反射(**Java Reflection**)是指在程序运行时获取已知名称的类或已有对象的相关信息的一种机制，包括类的方法、属性、父类等信息，还包括实例的创建和实例类型的判断等。在反射中使用最多的类是 Class。Class 类的实例表示正在运行的 Java 应用程序中的类和接口，其 forName(String className)方法可以返回与带有给定字符串名的类或接口相关联的 Class 对象，再通过 Class 对象的 newInstance()方法创建此对象所表示的类的一个新实例，即通过一个类名字符串得到类的实例。例如创建一个字符串类型的对象，其代码如下：

```
//通过类名生成实例对象并将其返回
Class c = Class.forName("String");
Object obj = c.newInstance();
return obj;
```

此外，在 JDK 中还提供了 java.lang.reflect 包，封装了其他与反射相关的类，在本书中只用到上述简单的反射代码，在此不予扩展。

Sunny 公司开发人员创建了如下 XML 格式的配置文件 config.xml 用于存储具体日志记录器工厂类类名：

```
<!-- config.xml -->
<?xml version = "1.0"?>
<config>
    <className>FileLoggerFactory</className>
</config>
```

为了读取该配置文件并通过存储在其中的类名字符串反射生成对象，Sunny 公司开发人员开发了一个名为 XMLUtil 的工具类，其详细代码如下：

```
//工具类 XMLUtil.java
import javax.xml.parsers.*;
import org.w3c.dom.*;
import org.xml.sax.SAXException;
import java.io.*;

public class XMLUtil {
//该方法用于从 XML 配置文件中提取具体类类名,并返回一个实例对象
    public static Object getBean() {
        try {
            //创建 DOM 文档对象
            DocumentBuilderFactory dFactory = DocumentBuilderFactory.newInstance();
            DocumentBuilder builder = dFactory.newDocumentBuilder();
            Document doc;
            doc = builder.parse(new File("config.xml"));

            //获取包含类名的文本节点
```

```
                NodeList nl = doc.getElementsByTagName("className");
                Node classNode = nl.item(0).getFirstChild();
                String cName = classNode.getNodeValue();

                //通过类名生成实例对象并将其返回
                Class c = Class.forName(cName);
                Object obj = c.newInstance();
                return obj;
            }
            catch(Exception e) {
                e.printStackTrace();
                return null;
            }
        }
}
```

注：在后续的设计模式学习过程中将多次重用该类。

有了 XMLUtil 类后，可以对日志记录器的客户端代码进行修改，不再直接使用 new 关键字来创建具体的工厂类，而是将具体工厂类的类名存储在 XML 文件中，再通过 XMLUtil 类的静态工厂方法 getBean()方法进行对象的实例化。客户端代码修改如下：

```
class Client {
    public static void main(String args[]) {
        LoggerFactory factory;
        Logger logger;
        factory = (LoggerFactory)XMLUtil.getBean();     //getBean()的返回类型为 Object,
                                                         //需要进行强制类型转换
        logger = factory.createLogger();
        logger.writeLog();
    }
}
```

引入 XMLUtil 类和 XML 配置文件后，如果要增加新的日志记录方式，只需要执行如下几个步骤：

(1) 新的日志记录器需要继承抽象日志记录器 Logger。

(2) 对应增加一个新的具体日志记录器工厂，继承抽象日志记录器工厂 LoggerFactory，并实现其中的工厂方法 createLogger()，设置好初始化参数和环境变量，返回具体日志记录器对象。

(3) 修改配置文件 config.xml，用新增的具体日志记录器工厂类的类名字符串替换原有工厂类类名字符串。

(4) 编译新增的具体日志记录器类和具体日志记录器工厂类，运行客户端测试类即可使用新的日志记录方式，而原有类库代码无须做任何修改，完全符合开闭原则。

通过上述重构可以使得系统更加灵活，由于很多设计模式都关注系统的可扩展性和灵活性，因此都定义了抽象层，在抽象层中声明业务方法，而将业务方法的实现放在实现层中。为了更好地体现这些设计模式的特点，本书在讲解很多设计模式时都使用 XML 配置文件和 Java 反射机制来创建对象。

思考

有人说：可以在客户端代码中直接通过反射机制来生成产品对象。在定义产品对象时使用抽象类型，同样可以确保系统的灵活性和可扩展性。增加新的具体产品类无须修改源代码，只需要将其作为抽象产品类的子类再修改配置文件即可，根本不需要抽象工厂类和具体工厂类。

试思考：这种做法是否可行？如果可行，这种做法是否存在问题？为什么？

5.5　重载的工厂方法

Sunny 公司开发人员通过进一步分析，发现可以通过多种方式来初始化日志记录器。例如可以为各种日志记录器提供默认实现；还可以为数据库日志记录器提供数据库连接字符串，为文件日志记录器提供文件路径；也可以将参数封装在一个 Object 类型的对象中，通过 Object 对象将配置参数传入工厂类。此时，可以提供一组重载的工厂方法，以不同的方式对产品对象进行创建，如图 5-4 所示。当然，对于同一个具体工厂而言，无论使用哪个工厂方法，创建的产品类型均要相同。

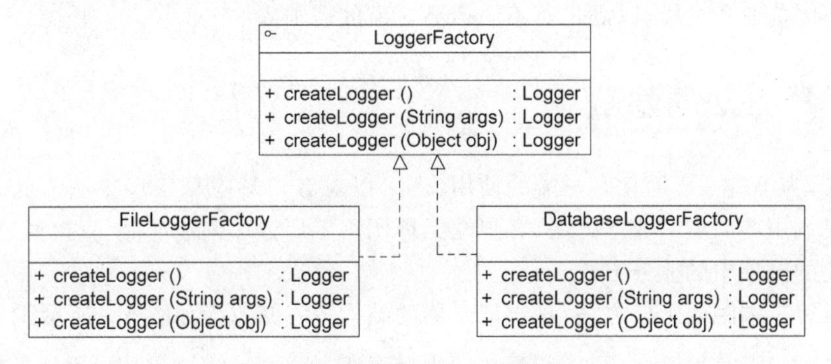

图 5-4　重载的工厂方法结构图

引入重载方法后，抽象工厂 LoggerFactory 的代码修改如下：

```
interface LoggerFactory {
    public Logger createLogger();
    public Logger createLogger(String args);
    public Logger createLogger(Object obj);
}
```

具体工厂类 DatabaseLoggerFactory 代码修改如下：

```
class DatabaseLoggerFactory implements LoggerFactory {
    public Logger createLogger() {
            //使用默认方式连接数据库,代码省略
            Logger logger = new DatabaseLogger();
```

```
            //初始化数据库日志记录器,代码省略
            return logger;
        }

        public Logger createLogger(String args) {
            //使用参数 args 作为连接字符串来连接数据库,代码省略
            Logger logger = new DatabaseLogger();
            //初始化数据库日志记录器,代码省略
            return logger;
        }

        public Logger createLogger(Object obj) {
            //使用封装在参数 obj 中的连接字符串来连接数据库,代码省略
            Logger logger = new DatabaseLogger();
            //使用封装在参数 obj 中的数据来初始化数据库日志记录器,代码省略
            return logger;
        }
    }

    //其他具体工厂类代码省略
```

在抽象工厂中定义多个重载的工厂方法,在具体工厂中实现了这些工厂方法,这些方法可以包含不同的业务逻辑,以满足对不同产品对象的需求。

5.6 工厂方法的隐藏

有时候,为了进一步简化客户端的使用,还可以对客户端隐藏工厂方法。此时,在工厂类中将直接调用产品类的业务方法,客户端无须调用工厂方法创建产品,直接通过工厂即可使用所创建的对象中的业务方法。

如果对客户端隐藏工厂方法,日志记录器的结构图将修改为如图 5-5 所示。

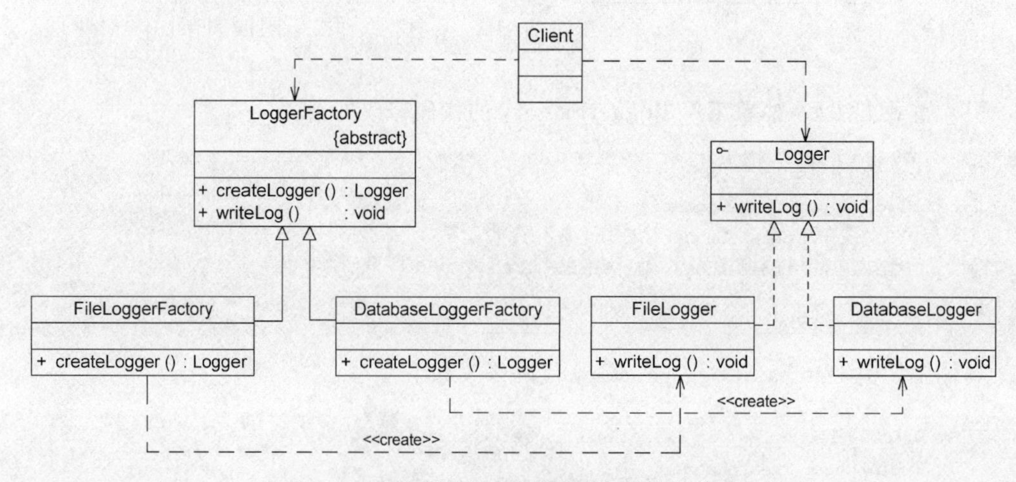

图 5-5 隐藏工厂方法后的日志记录器结构图

在图 5-5 中，抽象工厂类 LoggerFactory 的代码修改如下：

```
//改为抽象类
abstract class LoggerFactory {
    //在工厂类中直接调用日志记录器类的业务方法 writeLog()
    public void writeLog() {
        Logger logger = this.createLogger();
        logger.writeLog();
    }

    public abstract Logger createLogger();
}
```

客户端代码修改如下：

```
class Client {
    public static void main(String args[]) {
        LoggerFactory factory;
        factory = (LoggerFactory)XMLUtil.getBean();
        factory.writeLog();      //直接使用工厂对象来调用产品对象的业务方法
    }
}
```

通过将业务方法的调用移入工厂类，可以直接使用工厂对象来调用产品对象的业务方法，客户端无须直接使用工厂方法，在某些情况下大家也可以使用这种设计方案。

5.7　工厂方法模式总结

工厂方法模式是简单工厂模式的延伸，它继承了简单工厂模式的优点，同时还弥补了简单工厂模式的不足。工厂方法模式是使用频率最高的设计模式之一，是很多开源框架和 API 类库的核心模式。

1. 主要优点

工厂方法模式的主要优点如下：

(1) 在工厂方法模式中，工厂方法用来创建客户所需要的产品，同时还向客户隐藏了哪种具体产品类将被实例化这一细节。用户只需要关心所需产品对应的工厂，无须关心创建细节，甚至无须知道具体产品类的类名。

(2) 基于工厂角色和产品角色的多态性设计是工厂方法模式的关键。它能够让工厂可以自主确定创建何种产品对象，而如何创建这个对象的细节则完全封装在具体工厂内部。工厂方法模式之所以又被称为多态工厂模式，正是因为所有的具体工厂类都具有同一抽象父类。

(3) 使用工厂方法模式的另一个优点是在系统中加入新产品时，无须修改抽象工厂和抽象产品提供的接口，无须修改客户端，也无须修改其他的具体工厂和具体产品，而只要添加一个具体工厂和具体产品就可以了。这样，系统的可扩展性也就变得非常好，完全符合开闭原则。

2. 主要缺点

工厂方法模式的主要缺点如下：

(1) 在添加新产品时，需要编写新的具体产品类，而且还要提供与之对应的具体工厂类，系统中类的个数将成对增加，在一定程度上增加了系统的复杂度，有更多的类需要编译和运行，会给系统带来一些额外的开销。

(2) 由于考虑到系统的可扩展性，需要引入抽象层，在客户端代码中均使用抽象层进行定义，增加了系统的抽象性和理解难度，且在实现时可能需要用到DOM、反射等技术，增加了系统的实现难度。

3. 适用场景

在以下情况下可以考虑使用工厂方法模式：

(1) 客户端不知道其所需要的对象的类。在工厂方法模式中，客户端不需要知道具体产品类的类名，只需要知道所对应的工厂即可，具体的产品对象由具体工厂类创建，可将具体工厂类的类名存储在配置文件或数据库中。

(2) 抽象工厂类通过其子类来指定创建哪个对象。在工厂方法模式中，抽象工厂类只需要提供一个创建产品的接口，而由其子类来确定具体要创建的对象，利用面向对象的多态性和里氏代换原则，在程序运行时，子类对象将覆盖父类对象，从而使得系统更容易扩展。

练习

使用工厂方法模式设计一个程序来读取各种不同类型的图片格式，针对每种图片格式都设计一个图片读取器。例如，GIF图片读取器用于读取GIF格式的图片，JPG图片读取器用于读取JPG格式的图片。需充分考虑系统的灵活性和可扩展性。

第6章

产品族的创建——抽象工厂模式

工厂方法模式通过引入工厂等级结构，解决了简单工厂模式中工厂类职责太重的问题。但由于工厂方法模式中的每个工厂只生产一类产品，可能会导致系统中存在大量的工厂类，势必会增加系统的开销。此时，可以考虑将一些相关的产品组成一个“产品族”，由同一个工厂来统一生产，这就是本章将要学习的抽象工厂模式的基本思想。

6.1 界面皮肤库的初始设计

Sunny 软件公司欲开发一套界面皮肤库，可以对 Java 桌面软件进行界面美化。为了保护版权，该皮肤库源代码不打算公开，而只向用户提供已打包为 jar 文件的 class 字节码文件。用户在使用时可以通过菜单来选择皮肤，不同的皮肤将提供视觉效果不同的按钮、文本框、组合框等界面元素，其结构示意图如图 6-1 所示。

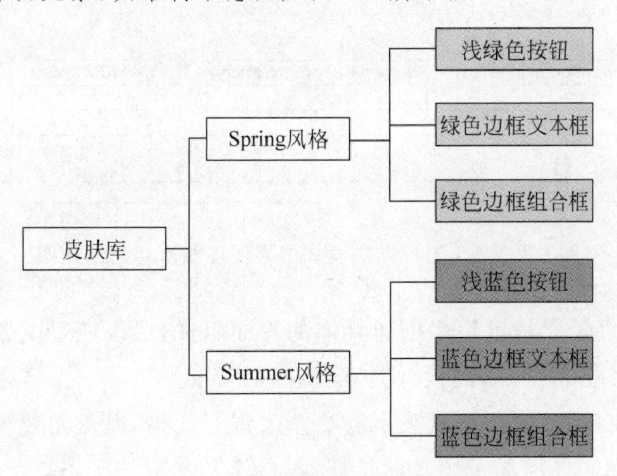

图 6-1　界面皮肤库结构示意图

该皮肤库需要具备良好的灵活性和可扩展性，用户可以自由选择不同的皮肤，开发人员可以在不修改既有代码的基础上增加新的皮肤。

Sunny 软件公司的开发人员针对上述要求，决定使用工厂方法模式进行系统的设计。为了保证系统的灵活性和可扩展性，提供一系列具体工厂来创建按钮、文本框、组合框等界面元素，客户端针对抽象工厂编程，初始结构如图 6-2 所示。

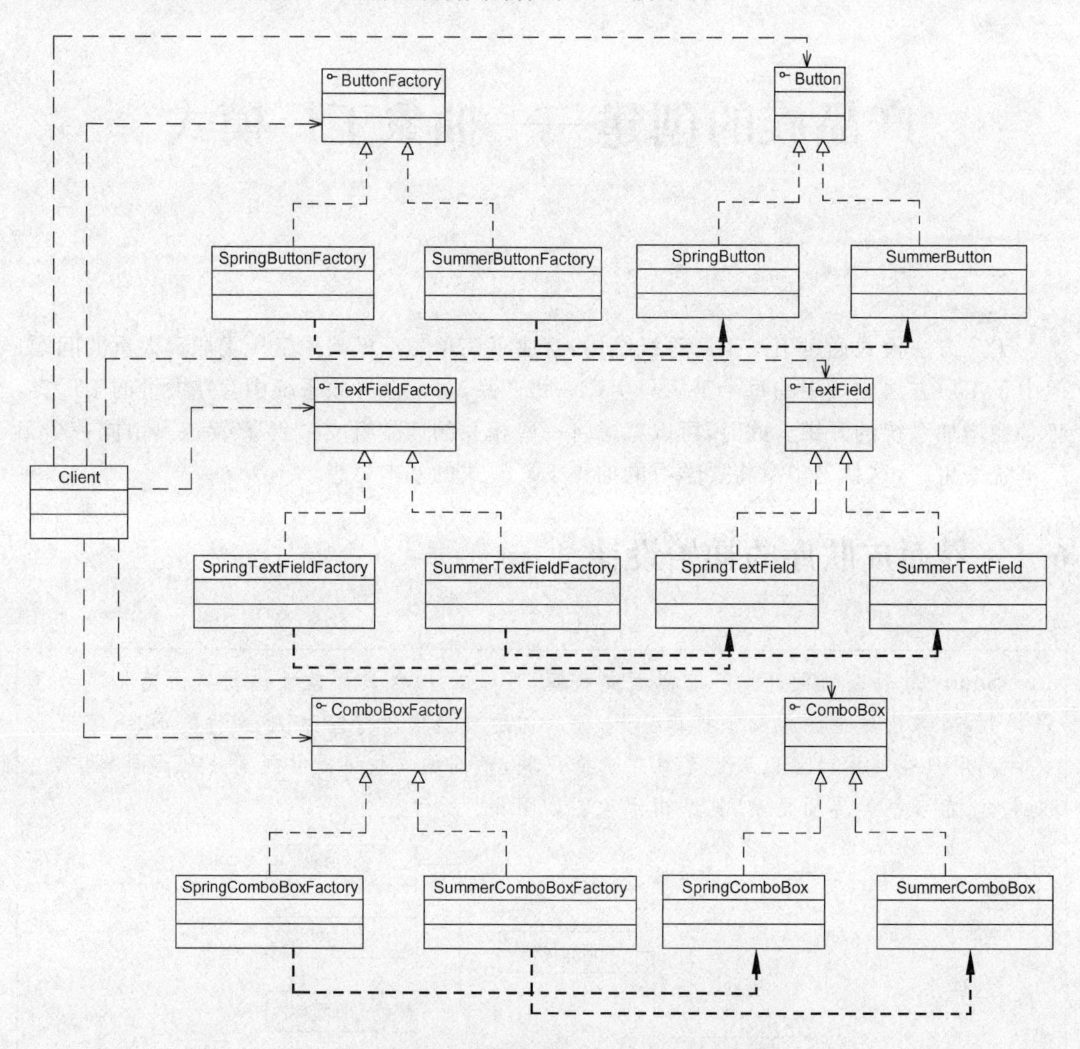

图 6-2 基于工厂方法模式的界面皮肤库初始结构图

在图 6-2 中，提供了大量工厂来创建具体的界面组件，可以通过配置文件更换具体界面组件从而改变界面风格。但是，此设计方案存在以下问题：

(1) 当需要增加新的皮肤时，虽然不需要修改现有代码，但是需要增加大量类。针对每一个新增具体组件都需要增加一个具体工厂，类的个数成对增加，这无疑会导致系统越来越庞大，从而增加了系统的维护成本和运行开销。

(2) 由于同一种风格的具体界面组件通常要一起显示，因此需要为每个组件都选择一个具体工厂，用户在使用时必须逐个进行设置。如果某个具体工厂选择失误将会导致界面显示混乱，虽然可以适当增加一些约束语句，但客户端代码和配置文件都较为复杂。

如何减少系统中类的个数并保证客户端每次始终只使用某一种风格的具体界面组件？

这是 Sunny 公司开发人员所面临的两个问题。显然，工厂方法模式无法解决这两个问题。本章所介绍的抽象工厂模式可以让这些问题迎刃而解。

6.2　产品等级结构与产品族

在工厂方法模式中，具体工厂负责生产具体的产品，每个具体工厂对应一种具体产品，工厂方法具有唯一性。一般情况下，一个具体工厂中只有一个或者一组重载的工厂方法。但是，有时希望一个工厂可以提供多个产品对象，而不是单一的产品对象。例如一个电器工厂，它可以生产电视机、电冰箱、空调等多种电器，而不是只生产某一种电器。为了更好地理解抽象工厂模式，这里先引入如下两个概念：

(1) 产品等级结构。产品等级结构即产品的继承结构，例如一个抽象类是电视机，其子类有海尔电视机、海信电视机、TCL 电视机，则抽象电视机与具体品牌的电视机之间构成了一个产品等级结构，抽象电视机是父类，而具体品牌的电视机是其子类。

(2) 产品族。在抽象工厂模式中，产品族是指由同一个工厂生产的，位于不同产品等级结构中的一组产品。例如海尔电器工厂生产的海尔电视机、海尔电冰箱，海尔电视机位于电视机产品等级结构中，海尔电冰箱位于电冰箱产品等级结构中，海尔电视机、海尔电冰箱构成了一个产品族。

产品等级结构与产品族示意图如图 6-3 所示。

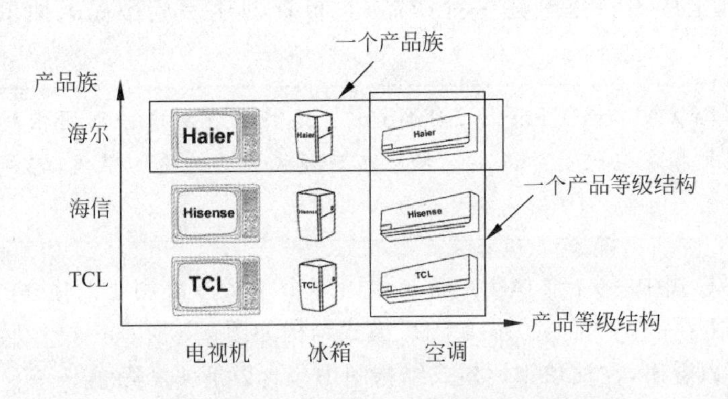

图 6-3　产品族与产品等级结构示意图

在图 6-3 中，一共包含 3 个产品族，分属于 3 个不同的产品等级结构。只要指明一个产品所处的产品族以及它所属的等级结构，就可以唯一确定这个产品。

当系统所提供的工厂生产的具体产品并不是一个简单的对象，而是多个位于不同产品等级结构、属于不同类型的具体产品时，就可以使用抽象工厂模式。抽象工厂模式是所有形式的工厂模式中最为抽象和最具一般性的一种形式。抽象工厂模式与工厂方法模式最大的区别在于，工厂方法模式针对的是一个产品等级结构，而抽象工厂模式需要面对多个产品等级结构，一个工厂等级结构可以负责多个不同产品等级结构中的产品对象的创建。当一个工厂等级结构可以创建出分属于不同产品等级结构的一个产品族中的所有对象时，抽象工厂模式比工厂方法模式更为简单、更有效率。抽象工厂模式示意图如图 6-4 所示。

在图 6-4 中，每一个具体工厂可以生产属于一个产品族的所有产品，例如海尔工厂生产

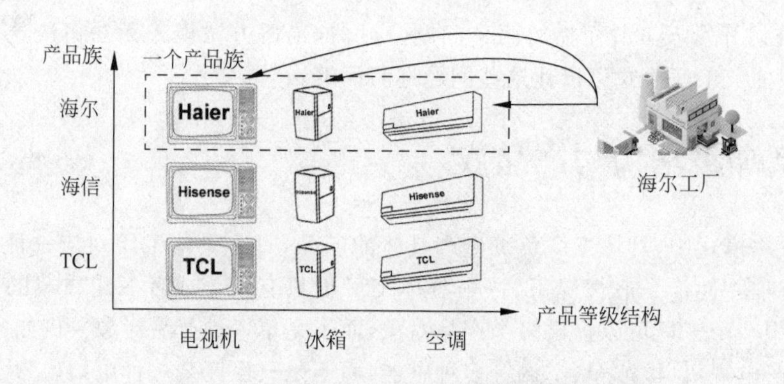

图 6-4 抽象工厂模式示意图

海尔电视机、海尔冰箱和海尔空调，所生产的产品又位于不同的产品等级结构中。如果使用工厂方法模式，实现图 6-4 所示结构需要提供 9 个具体工厂，而使用抽象工厂模式只需要提供 3 个具体工厂，极大地减少了系统中类的个数。

6.3 抽象工厂模式概述

抽象工厂模式为创建一组对象提供了一种解决方案。与工厂方法模式相比，抽象工厂模式中的具体工厂不只是创建一种产品，它负责创建一族产品。抽象工厂模式定义如下：

> 抽象工厂模式(Abstract Factory Pattern)：提供一个创建一系列相关或相互依赖对象的接口，而无须指定它们具体的类。抽象工厂模式又称为 Kit 模式，它是一种对象创建型模式。

在抽象工厂模式中，每个具体工厂都提供了多个工厂方法用于产生多种不同类型的产品，这些产品构成了一个产品族。抽象工厂模式结构如图 6-5 所示。

从图 6-5 可以看出，在抽象工厂模式结构图中包含以下 4 个角色。

(1) AbstractFactory(抽象工厂)：它声明了一组用于创建一族产品的方法，每个方法对应一种产品。

(2) ConcreteFactory(具体工厂)：它实现了在抽象工厂中声明的创建产品的方法，生成一组具体产品，这些产品构成了一个产品族，每种产品都位于某个产品等级结构中。

(3) AbstractProduct(抽象产品)：它为每种产品声明接口，在抽象产品中声明了产品所具有的业务方法。

(4) ConcreteProduct(具体产品)：它定义具体工厂生产的具体产品对象，实现在抽象产品接口中声明的业务方法。

在抽象工厂中声明了多个工厂方法，用于创建不同类型的产品，抽象工厂可以是接口，也可以是抽象类或者具体类，其典型代码如下：

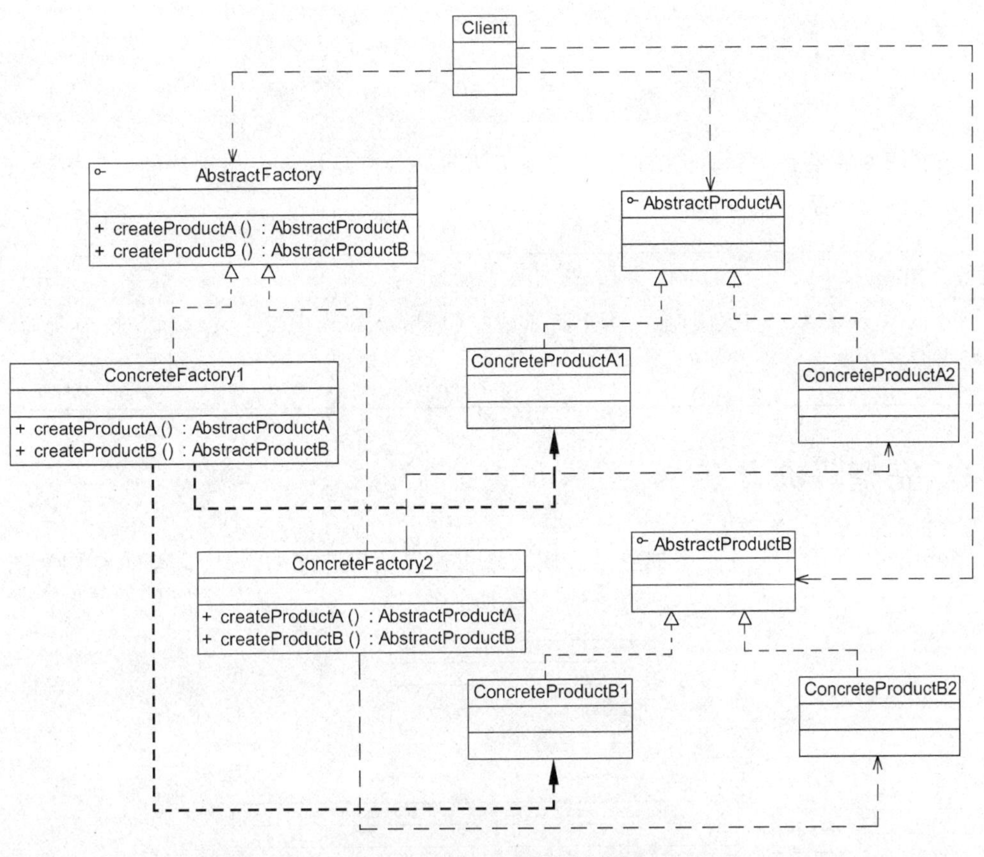

图 6-5　抽象工厂模式结构图

```
interface AbstractFactory
    public AbstractProductA createProductA(); //工厂方法一
    public AbstractProductB createProductB(); //工厂方法二
    …
}
```

具体工厂实现了抽象工厂，每个具体的工厂方法可以返回一个特定的产品对象，而同一个具体工厂所创建的产品对象构成了一个产品族。对于每一个具体工厂类，其典型代码如下：

```
class ConcreteFactory1 implements AbstractFactory
    //工厂方法一
    public AbstractProductA createProductA() {
        return new ConcreteProductA1();
    }

    //工厂方法二
    public AbstractProductB createProductB() {
        return new ConcreteProductB1();
    }
```

```
    ...
}
```

与工厂方法模式一样，抽象工厂模式也可为每一种产品提供一组重载的工厂方法，以不同的方式创建产品对象。

思考

抽象工厂模式是否符合开闭原则？（从增加新的产品等级结构和增加新的产品族两方面进行思考。）

6.4 完整解决方案

Sunny 公司开发人员使用抽象工厂模式来重构界面皮肤库的设计，其基本结构如图 6-6 所示。

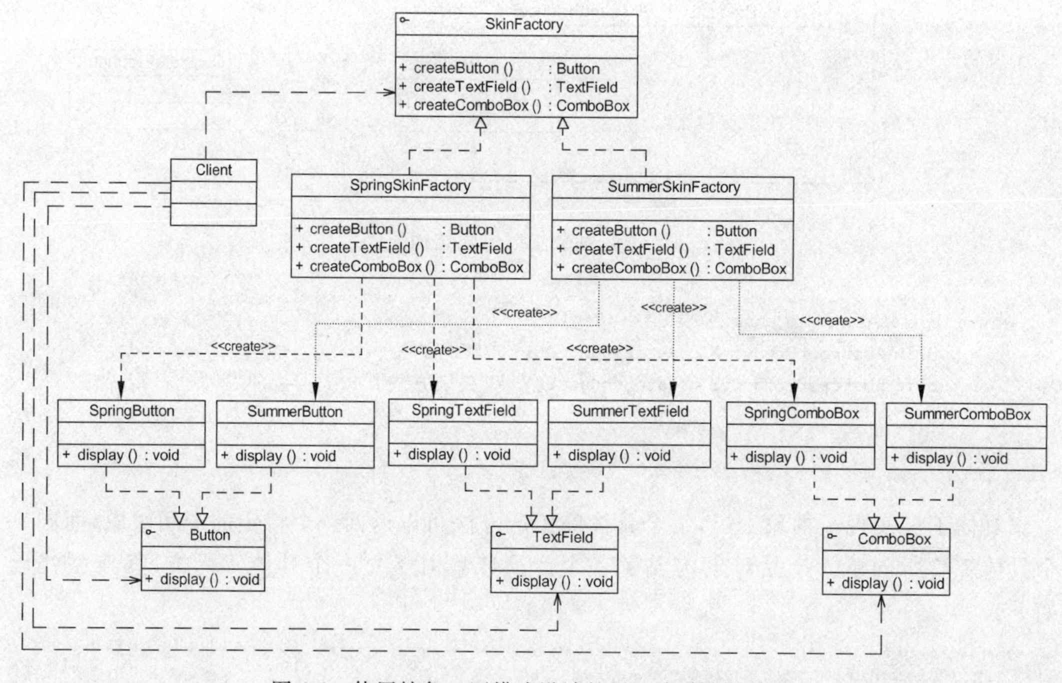

图 6-6 使用抽象工厂模式设计的界面皮肤库结构图

在图 6-6 中，SkinFactory 接口充当抽象工厂，其子类 SpringSkinFactory 和 SummerSkinFactory 充当具体工厂。接口 Button、TextField 和 ComboBox 充当抽象产品，其子类 SpringButton、SpringTextField、SpringComboBox 和 SummerButton、SummerTextField、SummerComboBox 充当具体产品。完整代码如下：

```
//在本实例中对代码进行了大量简化，实际使用时，界面组件的初始化代码较为复杂，还需要使用
//JDK 中一些已有类，为了突出核心代码，在此只提供框架代码和演示输出
```

```
//按钮接口：抽象产品
interface Button {
    public void display();
}

//Spring 按钮类：具体产品
class SpringButton implements Button {
    public void display() {
        System.out.println("显示浅绿色按钮。");
    }
}

//Summer 按钮类：具体产品
class SummerButton implements Button {
    public void display() {
        System.out.println("显示浅蓝色按钮。");
    }
}

//文本框接口：抽象产品
interface TextField {
    public void display();
}

//Spring 文本框类：具体产品
class SpringTextField implements TextField {
    public void display() {
        System.out.println("显示绿色边框文本框。");
    }
}

//Summer 文本框类：具体产品
class SummerTextField implements TextField {
    public void display() {
        System.out.println("显示蓝色边框文本框。");
    }
}

//组合框接口：抽象产品
interface ComboBox {
    public void display();
}

//Spring 组合框类：具体产品
class SpringComboBox implements ComboBox {
    public void display() {
        System.out.println("显示绿色边框组合框。");
    }
}
```

```
//Summer 组合框类：具体产品
class SummerComboBox implements ComboBox {
    public void display() {
        System.out.println("显示蓝色边框组合框。");
    }
}

//界面皮肤工厂接口：抽象工厂
interface SkinFactory {
    public Button createButton();
    public TextField createTextField();
    public ComboBox createComboBox();
}

//Spring 皮肤工厂：具体工厂
class SpringSkinFactory implements SkinFactory {
    public Button createButton() {
        return new SpringButton();
    }

    public TextField createTextField() {
        return new SpringTextField();
    }

    public ComboBox createComboBox() {
        return new SpringComboBox();
    }
}

//Summer 皮肤工厂：具体工厂
class SummerSkinFactory implements SkinFactory {
    public Button createButton() {
        return new SummerButton();
    }

    public TextField createTextField() {
        return new SummerTextField();
    }

    public ComboBox createComboBox() {
        return new SummerComboBox();
    }
}
```

为了让系统具备良好的灵活性和可扩展性，这里引入了工具类 XMLUtil 和配置文件，其中，XMLUtil 类的代码如下：

```
import javax.xml.parsers.*;
import org.w3c.dom.*;
```

```
import org.xml.sax.SAXException;
import java.io.*;

public class XMLUtil {
//该方法用于从 XML 配置文件中提取具体类类名,并返回一个实例对象
    public static Object getBean() {
        try {
            //创建文档对象
            DocumentBuilderFactory dFactory = DocumentBuilderFactory.newInstance();
            DocumentBuilder builder = dFactory.newDocumentBuilder();
            Document doc;
            doc = builder.parse(new File("config.xml"));

            //获取包含类名的文本节点
            NodeList nl = doc.getElementsByTagName("className");
            Node classNode = nl.item(0).getFirstChild();
            String cName = classNode.getNodeValue();

            //通过类名生成实例对象并将其返回
            Class c = Class.forName(cName);
            Object obj = c.newInstance();
            return obj;
        }
        catch(Exception e) {
            e.printStackTrace();
            return null;
        }
    }
}
```

配置文件 config.xml 中存储了具体工厂类的类名,代码如下:

```
<?xml version = "1.0"?>
<config>
    <className>SpringSkinFactory</className>
</config>
```

编写如下客户端测试代码:

```
class Client {
    public static void main(String args[]) {
        //使用抽象层定义
        SkinFactory factory;
        Button bt;
        TextField tf;
        ComboBox cb;
        factory = (SkinFactory)XMLUtil.getBean();
        bt = factory.createButton();
        tf = factory.createTextField();
```

```
            cb = factory.createComboBox();
            bt.display();
            tf.display();
            cb.display();
        }
    }
```

编译并运行程序，输出结果如下：

```
显示浅绿色按钮。
显示绿色边框文本框。
显示绿色边框组合框。
```

如果需要更换皮肤，只需修改配置文件即可。在实际环境中，可以提供可视化界面，例如菜单或者窗口来修改配置文件，用户无须直接修改配置文件。如果需要增加新的皮肤，只需增加一族新的具体组件并对应提供一个新的具体工厂，修改配置文件即可使用新的皮肤，原有代码无须修改，符合开闭原则。

扩展

在真实项目开发中，通常会为配置文件提供一个可视化的编辑界面，类似 Struts 框架中的 struts.xml 编辑器。大家可以自行开发一个简单的图形化工具来修改配置文件，实现真正的纯界面操作。

6.5 开闭原则的倾斜性

Sunny 公司使用抽象工厂模式设计了界面皮肤库，该皮肤库可以较为方便地增加新的皮肤，但是现在遇到一个非常严重的问题：由于设计时考虑不全面，忘记为单选按钮(RadioButton)提供不同皮肤的风格化显示，导致无论选择哪种皮肤，单选按钮都显得那么"格格不入"。Sunny 公司的设计人员决定向系统中增加单选按钮，但是发现原有系统居然不能够在符合开闭原则的前提下增加新的组件，原因是抽象工厂 SkinFactory 中根本没有提供创建单选按钮的方法。如果要增加单选按钮，首先需要修改抽象工厂接口 SkinFactory，在其中新增声明创建单选按钮的方法，然后逐个修改具体工厂类，增加相应方法以实现在不同的皮肤中创建单选按钮，此外还需要修改客户端，否则单选按钮无法用于现有系统。

怎么办？答案是抽象工厂模式无法解决该问题，这也是抽象工厂模式最大的缺点。在抽象工厂模式中，增加新的产品族很方便，但是增加新的产品等级结构很麻烦，抽象工厂模式的这种性质称为开闭原则的倾斜性。开闭原则要求系统对扩展开放，对修改封闭，通过扩展达到增强其功能的目的，对于涉及多个产品族与多个产品等级结构的系统，其功能增强包括两方面：

(1) 增加产品族。对于增加新的产品族，抽象工厂模式很好地支持了开闭原则，只需要增加具体产品并对应增加一个新的具体工厂，对已有代码无须做任何修改。

(2) 增加新的产品等级结构。对于增加新的产品等级结构，需要修改所有的工厂角色，包括抽象工厂类，在所有的工厂类中都需要增加生产新产品的方法，违背了开闭原则。

正因为抽象工厂模式存在开闭原则的倾斜性，它以一种倾斜的方式来满足开闭原则，为增加新产品族提供方便，但不能为增加新产品结构提供这样的方便。因此，要求设计人员在设计之初就能够全面考虑，不会在设计完成之后向系统中增加新的产品等级结构，也不会删除已有的产品等级结构，否则将导致系统出现较大的修改，为后续维护工作带来诸多麻烦。

6.6 抽象工厂模式总结

抽象工厂模式是工厂方法模式的进一步延伸，由于它提供了功能更为强大的工厂类并且具备较好的可扩展性，在软件开发中得以广泛应用，尤其是在一些框架和 API 类库的设计中。例如，在 Java 语言的 AWT(抽象窗口工具包)中就使用了抽象工厂模式，用来实现在不同的操作系统中，应用程序呈现与所在操作系统一致的外观界面。

1. 主要优点

抽象工厂模式的主要优点如下：

(1) 抽象工厂模式隔离了具体类的生成，使得客户并不需要知道什么被创建。由于这种隔离，更换一个具体工厂就变得相对容易，所有的具体工厂都实现了在抽象工厂中声明的那些公共接口，因此只需改变具体工厂的实例，就可以在某种程度上改变整个软件系统的行为。

(2) 当一个产品族中的多个对象被设计成一起工作时，它能够保证客户端始终只使用同一个产品族中的对象。

(3) 增加新的产品族很方便，无须修改已有系统，符合开闭原则。

2. 主要缺点

抽象工厂模式的主要缺点是：增加新的产品等级结构麻烦，需要对原有系统进行较大的修改，甚至需要修改抽象层代码，这显然会带来较大的不便，违背了开闭原则。

3. 适用场景

在以下情况下可以考虑使用抽象工厂模式：

(1) 一个系统不应当依赖于产品类实例如何被创建、组合和表达的细节，这对于所有类型的工厂模式都是很重要的，用户无须关心对象的创建过程，将对象的创建和使用解耦。

(2) 系统中有多于一个的产品族，而每次只使用其中某一个产品族。可以通过配置文件等方式来使得用户可以动态改变产品族，也可以很方便地增加新的产品族。

(3) 属于同一个产品族的产品将在一起使用，这一约束必须在系统的设计中体现出来。同一个产品族中的产品可以是没有任何关系的对象，但是它们都具有一些共同的约束。例如同一操作系统下的按钮和文本框，按钮与文本框之间没有直接关系，但它们都是属于某一操作系统的，此时具有一个共同的约束条件：操作系统的类型。

(4) 产品等级结构稳定,设计完成之后,不会向系统中增加新的产品等级结构或者删除已有的产品等级结构。

练习

Sunny软件公司欲推出一款新的手机游戏软件,该软件能够支持iOS和Android等多个智能手机操作系统平台。针对不同的手机操作系统,该游戏软件提供了不同的游戏操作控制(OperationController)类和游戏界面控制(InterfaceController)类,并提供相应的工厂类来封装这些类的初始化过程。该软件要求具有较好的扩展性以支持新的操作系统平台,为了满足上述需求,试采用抽象工厂模式对其进行设计。

第7章

对象的克隆——原型模式

《西游记》里孙悟空拔毛变出小猴子的故事几乎人人皆知。孙悟空可以用猴毛根据自己的形象，复制（又称克隆）出很多跟自己长得一模一样的“身外身”来。在设计模式中也存在一个类似的模式，可以通过一个原型对象克隆出多个一模一样的对象，该模式被称为原型模式。

7.1 大同小异的工作周报

Sunny 软件公司一直使用自行开发的一套 OA（Office Automatic，办公自动化）系统进行日常工作办理，但在使用过程中，越来越多的人对工作周报的创建和编写模块产生了抱怨。追其原因，Sunny 软件公司的 OA 管理员发现，由于某些岗位每周工作存在重复性，工作周报内容都大同小异，如图 7-1 所示。这些周报只有一些小地方存在差异，但是现行系统每周默认创建的周报都是空白报表，用户只能通过重新输入或不断复制、粘贴来填写重复的周报内容，极大降低了工作效率，浪费宝贵的时间。如何快速创建相同或者相似的工作周报，成为 Sunny 公司 OA 开发人员面临的一个新问题。

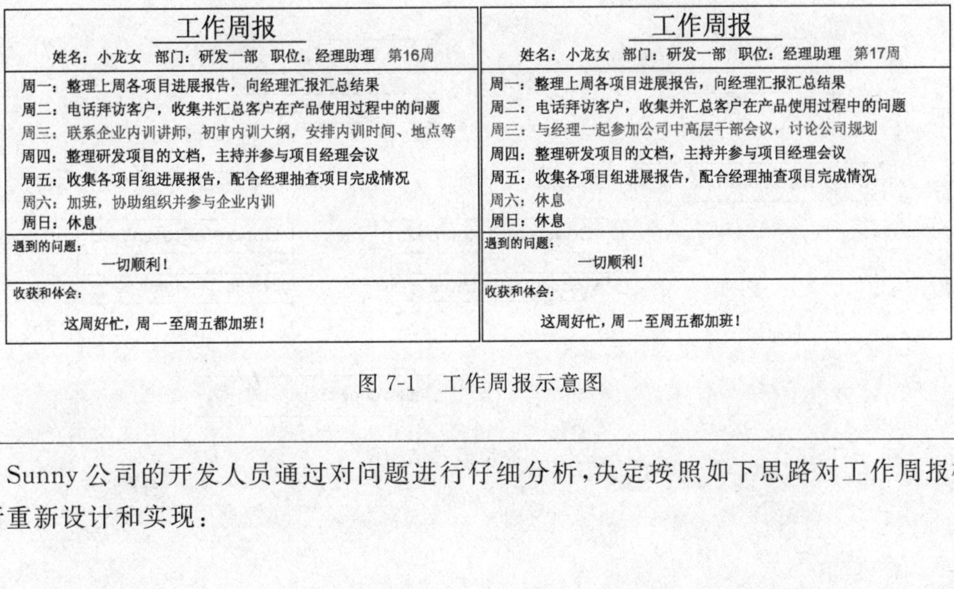

工作周报 姓名：小龙女　部门：研发一部　职位：经理助理　第16周	工作周报 姓名：小龙女　部门：研发一部　职位：经理助理　第17周
周一：整理上周各项目进展报告，向经理汇报汇总结果 周二：电话拜访客户，收集并汇总客户在产品使用过程中的问题 周三：联系企业内训讲师，初审内训大纲，安排内训时间、地点等 周四：整理研发项目的文档，主持并参与项目经理会议 周五：收集各项目组进展报告，配合经理抽查项目完成情况 周六：加班，协助组织并参与企业内训 周日：休息	周一：整理上周各项目进展报告，向经理汇报汇总结果 周二：电话拜访客户，收集并汇总客户在产品使用过程中的问题 周三：与经理一起参加公司中高层干部会议，讨论公司规划 周四：整理研发项目的文档，主持并参与项目经理会议 周五：收集各项目组进展报告，配合经理抽查项目完成情况 周六：休息 周日：休息
遇到的问题： 一切顺利！	遇到的问题： 一切顺利！
收获和体会： 这周好忙，周一至周五都加班！	收获和体会： 这周好忙，周一至周五都加班！

图 7-1　工作周报示意图

Sunny 公司的开发人员通过对问题进行仔细分析，决定按照如下思路对工作周报模块进行重新设计和实现：

(1) 除了允许用户创建新周报外，还允许用户将创建好的周报保存为模板。

(2) 用户在再次创建周报时，可以创建全新的周报，还可以选择合适的模板复制生成一份相同的周报，然后对新生成的周报根据实际情况进行修改，产生新的周报。

只要按照以上两个步骤进行处理，工作周报的创建效率将会大大提高。这个过程类似于平时经常进行的两个计算机基本操作：复制和粘贴(快捷键通常为 Ctrl+C 和 Ctrl+V)。通过对已有对象的复制和粘贴，可以创建大量相同的对象。如何在一个面向对象系统中实现对象的复制和粘贴呢？本章将要学习的原型模式正为解决这类问题而诞生。

7.2 原型模式概述

在使用原型模式时，需要首先创建一个原型对象，再通过复制这个原型对象来创建更多同类型的对象。试想，如果连孙悟空的模样都不知道，怎么拔毛变小猴子呢？原型模式的定义如下：

> **原型模式(Prototype Pattern)**：使用原型实例指定创建对象的种类，并且通过克隆这些原型创建新的对象。原型模式是一种对象创建型模式。

原型模式的工作原理很简单：将一个原型对象传给要发动创建的对象，这个要发动创建的对象通过请求原型对象克隆自己来实现创建过程。由于在软件系统中经常会遇到需要创建多个相同或者相似对象的情况，因此原型模式在真实开发中的使用频率还是非常高的。原型模式是一种"另类"的创建型模式，创建克隆对象的工厂就是原型类自身，工厂方法由克隆方法来实现。

需要注意的是，通过克隆方法所创建的对象是全新的对象，它们在内存中拥有新的地址。通常，对克隆所产生的对象进行的修改不会对原型对象造成任何影响，每个克隆对象都是相互独立的。通过不同的方式对克隆对象进行修改以后，可以得到一系列相似但不完全相同的对象。

原型模式的结构如图 7-2 所示。

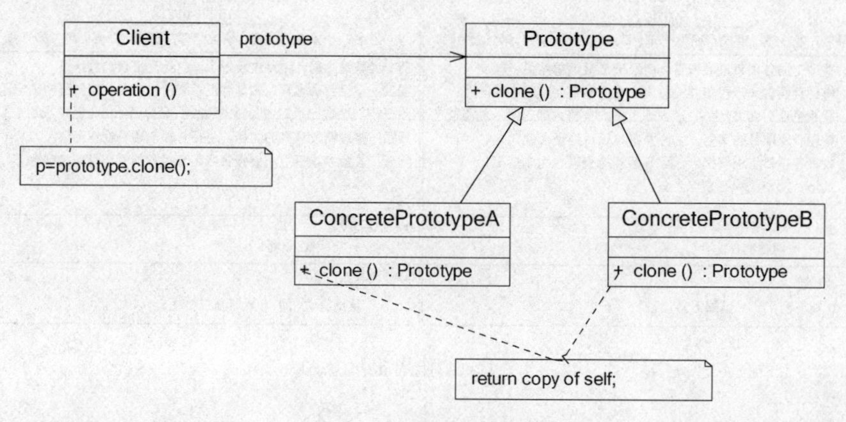

图 7-2　原型模式结构图

从图 7-2 可以看出，在原型模式结构图中包含以下 3 个角色。

(1) Prototype(抽象原型类)：它是声明克隆方法的接口，是所有具体原型类的公共父类，可以是抽象类也可以是接口，甚至还可以是具体实现类。

(2) ConcretePrototype(具体原型类)：它实现在抽象原型类中声明的克隆方法，在克隆方法中返回自己的一个克隆对象。

(3) Client(客户类)：让一个原型对象克隆自身从而创建一个新的对象，在客户类中只需要直接实例化或通过工厂方法等方式创建一个原型对象，再通过调用该对象的克隆方法即可得到多个相同的对象。由于客户类针对抽象原型类 Prototype 编程，因此用户可以根据需要选择具体原型类，系统具有较好的可扩展性，增加或更换具体原型类都很方便。

原型模式的核心在于如何实现克隆方法，下面将介绍两种在 Java 语言中常用的克隆实现方法。

1. 通用实现方法

通用的克隆实现方法是在具体原型类的克隆方法中实例化一个与自身类型相同的对象并将其返回，并将相关的参数传入新创建的对象中，保证它们的成员变量相同。示意代码如下：

```
class ConcretePrototype extends Prototype {
    private String attr; //成员变量

    public void setAttr(String attr) {
        this.attr = attr;
    }

    public String getAttr() {
        return this.attr;
    }

    //克隆方法
    public Prototype clone() {
        Prototype prototype = new ConcretePrototype();      //创建新对象
        prototype.setAttr(this.attr);
        return prototype;
    }
}
```

思考

能否将上述代码中的 clone()方法写成：

```
public Prototype clone() { return this; }
```

给出理由。

在客户类中，只需要创建一个 ConcretePrototype 对象作为原型对象，然后调用其 clone()方法即可得到对应的克隆对象，代码如下：

```
Prototype obj1 = new ConcretePrototype();
obj1.setAttr("Sunny");
Prototype obj2 = obj1.clone();
```

这种方法可作为原型模式的通用实现,它与编程语言特性无关,任何面向对象语言都可以使用这种形式来实现对原型的克隆。

2. Java 语言提供的 clone()方法

学过 Java 语言的人都知道,所有的 Java 类都继承自 java.lang.Object。事实上,Object 类提供了一个 clone()方法,可以将一个 Java 对象克隆一份。因此在 Java 中可以直接使用 Object 提供的 clone()方法来实现对象的克隆,Java 语言中的原型模式实现很简单。

需要注意的是能够实现克隆的 Java 类必须实现一个标识接口 Cloneable,表示这个 Java 类支持被复制。如果一个类没有实现这个接口但是调用了 clone()方法,Java 编译器将抛出一个 CloneNotSupportedException 异常。代码如下:

```
class ConcretePrototype implements Cloneable {
    …
    public Prototype clone() {
        Object object = null;
        try {
            object = super.clone();
        }
        catch (CloneNotSupportedException exception) {
            System.err.println("Not support cloneable");
        }
        return (Prototype )object;
    }
    …
}
```

在客户端创建原型对象和克隆对象也很简单,代码如下:

```
Prototype obj1 = new ConcretePrototype();
Prototype obj2 = obj1.clone();
```

一般而言,Java 语言中的 clone()方法满足:

(1) 对任何对象 x,都有 x.clone() != x,即克隆对象与原型对象不是同一个对象。

(2) 对任何对象 x,都有 x.clone().getClass() == x.getClass(),即克隆对象与原型对象的类型一样。

(3) 如果对象 x 的 equals()方法定义恰当,那么 x.clone().equals(x)应该成立。

为了获取对象的一份克隆,可以直接利用 Object 类的 clone()方法,具体步骤如下:

(1) 在派生类中覆盖基类的 clone()方法,并声明为 public。

(2) 在派生类的 clone()方法中,调用 super.clone()。

(3) 派生类需实现 Cloneable 接口。

此时，Object 类相当于抽象原型类，所有实现了 Cloneable 接口的类相当于具体原型类。

7.3 完整解决方案

Sunny 公司开发人员决定使用原型模式来实现工作周报的快速创建，结构图如图 7-3 所示。

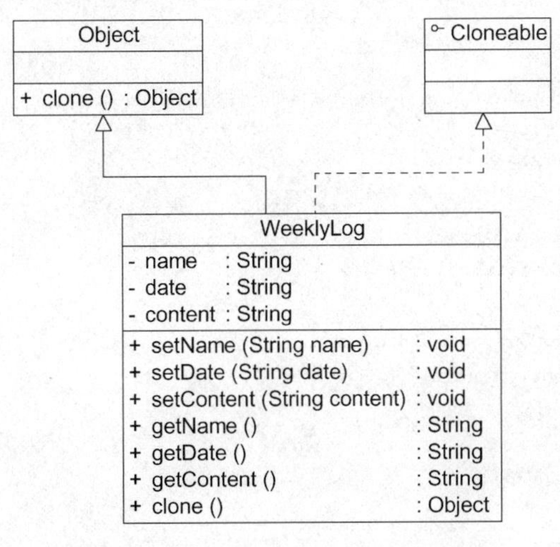

图 7-3 快速创建工作周报结构图

在图 7-3 中，WeeklyLog 充当具体原型类，Object 类充当抽象原型类，clone()方法为原型方法。WeeklyLog 类的代码如下：

```
//工作周报 WeeklyLog：具体原型类，考虑到代码的可读性和易理解性，只列出部分与模式相关的核
//心代码
class WeeklyLog implements Cloneable {
    private String name;
    private String date;
    private String content;

    public void setName(String name) {
        this.name = name;
    }

    public void setDate(String date) {
        this.date = date;
    }

    public void setContent(String content) {
        this.content = content;
    }

    public String getName() {
```

```
        return (this.name);
    }

    public String getDate() {
        return (this.date);
    }

    public String getContent() {
        return (this.content);
    }

    //克隆方法 clone(),此处使用 Java 语言提供的克隆机制
    public WeeklyLog clone() {
        Object obj = null;
        try {
            obj = super.clone();
            return (WeeklyLog)obj;
        }
        catch(CloneNotSupportedException e) {
            System.out.println("不支持复制!");
            return null;
        }
    }
}
```

编写如下客户端测试代码:

```
class Client {
    public static void main(String args[]) {
        WeeklyLog log_previous = new WeeklyLog(); //创建原型对象
        log_previous.setName("张无忌");
        log_previous.setDate("第 12 周");
        log_previous.setContent("这周工作很忙,每天加班!");

        System.out.println(" **** 周报 **** ");
        System.out.println("周次: " + log_previous.getDate());
        System.out.println("姓名: " + log_previous.getName());
        System.out.println("内容: " + log_previous.getContent());
        System.out.println(" ---------------------------------- ");

        WeeklyLog log_new;
        log_new = log_previous.clone(); //调用克隆方法创建克隆对象
        log_new.setDate("第 13 周");
        System.out.println(" **** 周报 **** ");
        System.out.println("周次: " + log_new.getDate());
        System.out.println("姓名: " + log_new.getName());
        System.out.println("内容: " + log_new.getContent());
    }
}
```

编译并运行程序，输出结果如下：

```
**** 周报 ****
周次：第 12 周
姓名：张无忌
内容：这周工作很忙，每天加班!
----------------------------------
**** 周报 ****
周次：第 13 周
姓名：张无忌
内容：这周工作很忙，每天加班!
```

通过已创建的工作周报可以快速创建新的周报，然后再根据需要修改周报，无须再从头开始创建。原型模式为工作流系统中任务单的快速生成提供了一种解决方案。

思考

如果在 Client 类的 main()函数中增加如下几条语句：

```
System.out.println(log_previous == log_new);
System.out.println(log_previous.getDate() == log_new.getDate());
System.out.println(log_previous.getName() == log_new.getName());
System.out.println(log_previous.getContent() == log_new.getContent());
```

预测这些语句的输出结果。

7.4 带附件的周报

通过引入原型模式，Sunny 软件公司 OA 系统支持工作周报的快速克隆，极大提高了工作周报的编写效率，受到员工的一致好评。但有员工又发现一个问题，有些工作周报带有附件，例如经理助理"小龙女"的周报通常附有本周《项目进展报告汇总表》、本周《客户反馈信息汇总表》等。如果使用上述原型模式来复制周报，周报虽然可以复制，但是周报的附件并不能复制，这是什么原因导致的呢？怎样才能实现周报和附件的同时复制呢？本节将讨论如何解决这些问题。

在回答这些问题之前，先介绍一下两种不同的克隆方法，浅克隆（Shallow Clone）和深克隆（Deep Clone）。在 Java 语言中，数据类型分为值类型（基本数据类型）和引用类型，值类型包括 int、double、byte、boolean、char 等简单数据类型，引用类型包括类、接口、数组等复杂类型。浅克隆和深克隆的主要区别在于是否支持引用类型的成员变量的复制，下面将对两者进行详细介绍。

1. 浅克隆

在浅克隆中，如果原型对象的成员变量是值类型，将复制一份给克隆对象；如果原型对象的成员变量是引用类型，则将引用对象的地址复制一份给克隆对象，也就是说原型对象和克隆对象的成员变量指向相同的内存地址。简单来说，在浅克隆中，当对象被复制时只复制它本身和其中包含的值类型的成员变量，而引用类型的成员对象并没有被复制，如图 7-4 所示。

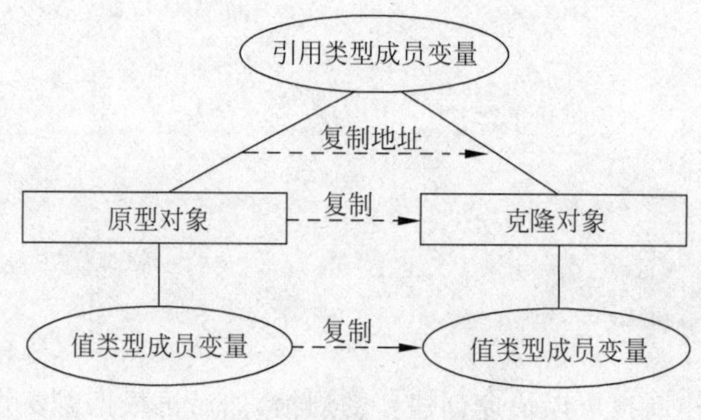

图 7-4　浅克隆示意图

在 Java 语言中，通过覆盖 Object 类的 clone()方法可以实现浅克隆。为了让大家更好地理解浅克隆和深克隆的区别，这里首先使用浅克隆来实现工作周报和附件类的复制，其结构如图 7-5 所示。

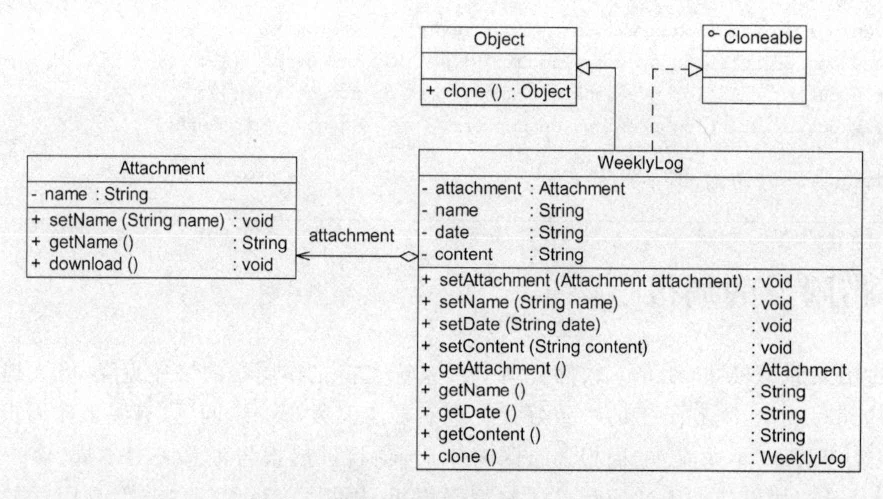

图 7-5　带附件的周报结构图(浅克隆)

附件类 Attachment 代码如下：

```
//附件类
class Attachment {
    private String name; //附件名

    public void setName(String name) {
        this.name = name;
    }

    public String getName() {
        return this.name;
    }
```

```
    public void download() {
        System.out.println("下载附件,文件名为" + name);
    }
}
```

修改工作周报类 WeeklyLog,修改后的代码如下:

```
//工作周报 WeeklyLog
class WeeklyLog implements Cloneable {
    //为了简化设计和实现,假设一份工作周报中只有一个附件对象,实际情况中可以包含多个附
    //件,可以通过 List 等集合对象来实现
    private Attachment attachment;
    private String name;
    private String date;
    private String content;

    public void setAttachment(Attachment attachment) {
        this.attachment = attachment;
    }

    public void setName(String name) {
        this.name = name;
    }

    public void setDate(String date) {
        this.date = date;
    }

    public void setContent(String content) {
        this.content = content;
    }

    public Attachment getAttachment() {
        return (this.attachment);
    }

    public String getName() {
        return (this.name);
    }

    public String getDate() {
        return (this.date);
    }

    public String getContent() {
        return (this.content);
    }
```

```
    //使用clone()方法实现浅克隆
    public WeeklyLog clone() {
        Object obj = null;
        try {
            obj = super.clone();
            return (WeeklyLog)obj;
        }
        catch(CloneNotSupportedException e) {
            System.out.println("不支持复制!");
            return null;
        }
    }
}
```

客户端代码如下：

```
class Client {
    public static void main(String args[]) {
        WeeklyLog log_previous, log_new;
        log_previous = new WeeklyLog();                  //创建原型对象
        Attachment attachment = new Attachment();        //创建附件对象
        log_previous.setAttachment(attachment);          //将附件添加到周报中
        log_new = log_previous.clone();                  //调用克隆方法创建克隆对象
        //比较周报
        System.out.println("周报是否相同? " + (log_previous == log_new));
        //比较附件
        System.out.println("附件是否相同? " + (log_previous.getAttachment() == log_new.
getAttachment()));
    }
}
```

编译并运行程序，输出结果如下：

```
周报是否相同? false
附件是否相同? true
```

由于使用的是浅克隆技术，因此工作周报对象复制成功，通过"=="比较原型对象和克隆对象的内存地址时输出 false。但是比较附件对象的内存地址时输出 true，说明它们在内存中是同一个对象。

2. 深克隆

在深克隆中，无论原型对象的成员变量是值类型还是引用类型，都将复制一份给克隆对象，深克隆将原型对象的所有引用对象也复制一份给克隆对象。简单来说，在深克隆中，除了对象本身被复制外，对象所包含的所有成员变量也将被复制，如图 7-6 所示。

在 Java 语言中，如果需要实现深克隆，可以通过序列化(Serialization)等方式来实现。序列化就是将对象写到流的过程，写到流中的对象是原有对象的一个复制品，而原对象仍然存在于内存中。通过序列化实现的复制不仅可以复制对象本身，而且可以复制其引用的成员对象，因此通过序列化将对象写到一个流中，再从流里将其读出来，可以实现深克隆。需要注意的是，能够实现序列化的对象其类必须实现 Serializable 接口，否则无法实现序列化操作。下面使用深克隆技术来实现工作周报和附件对象的复制，由于要将附件对象和工作周报对象都写入流中，因此两个类均需要实现 Serializable 接口，其结构如图 7-7 所示。

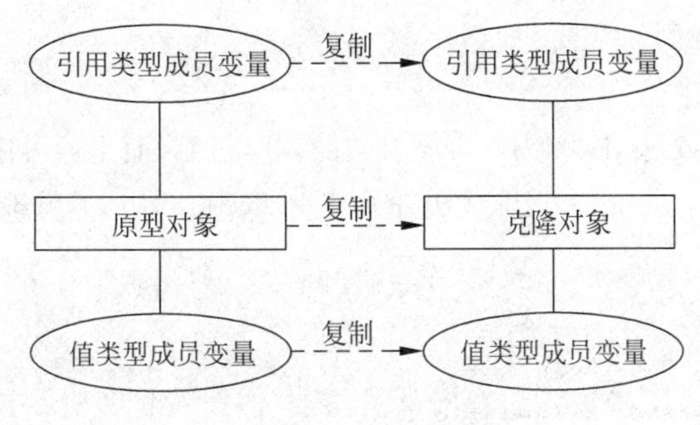

图 7-6　深克隆示意图

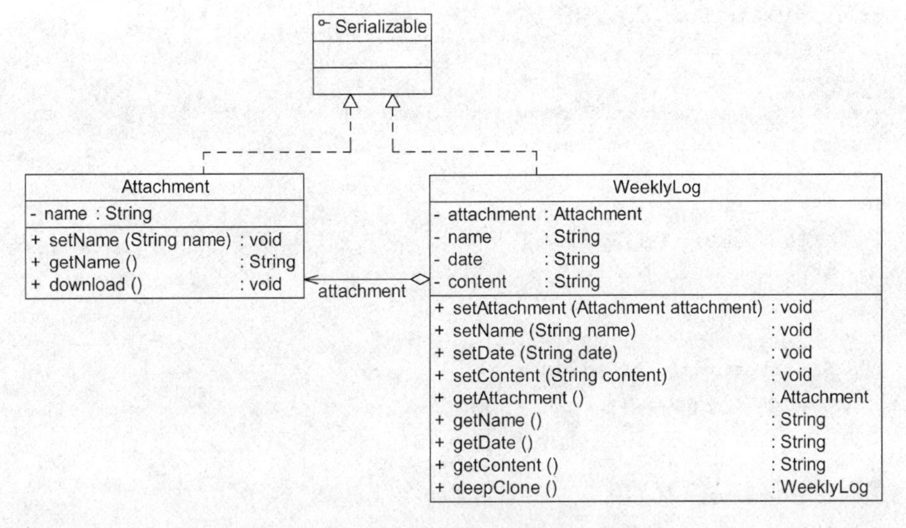

图 7-7　带附件的周报结构图(深克隆)

修改后的附件类 Attachment 代码如下：

```
import java.io.*;

//附件类
class Attachment implements Serializable {
    private String name; //附件名

    public void setName(String name) {
        this.name = name;
    }
```

```
    public String getName() {
        return this.name;
    }

    public void download() {
        System.out.println("下载附件,文件名为" + name);
    }
}
```

工作周报类 WeeklyLog 不再使用 Java 自带的克隆机制,而是通过序列化来从头实现对象的深克隆,需要重新编写 clone()方法(此处重命名为 deepClone()),修改后的代码如下:

```
import java.io.*;

//工作周报类
class WeeklyLog implements Serializable {
    private Attachment attachment;
    private String name;
    private String date;
    private String content;

    public void setAttachment(Attachment attachment) {
        this.attachment = attachment;
    }

    public void setName(String name) {
        this.name = name;
    }

    public void setDate(String date) {
        this.date = date;
    }

    public void setContent(String content) {
        this.content = content;
    }

    public Attachment getAttachment() {
        return (this.attachment);
    }

    public String getName() {
        return (this.name);
    }

    public String getDate() {
        return (this.date);
    }
```

```
    public String getContent() {
        return (this.content);
    }

    //使用序列化技术实现深克隆
    public WeeklyLog deepClone() throws IOException, ClassNotFoundException, OptionalDataException {
        //将对象写入流中
        ByteArrayOutputStream bao = new ByteArrayOutputStream();
        ObjectOutputStream oos = new ObjectOutputStream(bao);
        oos.writeObject(this);

        //将对象从流中取出
        ByteArrayInputStream bis = new ByteArrayInputStream(bao.toByteArray());
        ObjectInputStream ois = new ObjectInputStream(bis);
        return (WeeklyLog)ois.readObject();
    }
}
```

客户端代码如下：

```
class Client {
    public static void main(String args[]) {
        WeeklyLog log_previous, log_new = null;
        log_previous = new WeeklyLog();              //创建原型对象
        Attachment attachment = new Attachment();  //创建附件对象
        log_previous.setAttachment(attachment);     //将附件添加到周报中
        try {
            log_new = log_previous.deepClone();     //调用深克隆方法创建克隆对象
        }
        catch(Exception e) {
            System.err.println("克隆失败!");
        }
        //比较周报
        System.out.println("周报是否相同? " + (log_previous == log_new));
        //比较附件
        System.out.println("附件是否相同? " + (log_previous.getAttachment() == log_new.
getAttachment()));
    }
}
```

编译并运行程序，输出结果如下：

```
周报是否相同? false
附件是否相同? false
```

从输出结果可以看出，由于使用了深克隆技术，附件对象也得以复制，因此用"=="比较原型对象的附件和克隆对象的附件时输出结果均为 false。深克隆技术实现了原型对象和克隆对象的完全独立，对任意克隆对象的修改都不会给其他对象产生影响，是一种更为理想的克隆实现方式。

扩展

Java 语言提供的 Cloneable 接口和 Serializable 接口的代码非常简单，它们都是空接口，这种空接口也称为标识接口。标识接口中没有任何方法的定义，其作用是告诉 JRE 这些接口的实现类是否具有某个功能，例如是否支持克隆、是否支持序列化等。

7.5 原型管理器的引入和实现

原型管理器(Prototype Manager)是将多个原型对象存储在一个集合中供客户端使用，它是一个专门负责克隆对象的工厂，其中定义了一个集合用于存储原型对象，如果需要某个原型对象的一个克隆，可以通过复制集合中对应的原型对象来获得。在原型管理器中针对抽象原型类进行编程，以便扩展。其结构如图 7-8 所示。

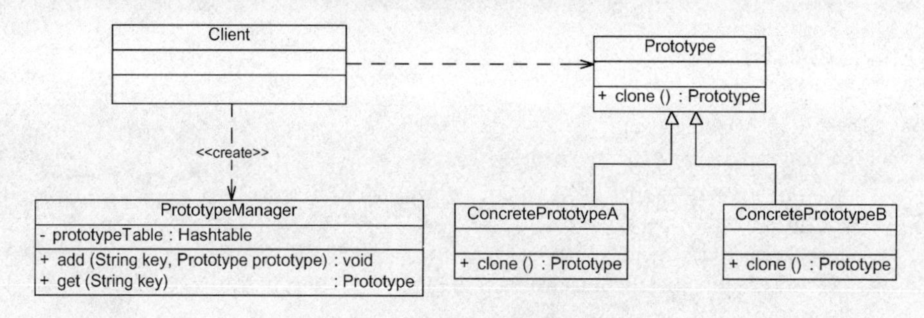

图 7-8 带原型管理器的结构图

下面通过模拟一个简单的公文管理器来介绍原型管理器的设计与实现。

> Sunny 软件公司在日常办公中有许多公文需要创建、递交和审批，例如《可行性分析报告》《立项建议书》《软件需求规格说明书》《项目进展报告》等。为了提高工作效率，在 OA 系统中为各类公文均创建了模板。用户可以通过这些模板快速创建新的公文，这些公文模板需要统一进行管理，系统根据用户请求的不同生成不同的新公文。

使用带原型管理器的原型模式实现公文管理器的设计，其结构如图 7-9 所示。

以下是实现该功能的一些核心代码(考虑到代码的可读性，这里对所有的类都进行了简化)：

```
import java.util.*;

//抽象公文接口,也可定义为抽象类,提供 clone()方法的实现,将业务方法声明为抽象方法
interface OfficialDocument extends Cloneable {
    public OfficialDocument clone();
    public void display();
}
```

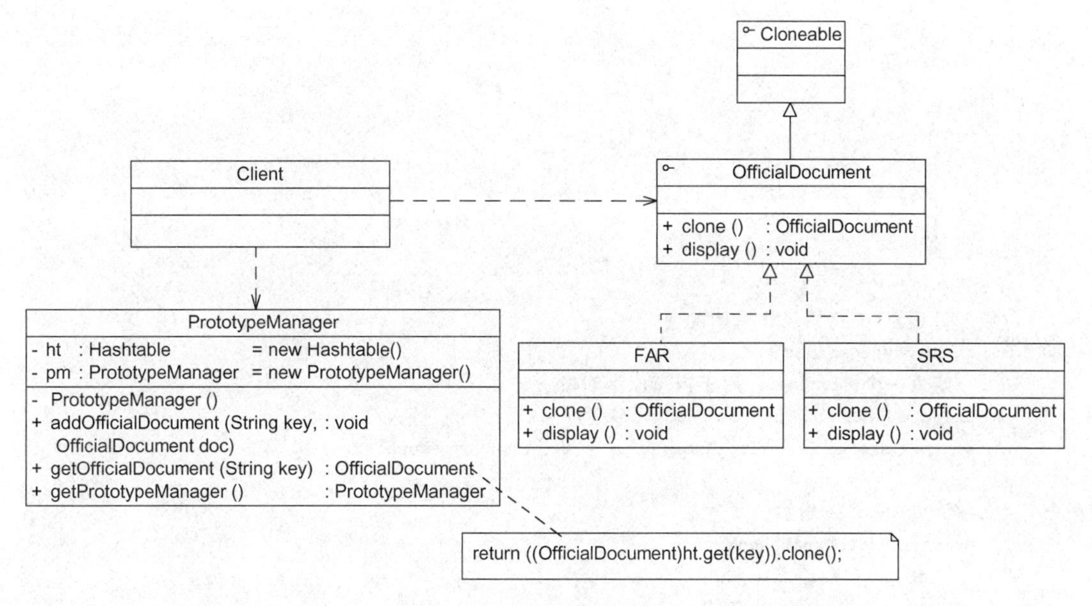

图 7-9　公文管理器结构图

```
//可行性分析报告(Feasibility Analysis Report)类
class FAR implements OfficialDocument {
    public OfficialDocument clone() {
        OfficialDocument far = null;
        try {
            far = (OfficialDocument)super.clone();
        }
        catch(CloneNotSupportedException e) {
             System.out.println("不支持复制!");
        }
        return far;
    }

    public void display() {
        System.out.println("《可行性分析报告》");
    }
}

//软件需求规格说明书(Software Requirements Specification)类
class SRS implements OfficialDocument {
    public OfficialDocument clone() {
        OfficialDocument srs = null;
        try {
            srs = (OfficialDocument)super.clone();
        }
        catch(CloneNotSupportedException e) {
            System.out.println("不支持复制!");
```

```
        }
        return srs;
    }

    public void display() {
        System.out.println("《软件需求规格说明书》");
    }
}

//原型管理器(使用饿汉式单例实现)
class PrototypeManager {
    //定义一个 Hashtable,用于存储原型对象
    private Hashtable ht = new Hashtable();
    private static PrototypeManager pm =  new PrototypeManager();

    //为 Hashtable 增加公文对象
    private PrototypeManager() {
        ht.put("far",new FAR());
        ht.put("srs",new SRS());
    }

    //增加新的公文对象
    public void addOfficialDocument(String key,OfficialDocument doc) {
        ht.put(key,doc);
    }

    //通过浅克隆获取新的公文对象
    public OfficialDocument getOfficialDocument(String key) {
        return ((OfficialDocument)ht.get(key)).clone();
    }

    public static PrototypeManager getPrototypeManager() {
        return pm;
    }
}
```

客户端代码如下：

```
class Client {
    public static void main(String args[]) {
        //获取原型管理器对象
        PrototypeManager pm  =  PrototypeManager.getPrototypeManager();

        OfficialDocument doc1,doc2,doc3,doc4;

        doc1  =  pm.getOfficialDocument("far");
        doc1.display();
        doc2  =  pm.getOfficialDocument("far");
        doc2.display();
```

```
        System.out.println(doc1 == doc2);

        doc3 = pm.getOfficialDocument("srs");
        doc3.display();
        doc4 = pm.getOfficialDocument("srs");
        doc4.display();
        System.out.println(doc3 == doc4);
    }
}
```

编译并运行程序，输出结果如下：

```
《可行性分析报告》
《可行性分析报告》
false
《软件需求规格说明书》
《软件需求规格说明书》
false
```

在 PrototypeManager 中定义了一个 Hashtable 类型的集合对象，使用“键值对”来存储原型对象。客户端可以通过 Key（如“far”或“srs”）来获取对应原型对象的克隆对象。PrototypeManager 类提供了类似于工厂方法的 getOfficialDocument()方法用于返回一个克隆对象。在本实例代码中，将 PrototypeManager 设计为单例类，使用饿汉式单例实现，确保系统中有且仅有一个 PrototypeManager 对象，有利于节省系统资源，并可以更好地对原型管理器对象进行控制。

思考

如果需要增加一种新类型的公文，如《项目进展报告》（Project Progress Report，PPR），公文管理器系统源代码如何修改？动手实践一下吧。

7.6 原型模式总结

原型模式作为一种快速创建大量相同或相似对象的方式，在软件开发中应用较为广泛，很多软件提供的复制（Ctrl + C）和粘贴（Ctrl + V）操作就是原型模式的典型应用。下面对该模式的使用效果和适用情况进行简单总结。

1. 主要优点

原型模式的主要优点如下：

(1) 当创建新的对象实例较为复杂时，使用原型模式可以简化对象的创建过程，通过复制一个已有实例可以提高新实例的创建效率。

(2) 扩展性较好。由于在原型模式中提供了抽象原型类，在客户端可以针对抽象原型类进行编程，而将具体原型类写在配置文件中，增加或减少具体原型类对原有系统都没有任何影响。

(3) 原型模式提供了简化的创建结构。工厂方法模式常常需要有一个与产品类等级结构相同的工厂等级结构,而原型模式就不需要这样。原型模式中产品的复制是通过封装在原型类中的克隆方法实现的,无须专门的工厂类来创建产品。

(4) 可以使用深克隆的方式保存对象的状态。使用原型模式将对象复制一份并将其状态保存起来,以便在需要的时候使用,例如恢复到某一历史状态,可辅助实现撤销操作。

2. 主要缺点

原型模式的主要缺点如下:

(1) 需要为每一个类配备一个克隆方法,而且该克隆方法位于一个类的内部。当对已有的类进行改造时,需要修改源代码,违背了开闭原则。

(2) 在实现深克隆时需要编写较为复杂的代码,而且当对象之间存在多重的嵌套引用时,为了实现深克隆,每一层对象对应的类都必须支持深克隆,实现起来可能会比较麻烦。

3. 适用场景

在以下情况下可以考虑使用原型模式:

(1) 创建新对象成本较大(例如初始化需要占用较长的时间,占用太多的 CPU 资源或网络资源)。新的对象可以通过原型模式对已有对象进行复制来获得,如果是相似对象,则可以对其成员变量稍作修改。

(2) 如果系统要保存对象的状态,而对象的状态变化很小,或者对象本身占用内存较少时,可以使用原型模式配合备忘录模式(本书第 21 章介绍)来实现。

(3) 需要避免使用分层次的工厂类来创建分层次的对象,并且类的实例对象只有一个或很少的几个组合状态。通过复制原型对象得到新实例可能比使用构造函数创建一个新实例更加方便。

练习

Sunny 软件公司在某销售管理系统中设计并实现了一个客户类 Customer,其中包含一个名为客户地址的成员变量,客户地址的类型为 Address。用浅克隆和深克隆分别实现 Customer 对象的复制,并比较这两种克隆方式的异同。

第8章

复杂对象的组装与创建——建造者模式

没有人买车会只买一个轮胎或者方向盘，大家买的都是一辆包含轮胎、方向盘和发动机等多个部件的完整汽车。如何将这些部件组装成一辆完整的汽车并返回给用户，这是建造者模式需要解决的问题。建造者模式又称为生成器模式，它是一种较为复杂、使用频率也相对较低的创建型模式。建造者模式向客户端返回的不是一个简单的产品，而是一个由多个部件组成的复杂产品。

8.1 游戏角色设计

Sunny 软件公司游戏开发小组决定开发一款名为《Sunny 群侠传》的网络游戏，该游戏采用主流的 RPG(Role Playing Game，角色扮演游戏)模式。玩家可以在游戏中扮演虚拟世界中的一个特定角色，角色根据不同的游戏情节和统计数据(如力量、魔法、技能等)具有不同的能力，角色也会随着不断升级而拥有更加强大的能力。

作为 RPG 游戏的一个重要组成部分，需要对游戏角色进行设计，而且随着该游戏的升级将不断增加新的角色。不同类型的游戏角色，其性别、脸型、服装、发型等外部特性都有所差异，例如"天使"拥有美丽的面容和披肩的长发，并身穿一袭白裙；而"恶魔"极其丑陋，留着光头并穿一件刺眼的黑衣。

Sunny 公司决定开发一个小工具来创建游戏角色，可以创建不同类型的角色并可以灵活也增加新的角色。

Sunny 公司的开发人员通过分析发现，游戏角色是一个复杂对象，它包含性别、脸型等多个组成部分，不同的游戏角色其组成部分有所差异，如图 8-1 所示。

无论是何种造型的游戏角色，它们的创建步骤都大同小异，都需要逐步创建其组成部分，再将各组成部分装配成一个完整的游戏角色。如何一步一步地创建一个包含多个组成部分的复杂对象，建造者模式为解决此类问题而诞生。

图 8-1　几种不同的游戏角色造型

(注：本图中的游戏角色造型来源于网络，特此说明)

8.2　建造者模式概述

建造者模式是较为复杂的创建型模式，它将客户端与包含多个组成部分(或部件)的复杂对象的创建过程分离。客户端无须知道复杂对象的内部组成部分与装配方式，只需要知道所需的建造者类型即可。建造者模式关注如何一步一步地创建一个复杂对象，不同的具体建造者定义了不同的创建过程，且具体建造者相互独立，增加新的建造者非常方便，无须修改已有代码，系统具有较好的扩展性。

建造者模式定义如下：

> 建造者模式(Builder Pattern)：将一个复杂对象的构建与它的表示分离，使得同样的构建过程可以创建不同的表示。建造者模式是一种对象创建型模式。

建造者模式一步一步地创建一个复杂的对象，它允许用户只通过指定复杂对象的类型和内容就可以构建它们，用户不需要知道内部的具体构建细节。建造者模式结构如图 8-2 所示。

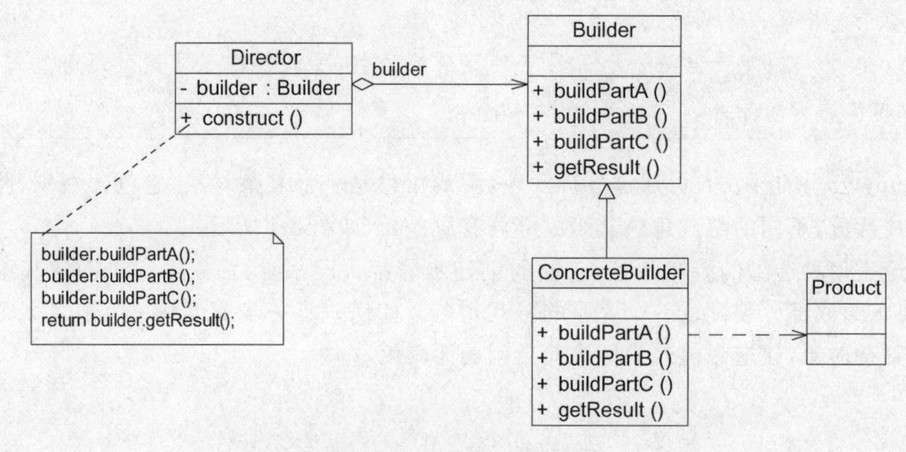

图 8-2　建造者模式结构图

由图 8-2 可以看出，在建造者模式结构中包含以下 4 个角色。

(1) Builder(抽象建造者)：它为创建一个产品 Product 对象的各个部件指定抽象接口。在该接口中一般声明两类方法：一类方法是 buildPartX()，用于创建复杂对象的各个部件；另一类方法是 getResult()，用于返回复杂对象。Builder 既可以是抽象类，也可以是接口。

(2) ConcreteBuilder(具体建造者)：它实现了 Builder 接口，实现各个部件的具体构造和装配方法，定义并明确其所创建的复杂对象，也可以提供一个方法返回创建好的复杂产品对象。

(3) Product(产品角色)：它是被构建的复杂对象，包含多个组成部件。具体建造者创建该产品的内部表示并定义其装配过程。

(4) Director(指挥者)：指挥者又称为导演类，它负责安排复杂对象的建造次序。指挥者与抽象建造者之间存在关联关系，可以在其 construct()建造方法中调用建造者对象的部件构造与装配方法，完成复杂对象的建造。客户端一般只需要与指挥者进行交互，在客户端确定具体建造者的类型，并实例化具体建造者对象(也可以通过配置文件和反射机制)，然后通过指挥者类的构造函数或者 Setter 方法将该对象传入指挥者类中。

在建造者模式的定义中提到了复杂对象。那么，什么是复杂对象？简单来说，复杂对象是指那些包含多个成员变量的对象，这些成员变量也称为部件或零件。例如，汽车包括方向盘、发动机、轮胎等部件，电子邮件包括发件人、收件人、主题、内容、附件等部件。一个典型的复杂对象类代码示例如下：

```
class Product {
    private String partA;      //定义部件,部件可以是任意类型,包括值类型和引用类型
    private String partB;
    private String partC;
    //partA 的 Getter 方法和 Setter 方法省略
    //partB 的 Getter 方法和 Setter 方法省略
    //partC 的 Getter 方法和 Setter 方法省略
}
```

在抽象建造者类中定义了产品的创建方法和返回方法，其典型代码如下：

```
abstract class Builder {
    //创建产品对象
    protected Product product = new Product();

    public abstract void buildPartA();
    public abstract void buildPartB();
    public abstract void buildPartC();

    //返回产品对象
    public Product getResult() {
        return product;
    }
}
```

在抽象类 Builder 中声明了一系列抽象的 buildPartX()方法，用于创建复杂产品的各个

部件，具体建造过程在 ConcreteBuilder 中实现。此外，还提供了工厂方法 getResult()，用于返回一个建造好的完整产品。

在 ConcreteBuilder 中实现了 buildPartX()方法，通过调用 Product 的 setPartX()方法可以给产品对象的成员变量设值。不同的具体建造者在实现 buildPartX()方法时将有所区别，例如 setPartX()方法的参数可能不一样，在有些具体建造者类中某些 setPartX()方法无须实现（提供一个空实现）。而这些对于客户端来说都无须关心，客户端只需知道具体建造者类型即可。

在建造者模式的结构中还引入了一个指挥者类 Director，该类主要有两个作用：一方面它隔离了客户与创建过程；另一方面它控制产品的创建过程，包括某个 buildPartX()方法是否被调用，以及多个 buildPartX()方法调用的先后次序等。指挥者针对抽象建造者编程，客户端只需要知道具体建造者的类型，即可通过指挥者类调用建造者的相关方法，返回一个完整的产品对象。在实际生活中也存在类似指挥者一样的角色，例如一个客户去购买计算机，计算机销售人员相当于指挥者，只要客户确定计算机的类型，计算机销售人员可以通知计算机组装人员给客户组装一台计算机。指挥者类的代码示例如下：

```
class Director {
    private Builder builder;

    public Director(Builder builder) {
        this.builder = builder;
    }

    public void setBuilder(Builder builder) {
        this.builder = builder;
    }

    //产品构建与组装方法
    public Product construct() {
        builder.buildPartA();
        builder.buildPartB();
        builder.buildPartC();
        return builder.getResult();
    }
}
```

在指挥者类中可以注入一个抽象建造者类型的对象，其核心在于提供了一个建造方法 construct()，在该方法中调用了 builder 对象的构造部件的方法，最后返回一个产品对象。

对于客户端而言，只需关心具体的建造者即可。一般情况下，客户端类代码片段如下：

```
…
Builder builder = new ConcreteBuilder(); //可通过配置文件实现
Director director = new Director(builder);
Product product = director.construct();
…
```

可以通过配置文件来存储具体建造者类 ConcreteBuilder 的类名，使得更换新的建造者时无须修改源代码，系统扩展更为方便。在客户端代码中，无须关心产品对象的具体组装过程，只需指定具体建造者的类型即可。

建造者模式与抽象工厂模式有点相似，但是建造者模式返回一个完整的复杂产品，而抽象工厂模式返回一系列相关的产品。在抽象工厂模式中，客户端通过选择具体工厂来生成所需对象，而在建造者模式中，客户端通过指定具体建造者类型并指导 Director 类如何去生成对象，侧重于一步一步地构造一个复杂对象，然后将结果返回。如果将抽象工厂模式看成一个汽车配件生产厂，生成不同类型的汽车配件，那么建造者模式就是一个汽车组装厂，通过对配件进行组装返回一辆完整的汽车。

思考

如果没有指挥者类 Director，客户端将如何构建复杂产品？

8.3　完整解决方案

Sunny 公司开发人员决定使用建造者模式来实现游戏角色的创建，其基本结构如图 8-3 所示。

在图 8-3 中，ActorController 充当指挥者，ActorBuilder 充当抽象建造者，HeroBuilder、AngelBuilder 和 DevilBuilder 充当具体建造者，Actor 充当复杂产品。完整代码如下：

```
//Actor 角色类：复杂产品。考虑到代码的可读性，只列出部分成员变量，且成员变量的类型均为
//String，真实情况下，有些成员变量的类型需自定义
class Actor {
    private String type;        //角色类型
    private String sex;         //性别
    private String face;        //脸型
    private String costume;     //服装
    private String hairstyle;   //发型

    public void setType(String type) {
        this.type = type;
    }

    public void setSex(String sex) {
        this.sex = sex;
    }

    public void setFace(String face) {
        this.face = face;
    }

    public void setCostume(String costume) {
        this.costume = costume;
```

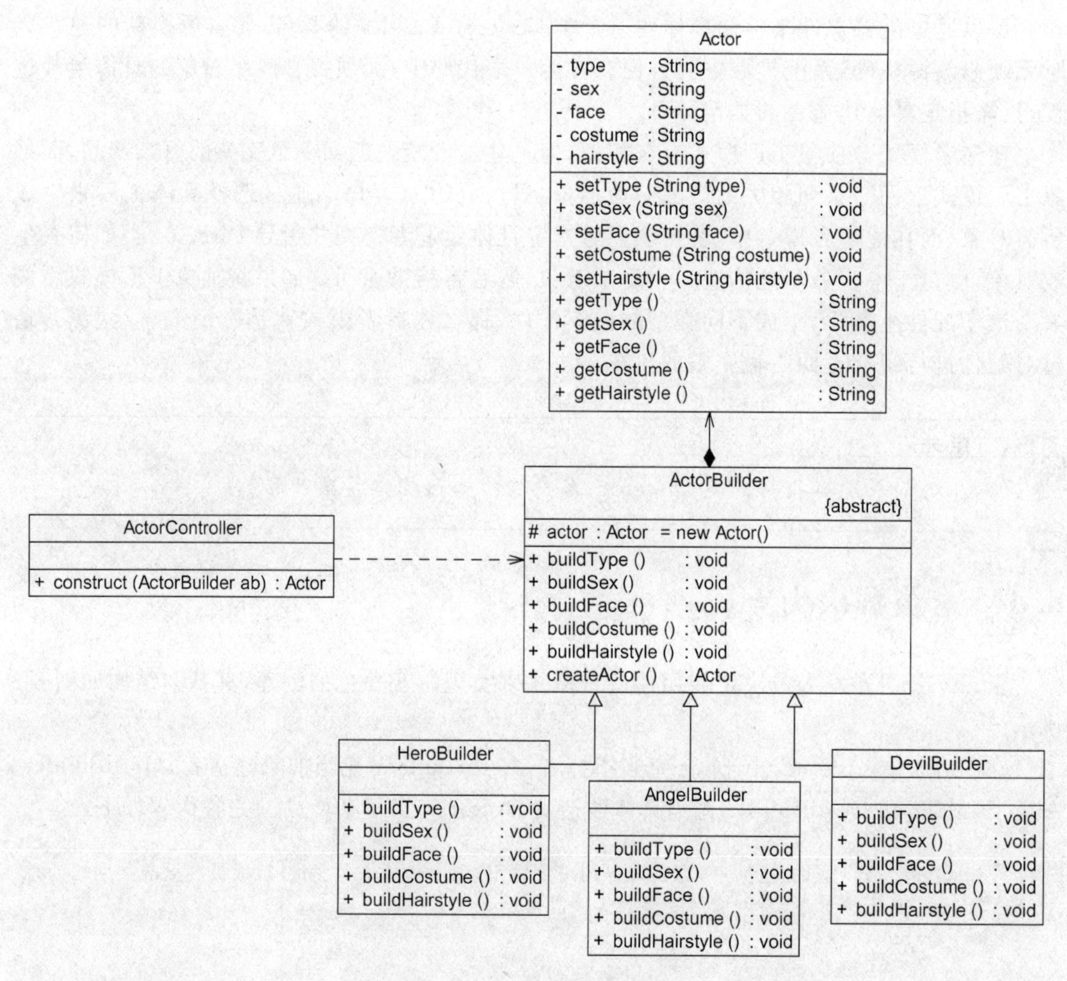

图 8-3 游戏角色创建结构图

```
    }

    public void setHairstyle(String hairstyle) {
        this.hairstyle = hairstyle;
    }

    public String getType() {
        return (this.type);
    }

    public String getSex() {
        return (this.sex);
    }

    public String getFace() {
        return (this.face);
    }
```

```
    public String getCostume() {
        return (this.costume);
    }

    public String getHairstyle() {
        return (this.hairstyle);
    }
}

//角色建造器：抽象建造者
abstract class ActorBuilder {
    protected Actor actor = new Actor();

    public abstract void buildType();
    public abstract void buildSex();
    public abstract void buildFace();
    public abstract void buildCostume();
    public abstract void buildHairstyle();

    //工厂方法,返回一个完整的游戏角色对象
    public Actor createActor() {
        return actor;
    }
}

//英雄角色建造器：具体建造者
class HeroBuilder extends ActorBuilder {
    public void buildType() {
        actor.setType("英雄");
    }

    public void buildSex() {
        actor.setSex("男");
    }

    public void buildFace() {
        actor.setFace("英俊");
    }

    public void buildCostume() {
        actor.setCostume("盔甲");
    }

    public void buildHairstyle() {
        actor.setHairstyle("飘逸");
    }
}

//天使角色建造器：具体建造者
```

```
class AngelBuilder extends ActorBuilder {
    public void buildType() {
        actor.setType("天使");
    }

    public void buildSex() {
        actor.setSex("女");
    }

    public void buildFace() {
        actor.setFace("漂亮");
    }

    public void buildCostume() {
        actor.setCostume("白裙");
    }

    public void buildHairstyle() {
        actor.setHairstyle("披肩长发");
    }
}

//恶魔角色建造器：具体建造者
class DevilBuilder extends ActorBuilder {
    public void buildType() {
        actor.setType("恶魔");
    }

    public void buildSex() {
        actor.setSex("妖");
    }

    public void buildFace() {
        actor.setFace("丑陋");
    }

    public void buildCostume() {
        actor.setCostume("黑衣");
    }

    public void buildHairstyle() {
        actor.setHairstyle("光头");
    }
}
```

指挥者类 ActorController 定义了 construct()方法，该方法拥有一个抽象建造者 ActorBuilder 类型的参数，在该方法内部实现了游戏角色对象的逐步构建，代码如下：

```
//游戏角色创建控制器：指挥者
class ActorController {
    //逐步构建复杂产品对象
    public Actor construct(ActorBuilder ab) {
        Actor actor;
        ab.buildType();
        ab.buildSex();
        ab.buildFace();
        ab.buildCostume();
        ab.buildHairstyle();
        actor = ab.createActor();
        return actor;
    }
}
```

为了提高系统的灵活性和可扩展性，这里将具体建造者类的类名存储在配置文件中，并通过工具类XMLUtil来读取配置文件并反射生成对象。XMLUtil类的代码如下：

```
import javax.xml.parsers.*;
import org.w3c.dom.*;
import org.xml.sax.SAXException;
import java.io.*;

public class XMLUtil {
//该方法用于从XML配置文件中提取具体类类名，并返回一个实例对象
    public static Object getBean() {
        try {
            //创建文档对象
            DocumentBuilderFactory dFactory = DocumentBuilderFactory.newInstance();
            DocumentBuilder builder = dFactory.newDocumentBuilder();
            Document doc;
            doc = builder.parse(new File("config.xml"));

            //获取包含类名的文本节点
            NodeList nl = doc.getElementsByTagName("className");
            Node classNode = nl.item(0).getFirstChild();
            String cName = classNode.getNodeValue();

            //通过类名生成实例对象并将其返回
            Class c = Class.forName(cName);
            Object obj = c.newInstance();
            return obj;
        }
        catch(Exception e) {
            e.printStackTrace();
            return null;
        }
    }
}
```

配置文件 config. xml 中存储了具体建造者类的类名，代码如下：

```
<?xml version = "1.0"?>
<config>
    <className>AngelBuilder</className>
</config>
```

编写如下客户端测试代码：

```
class Client {
    public static void main(String args[]) {
        ActorBuilder ab;                               //针对抽象建造者编程
        ab = (ActorBuilder)XMLUtil.getBean();          //反射生成具体建造者对象

        ActorController ac = new ActorController();
        Actor actor;
        actor = ac.construct(ab);                      //通过指挥者创建完整的建造者对象

        String type = actor.getType();
        System.out.println(type + "的外观：");
        System.out.println("性别：" + actor.getSex());
        System.out.println("面容：" + actor.getFace());
        System.out.println("服装：" + actor.getCostume());
        System.out.println("发型：" + actor.getHairstyle());
    }
}
```

编译并运行程序，输出结果如下：

```
天使的外观：
性别：女
面容：漂亮
服装：白裙
发型：披肩长发
```

在建造者模式中，客户端只需实例化指挥者类，指挥者类针对抽象建造者编程。客户端根据需要传入具体的建造者类型，指挥者将指导具体建造者一步一步地构造一个完整的产品（逐步调用具体建造者的 buildX()方法），相同的构造过程可以创建完全不同的产品。在游戏角色实例中，如果需要更换角色，只需要修改配置文件，更换具体角色建造者类即可。如果需要增加新角色，可以增加一个新的具体角色建造者类作为抽象角色建造者的子类，再修改配置文件即可，原有代码无须修改，完全符合开闭原则。

8.4 关于 Director 的进一步讨论

指挥者类 Director 在建造者模式中扮演非常重要的角色。简单的 Director 类用于指导具体建造者如何构建产品，它按一定次序调用 Builder 的 buildPartX()方法，控制调用的先后次序,并向客户端返回一个完整的产品对象。下面讨论几种 Director 的变化形式。

1. 省略 Director

在有些情况下,为了简化系统结构,可以将 Director 和抽象建造者 Builder 进行合并,在 Builder 中提供逐步构建复杂产品对象的 construct()方法。由于 Builder 类通常为抽象类,因此可以将 construct()方法定义为静态(static)方法。如果将游戏角色设计中的指挥者类 ActorController 省略,ActorBuilder 类的代码修改如下:

```
abstract class ActorBuilder {
    protected static Actor actor = new Actor();

    public abstract void buildType();
    public abstract void buildSex();
    public abstract void buildFace();
    public abstract void buildCostume();
    public abstract void buildHairstyle();

    public static Actor construct(ActorBuilder ab) {
        ab.buildType();
        ab.buildSex();
        ab.buildFace();
        ab.buildCostume();
        ab.buildHairstyle();
        return actor;
    }
}
```

对应的客户端代码也将发生修改,其代码片段如下:

```
…
        ActorBuilder ab;
        ab = (ActorBuilder)XMLUtil.getBean();

        Actor actor;
        actor = ActorBuilder.construct(ab);
…
```

除此之外,还有一种更简单的处理方法:可以将 construct()方法的参数去掉,直接在 construct()方法中调用 buildPartX()方法。代码如下:

```
abstract class ActorBuilder {
    protected Actor actor = new Actor();

    public abstract void buildType();
    public abstract void buildSex();
    public abstract void buildFace();
    public abstract void buildCostume();
```

```
    public abstract void buildHairstyle();

    public Actor construct() {
        this.buildType();
        this.buildSex();
        this.buildFace();
        this.buildCostume();
        this.buildHairstyle();
        return actor;
    }
}
```

客户端代码片段如下：

```
…
        ActorBuilder ab;
        ab = (ActorBuilder)XMLUtil.getBean();

        Actor actor;
        actor = ab.construct();
…
```

此时，construct()方法定义了其他 buildPartX()方法调用的次序，为其他方法的执行提供了一个流程模板，这与后面要学习的模板方法模式非常相似。

以上两种对 Director 类的省略方式都不影响系统的灵活性和可扩展性，同时还简化了系统结构，但加重了抽象建造者类的职责。如果 construct()方法较为复杂，待构建产品的组成部分较多，建议还是将 construct()方法单独封装在 Director 中，这样做更符合单一职责原则。

2. 钩子方法的引入

建造者模式除了逐步构建一个复杂产品对象外，还可以通过 Director 类来更加精细地控制产品的创建过程，例如增加一类称之为钩子方法（Hook Method）的特殊方法来控制是否调用某个 buildPartX()方法。

钩子方法的返回类型通常为 boolean 类型，方法名一般为 is×××()。钩子方法定义在抽象建造者类中。例如，可以在游戏角色的抽象建造者类 ActorBuilder 中定义一个方法 isBareheaded()，用于判断某个角色是否为"光头（Bareheaded）"，在 ActorBuilder 中为之提供一个默认实现，其返回值为 false。代码如下：

```
abstract class ActorBuilder {
    protected Actor actor = new Actor();

    public abstract void buildType();
    public abstract void buildSex();
    public abstract void buildFace();
```

```
    public abstract void buildCostume();
    public abstract void buildHairstyle();

    //钩子方法
    public boolean isBareheaded() {
        return false;
    }

    public Actor createActor() {
        return actor;
    }
}
```

如果某个角色无须构建头发部件，例如“恶魔(Devil)”，则对应的具体建造者DevilBuilder将覆盖isBareheaded()方法，并将返回值改为true。代码如下：

```
class DevilBuilder extends ActorBuilder {
    public void buildType() {
        actor.setType("恶魔");
    }

    public void buildSex() {
        actor.setSex("妖");
    }

    public void buildFace() {
        actor.setFace("丑陋");
    }

    public void buildCostume() {
        actor.setCostume("黑衣");
    }

    public void buildHairstyle() {
        actor.setHairstyle("光头");
    }

    //覆盖钩子方法
    public boolean isBareheaded() {
        return true;
    }
}
```

同时，指挥者类ActorController的代码修改如下：

```
class ActorController {
    public Actor construct(ActorBuilder ab) {
        Actor actor;
        ab.buildType();
```

```
            ab.buildSex();
            ab.buildFace();
            ab.buildCostume();
            //通过钩子方法来控制产品的构建
            if(!ab.isBareheaded()) {
                ab.buildHairstyle();
            }
            actor = ab.createActor();
            return actor;
        }
    }
```

当在客户端代码中指定具体建造者类型并通过指挥者来实现产品的逐步构建时，将调用钩子方法 isBareheaded()来判断游戏角色是否有头发。如果 isBareheaded()方法返回 true，即是光头，则跳过构建发型的方法 buildHairstyle()，否则将执行 buildHairstyle()方法。通过引入钩子方法，可以在 Director 中对复杂产品的构建进行精细控制，不仅指定 buildPartX()方法的执行顺序，还可以控制是否需要执行某个 buildPartX()方法。

8.5 建造者模式总结

建造者模式的核心在于如何一步一步地构建一个包含多个组成部件的完整对象，使用相同的构建过程构建不同的产品。在软件开发中，如果需要创建复杂对象，并希望系统具备很好的灵活性和可扩展性，可以考虑使用建造者模式。

1. 主要优点

建造者模式的主要优点如下：

(1) 在建造者模式中，客户端不必知道产品内部组成的细节，将产品本身与产品的创建过程解耦，使得相同的创建过程可以创建不同的产品对象。

(2) 每个具体建造者都相对独立，而与其他具体建造者无关。因此，可以很方便地替换具体建造者或增加新的具体建造者，用户使用不同的具体建造者即可得到不同的产品对象。由于指挥者类针对抽象建造者编程，增加新的具体建造者无须修改原有类库的代码，系统扩展方便，符合开闭原则。

(3) 可以更加精细地控制产品的创建过程。将复杂产品的创建步骤分解在不同的方法中，使得创建过程更加清晰，也更方便使用程序来控制创建过程。

2. 主要缺点

建造者模式的主要缺点如下：

(1) 建造者模式所创建的产品一般具有较多的共同点，其组成部分相似。如果产品之间的差异性很大，例如很多组成部分都不相同，就不适合使用建造者模式，因此其使用范围受到一定的限制。

(2) 如果产品的内部结构复杂且多变，可能会需要定义很多具体建造者类来实现这种变化，这就导致系统变得很庞大，增加系统的理解难度和运行成本。

3. 适用场景

在以下情况下可以考虑使用建造者模式：

(1) 需要生成的产品对象有复杂的内部结构，这些产品对象通常包含多个成员变量。

(2) 需要生成的产品对象的属性相互依赖，需要指定其生成顺序。

(3) 对象的创建过程独立于创建该对象的类。在建造者模式中通过引入指挥者类，将创建过程封装在指挥者类中，而不在建造者类和客户类中。

(4) 隔离复杂对象的创建和使用，并使得相同的创建过程可以创建不同的产品。

练习

Sunny软件公司欲开发一个视频播放软件。为了方便用户使用，该播放软件提供多种界面显示模式，例如完整模式、精简模式、记忆模式、网络模式等。在不同的显示模式下主界面的组成元素有所差异。例如，在完整模式下将显示菜单、播放列表、主窗口、控制条等，在精简模式下只显示主窗口和控制条，而在记忆模式下将显示主窗口、控制条、收藏列表等。试使用建造者模式设计该软件。

第3部分　组合的艺术——结构型模式

在面向对象软件系统中，每个类/对象都承担着一定的职责，它们相互协作，可以实现一些复杂的功能。结构型模式(Structural Pattern)关注如何将现有类或对象组织在一起形成更加强大的结构。不同的结构型模式从不同的角度来组合类或对象，在尽可能满足各种面向对象设计原则的同时，为类或对象的组合提供一系列巧妙的解决方案。

本部分将逐一介绍GoF设计模式中的7种结构型模式，其名称、定义、学习难度和使用频率如下表所示。

模式名称	定义	学习难度	使用频率
适配器模式 (Adapter Pattern)	将一个接口转换成客户希望的另一个接口，使接口不兼容的那些类可以一起工作	★★☆☆☆	★★★★☆
桥接模式 (Bridge Pattern)	将抽象部分与其实现部分分离，使它们都可以独立地变化	★★★☆☆	★★★☆☆
组合模式 (Composite Pattern)	组合多个对象形成树形结构以表示具有"整体—部分"关系的层次结构	★★★☆☆	★★★★☆
装饰模式 (Decorator Pattern)	动态地给一个对象增加一些额外的职责	★★★☆☆	★★★☆☆
外观模式 (Facade Pattern)	外部与一个子系统的通信通过一个统一的外观对象进行，为子系统中的一组接口提供一个一致的入口	★☆☆☆☆	★★★★★
享元模式 (Flyweight Pattern)	运用共享技术有效地支持大量细粒度对象的复用	★★★★☆	★☆☆☆☆
代理模式 (Proxy Pattern)	给某一个对象提供一个代理，并由代理对象控制对原对象的引用	★★★☆☆	★★★★☆

第9章

不兼容结构的协调——适配器模式

有的笔记本电脑的工作电压是20V，而我国的家庭用电是220V，如何让20V的笔记本电脑能够在220V的电压下工作？答案是引入一个电源适配器(AC Adapter)，俗称充电器/变压器。有了这个电源适配器，生活用电和笔记本电脑即可兼容，如图9-1所示。

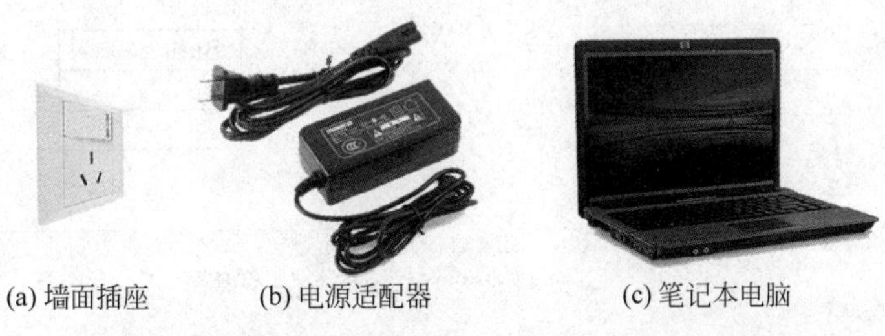

(a) 墙面插座　(b) 电源适配器　(c) 笔记本电脑

图9-1　生活用电、电源适配器、笔记本电脑示意图

在软件开发中，有时也存在类似这种不兼容的情况，也可以像引入一个电源适配器一样引入一个被称为适配器的角色来协调这些存在不兼容的结构，这种设计方案即为适配器模式。本章将介绍第一个结构型模式——适配器模式。

9.1　没有源码的算法库

Sunny软件公司在很久以前曾开发了一个算法库，里面包含了一些常用的算法，例如排序算法和查找算法，在进行各类软件开发时经常需要重用该算法库中的算法。在为某学校开发教务管理系统时，开发人员发现需要对学生成绩进行排序和查找。该系统的设计人员已经开发了一个成绩操作接口ScoreOperation，在该接口中声明了排序方法sort(int[])和查找方法search(int[],int)。为了提高排序和查找的效率，开发人员决定重用算法库中的快速排序算法类QuickSort和二分查找算法类BinarySearch，其中QuickSort的quickSort(int[])方法实现了快速排序，BinarySearch的binarySearch (int[],int)方法实现了二分查找。

由于某些原因，现在Sunny公司开发人员已经找不到该算法库的源代码，无法直接通过复制和粘贴操作来重用其中的代码。部分开发人员已经针对ScoreOperation接口编程，如果再要求对该接口进行修改或要求大家直接使用 QuickSort 类和 BinarySearch 类将导致大量代码需要修改。

Sunny 软件公司开发人员面对这个没有源码的算法库，遇到一个幸福而又烦恼的问题：如何在既不修改现有接口又不需要任何算法库代码的基础上实现算法库的重用？

通过分析，不难得知，现在 Sunny 软件公司面对的问题有点类似本章最开始所提到的电压问题。成绩操作接口 ScoreOperation 好比只支持 20V 电压的笔记本电脑，而算法库好比 220V 的家庭用电，这两部分都没有办法再进行修改，而且它们原本是两个完全不相关的结构，如图 9-2 所示。

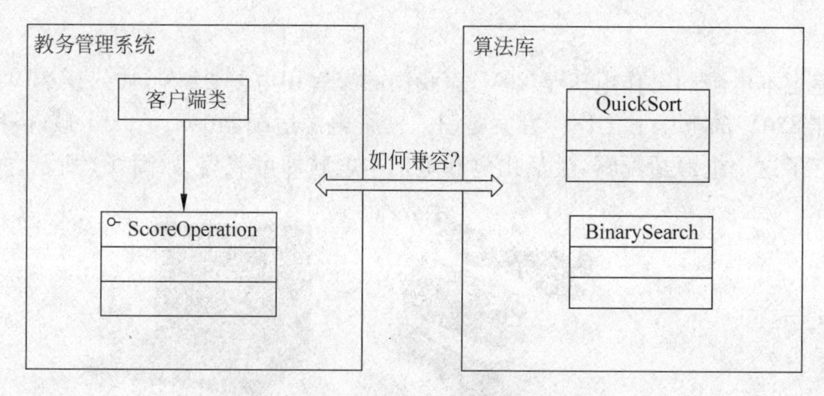

图 9-2 需协调的两个系统的结构示意图

现在需要 ScoreOperation 接口能够和已有算法库一起工作，让它们在同一个系统中能够兼容。最好的实现方法是增加一个类似电源适配器的适配器角色，通过适配器来协调这两个原本不兼容的结构。如何在软件开发中设计和实现适配器是本章将要解决的核心问题，下面就正式开始学习这种用于解决不兼容结构问题的适配器模式。

9.2 适配器模式概述

与电源适配器相似，在适配器模式中引入了一个被称为适配器(Adapter)的包装类，而它所包装的对象称为适配者(Adaptee)，即被适配的类。适配器的实现就是把客户类的请求转化为对适配者的相应接口的调用。也就是说：当客户类调用适配器的方法时，在适配器类的内部将调用适配者类的方法，而这个过程对客户类是透明的，客户类并不直接访问适配者类。因此，适配器让那些由于接口不兼容而不能交互的类可以一起工作。

适配器模式可以将一个类的接口和另一个类的接口匹配起来，而无须修改原来的适配者接口和抽象目标类接口。适配器模式定义如下：

适配器模式(Adapter Pattern)：将一个接口转换成客户希望的另一个接口，使接口不兼容的那些类可以一起工作，其别名为包装器(Wrapper)。适配器模式既可以作为类结构型模式，也可以作为对象结构型模式。

注：在适配器模式定义中所提及的接口是指广义的接口，它可以表示一个方法或者一组方法的集合。

在适配器模式中，通过增加一个新的适配器类来解决接口不兼容的问题，使得原本没有任何关系的类可以协同工作。根据适配器类与适配者类的关系不同，适配器模式可分为对象适配器模式和类适配器模式两种。在对象适配器模式中，适配器与适配者之间是关联关系；在类适配器模式中，适配器与适配者之间是继承（或实现）关系。在实际开发中，对象适配器模式的使用频率更高，其结构如图 9-3 所示。

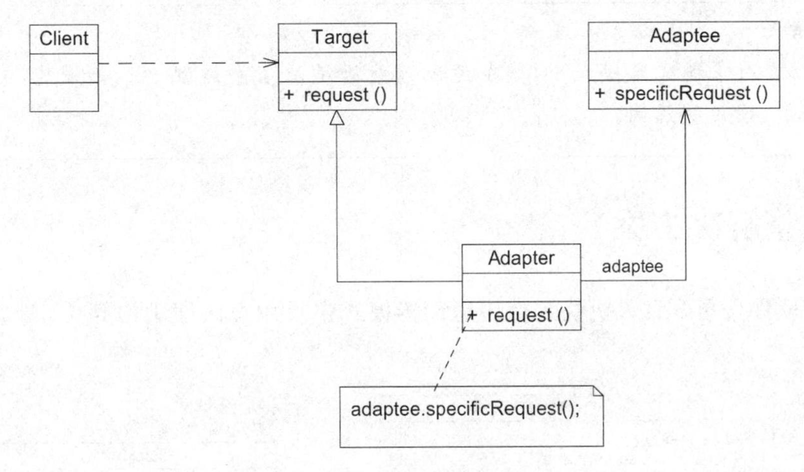

图 9-3　对象适配器模式结构图

由图 9-3 可以看出，在对象适配器模式结构图中包含以下 3 个角色。

(1) Target（目标抽象类）：目标抽象类定义客户所需接口，可以是一个抽象类或接口，也可以是具体类。

(2) Adapter（适配器类）：适配器可以调用另一个接口，作为一个转换器，对 Adaptee 和 Target 进行适配。适配器类是适配器模式的核心，在对象适配器模式中，它通过继承 Target 并关联一个 Adaptee 对象使二者产生联系。

(3) Adaptee（适配者类）：适配者即被适配的角色，它定义了一个已经存在的接口，这个接口需要适配。适配者类一般是一个具体类，包含了客户希望使用的业务方法，在某些情况下可能没有适配者类的源代码。

根据图 9-3，在对象适配器模式中，客户端需要调用 request()方法，而适配者类 Adaptee 没有该方法，但是它所提供的 specificRequest()方法却是客户端所需要的。为了使客户端能够使用适配者类，需要提供一个包装类 Adapter，即适配器类。这个包装类包装了一个适配者的实例，从而将客户端与适配者衔接起来，在适配器的 request()方法中调用适配者的 specificRequest()方法。因为适配器类与适配者类是关联关系（也可称之为委派关系），所以这种适配器模式称为对象适配器模式。典型的对象适配器模式代码如下：

```
class Adapter extends Target {
    private Adaptee adaptee;            //维持一个对适配者对象的引用

    public Adapter(Adaptee adaptee) {
```

```
        this.adaptee = adaptee;
    }

    public void request() {
        adaptee.specificRequest(); //转发调用
    }
}
```

思考

在对象适配器模式中，一个适配器能否适配多个适配者？如果能，应该如何实现？如果不能，请说明原因。

9.3 完整解决方案

Sunny 软件公司开发人员决定使用适配器模式来重用算法库中的算法，其基本结构如图 9-4 所示。

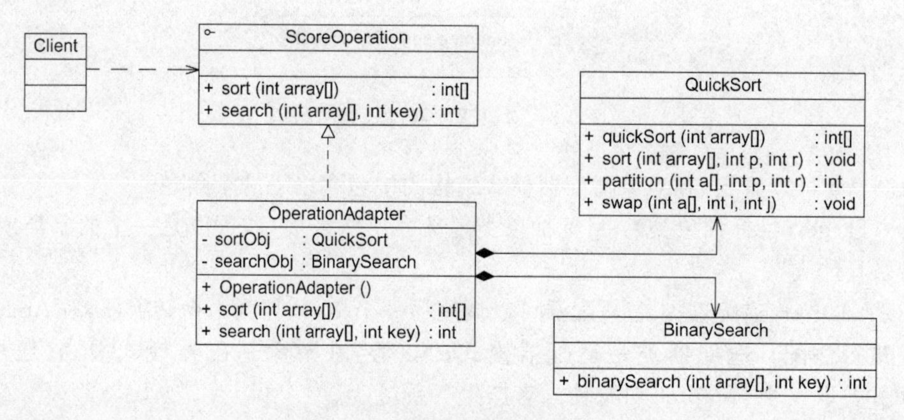

图 9-4 算法库重用结构图

在图 9-4 中，ScoreOperation 接口充当抽象目标，QuickSort 和 BinarySearch 类充当适配者，OperationAdapter 充当适配器。完整代码如下：

```
//抽象成绩操作类：目标接口
interface ScoreOperation {
    public int[] sort(int array[]);              //成绩排序
    public int search(int array[], int key);     //成绩查找
}

//快速排序类：适配者
class QuickSort {
    public int[] quickSort(int array[]) {
        sort(array, 0, array.length - 1);
        return array;
```

```
    }

    public void sort(int array[],int p, int r) {
        int q = 0;
        if (p < r) {
            q = partition(array,p,r);
            sort(array,p,q - 1);
            sort(array,q + 1,r);
        }
    }

    public int partition(int[] a, int p, int r) {
        int x = a[r];
        int j = p - 1;
        for (int i = p;i < = r - 1;i++) {
            if (a[i]< = x) {
                j++;
                swap(a,j,i);
            }
        }
        swap(a,j + 1,r);
        return j + 1;
    }

    public void swap(int[] a, int i, int j) {
        int t = a[i];
        a[i] = a[j];
        a[j] = t;
    }
}

//二分查找类：适配者
class BinarySearch {
    public int binarySearch(int array[],int key) {
        int low = 0;
        int high = array.length - 1;
        while (low <= high) {
            int mid = (low + high) / 2;
            int midVal = array[mid];
            if (midVal < key) {
                low = mid + 1;
            }
            else if (midVal > key) {
                high = mid - 1;
            }
            else {
                return 1;                          //找到元素返回 1
            }
        }
        return -1;                                 //未找到元素返回 -1
```

```
    }
}

//操作适配器：适配器
class OperationAdapter implements ScoreOperation {
    private QuickSort sortObj;                    //定义适配者 QuickSort 对象
    private BinarySearch searchObj;               //定义适配者 BinarySearch 对象

    public OperationAdapter() {
        sortObj = new QuickSort();
        searchObj = new BinarySearch();
    }

    public int[] sort(int array[]) {
        return sortObj.quickSort(array);          //调用适配者类 QuickSort 的排序方法
    }

    public int search(int array[],int key) {
        return searchObj.binarySearch(array,key);//调用适配者类 BinarySearch 的查找方法
    }
}
```

为了让系统具备良好的灵活性和可扩展性，这里引入了工具类 XMLUtil 和配置文件，其中，XMLUtil 类的代码如下：

```
import javax.xml.parsers.*;
import org.w3c.dom.*;
import org.xml.sax.SAXException;
import java.io.*;

public class XMLUtil {
    //该方法用于从 XML 配置文件中提取具体类类名，并返回一个实例对象
    public static Object getBean() {
        try {
            //创建文档对象
            DocumentBuilderFactory dFactory = DocumentBuilderFactory.newInstance();
            DocumentBuilder builder = dFactory.newDocumentBuilder();
            Document doc;
            doc = builder.parse(new File("config.xml"));

            //获取包含类名的文本节点
            NodeList nl = doc.getElementsByTagName("className");
            Node classNode = nl.item(0).getFirstChild();
            String cName = classNode.getNodeValue();

            //通过类名生成实例对象并将其返回
            Class c = Class.forName(cName);
            Object obj = c.newInstance();
            return obj;
```

```
        }
        catch(Exception e) {
            e.printStackTrace();
            return null;
        }
    }
}
```

配置文件 config.xml 中存储了适配器类的类名，代码如下：

```
<?xml version = "1.0"?>
<config>
    <className>OperationAdapter</className>
</config>
```

编写如下客户端测试代码：

```
class Client {
    public static void main(String args[]) {
        ScoreOperation operation;                             //针对抽象目标接口编程
        operation = (ScoreOperation)XMLUtil.getBean();   //读取配置文件,反射生成对象
        int scores[] = {84,76,50,69,90,91,88,96};         //定义成绩数组
        int result[];
        int score;

        System.out.println("成绩排序结果: ");
        result = operation.sort(scores);

        //遍历输出成绩
        for (int i : result) {
            System.out.print(i + ",");
        }
        System.out.println();

        System.out.println("查找成绩 90: ");
        score = operation.search(result,90);
        if (score != -1) {
            System.out.println("找到成绩 90。");
        }
        else {
            System.out.println("没有找到成绩 90。");
        }

        System.out.println("查找成绩 92: ");
        score = operation.search(result,92);
        if (score != -1) {
            System.out.println("找到成绩 92。");
        }
        else {
```

```
                System.out.println("没有找到成绩 92。");
            }
        }
    }
```

编译并运行程序,输出结果如下:

```
成绩排序结果:
50,69,76,84,88,90,91,96,
查找成绩 90:
找到成绩 90。
查找成绩 92:
没有找到成绩 92。
```

在本实例中使用了对象适配器模式,同时引入了配置文件,将适配器类的类名存储在配置文件中。如果需要使用其他排序算法类和查找算法类,可以增加一个新的适配器类,使用新的适配器来适配新的算法,原有代码无须修改。通过引入配置文件和反射机制,可以在不修改客户端代码的情况下使用新的适配器,无须修改源代码,符合开闭原则。

9.4 类适配器模式

除了对象适配器模式之外,适配器模式还有一种形式,那就是类适配器模式。类适配器模式与对象适配器模式最大的区别在于其适配器和适配者之间的关系是继承关系。类适配器模式结构如图 9-5 所示。

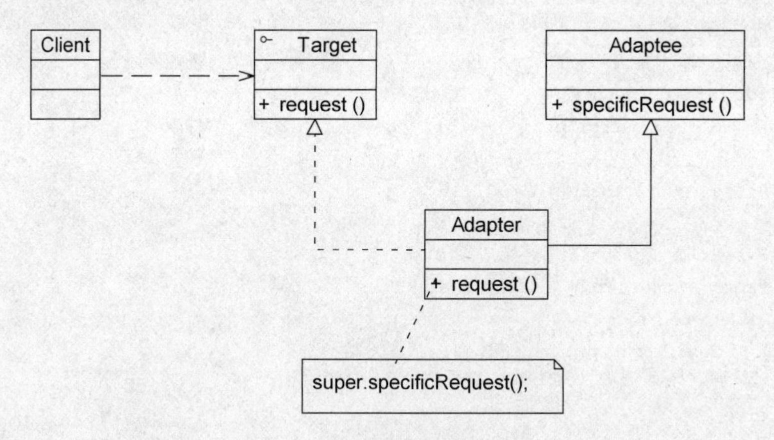

图 9-5 类适配器模式结构图

根据图 9-5 所示的类适配器模式结构图,适配器类实现了抽象目标类接口 Target,并继承了适配者类。在适配器类的 request()方法中调用所继承的适配者类的 specificRequest()方法,实现了适配。典型的类适配器模式代码如下:

```
class Adapter extends Adaptee implements Target {
    public void request() {
```

```
            super.specificRequest();
        }
    }
```

由于 Java、C# 等语言不支持多重类继承,因此类适配器模式的使用受到很多限制。例如,如果目标抽象类 Target 不是接口,而是一个类,就无法使用类适配器模式。此外,如果适配者 Adaptee 为最终(Final)类,也无法使用类适配器模式。在 Java 等面向对象编程语言中,大部分情况下使用的是对象适配器模式,类适配器模式较少使用。

思考

在类适配器模式中,一个适配器能否适配多个适配者?如果能,应该如何实现?如果不能,请说明原因。

9.5 双向适配器模式

在对象适配器模式的使用过程中,如果在适配器中同时包含对目标类和适配者类的引用,适配者可以通过它调用目标类中的方法,目标类也可以通过它调用适配者类中的方法,那么该适配器就是一个双向适配器。其模式结构示意图如图 9-6 所示。

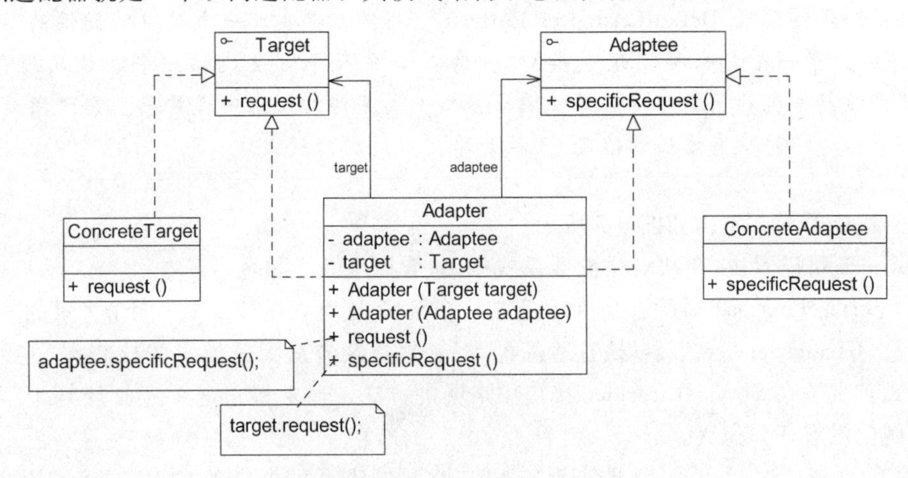

图 9-6 双向适配器模式结构示意图

双向适配器模式的实现较为复杂,其典型代码如下:

```
class Adapter implements Target, Adaptee {
    //同时维持对抽象目标类和适配者的引用
    private Target target;
    private Adaptee adaptee;

    public Adapter(Target target) {
        this.target = target;
```

```
    }

    public Adapter(Adaptee adaptee) {
        this.adaptee = adaptee;
    }

    public void request() {
        adaptee.specificRequest();
    }

    public void specificRequest() {
        target.request();
    }
}
```

9.6 缺省适配器模式

缺省适配器模式是适配器模式的一种变体，其应用也较为广泛。缺省适配器模式的定义如下：

> **缺省适配器模式(Default Adapter Pattern)**：当不需要实现一个接口所提供的所有方法时，可先设计一个抽象类实现该接口，并为接口中每个方法提供一个默认实现(空方法)，那么该抽象类的子类可以选择性地覆盖父类的某些方法来实现需求。它适用于不想使用一个接口中的所有方法的情况，又称为单接口适配器模式。

缺省适配器模式结构如图 9-7 所示。

由图 9-7 可以看出，在缺省适配器模式中，包含以下 3 个角色。

(1) ServiceInterface(适配者接口)：它是一个接口，通常在该接口中声明了大量的方法。

(2) AbstractServiceClass(缺省适配器类)：它是缺省适配器模式的核心类，使用空方法的形式实现了在 ServiceInterface 接口中声明的方法。通常将它定义为抽象类，因为对它进行实例化没有任何意义。

(3) ConcreteServiceClass(具体业务类)：它是缺省适配器类的子类，在没有引入适配器之前，它需要实现适配者接口，因此需要实现在适配者接口中定义的所有方法，而对于一些无须使用的方法也不得不提供空实现。在有了缺省适配器模式之后，可以直接继承该适配器类，根据需要有选择性地覆盖在适配器类中定义的方法。

在 JDK 类库的事件处理包 java.awt.event 中广泛使用了缺省适配器模式，例如 WindowAdapter、KeyAdapter、MouseAdapter 等。下面以处理窗口事件为例来进行说明。在 Java 语言中，一般可以使用两种方式来实现窗口事件处理类，一种是通过实现 WindowListener 接口，另一种是通过继承 WindowAdapter 适配器类。如果是使用第一种方式，直接实现 WindowListener 接口，事件处理类需要实现在该接口中定义的 7 个方法，而对于大部分需求可能只需要实现一两个方法，其他方法都无须实现。但由于语言特性，设计人员不得不为其他方法也提供一个简单的实现(通常是空实现),这给使用带来了麻烦。而使用缺省适配器模式就可以很好地解决这一问题,在 JDK 中提供了一个适配器类 WindowAdapter 来实现 WindowListener 接口,该适配器类为接口中的每种方法都提供了一个空实现,此时事件处理类可以继承 WindowAdapter 类,而无须再为接口中的每个方法都提供实现。WindowListener 和 WindowsAdapter 结构图如图 9-8 所示。

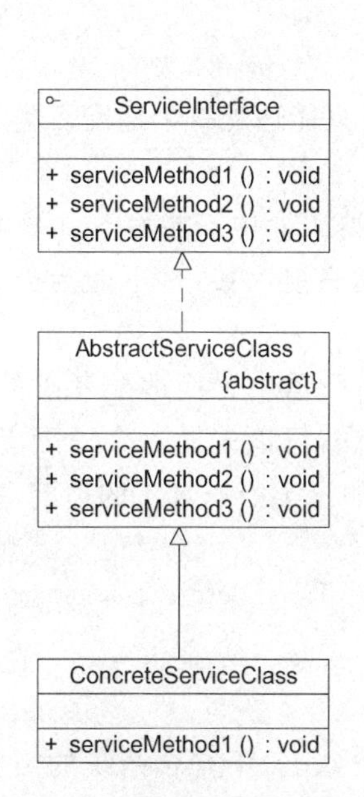

图 9-7 缺省适配器模式结构图

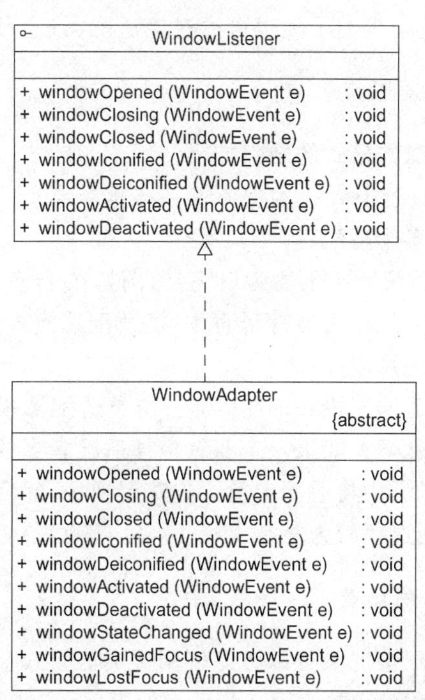

图 9-8 WindowListener 和 WindowAdapter 结构图

9.7 适配器模式总结

适配器模式将现有接口转化为客户类所期望的接口,实现了对现有类的复用。它是一种使用频率非常高的设计模式,在软件开发中得以广泛应用,在 Spring 等开源框架、驱动程序设计(例如 JDBC 中的数据库驱动程序)中也使用了适配器模式。

1. 主要优点

无论是对象适配器模式还是类适配器模式都具有如下优点:

(1) 将目标类和适配者类解耦。通过引入一个适配器类来重用现有的适配者类,无须修改原有结构。

(2) 增加了类的透明性和复用性。将具体的业务实现过程封装在适配者类中,对于客户端类而言是透明的,而且提高了适配者类的复用性,同一个适配者类可以在多个不同的系统中复用。

(3) 灵活性和扩展性都非常好。通过使用配置文件,可以很方便地更换适配器,也可以在不修改原有代码的基础上增加新的适配器类,完全符合开闭原则。

具体来说，类适配器模式还有这样的优点：由于适配器类是适配者类的子类，因此可以在适配器类中置换一些适配者的方法，使得适配器的灵活性更强。

对象适配器模式还有如下优点：

(1) 一个对象适配器可以把多个不同的适配者适配到同一个目标。

(2) 可以适配一个适配者的子类。由于适配器和适配者之间是关联关系，根据里氏代换原则，适配者的子类也可通过该适配器进行适配。

2. 主要缺点

类适配器模式的缺点如下：

(1) 对于Java、C#等不支持多重类继承的语言，一次最多只能适配一个适配者类，不能同时适配多个适配者。

(2) 适配者类不能为最终类，例如在Java中不能为final类，C#中不能为sealed类。

(3) 在Java、C#等语言中，类适配器模式中的目标抽象类只能为接口，不能为类，其使用有一定的局限性。

对象适配器模式的缺点是：与类适配器模式相比，要在适配器中置换适配者类的某些方法比较麻烦。如果一定要置换掉适配者类的一个或多个方法，可以先做一个适配者类的子类，在子类中将适配者类的方法置换掉，然后再把适配者类的子类当作真正的适配者进行适配，实现过程较为复杂。

3. 适用场景

在以下情况下可以考虑使用适配器模式：

(1) 系统需要使用一些现有的类，而这些类的接口(例如方法名)不符合系统的需要，甚至没有这些类的源代码。

(2) 想创建一个可以重复使用的类，用于与一些彼此之间没有太大关联的类，包括一些可能在将来引进的类一起工作。

练习

Sunny软件公司OA系统需要提供一个加密模块，将用户机密信息(例如口令、邮箱等)加密之后再存储在数据库中，系统已经定义好了数据库操作类。为了提高开发效率，现需要重用已有的加密算法，这些算法封装在一些由第三方提供的类中，有些甚至没有源代码。试使用适配器模式设计该加密模块，实现在不修改现有类的基础上重用第三方加密方法(请提供对象适配器模式和类适配器模式两套实现方案)。

第10章

处理多维度变化——桥接模式

在正式介绍桥接模式之前，先跟大家谈谈两种常见文具的区别，它们是毛笔和蜡笔。假如需要使用大、中、小3种型号的画笔来绘制12种不同的颜色。如果使用蜡笔，需要准备3×12=36支。但如果使用毛笔的话，只需要提供3种型号的毛笔，外加12个颜料盒即可，涉及的对象个数仅为3+12=15，远小于36，却能实现与36支蜡笔同样的功能。如果增加一种新型号的画笔，并且也需要具有12种颜色，相应地，蜡笔需增加12支，而毛笔只需增加一支。为什么会这样呢？通过分析可以得知：在蜡笔中，颜色和型号两个不同的变化维度(即两个不同的变化原因)耦合在一起，无论是对颜色进行扩展，还是对型号进行扩展，都势必会影响另一个维度。但在毛笔中，颜色和型号实现了分离，增加新的颜色或者型号对另一方都没有任何影响。如果使用软件工程中的术语，可以认为，在蜡笔中颜色和型号之间存在较强的耦合性，而毛笔很好地将二者解耦，使用起来非常灵活，扩展也更为方便。在软件开发中，也提供了一种设计模式来处理与画笔类似的具有多变化维度的情况，即本章将要介绍的桥接模式。

10.1 跨平台图像浏览系统

Sunny软件公司欲开发一个跨平台图像浏览系统，要求该系统能够显示BMP、JPG、GIF、PNG等多种格式的文件，并且能够在Windows、Linux、UNIX等多个操作系统上运行。该系统首先将各种格式的文件解析为像素矩阵(Matrix)，然后将像素矩阵显示在屏幕上，在不同的操作系统中可以调用不同的绘制函数来绘制像素矩阵。该系统需具有较好的扩展性以支持新的文件格式和操作系统。

Sunny软件公司的开发人员针对上述要求，提出了一个初始设计方案，其基本结构如图10-1所示。

在图10-1的初始设计方案中，使用了多层继承结构。Image是抽象父类，而每种类型的图像类，例如BMPImage、JPGImage等作为其直接子类，不同的图像文件格式具有不同的解析方法，可以得到不同的像素矩阵。由于每一种图像需要在不同的操作系统中显示，而不同的操作系统在屏幕上显示像素矩阵又有所差异，因此需要为不同的图像类再提供一组在

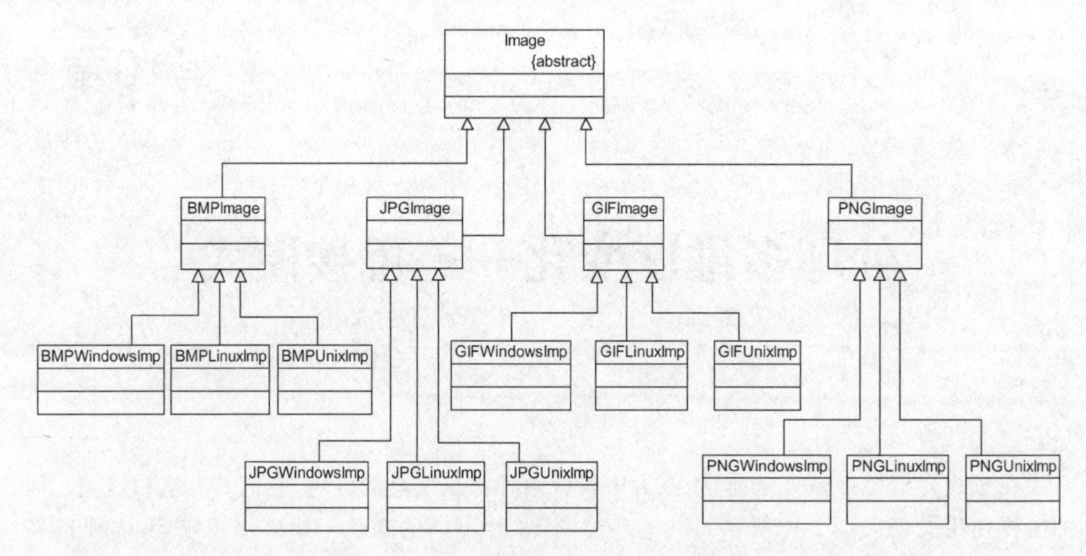

图 10-1 跨平台图像浏览系统初始结构图

不同操作系统中显示的子类。例如为 BMPImage 提供 3 个子类 BMPWindowsImp、BMPLinuxImp 和 BMPUnixImp,分别用于在 Windows、Linux 和 UNIX 3 个不同的操作系统下显示图像。

现在对该设计方案进行分析,发现存在以下两个主要问题:

(1) 由于采用了多层继承结构,导致系统中类的个数急剧增加。图 10-1 中,在各种图像的操作系统实现层提供了 12 个具体类,加上各级抽象层的类,系统中类的总个数达到了 17 个。在该设计方案中,具体层的类的个数 = 所支持的图像文件格式数×所支持的操作系统数。

(2) 系统扩展麻烦。由于每一个具体类既包含图像文件格式信息,又包含操作系统信息,因此无论是增加新的图像文件格式还是增加新的操作系统,都需要增加大量的具体类。例如在图 10-1 中增加一种新的图像文件格式 TIF,则需要增加 3 个具体类来实现该格式图像在 3 种不同操作系统的显示。如果增加一个新的操作系统 Mac OS,为了在该操作系统下能够显示各种类型的图像,需要增加 4 个具体类。这将导致系统变得非常庞大,增加运行和维护开销。

如何解决这两个问题?通过分析可以得知,该系统存在两个独立变化的维度:图像文件格式和操作系统,如图 10-2 所示。

在图 10-2 中,如何将各种不同类型的图像文件解析为像素矩阵与图像文件格式本身相关,而如何在屏幕上显示像素矩阵则仅与操作系统相关。正因为图 10-1 所示结构将这两种职责集中在一个类中,导致系统扩展麻烦。从类的设计角度分析,具体类 BMPWindowsImp、BMPLinuxImp 和 BMPUnixImp 等违反了单一职责原则,因为有不止一个引起它们变化的原因,它们将图像文件解析和像素矩阵显示这两种完全不同的职责耦合在一起,任意一个职责发生改变都需要修改它们,因此系统扩展困难。

如何改进?方案是将图像文件格式(对应**图像格式的解析**)与操作系统(对应**像素矩阵的显示**)两个维度分离,使得它们可以独立变化,增加新的图像文件格式或者操作系统时都

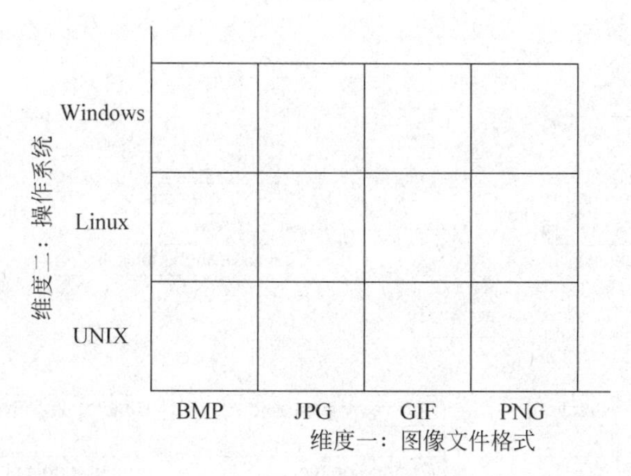

图 10-2　跨平台图像浏览器中存在的两个独立变化维度示意图

对另一个维度不造成任何影响。那么，如何在软件中实现将两个维度分离呢？本章将为大家详细介绍一种用于处理多维度变化的设计模式——桥接模式。

10.2　桥接模式概述

桥接模式是一种很实用的结构型设计模式。如果软件系统中某个类存在两个独立变化的维度，通过该模式可以将这两个维度分离出来，使两者可以独立扩展，让系统更加符合单一职责原则。与多层继承方案不同，它将两个独立变化的维度设计为两个独立的继承等级结构，并且在抽象层建立一个抽象关联，该关联关系类似一条连接两个独立继承结构的桥，故名桥接模式。

桥接模式用一种巧妙的方式处理多层继承存在的问题。桥接模式采用抽象关联取代了传统的多层继承，将类之间的静态继承关系转换为动态的对象组合关系，使得系统更加灵活，并易于扩展，同时有效控制了系统中类的个数。桥接模式定义如下：

> **桥接模式(Bridge Pattern)**：将抽象部分与其实现部分分离，使它们都可以独立地变化。它是一种对象结构型模式，又称为**柄体(Handle and Body)模式**或**接口(Interface)模式**。

桥接模式的结构与其名称一样，存在一条连接两个独立继承等级结构的桥。桥接模式结构如图 10-3 所示。

由图 10-3 可以看出，在桥接模式结构图中包含以下 4 个角色。

(1) Abstraction(抽象类)：用于定义抽象类的接口，它一般是抽象类而不是接口，其中定义了一个 Implementor(实现类接口)类型的对象并可以维护该对象。抽象类与 Implementor 之间具有关联关系，它既可以包含抽象业务方法，也可以包含具体业务方法。

(2) RefinedAbstraction(扩充抽象类)：扩充由 Abstraction 定义的接口，通常情况下它不再是抽象类而是具体类。扩充抽象类实现了在 Abstraction 中声明的抽象业务方法，在 RefinedAbstraction 中可以调用在 Implementor 中定义的业务方法。

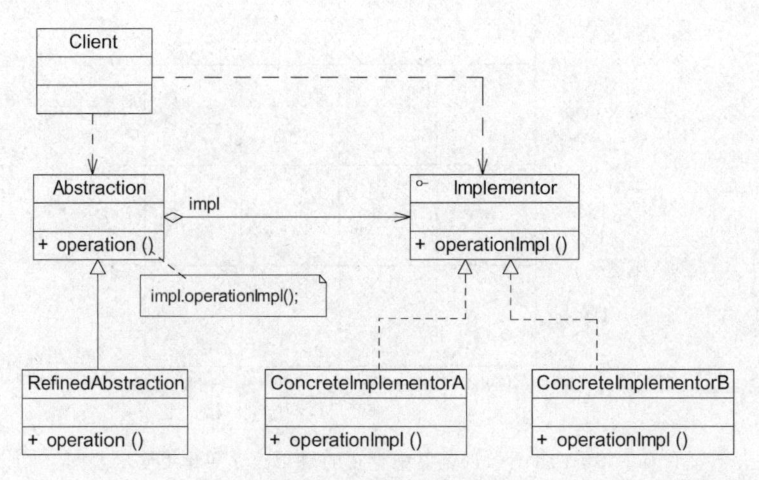

图 10-3 桥接模式结构图

(3) Implementor(实现类接口)：定义实现类的接口，这个接口不一定要与 Abstraction 的接口完全一致，事实上这两个接口可以完全不同。一般而言，Implementor 接口仅提供基本操作，而 Abstraction 定义的接口可能会做更多、更复杂的操作。Implementor 接口对这些基本操作进行了声明，而具体实现交给其子类。通过关联关系，在 Abstraction 中不仅拥有自己的方法，还可以调用到 Implementor 中定义的方法，使用关联关系来替代继承关系。

(4) ConcreteImplementor(具体实现类)：具体实现 Implementor 接口，在不同的 ConcreteImplementor 中提供基本操作的不同实现。在程序运行时，ConcreteImplementor 对象将替换其父类对象，提供给抽象类具体的业务操作方法。

桥接模式是一个非常有用的模式，在桥接模式中体现了很多面向对象设计原则的思想，包括单一职责原则、开闭原则、合成复用原则、里氏代换原则、依赖倒转原则等。熟悉桥接模式有助于深入理解这些设计原则，也有助于形成正确的设计思想和培养良好的设计风格。

在使用桥接模式时，首先应该识别出一个类所具有的两个独立变化的维度，将它们设计为两个独立的继承等级结构，为两个维度都提供抽象层，并建立抽象耦合。通常情况下，将具有两个独立变化维度的类的一些普通业务方法和与之关系最密切的维度设计为抽象类层次结构(抽象部分)，而将另一个维度设计为实现类层次结构(实现部分)。例如，对于毛笔而言，由于型号是其固有的维度，因此可以设计一个抽象的毛笔类，在该类中声明并部分实现毛笔的业务方法，而将各种型号的毛笔作为其子类。颜色是毛笔的另一个维度，由于它与毛笔之间存在一种"设置"的关系，因此可以提供一个抽象的颜色接口，而将具体的颜色作为实现该接口的子类。在此，型号可认为是毛笔的抽象部分，而颜色是毛笔的实现部分，其结构示意图如图 10-4 所示。

在图 10-4 中，如果需要增加一种新型号的毛笔，只需扩展左侧的"抽象部分"，增加一个新的扩充抽象类；如果需要增加一种新的颜色，只需扩展右侧的"实现部分"，增加一个新的具体实现类。扩展非常方便，无须修改已有代码，且不会导致类的数目增长过快。

在具体编码实现时，由于在桥接模式中存在两个独立变化的维度，为了使两者之间耦合度降低，首先需要针对两个不同的维度提取抽象类和实现类接口，并建立一个抽象关联关系。对于"实现部分"维度，典型的实现类接口代码如下：

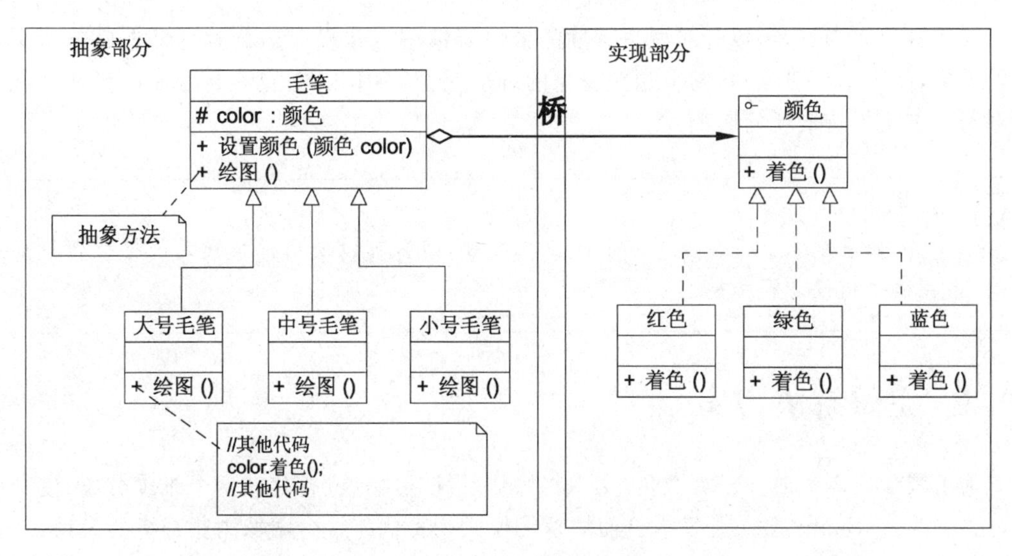

图 10-4 毛笔结构示意图

```
interface Implementor {
    public void operationImpl();
}
```

在实现 Implementor 接口的子类中实现了在该接口中声明的方法，用于定义与该维度相对应的一些具体方法。

对于另一"抽象部分"维度而言，其典型的抽象类代码如下：

```
abstract class Abstraction {
    protected Implementor impl;        //定义实现类接口对象

    public void setImpl(Implementor impl) {
        this.impl = impl;
    }

    public abstract void operation();  //声明抽象业务方法
}
```

在抽象类 Abstraction 中定义了一个实现类接口类型的成员对象 impl，再通过注入的方式给该对象赋值，一般将该对象的可见性定义为 protected，以便在其子类中访问 Implementor 的方法。Abstraction 类的子类一般称为扩充抽象类或细化抽象类（RefinedAbstraction），典型的 RefinedAbstraction 类代码如下：

```
class RefinedAbstraction extends Abstraction {
    public void operation() {
        //业务代码
        impl.operationImpl();       //调用实现类的方法
        //业务代码
    }
}
```

对于客户端而言，可以针对两个维度的抽象层编程。在程序运行时再动态确定两个维度的子类，动态组合对象，将两个独立变化的维度完全解耦，以便能够灵活地扩充任一维度而对另一维度不造成任何影响。

思考

如果系统中存在两个以上的变化维度，是否可以使用桥接模式进行处理？如果可以，系统该如何设计？

10.3 完整解决方案

为了减少所需生成的子类数目，实现将操作系统和图像文件格式两个维度分离，使它们可以独立改变，Sunny 公司开发人员使用桥接模式来重构跨平台图像浏览系统的设计，其基本结构如图 10-5 所示。

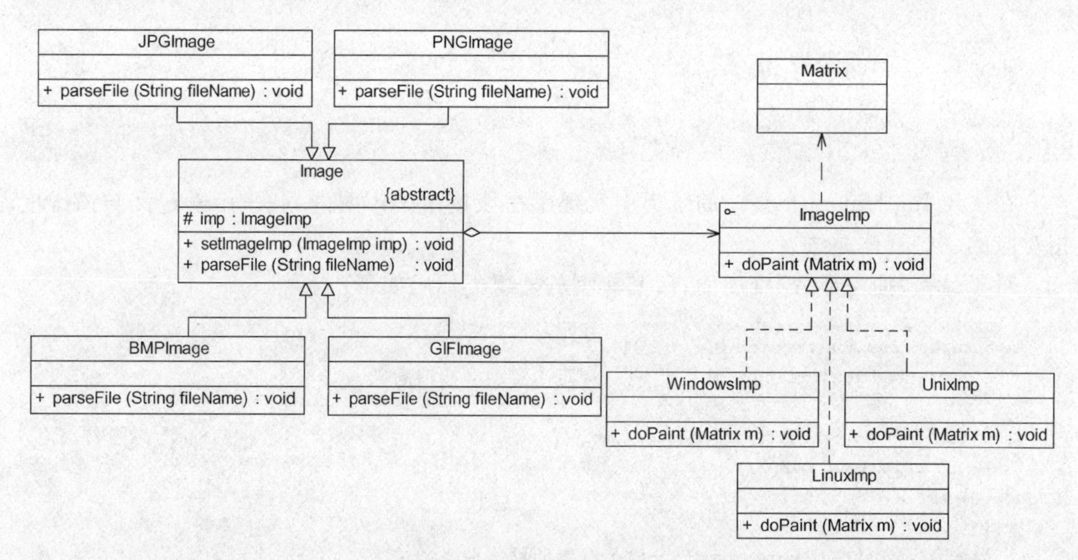

图 10-5 跨平台图像浏览系统结构图

在图 10-5 中，Image 充当抽象类，其子类 JPGImage、PNGImage、BMPImage 和 GIFImage 充当扩充抽象类；ImageImp 充当实现类接口，其子类 WindowsImp、LinuxImp 和 UnixImp 充当具体实现类。完整代码如下：

```
//像素矩阵类：辅助类，各种格式的文件最终都被转化为像素矩阵，不同的操作系统提供不同的方式
//显示像素矩阵
class Matrix {
    //此处代码省略
}

//抽象图像类：抽象类
abstract class Image {
```

```
    protected ImageImp imp;

    public void setImageImp(ImageImp imp) {
        this.imp = imp;
    }

    public abstract void parseFile(String fileName);
}

//抽象操作系统实现类：实现类接口
interface ImageImp {
    public void doPaint(Matrix m);  //显示像素矩阵 m
}

//Windows 操作系统实现类：具体实现类
class WindowsImp implements ImageImp {
    public void doPaint(Matrix m) {
        //调用 Windows 系统的绘制函数绘制像素矩阵
        System.out.print("在 Windows 操作系统中显示图像：");
    }
}

//Linux 操作系统实现类：具体实现类
class LinuxImp implements ImageImp {
    public void doPaint(Matrix m) {
        //调用 Linux 系统的绘制函数绘制像素矩阵
        System.out.print("在 Linux 操作系统中显示图像：");
    }
}

//UNIX 操作系统实现类：具体实现类
class UnixImp implements ImageImp {
    public void doPaint(Matrix m) {
        //调用 UNIX 系统的绘制函数绘制像素矩阵
        System.out.print("在 UNIX 操作系统中显示图像：");
    }
}

//JPG 格式图像：扩充抽象类
class JPGImage extends Image {
    public void parseFile(String fileName) {
        //模拟解析 JPG 文件并获得一个像素矩阵对象 m
        Matrix m = new Matrix();
        imp.doPaint(m);
        System.out.println(fileName + "，格式为 JPG。");
    }
}

//PNG 格式图像：扩充抽象类
class PNGImage extends Image {
    public void parseFile(String fileName) {
        //模拟解析 PNG 文件并获得一个像素矩阵对象 m
        Matrix m = new Matrix();
```

```
            imp.doPaint(m);
            System.out.println(fileName + ",格式为 PNG。");
        }
    }

    //BMP 格式图像:扩充抽象类
    class BMPImage extends Image {
        public void parseFile(String fileName) {
            //模拟解析 BMP 文件并获得一个像素矩阵对象 m
            Matrix m = new Matrix();
            imp.doPaint(m);
            System.out.println(fileName + ",格式为 BMP。");
        }
    }

    //GIF 格式图像:扩充抽象类
    class GIFImage extends Image {
        public void parseFile(String fileName) {
            //模拟解析 GIF 文件并获得一个像素矩阵对象 m
            Matrix m = new Matrix();
            imp.doPaint(m);
            System.out.println(fileName + ",格式为 GIF。");
        }
    }
```

为了让系统具有更好的灵活性和可扩展性,这里引入了配置文件,将具体扩充抽象类和具体实现类类名都存储在配置文件中,再通过反射生成对象,将生成的具体实现类对象注入扩充抽象类对象中。其中,配置文件 config.xml 的代码如下:

```
<?xml version = "1.0"?>
<config>
    <!-- RefinedAbstraction -->
    <className>JPGImage</className>
    <!-- ConcreteImplementor -->
    <className>WindowsImp</className>
</config>
```

用于读取配置文件 config.xml 并反射生成对象的 XMLUtil 类的代码如下:

```
import javax.xml.parsers.*;
import org.w3c.dom.*;
import org.xml.sax.SAXException;
import java.io.*;

public class XMLUtil {
    //该方法用于从 XML 配置文件中提取具体类类名,并返回一个实例对象
    public static Object getBean(String args) {
        try {
            //创建文档对象
            DocumentBuilderFactory dFactory = DocumentBuilderFactory.newInstance();
            DocumentBuilder builder = dFactory.newDocumentBuilder();
```

```
                Document doc;
                doc = builder.parse(new File("config.xml"));
                NodeList nl = null;
                Node classNode = null;
                String cName = null;
                nl = doc.getElementsByTagName("className");

                if(args.equals("image")) {
                    //获取第一个包含类名的节点,即扩充抽象类
                    classNode = nl.item(0).getFirstChild();

                }
                else if(args.equals("os")) {
                    //获取第二个包含类名的节点,即具体实现类
                    classNode = nl.item(1).getFirstChild();
                }

                cName = classNode.getNodeValue();
                //通过类名生成实例对象并将其返回
                Class c = Class.forName(cName);
                Object obj = c.newInstance();
                return obj;
            }
            catch(Exception e) {
                e.printStackTrace();
                return null;
            }
        }
    }
```

编写如下客户端测试代码：

```
class Client {
    public static void main(String args[]) {
        Image image;
        ImageImp imp;
        image = (Image)XMLUtil.getBean("image");
        imp = (ImageImp)XMLUtil.getBean("os");
        image.setImageImp(imp);
        image.parseFile("小龙女");
    }
}
```

编译并运行程序，输出结果如下：

```
在 Windows 操作系统中显示图像: 小龙女,格式为 JPG。
```

如果需要更换图像文件格式或者更换操作系统，只需修改配置文件即可。在实际使用时，可以通过分析图像文件格式扩展名来确定具体的文件格式，在程序运行时获取操作系统信息来确定操作系统类型，无须使用配置文件。当增加新的图像文件格式或者操作系统时，

原有系统无须做任何修改，只需增加一个对应的扩充抽象类或具体实现类即可，系统具有较好的可扩展性，完全符合开闭原则。

10.4 适配器模式与桥接模式的联用

在软件开发中，适配器模式通常可以与桥接模式联合使用。适配器模式可以解决两个已有接口间不兼容问题，在这种情况下被适配的类往往是一个黑盒子，有时候用户不想也不能改变这个被适配的类，也不能控制其扩展。适配器模式通常用于现有系统与第三方产品功能的集成，采用增加适配器的方式将第三方类集成到系统中。桥接模式则不同，用户可以通过接口继承或类继承的方式来对系统进行扩展。

桥接模式和适配器模式用于设计的不同阶段。桥接模式用于系统的初步设计，对于存在两个独立变化维度的类可以将其分为抽象类和实现类两个角色，使它们可以分别进行变化；而在初步设计完成之后，当发现系统与已有类无法协同工作时，可以采用适配器模式。但有时候在设计初期也需要考虑适配器模式，特别是那些涉及大量第三方应用接口的情况。

下面通过一个实例来说明适配器模式和桥接模式的联合使用。

在某系统的报表处理模块中，需要将报表显示和数据采集分开，系统可以有多种报表显示方式，也可以有多种数据采集方式。例如可以从文本文件中读取数据，也可以从数据库中读取数据，还可以从 Excel 文件中获取数据。如果需要从 Excel 文件中获取数据，则需要调用与 Excel 相关的 API，而这个 API 是现有系统所不具备的，该 API 由厂商提供。使用适配器模式和桥接模式设计该模块。

在设计过程中，由于存在报表显示和数据采集两个独立变化的维度，因此可以使用桥接模式进行初步设计。为了使用 Excel 相关的 API 来进行数据采集，则需要使用适配器模式。系统的完整设计中需要将两个模式联用，如图 10-6 所示。

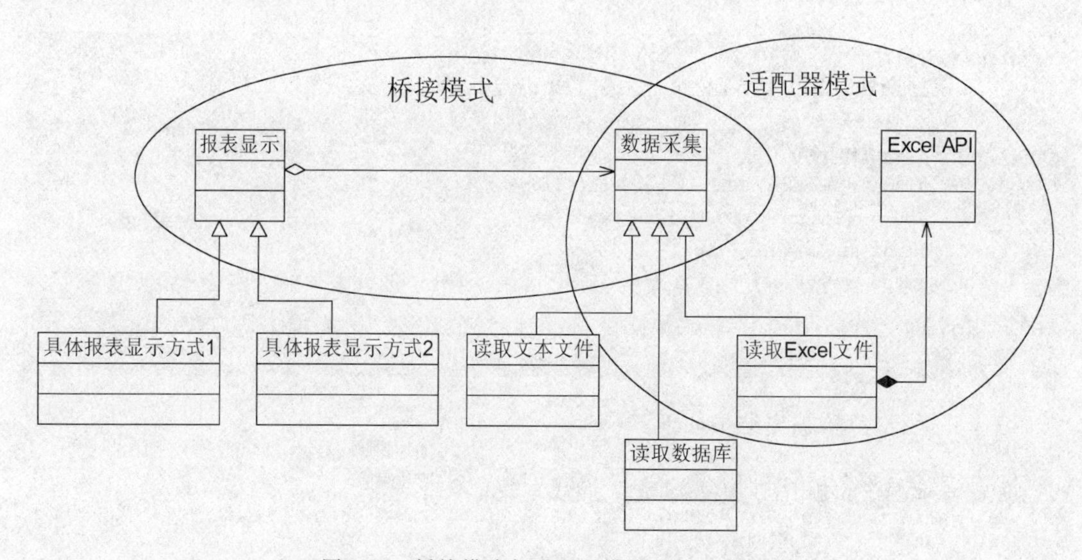

图 10-6 桥接模式与适配器模式联用示意图

10.5 桥接模式总结

桥接模式是设计 Java 虚拟机和实现 JDBC 等驱动程序的核心模式之一，应用较为广泛。在软件开发中，如果一个类或一个系统有多个变化维度时，都可以尝试使用桥接模式对其进行设计。桥接模式为具有多维度变化的系统提供了一套完整的解决方案，并且降低了系统的复杂度。

1. 主要优点

桥接模式的主要优点如下：

(1) 分离抽象接口及其实现部分。桥接模式使用“对象间的关联关系”解耦了抽象和实现之间固有的绑定关系，使得抽象和实现可以沿着各自的维度来变化(即抽象和实现不再在同一个继承层次结构中，而是“子类化”它们，使它们各自都具有自己的子类，以便任意组合子类，从而获得多维度组合对象)。

(2) 在很多情况下，桥接模式可以取代多层继承方案。多层继承方案违背了单一职责原则，复用性较差，且类的个数非常多。桥接模式是比多层继承方案更好的解决方法，它极大地减少了子类的个数。

(3) 桥接模式提高了系统的可扩展性。在两个变化维度中任意扩展一个维度，都不需要修改原有系统，符合开闭原则。

2. 主要缺点

桥接模式的主要缺点如下：

(1) 桥接模式的使用会增加系统的理解与设计难度。由于关联关系建立在抽象层，要求开发者一开始就针对抽象层进行设计与编程。

(2) 桥接模式要求正确识别出系统中两个独立变化的维度，因此其使用范围具有一定的局限性，如何正确识别两个独立维度也需要一定的经验积累。

3. 适用场景

在以下情况下可以考虑使用桥接模式：

(1) 如果一个系统需要在抽象类和具体类之间增加更多的灵活性，避免在两个层次之间建立静态的继承关系，通过桥接模式可以使它们在抽象层建立一个关联关系。

(2) 抽象部分和实现部分可以以继承的方式独立扩展而互不影响，在程序运行时可以动态地将一个抽象类子类的对象和一个实现类子类的对象进行组合，即系统需要对抽象类角色和实现类角色进行动态耦合。

(3) 一个类存在两个(或多个)独立变化的维度，且这两个(或多个)维度都需要独立进行扩展。

(4) 对于那些不希望使用继承或因为多层继承导致系统类的个数急剧增加的系统，桥接模式尤为适用。

练习

Sunny 软件公司欲开发一个数据转换工具，可以将数据库中的数据转换成多种文件格式，例如 txt、xml、pdf 等格式，同时该工具需要支持多种不同的数据库。试使用桥接模式对其进行设计。

第11章

树形结构的处理——组合模式

树形结构在软件中随处可见，例如操作系统中的目录结构、应用软件中的菜单、办公系统中的公司组织结构等。如何运用面向对象的方式来处理这种树形结构是组合模式需要解决的问题。组合模式通过一种巧妙的设计方案使得用户可以一致性地处理整个树形结构或者树形结构的一部分，也可以一致性地处理树形结构中的叶子节点（不包含子节点的节点）和容器节点（包含子节点的节点）。本章将学习这种用于处理树形结构的组合模式。

11.1 设计杀毒软件的框架结构

> Sunny软件公司欲开发一个杀毒（AntiVirus）软件，该软件既可以对某个文件夹（Folder）杀毒，也可以对某个指定的文件（File）进行杀毒。该杀毒软件还可以根据各类文件的特点，为不同类型的文件提供不同的杀毒方式，例如图像文件（ImageFile）和文本文件（TextFile）的杀毒方式就有所差异。现需要提供该杀毒软件的整体框架设计方案。

在介绍Sunny公司开发人员提出的初始解决方案之前，先来分析一下操作系统中的文件目录结构，例如在Windows操作系统中，存在如图11-1所示目录结构。

图11-1可以简化为如图11-2所示树形目录结构。

可以看出，在图11-2中包含文件（灰色节点）和文件夹（白色节点）两类不同的元素。其中，在文件夹中可以包含文件，还可以继续包含子文件夹，但是在文件中不能再包含子文件或者子文件夹。在此，可以称文件夹为**容器（Container）**，而不同类型的各种文件是其成员，也称为**叶子（Leaf）**，一个文件夹也可以作为另一个更大的文件夹的成员。如果现在要对某一个文件夹进行操作，例如查找文件，那么需要对指定的文件夹进行遍历，如果存在子文件夹则打开其子文件夹继续遍历，如果是文件则判断之后返回查找结果。

Sunny软件公司的开发人员通过分析，决定使用面向对象的方式来实现对文件和文件夹的操作，定义了图像文件类ImageFile、文本文件类TextFile和文件夹类Folder，代码如下：

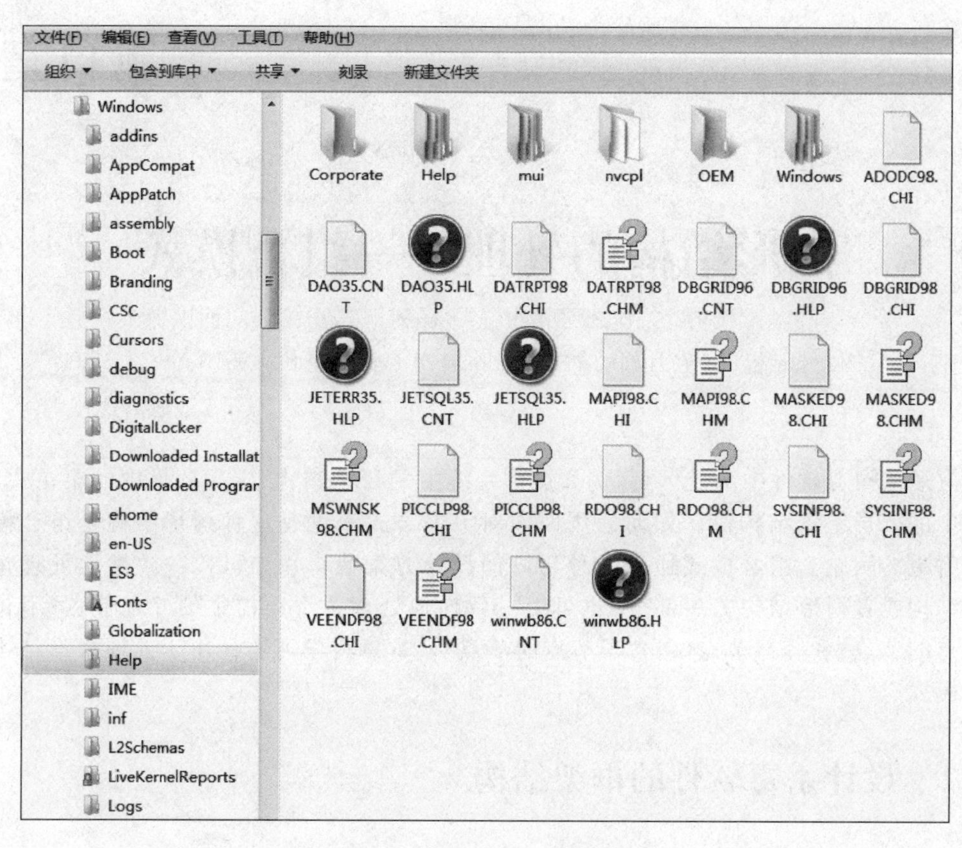

图 11-1 Windows 目录结构

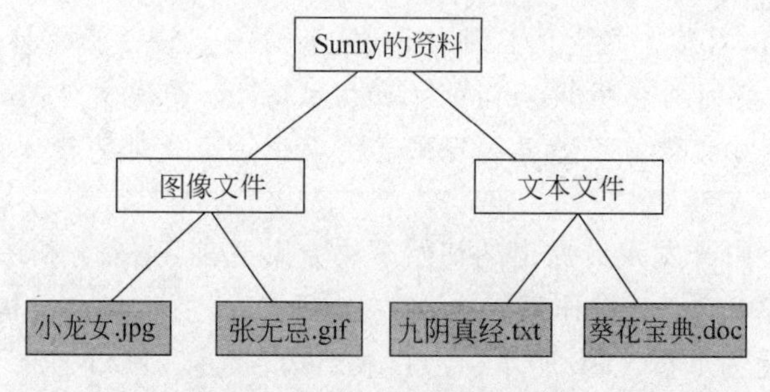

图 11-2 树形目录结构示意图

```
//为了突出核心框架代码,这里对杀毒过程的实现进行了简化
import java.util.*;

//图像文件类
class ImageFile {
    private String name;

    public ImageFile(String name) {
        this.name = name;
    }
```

```
    public void killVirus() {
        //简化代码,模拟杀毒
        System.out.println("----对图像文件'" + name + "'进行杀毒");
    }
}

//文本文件类
class TextFile {
    private String name;

    public TextFile(String name) {
        this.name = name;
    }

    public void killVirus() {
        //简化代码,模拟杀毒
        System.out.println("----对文本文件'" + name + "'进行杀毒");
    }
}

//文件夹类
class Folder {
    private String name;
    //定义集合 folderList,用于存储 Folder 类型的成员
    private ArrayList<Folder> folderList = new ArrayList<Folder>();
    //定义集合 imageList,用于存储 ImageFile 类型的成员
    private ArrayList<ImageFile> imageList = new ArrayList<ImageFile>();
    //定义集合 textList,用于存储 TextFile 类型的成员
    private ArrayList<TextFile> textList = new ArrayList<TextFile>();

    public Folder(String name) {
        this.name = name;
    }

    //增加新的 Folder 类型的成员
    public void addFolder(Folder f) {
        folderList.add(f);
    }

    //增加新的 ImageFile 类型的成员
    public void addImageFile(ImageFile image) {
        imageList.add(image);
    }

    //增加新的 TextFile 类型的成员
    public void addTextFile(TextFile text) {
```

```
        textList.add(text);
    }

    //需提供3个不同的方法removeFolder()、removeImageFile()和removeTextFile()来删除成员，
    //代码省略

    //需提供3个不同的方法getChildFolder(int i)、getChildImageFile(int i)和getChildTextFile
    //(int i)来获取成员，代码省略

    public void killVirus() {
        System.out.println("****对文件夹'" + name + "'进行杀毒");  //模拟杀毒

        //如果是Folder类型的成员，递归调用Folder的killVirus()方法
        for(Object obj : folderList) {
            ((Folder)obj).killVirus();
        }

        //如果是ImageFile类型的成员，调用ImageFile的killVirus()方法
        for(Object obj : imageList) {
            ((ImageFile)obj).killVirus();
        }

        //如果是TextFile类型的成员，调用TextFile的killVirus()方法
        for(Object obj : textList) {
            ((TextFile)obj).killVirus();
        }
    }
}
```

编写如下客户端测试代码进行测试：

```
class Client {
    public static void main(String args[]) {
        Folder folder1,folder2,folder3;
        folder1 = new Folder("Sunny的资料");
        folder2 = new Folder("图像文件");
        folder3 = new Folder("文本文件");

        ImageFile image1,image2;
        image1 = new ImageFile("小龙女.jpg");
        image2 = new ImageFile("张无忌.gif");

        TextFile text1,text2;
        text1 = new TextFile("九阴真经.txt");
        text2 = new TextFile("葵花宝典.doc");

        folder2.addImageFile(image1);
        folder2.addImageFile(image2);
```

```
        folder3.addTextFile(text1);
        folder3.addTextFile(text2);
        folder1.addFolder(folder2);
        folder1.addFolder(folder3);

        folder1.killVirus();
    }
}
```

编译并运行程序，输出结果如下：

```
**** 对文件夹'Sunny 的资料'进行杀毒
**** 对文件夹'图像文件'进行杀毒
---- 对图像文件'小龙女.jpg'进行杀毒
---- 对图像文件'张无忌.gif'进行杀毒
**** 对文件夹'文本文件'进行杀毒
---- 对文本文件'九阴真经.txt'进行杀毒
---- 对文本文件'葵花宝典.doc'进行杀毒
```

Sunny 公司开发人员“成功”实现了杀毒软件的框架设计，但通过仔细分析，发现该设计方案存在以下问题：

(1) 文件夹类 Folder 的设计和实现都非常复杂，需要定义多个集合存储不同类型的成员，而且需要针对不同的成员提供增加、删除和获取等管理和访问成员的方法，存在大量的冗余代码，系统维护较为困难。

(2) 由于系统没有提供抽象层，客户端代码必须有区别地对待充当容器的文件夹 Folder 和充当叶子的 ImageFile 和 TextFile，无法统一对它们进行处理。

(3) 系统的灵活性和可扩展性差，如果需要增加新的类型的叶子或容器都需要对原有代码进行修改。例如，如果需要在系统中增加一种新类型的视频文件 VideoFile，则必须修改 Folder 类的源代码，否则无法在文件夹中添加视频文件。

面对以上问题，Sunny 软件公司的开发人员该如何来解决？这就需要用到本章将要介绍的组合模式。组合模式为处理树形结构提供了一种较为完美的解决方案，它描述了如何将容器和叶子进行递归组合，使得用户在使用时无须对它们进行区分，可以一致性地对待容器和叶子。

11.2 组合模式概述

对于树形结构，当容器对象(例如文件夹)的某一个方法被调用时，将遍历整个树形结构，寻找也包含这个方法的成员对象(可以是容器对象，也可以是叶子对象)并调用执行，牵一而动百，其中使用了递归调用的机制来对整个结构进行处理。由于容器对象和叶子对象在功能上的区别，在使用这些对象的代码中必须有区别地对待容器对象和叶子对象，而实际上大多数情况下希望一致地处理它们，因为对于这些对象的区别对待将会使得程序非常复杂。组合模式为解决此类问题而诞生，它可以让叶子对象和容器对象的使用具有一致性。

组合模式定义如下：

> **组合模式(Composite Pattern)**：组合多个对象形成树形结构以表示具有"部分—整体"关系的层次结构。组合模式对单个对象(即叶子对象)和组合对象(即容器对象)的使用具有一致性，又可以称为**"部分—整体"(Part-Whole)模式**，它是一种对象结构型模式。

在组合模式中引入了抽象构件类 Component，它是所有容器类和叶子类的公共父类，客户端针对 Component 进行编程。组合模式结构如图 11-3 所示。

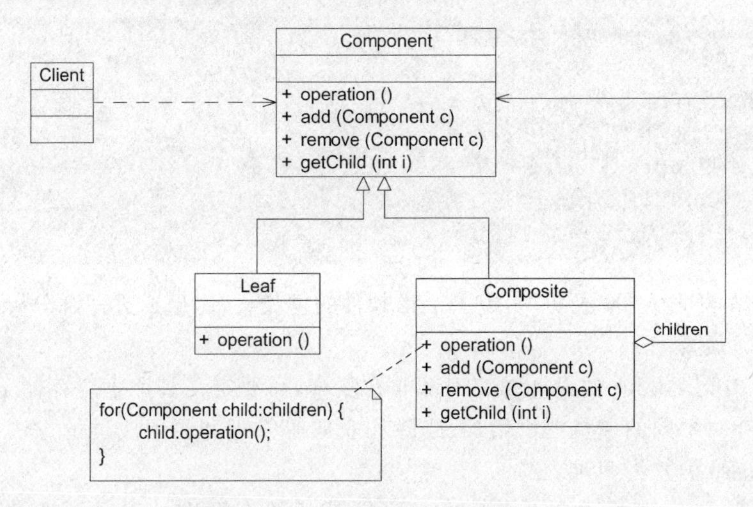

图 11-3　组合模式结构图

由图 11-3 可以看出，在组合模式结构图中包含以下 3 个角色。

(1) Component(抽象构件)：它可以是接口或抽象类，为叶子构件和容器构件对象声明接口，在该角色中可以包含所有子类共有行为的声明和实现。在抽象构件中定义了访问及管理它的子构件的方法，例如增加子构件、删除子构件、获取子构件等。

(2) Leaf(叶子构件)：它在组合模式结构中表示叶子节点对象。叶子节点没有子节点，它实现了在抽象构件中定义的行为。对于那些访问及管理子构件的方法，可以通过捕获异常等方式进行处理。

(3) Composite(容器构件)：它在组合模式结构中表示容器节点对象。容器节点包含子节点，其子节点可以是叶子节点，也可以是容器节点。它提供一个集合用于存储子节点，实现了在抽象构件中定义的行为，包括那些访问及管理子构件的方法，在其业务方法中可以递归调用其子节点的业务方法。

组合模式的关键是定义了一个抽象构件类，它既可以代表叶子，又可以代表容器。客户端针对该抽象构件类进行编程，无须知道它到底表示的是叶子还是容器，可以对其进行统一处理。同时容器对象与抽象构件类之间还建立一个聚合关联关系，在容器对象中既可以包含叶子，也可以包含容器，以此实现递归组合，形成一个树形结构。

如果不使用组合模式，客户端代码将过多地依赖于容器对象复杂的内部实现结构。容器对象内部实现结构的变化将引起客户代码的频繁变化，从而带来了代码维护复杂、可扩展性差等弊端。组合模式的引入将在一定程度上解决这些问题。

下面通过简单的示例代码来分析组合模式中各个角色的用途和实现。

对于组合模式中的抽象构件角色,其典型代码如下:

```
abstract class Component {
    public abstract void add(Component c);             //增加成员
    public abstract void remove(Component c);          //删除成员
    public abstract Component getChild(int i);         //获取成员
    public abstract void operation();                  //业务方法
}
```

一般将抽象构件类设计为接口或抽象类,将所有子类共有方法的声明和实现放在抽象构件类中。对于客户端而言,将针对抽象构件编程,而无须关心其具体子类是容器构件还是叶子构件。

如果继承抽象构件的是叶子构件,则其典型代码如下:

```
class Leaf extends Component {
    public void add(Component c) {
        //异常处理或错误提示
    }

    public void remove(Component c) {
        //异常处理或错误提示
    }

    public Component getChild(int i) {
        //异常处理或错误提示
        return null;
    }

    public void operation() {
        //叶子构件具体业务方法的实现
    }
}
```

作为抽象构件类的子类,在叶子构件中需要实现在抽象构件类中声明的所有方法,包括业务方法以及管理和访问子构件的方法。由于叶子构件不能再包含子构件,因此在叶子构件中实现子构件管理和访问方法时需要提供异常处理或错误提示。当然,这无疑会给叶子构件的实现带来麻烦。

如果继承抽象构件的是容器构件,则其典型代码如下:

```
class Composite extends Component {
    private ArrayList<Component> list = new ArrayList<Component>();

    public void add(Component c) {
        list.add(c);
```

```
        }

        public void remove(Component c) {
            list.remove(c);
        }

        public Component getChild(int i) {
            return (Component)list.get(i);
        }

        public void operation() {
            //容器构件具体业务方法的实现
            //递归调用成员构件的业务方法
            for(Object obj:list) {
                ((Component)obj).operation();
            }
        }
    }
```

在容器构件中实现了在抽象构件中声明的所有方法，既包括业务方法，也包括用于访问和管理成员子构件的方法，例如 add()、remove()和 getChild()等方法。需要注意的是在实现具体业务方法时，由于容器构件充当的是容器角色，包含成员构件，因此它将调用其成员构件的业务方法。在组合模式结构中，由于容器构件中仍然可以包含容器构件，因此在对容器构件进行处理时需要使用递归算法，即在容器构件的 operation()方法中递归调用其成员构件的 operation()方法。

思考

在组合模式结构图中，如果聚合关联关系不是从 Composite 到 Component 的，而是从 Composite 到 Leaf 的，如图 11-4 所示，会产生怎样的结果？

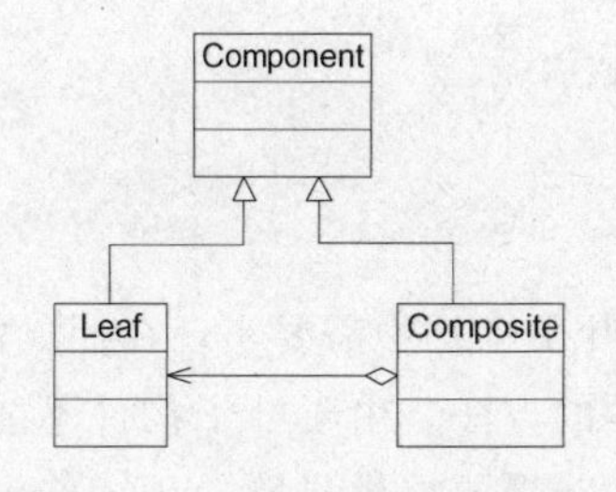

图 11-4　组合模式思考题结构图

11.3 完整解决方案

为了让系统具有更好的灵活性和可扩展性，客户端可以一致性地对待文件和文件夹，Sunny 公司开发人员使用组合模式来进行杀毒软件的框架设计，其基本结构如图 11-5 所示。

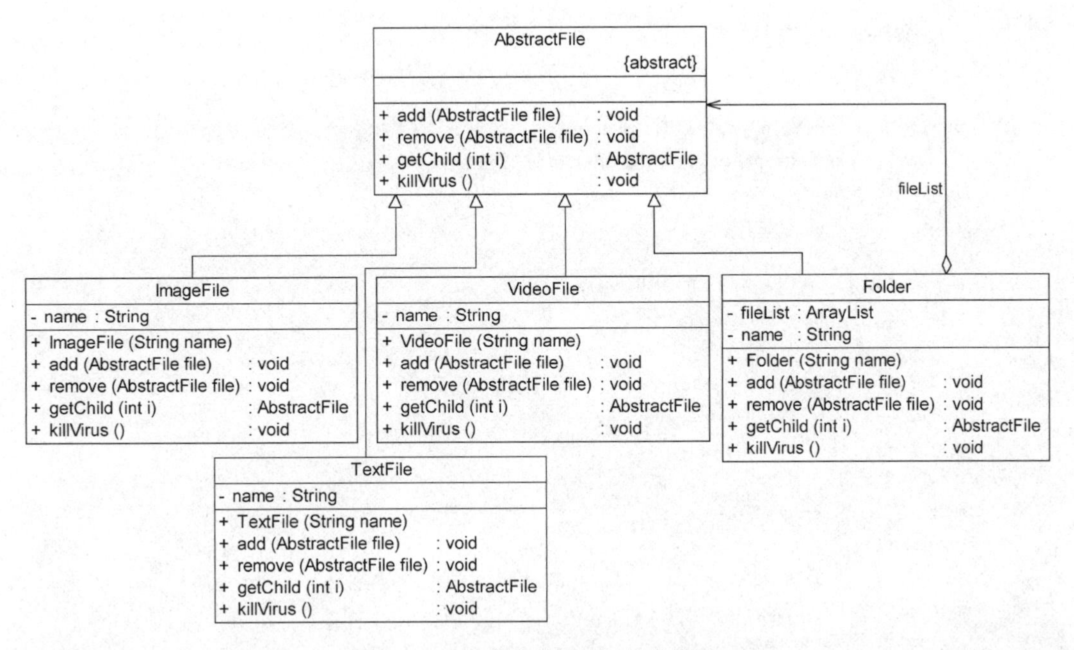

图 11-5 杀毒软件框架设计结构图

在图 11-5 中，AbstractFile 充当抽象构件类，Folder 充当容器构件类，ImageFile、TextFile 和 VideoFile 充当叶子构件类。完整代码如下：

```
import java.util.*;

//抽象文件类：抽象构件
abstract class AbstractFile {
    public abstract void add(AbstractFile file);
    public abstract void remove(AbstractFile file);
    public abstract AbstractFile getChild(int i);
    public abstract void killVirus();
}

//图像文件类：叶子构件
class ImageFile extends AbstractFile {
    private String name;

    public ImageFile(String name) {
        this.name = name;
    }

    public void add(AbstractFile file) {
       System.out.println("对不起,不支持该方法!");
    }

    public void remove(AbstractFile file) {
```

```
        System.out.println("对不起,不支持该方法!");
    }

    public AbstractFile getChild(int i) {
        System.out.println("对不起,不支持该方法!");
        return null;
    }

    public void killVirus() {
        //模拟杀毒
        System.out.println("----对图像文件'" + name + "'进行杀毒");
    }
}

//文本文件类:叶子构件
class TextFile extends AbstractFile {
    private String name;

    public TextFile(String name) {
        this.name = name;
    }

    public void add(AbstractFile file) {
        System.out.println("对不起,不支持该方法!");
    }

    public void remove(AbstractFile file) {
        System.out.println("对不起,不支持该方法!");
    }

    public AbstractFile getChild(int i) {
        System.out.println("对不起,不支持该方法!");
        return null;
    }

    public void killVirus() {
        //模拟杀毒
        System.out.println("----对文本文件'" + name + "'进行杀毒");
    }
}

//视频文件类:叶子构件
class VideoFile extends AbstractFile {
    private String name;

    public VideoFile(String name) {
        this.name = name;
    }

    public void add(AbstractFile file) {
```

```
        System.out.println("对不起,不支持该方法!");
    }

    public void remove(AbstractFile file) {
        System.out.println("对不起,不支持该方法!");
    }

    public AbstractFile getChild(int i) {
        System.out.println("对不起,不支持该方法!");
        return null;
    }

    public void killVirus() {
        //模拟杀毒
        System.out.println("----对视频文件'" + name + "'进行杀毒");
    }
}

//文件夹类:容器构件
class Folder extends AbstractFile {
    //定义集合 fileList,用于存储 AbstractFile 类型的成员
    private ArrayList<AbstractFile> fileList = new ArrayList<AbstractFile>();
    private String name;

    public Folder(String name) {
        this.name = name;
    }

    public void add(AbstractFile file) {
       fileList.add(file);
    }

    public void remove(AbstractFile file) {
        fileList.remove(file);
    }

    public AbstractFile getChild(int i) {
        return (AbstractFile)fileList.get(i);
    }

    public void killVirus() {
        System.out.println("****对文件夹'" + name + "'进行杀毒");  //模拟杀毒

        //递归调用成员构件的 killVirus()方法
        for(Object obj : fileList) {
            ((AbstractFile)obj).killVirus();
        }
    }
}
```

编写如下客户端测试代码：

```
class Client {
    public static void main(String args[]) {
        //针对抽象构件编程
        AbstractFile file1,file2,file3,file4,file5,folder1,folder2,folder3,folder4;

        folder1 = new Folder("Sunny的资料");
        folder2 = new Folder("图像文件");
        folder3 = new Folder("文本文件");
        folder4 = new Folder("视频文件");

        file1 = new ImageFile("小龙女.jpg");
        file2 = new ImageFile("张无忌.gif");
        file3 = new TextFile("九阴真经.txt");
        file4 = new TextFile("葵花宝典.doc");
        file5 = new VideoFile("笑傲江湖.rmvb");

        folder2.add(file1);
        folder2.add(file2);
        folder3.add(file3);
        folder3.add(file4);
        folder4.add(file5);
        folder1.add(folder2);
        folder1.add(folder3);
        folder1.add(folder4);

        //从"Sunny的资料"节点开始进行杀毒操作
        folder1.killVirus();
    }
}
```

编译并运行程序，输出结果如下：

```
****对文件夹'Sunny的资料'进行杀毒
****对文件夹'图像文件'进行杀毒
----对图像文件'小龙女.jpg'进行杀毒
----对图像文件'张无忌.gif'进行杀毒
****对文件夹'文本文件'进行杀毒
----对文本文件'九阴真经.txt'进行杀毒
----对文本文件'葵花宝典.doc'进行杀毒
****对文件夹'视频文件'进行杀毒
----对视频文件'笑傲江湖.rmvb'进行杀毒
```

由于在本实例中使用了组合模式，在抽象构件类中声明了所有方法，包括用于管理和访问子构件的方法，例如 add()方法和 remove()方法等，因此在 ImageFile 等叶子构件类中实现这些方法时必须进行相应的异常处理或错误提示。在容器构件类 Folder 的 killVirus()方法中将递归调用其成员对象的 killVirus()方法，从而实现对整个树形结构的遍历。

如果需要更换操作节点，例如只需对文件夹“文本文件”进行杀毒，客户端代码只需修改

一行即可,将代码:

```
folder1.killVirus();
```

改为:

```
folder3.killVirus();
```

输出结果如下:

```
****对文件夹'文本文件'进行杀毒
----对文本文件'九阴真经.txt'进行杀毒
----对文本文件'葵花宝典.doc'进行杀毒
```

在具体实现时,可以创建图形化界面让用户选择所需操作的根节点,无须修改源代码,符合开闭原则。客户端无须关心节点的层次结构,可以对所选节点进行统一处理,提高系统的灵活性。

11.4 透明组合模式与安全组合模式

通过引入组合模式,Sunny公司设计的杀毒软件具有良好的可扩展性,在增加新的文件类型时,无须修改现有类库代码,只需增加一个新的文件类作为AbstractFile类的子类即可。但是,由于在AbstractFile中声明了大量用于管理和访问成员构件的方法,例如add()、remove()等方法,就不得不在新增的文件类中实现这些方法,提供对应的错误提示和异常处理。为了简化代码,有以下两种解决方案。

解决方案1:将叶子构件的add()、remove()等方法的实现代码移至AbstractFile类中,由AbstractFile提供统一的默认实现,代码如下:

```
//提供默认实现的抽象构件类
abstract class AbstractFile {
    public void add(AbstractFile file) {
        System.out.println("对不起,不支持该方法!");
    }

    public void remove(AbstractFile file) {
        System.out.println("对不起,不支持该方法!");
    }

    public AbstractFile getChild(int i) {
        System.out.println("对不起,不支持该方法!");
        return null;
    }

    public abstract void killVirus();
}
```

该解决方案虽然可以减少叶子构件中存在的重复代码，但是客户端仍然可以通过文件对象访问到在抽象类 AbstractFile 中定义的 add()、remove()等方法。对于叶子构件而言，还是从父类那里继承了一些它们本来不应该拥有的方法。

这样就产生了一种不透明的使用方式，即在客户端不能全部针对抽象构件类编程，需要使用具体叶子构件类型来定义叶子对象。

解决方案 2：在抽象构件 AbstractFile 中不声明任何用于访问和管理成员构件的方法，代码如下：

```
abstract class AbstractFile {
    public abstract void killVirus();
}
```

此时，由于在 AbstractFile 中没有声明 add()、remove()等访问和管理成员的方法，其叶子构件子类无须提供实现。而且无论客户端如何定义叶子构件对象都无法调用到这些方法，不需要做任何错误和异常处理，容器构件可根据需要增加访问和管理成员的方法。但这时候也存在一个问题：客户端不得不使用容器类本身来声明容器构件对象，否则无法访问其中新增的 add()、remove()等方法。如果客户端一致性地对待叶子和容器，将会导致容器构件的新增方法对客户端不可见，客户端代码对于容器构件无法再使用抽象构件来定义。客户端代码片段如下：

```
class Client {
    public static void main(String args[]) {
        AbstractFile file1,file2,file3,file4,file5;
        Folder folder1,folder2,folder3,folder4;      //不能透明处理容器构件
        //其他代码省略
    }
}
```

在使用组合模式时，根据抽象构件类的定义形式，可将组合模式分为透明组合模式和安全组合模式两种形式。

1. 透明组合模式

透明组合模式中，抽象构件 Component 中声明了所有用于管理成员对象的方法，包括 add()、remove()以及 getChild()等方法，这样做的好处是确保所有的构件类都有相同的接口。在客户端看来，叶子对象与容器对象所提供的方法是一致的，客户端可以相同地对待所有的对象。透明组合模式也是组合模式的标准形式，其完整结构如图 11-6 所示。

透明组合模式的缺点是不够安全，因为叶子对象和容器对象在本质上是有区别的。叶子对象不可能有下一个层次的对象，即不可能包含成员对象，因此为其提供 add()、remove()以及 getChild()等方法是没有意义的，这在编译阶段不会出错，但在运行阶段如果调用这些方法可能会出错(如果没有提供相应的错误处理代码)。

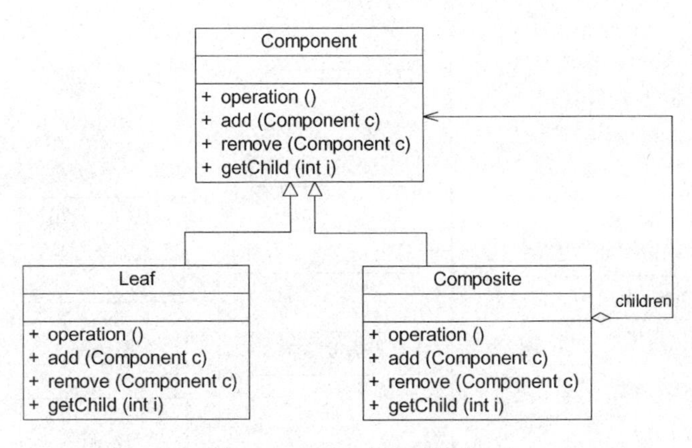

图 11-6　透明组合模式结构图

2. 安全组合模式

安全组合模式中，在抽象构件 Component 中没有声明任何用于管理成员对象的方法，而是在 Composite 类中声明并实现这些方法。这种做法是安全的，因为根本不向叶子对象提供这些管理成员对象的方法，对于叶子对象，客户端不可能调用到这些方法，这就是解决方案 2 所采用的实现方式。安全组合模式的结构如图 11-7 所示。

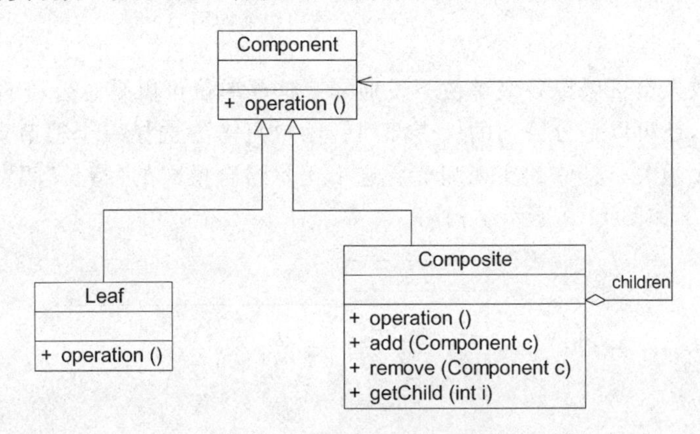

图 11-7　安全组合模式结构图

安全组合模式的缺点是不够透明。因为叶子构件和容器构件具有不同的方法，且容器构件中那些用于管理成员对象的方法没有在抽象构件类中定义，因此客户端不能完全针对抽象编程，必须有区别地对待叶子构件和容器构件。在实际应用中，安全组合模式的使用频率也非常高，在 Java AWT 中使用的组合模式就是安全组合模式。

11.5　Sunny 公司组织结构

Sunny 软件公司开发人员在学习和使用组合模式时发现，树形结构其实随处可见，例如 Sunny 公司的组织结构就是“一棵标准的树”，如图 11-8 所示。

在 Sunny 软件公司的内部办公系统（Sunny OA 系统）中，有一个与公司组织结构对应

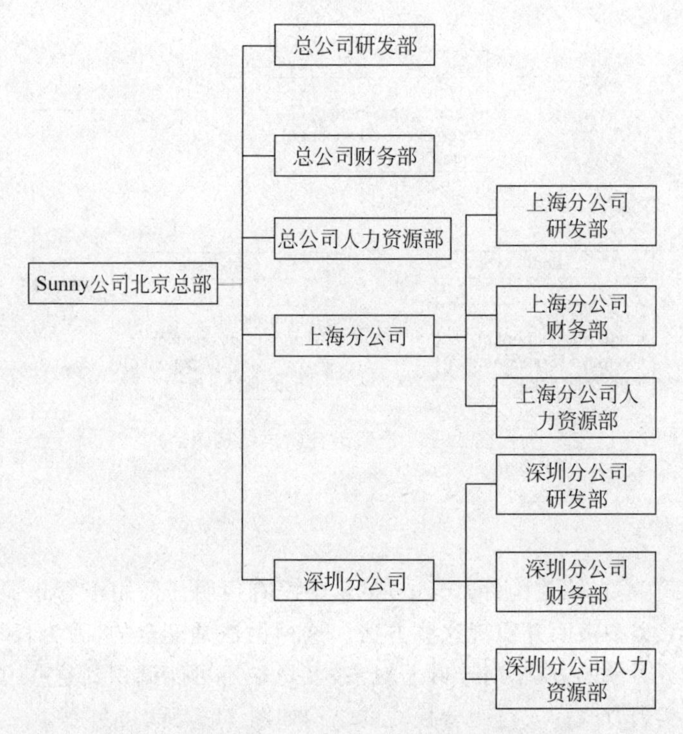

图 11-8 Sunny 公司组织结构图

的树形菜单，行政人员可以给各级单位下发通知。这些单位可以是总公司的一个部门，也可以是一个分公司，还可以是分公司的一个部门。用户只需要选择一个根节点即可实现通知的下发操作，而无须关心具体的实现细节。这不正是组合模式的"特长"吗？于是 Sunny 公司开发人员绘制了如图 11-9 所示结构图。

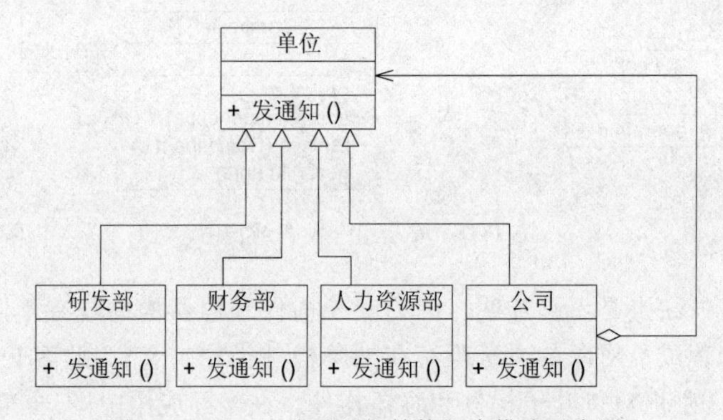

图 11-9 Sunny 公司组织结构组合模式示意图

在图 11-9 中，"单位"充当了抽象构件角色，"公司"充当了容器构件角色，"研发部""财务部"和"人力资源部"充当了叶子构件角色。

思考

如何编码实现图 11-9 中的"公司"类？

11.6 组合模式总结

组合模式使用面向对象的思想来实现树形结构的构建与处理，描述了如何将容器对象和叶子对象进行递归组合，实现简单，灵活性好。由于在软件开发中存在大量的树形结构，因此组合模式是一种使用频率较高的结构型设计模式。Java SE 中的 AWT 和 Swing 包的设计就基于组合模式，在这些界面包中为用户提供了大量的容器构件（例如 Container）和成员构件（例如 Checkbox、Button 和 TextComponent 等），其结构如图 11-10 所示。

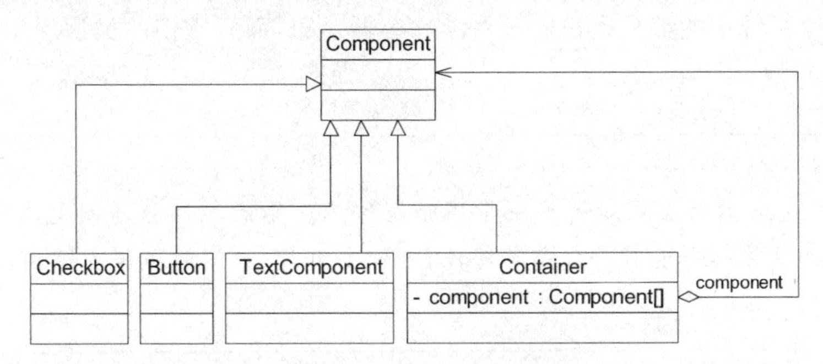

图 11-10　AWT 组合模式结构示意图

在图 11-10 中，Component 类是抽象构件，Checkbox、Button 和 TextComponent 是叶子构件，而 Container 是容器构件。在 AWT 中包含的叶子构件还有很多，因为篇幅限制没有在图中一一列出。在一个容器构件中可以包含叶子构件，也可以继续包含容器构件，这些叶子构件和容器构件一起组成了复杂的 GUI（Graphical User Interface，图形用户界面）。

除此以外，在 XML 解析、组织结构树处理、文件系统设计等领域，组合模式都得到了广泛应用。

1. 主要优点

组合模式的主要优点如下：

(1) 组合模式可以清楚地定义分层次的复杂对象，表示对象的全部或部分层次。它让客户端忽略了层次的差异，方便对整个层次结构进行控制。

(2) 客户端可以一致地使用一个组合结构或其中单个对象，不必关心处理的是单个对象还是整个组合结构，简化了客户端代码。

(3) 在组合模式中增加新的容器构件和叶子构件都很方便，无须对现有类库进行任何修改，符合开闭原则。

(4) 组合模式为树形结构的面向对象实现提供了一种灵活的解决方案。通过叶子对象和容器对象的递归组合，可以形成复杂的树形结构，但对树形结构的控制却非常简单。

2. 主要缺点

组合模式的主要缺点是：在增加新构件时很难对容器中的构件类型进行限制。有时希望一个容器中只能有某些特定类型的对象，例如在某个文件夹中只能包含文本文件。使用组合模式时，不能依赖类型系统来施加这些约束，因为它们都来自相同的抽象层。在这种情况下，必须通过在运行时进行类型检查来实现，这个实现过程较为复杂。

3. 适用场景

在以下情况下可以考虑使用组合模式：

(1) 在具有整体和部分的层次结构中，希望通过一种方式忽略整体与部分的差异，客户端可以一致性地对待它们。

(2) 在一个使用面向对象语言开发的系统中需要处理一个树形结构。

(3) 在一个系统中能够分离出叶子对象和容器对象，而且它们的类型不固定，将来需要增加一些新的类型。

练习

Sunny软件公司欲开发一个界面控件库。界面控件分为两大类：一类是单元控件，例如按钮、文本框等；另一类是容器控件，例如窗体、中间面板等。试用组合模式设计该界面控件库。

第12章

扩展系统功能——装饰模式

尽管目前房价依旧很高，但还是阻止不了大家对新房的渴望和买房的热情。如果大家买的是毛坯房，无疑还有一项艰巨的任务要面对，那就是装修。对新房进行装修并没有改变房屋用于居住的本质，但它可以让房子变得更漂亮、更温馨、更实用、更能满足居家的需求。在软件设计中，也有一种类似新房装修的技术可以对已有对象（新房）的功能进行扩展（装修），以获得更加符合用户需求的对象，使得对象具有更加强大的功能。这种技术对应于一种被称之为装饰模式的设计模式。本章将介绍用于扩展系统功能的装饰模式。

12.1 图形界面构件库的设计

Sunny 软件公司基于面向对象技术开发了一套图形界面构件库 Visual Component，该构件库提供了大量基本构件，如窗体、文本框、列表框等。由于在使用该构件库时，用户经常要求定制一些特殊的显示效果，例如带滚动条的窗体、带黑色边框的文本框、既带滚动条又带黑色边框的列表框等，因此经常需要对该构件库进行扩展以增强其功能，如图 12-1 所示。

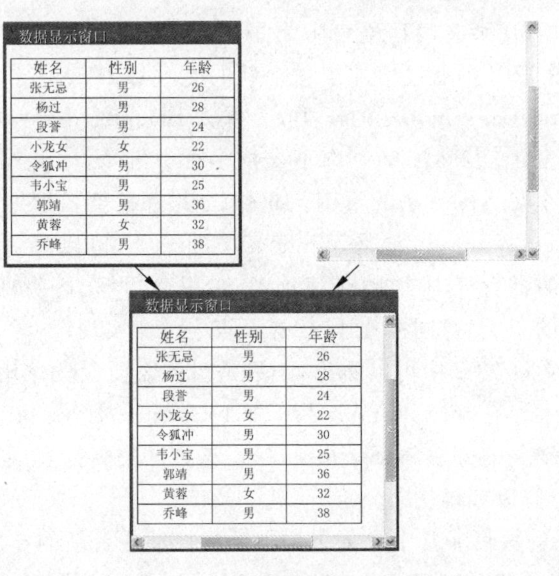

图 12-1　带滚动条的窗体示意图

如何提高图形界面构件库的可扩展性并降低其维护成本是 Sunny 公司开发人员必须面对的一个问题。

Sunny 软件公司的开发人员针对上述要求，提出了一个基于继承复用的初始设计方案，其基本结构如图 12-2 所示。

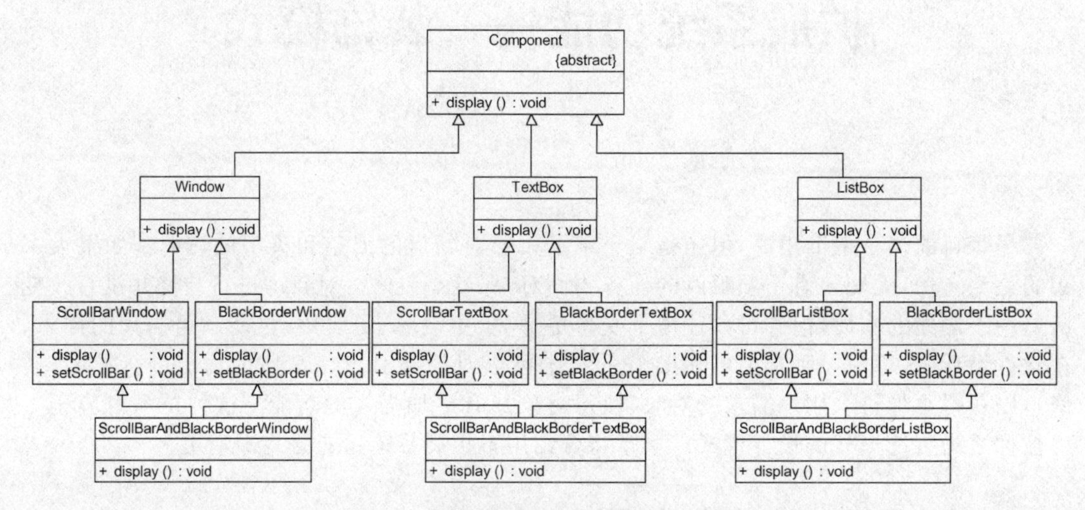

图 12-2 图形界面构件库初始设计方案

图 12-2 中，在抽象类 Component 中声明了抽象方法 display()，其子类 Window、TextBox 等实现了 display()方法，可以显示最简单的控件，再通过它们的子类来对功能进行扩展。例如，在 Window 的子类 ScrollBarWindow、BlackBorderWindow 中对 Window 中的 display()方法进行扩展，分别实现带滚动条和带黑色边框的窗体。仔细分析该设计方案，不难发现存在以下几个问题：

(1) 系统扩展麻烦，在某些编程语言中无法实现。如果用户需要一个既带滚动条又带黑色边框的窗体，在图 12-2 中通过增加了一个新的类 ScrollBarAndBlackBorderWindow 来实现，该类既作为 ScrollBarWindow 的子类，又作为 BlackBorderWindow 的子类。但现在很多面向对象编程语言，如 Java、C# 等都不支持多重类继承，因此在这些语言中无法通过继承来实现对来自多个父类的方法的重用。此外，如果还需要扩展一项功能，例如增加一个透明窗体类 TransparentWindow，它是 Window 类的子类，可以将一个窗体设置为透明窗体。现在需要一个同时拥有 3 项功能(带滚动条、带黑色边框、透明)的窗体，必须再增加一个类作为 3 个窗体类的子类，这同样在 Java 等语言中无法实现。

(2) 代码重复。从图 12-2 中可以看出，不只是窗体需要设置滚动条，文本框、列表框等都需要设置滚动条，因此在 ScrollBarWindow、ScrollBarTextBox 和 ScrollBarListBox 等类中都包含用于增加滚动条的方法 setScrollBar()。该方法的具体实现过程基本相同，代码重复，不利于对系统进行修改和维护。

(3) 系统庞大，类的数目非常多。如果增加新的控件或者新的扩展功能，系统都需要增加大量的具体类，这将导致系统变得非常庞大。在图 12-2 中，3 种基本控件和 2 种扩展方式需要定义 9 个具体类。每增加一种基本控件需要增加 3 个具体类；增加一种扩展方式则需要增加更多的类。如果存在3种扩展方式，对于每个控件而言，需要增加7个具体类，因为这3种扩展方式存在7种组合关系(大家自己分析为什么需要7个类)。

总之，图12-2不是一个好的设计方案，怎么办？如何让系统中的类可以进行扩展但是又不会导致类的数目急剧增加？不用着急，先来分析为什么这个设计方案会存在如此多的问题。根本原因在于复用机制的不合理。图12-2采用了继承复用，例如在ScrollBarWindow中需要复用Window类中定义的display()方法，同时又增加新的方法setScrollBar()。ScrollBarTextBox和ScrollBarListBox都必须做类似的处理，在复用父类的方法后再增加新的方法来扩展功能。根据合成复用原则，在实现功能复用时，要多用关联，少用继承，因此可以换个角度来考虑。将setScrollBar()方法抽取出来，封装在一个独立的类中。在这个类中定义一个Component类型的对象，通过调用Component的display()方法来显示最基本的构件，同时再通过setScrollBar()方法对基本构件的功能进行增强。由于Window、ListBox和TextBox都是Component的子类，根据里氏代换原则，程序在运行时，只要向这个独立的类中注入具体的Component子类的对象即可实现功能的扩展。这个独立的类一般称为装饰器(Decorator)或装饰类。顾名思义，它的作用就是对原有对象进行装饰，通过装饰来扩展原有对象的功能。

装饰类的引入将大大简化本系统的设计，它也是装饰模式的核心。下面正式进入装饰模式的学习。

12.2 装饰模式概述

装饰模式可以在不改变一个对象本身功能的基础上给对象增加额外的新行为。在现实生活中，这种情况也到处存在。例如一张照片，可以不改变照片本身，给它增加一个相框，使得它具有防潮的功能，而且用户可以根据需要给它增加不同类型的相框，甚至可以在一个小相框的外面再套一个大相框。

装饰模式是一种用于替代继承的技术，它通过一种无须定义子类的方式来给对象动态增加职责，使用对象之间的关联关系取代类之间的继承关系。在装饰模式中引入了装饰类，在装饰类中既可以调用待装饰的原有类的方法，还可以增加新的方法，以扩充原有类的功能。

装饰模式定义如下：

> **装饰模式(Decorator Pattern)**：动态地给一个对象增加一些额外的职责，就增加对象功能来说，装饰模式比生成子类实现更为灵活。装饰模式是一种对象结构型模式。

在装饰模式中，为了让系统具有更好的灵活性和可扩展性，通常会定义一个抽象装饰类，而将具体的装饰类作为它的子类。装饰模式结构如图12-3所示。

由图12-3可以看出，在装饰模式结构图中包含以下4个角色。

(1) Component(抽象构件)：它是具体构件和抽象装饰类的共同父类，声明了在具体构件中实现的业务方法。它的引入可以使客户端以一致的方式处理未被装饰的对象以及装饰之后的对象，实现客户端的透明操作。

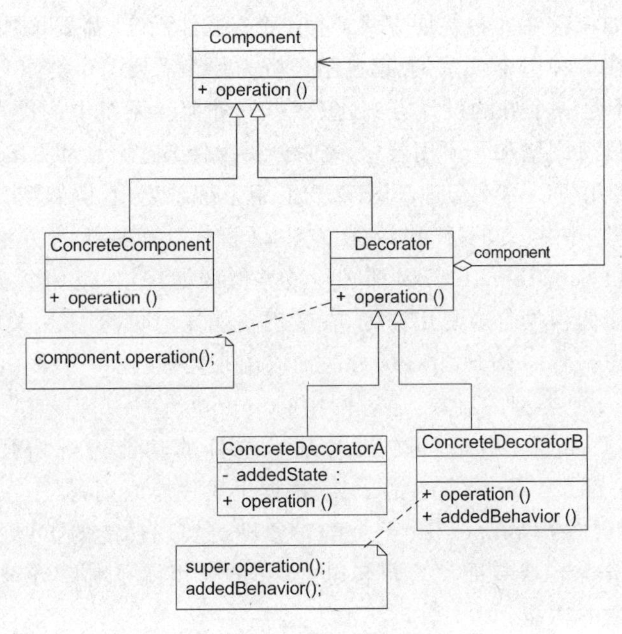

图 12-3　装饰模式结构图

(2) ConcreteComponent(具体构件)：它是抽象构件类的子类，用于定义具体的构件对象，实现了在抽象构件中声明的方法，装饰器可以给它增加额外的职责(方法)。

(3) Decorator(抽象装饰类)：它也是抽象构件类的子类，用于给具体构件增加职责，但是具体职责在其子类中实现。它维护一个指向抽象构件对象的引用，通过该引用可以调用装饰之前构件对象的方法，并通过其子类扩展该方法，以达到装饰的目的。

(4) ConcreteDecorator(具体装饰类)：它是抽象装饰类的子类，负责向构件添加新的职责。每一个具体装饰类都定义了一些新的行为，可以调用在抽象装饰类中定义的方法，并可以增加新的方法用以扩充对象的行为。

由于具体构件类和装饰类都实现了相同的抽象构件接口，因此装饰模式以对客户透明的方式动态地给一个对象附加上更多的责任。换言之，客户端并不会觉得对象在装饰前和装饰后有什么不同。装饰模式可以在不需要创造更多子类的情况下，将对象的功能加以扩展。

装饰模式的核心在于抽象装饰类的设计，其典型代码如下：

```
class Decorator extends Component {
    private Component component;                    //维持一个对抽象构件对象的引用

    //注入一个抽象构件类型的对象
    public Decorator(Component component) {
        this.component = component;
    }

    public void operation() {
        component.operation();                      //调用原有业务方法
    }
}
```

在抽象装饰类 Decorator 中定义了一个 Component 类型的对象 component，维持一个对抽象构件对象的引用。可以通过构造方法或 Setter 方法将一个 Component 类型的对象注入进来，同时由于 Decorator 类实现了抽象构件 Component 接口，因此需要实现在其中声明的业务方法 operation()。这里需要注意的是，在 Decorator 中并未真正实现 operation()方法，而只是调用原有 component 对象的 operation()方法。它没有真正实施装饰，而是提供一个统一的接口，将具体装饰过程交给其子类完成。

在 Decorator 的子类即具体装饰类中，将继承 operation()方法并根据需要进行扩展。典型的具体装饰类代码如下：

```
class ConcreteDecorator extends Decorator {
    public ConcreteDecorator(Component component) {
        super(component);
    }

    public void operation() {
        super.operation();                  //调用原有业务方法
        addedBehavior();                    //调用新增业务方法
    }

    //新增业务方法
    public void addedBehavior() {
        …
    }
}
```

在具体装饰类中可以调用到抽象装饰类的 operation()方法，同时可以定义新的业务方法，如 addedBehavior()。

由于在抽象装饰类 Decorator 中注入的是 Component 类型的对象，因此可以将一个具体构件对象注入其中，再通过具体装饰类来进行装饰。此外，还可以将一个已经装饰过的 Decorator 子类的对象再注入其中进行多次装饰，从而对原有功能进行多次扩展。

思考

能否在装饰模式中找出两个独立变化的维度？试比较装饰模式和桥接模式的相同之处和不同之处。

12.3 完整解决方案

为了让系统具有更好的灵活性和可扩展性，克服继承复用所带来的问题，Sunny 公司开发人员使用装饰模式来重构图形界面构件库的设计，其中部分类的基本结构如图 12-4 所示。

在图 12-4 中，Component 充当抽象构件类，其子类 Window、TextBox、ListBox 充当具体构件类。Component 类的另一个子类 ComponentDecorator 充当抽象装饰类，ComponentDecorator

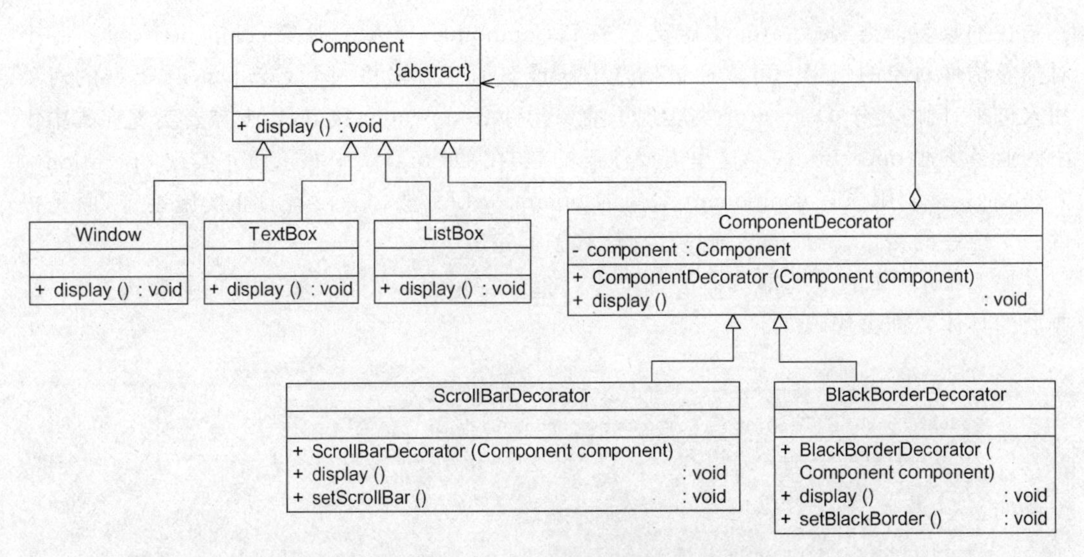

图 12-4 使用装饰模式设计的图形界面构件库结构图

的子类 ScrollBarDecorator 和 BlackBorderDecorator 充当具体装饰类。完整代码如下：

```
//抽象界面构件类：抽象构件类。为了突出与模式相关的核心代码，对原有控件代码进行了大量的简化
abstract class Component {
    public abstract void display();
}

//窗体类：具体构件类
class Window extends Component {
    public void display() {
        System.out.println("显示窗体!");
    }
}

//文本框类：具体构件类
class TextBox extends Component {
    public void display() {
        System.out.println("显示文本框!");
    }
}

//列表框类：具体构件类
class ListBox extends Component {
    public void display()
    {
        System.out.println("显示列表框!");
    }
}

//构件装饰类：抽象装饰类
class ComponentDecorator extends Component {
```

```
    private Component component;            //维持对抽象构件类型对象的引用

//注入抽象构件类型的对象
    public ComponentDecorator(Component component) {
        this.component = component;
    }

    public void display() {
        component.display();
    }
}

//滚动条装饰类：具体装饰类
class ScrollBarDecorator extends ComponentDecorator {
    public ScrollBarDecorator(Component component) {
        super(component);
    }

    public void display() {
        this.setScrollBar();
        super.display();
    }

    public void setScrollBar() {
        System.out.println("为构件增加滚动条!");
    }
}

//黑色边框装饰类：具体装饰类
class BlackBorderDecorator extends ComponentDecorator {
    public BlackBorderDecorator(Component component) {
        super(component);
    }

    public void display() {
        this.setBlackBorder();
        super.display();
    }

    public void setBlackBorder() {
        System.out.println("为构件增加黑色边框!");
    }
}
```

编写如下客户端测试代码：

```
class Client {
    public static void main(String args[]) {
        Component component,componentSB;                  //使用抽象构件定义
        component = new Window();                         //定义具体构件
```

```
        componentSB = new ScrollBarDecorator(component);     //定义装饰后的构件
        componentSB.display();
    }
}
```

编译并运行程序，输出结果如下：

```
为构件增加滚动条！
显示窗体！
```

在客户端代码中，先定义了一个 Window 类型的具体构件对象 component，然后将 component 作为构造函数的参数注入具体装饰类 ScrollBarDecorator 中，得到一个装饰之后的对象 componentSB，再调用 componentSB 的 display()方法后，将得到一个有滚动条的窗体。如果希望得到一个既有滚动条又有黑色边框的窗体，不需要对原有类库进行任何修改，只需将客户端代码修改如下：

```
class Client {
    public static void main(String args[]) {
        Component component,componentSB,componentBB;         //全部使用抽象构件定义
        component = new Window();
        componentSB = new ScrollBarDecorator(component);
        //将装饰了一次之后的对象继续注入另一个装饰类中，进行第 2 次装饰
        componentBB = new BlackBorderDecorator(componentSB);
        componentBB.display();
    }
}
```

编译并运行程序，输出结果如下：

```
为构件增加黑色边框！
为构件增加滚动条！
显示窗体！
```

可以将装饰了一次之后的 componentSB 对象注入另一个装饰类 BlackBorderDecorator 中实现第 2 次装饰，得到一个经过两次装饰的对象 componentBB，再调用 componentBB 的 display()方法，即可得到一个既有滚动条又有黑色边框的窗体。

如果需要在原有系统中增加一个新的具体构件类或者新的具体装饰类，无须修改现有类库代码，只需将它们分别作为抽象构件类或者抽象装饰类的子类即可。与图 12-2 所示的继承结构相比，使用装饰模式之后大大减少了子类的个数，让系统扩展起来更加方便，而且更容易维护。装饰模式是取代继承复用的有效方式之一。

12.4 透明装饰模式与半透明装饰模式

装饰模式虽好，但存在一个问题。如果客户端希望单独调用具体装饰类新增的方法，而不想通过抽象构件中声明的方法来调用新增方法时将遇到一些麻烦，这里通过一个实例来

对这种情况加以说明。

在 Sunny 软件公司开发的 Sunny OA 系统中，采购单（PurchaseRequest）和请假条（LeaveRequest）等文件（Document）对象都具有显示功能，现在要为其增加审批、删除等功能，使用装饰模式进行设计。

使用装饰模式可以得到如图 12-5 所示的文件对象功能增加实例结构图。

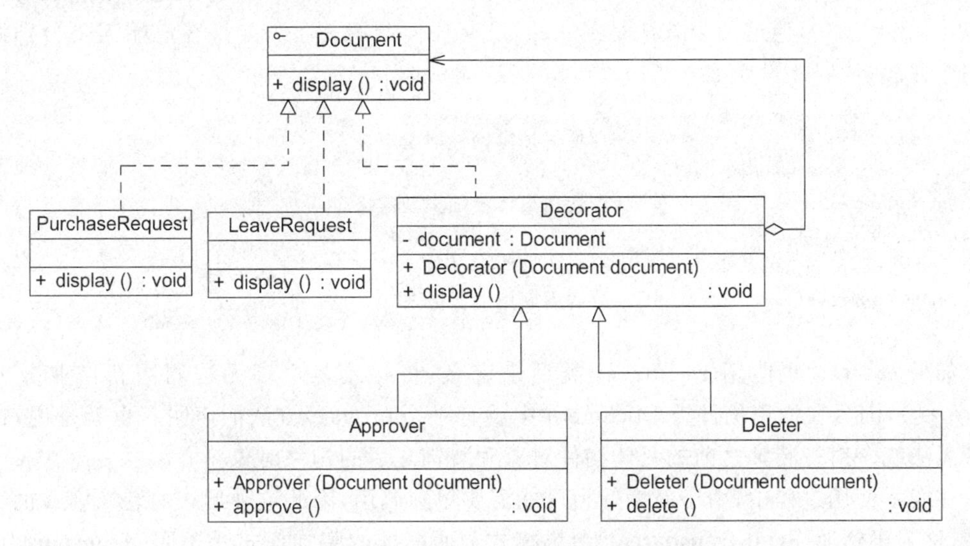

图 12-5 文件对象功能增加实例结构图

在图 12-5 中，Document 充当抽象构件类，PurchaseRequest 和 LeaveRequest 充当具体构件类，Decorator 充当抽象装饰类，Approver 和 Deleter 充当具体装饰类。其中，Decorator 类和 Approver 类的示例代码如下：

```
//抽象装饰类
class Decorator implements Document {
    private Document document;

    public Decorator(Document document) {
        this.document = document;
    }

    public void display() {
        document.display();
    }
}

//具体装饰类
class Approver extends Decorator {
    public Approver(Document document) {
        super(document);
        System.out.println("增加审批功能!");
```

```
    }

    public void approve() {
        System.out.println("审批文件!");
    }
}
```

大家注意，Approver 类继承了抽象装饰类 Decorator 的 display()方法，同时新增了业务方法 approve()，但这两个方法是独立的，没有任何调用关系。如果客户端需要分别调用这两个方法，代码片段如下：

```
Document doc;                       //使用抽象构件类型定义
doc = new PurchaseRequest();
Approver newDoc;                    //使用具体装饰类型定义
newDoc = new Approver(doc);
newDoc.display();                   //调用原有业务方法
newDoc.approve();                   //调用新增业务方法
```

如果 newDoc 也使用 Document 类型来定义，将导致客户端无法调用新增业务方法 approve()，因为在抽象构件类 Document 中没有对 approve()方法的声明。也就是说，在客户端无法统一对待装饰之前的具体构件对象和装饰之后的构件对象。

在实际使用过程中，由于新增行为可能需要单独调用，因此这种形式的装饰模式也经常出现，称为**半透明(Semi-transparent)装饰模式**。而标准的装饰模式是**透明(Transparent)装饰模式**。下面对这两种装饰模式进行较为详细的介绍。

1. 透明装饰模式

在透明装饰模式中，要求客户端完全针对抽象编程。装饰模式的透明性要求客户端程序不应该将对象声明为具体构件类型或具体装饰类型，而应该全部声明为抽象构件类型。对于客户端而言，具体构件对象和具体装饰对象没有任何区别。也就是应该使用如下代码：

```
Component c, c1;            //使用抽象构件类型定义对象
c = new ConcreteComponent();
c1 = new ConcreteDecorator (c);
```

而不应该使用如下代码：

```
ConcreteComponent c;      //使用具体构件类型定义对象
c = new ConcreteComponent();
```

或：

```
ConcreteDecorator c1;      //使用具体装饰类型定义对象
c1 = new ConcreteDecorator(c);
```

在本章 12.3 节图形界面构件库的设计方案中使用的就是透明装饰模式，在客户端中存

在如下代码片段：

```
…
Component component,componentSB,componentBB; //全部使用抽象构件定义
component = new Window();
componentSB = new ScrollBarDecorator(component);
componentBB = new BlackBorderDecorator(componentSB);
componentBB.display();
…
```

使用抽象构件类型 Component 定义全部具体构件对象和具体装饰对象，客户端可以一致性地使用这些对象，因此符合透明装饰模式的要求。

透明装饰模式可以让客户端透明地使用装饰之前的对象和装饰之后的对象，无须关心它们的区别。此外，还可以对一个已装饰过的对象进行多次装饰，得到更为复杂、功能更为强大的对象。在实现透明装饰模式时，要求具体装饰类的 operation()方法覆盖抽象装饰类的 operation()方法，除了调用原有对象的 operation()外还需要调用新增的 addedBehavior()方法来增加新行为。

2. 半透明装饰模式

透明装饰模式的设计难度较大，而且有时用户需要单独调用新增的业务方法。为了能够调用到新增方法，不得不用具体装饰类型来定义装饰之后的对象，而具体构件类型还是可以使用抽象构件类型来定义，这种装饰模式即为半透明装饰模式。也就是说，对于客户端而言，具体构件类型无须关心，是透明的；但是具体装饰类型必须指定，这是不透明的。如本节前面所提到的文件对象功能增加实例，为了能够调用到在 Approver 中新增方法 approve()，客户端代码片段如下：

```
…
Document doc;            //使用抽象构件类型定义
doc = new PurchaseRequest();
Approver newDoc;         //使用具体装饰类型定义
newDoc = new Approver(doc);
…
```

半透明装饰模式可以给系统带来更多的灵活性，设计相对简单，使用起来也非常方便，但是其最大的缺点在于不能实现对同一个对象的多次装饰，而且客户端需要有区别地对待装饰之前的对象和装饰之后的对象。在实现半透明的装饰模式时，只需在具体装饰类中增加一个独立的 addedBehavior()方法来封装相应的业务处理。由于客户端使用具体装饰类型来定义装饰后的对象，因此可以单独调用 addedBehavior()方法来扩展系统功能。

思考

为什么半透明装饰模式不能实现对同一个对象的多次装饰？

12.5 装饰模式注意事项

在使用装饰模式时，通常需要注意以下几个问题：

(1) 尽量保持装饰类的接口与被装饰类的接口相同。这样，对于客户端而言，无论是装饰之前的对象还是装饰之后的对象都可以一致对待。也就是说，在可能的情况下，应该尽量使用透明装饰模式。

(2) 尽量保持具体构件类 ConcreteComponent 是一个"轻"类。也就是说，不要把太多的行为放在具体构件类中，可以通过装饰类对其进行扩展。

(3) 如果只有一个具体构件类，那么抽象装饰类可以作为该具体构件类的直接子类。如图 12-6 所示。

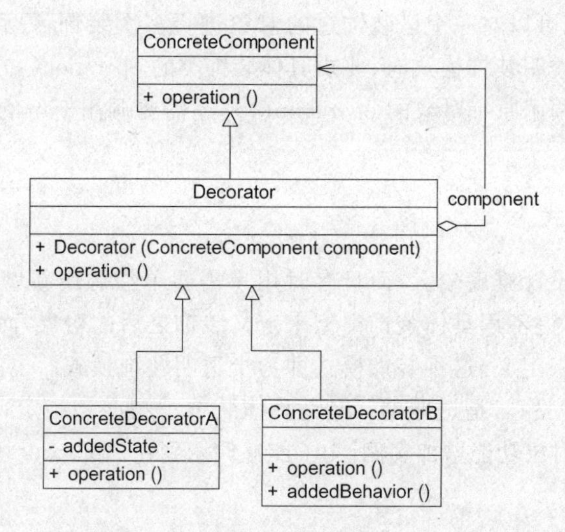

图 12-6 没有抽象构件类的装饰模式

12.6 装饰模式总结

装饰模式降低了系统的耦合度，可以动态地增加或删除对象的职责，并使得需要装饰的具体构件类和具体装饰类可以独立变化，以便增加新的具体构件类和具体装饰类。在软件开发中，装饰模式应用较为广泛，例如在 Java IO 中的输入流和输出流的设计、javax. swing 包中一些图形界面构件功能的增强等地方都运用了装饰模式。

1. 主要优点

装饰模式的主要优点如下：

(1) 对于扩展一个对象的功能，装饰模式比继承更加灵活性，不会导致类的个数急剧增加。

(2) 可以通过一种动态的方式来扩展一个对象的功能。通过配置文件可以在运行时选择不同的具体装饰类，从而实现不同的行为。

(3) 可以对一个对象进行多次装饰。通过使用不同的具体装饰类以及这些装饰类的排列组合，可以创造出很多不同行为的组合，得到功能更为强大的对象。

(4) 具体构件类与具体装饰类可以独立变化，用户可以根据需要增加新的具体构件类和具体装饰类，原有类库代码无须改变，符合开闭原则。

2. 主要缺点

装饰模式的主要缺点如下：

(1) 使用装饰模式进行系统设计时将产生很多小对象。这些对象的区别在于它们之间相互连接的方式有所不同，而不是它们的类或者属性值有所不同。大量小对象的产生势必会占用更多的系统资源，在一定程度上影响程序的性能。

(2) 装饰模式提供了一种比继承更加灵活机动的解决方案，但同时也意味着比继承更加易于出错，排错也很困难。对于多次装饰的对象，调试时寻找错误可能需要逐级排查，较为烦琐。

3. 适用场景

在以下情况下可以考虑使用装饰模式：

(1) 在不影响其他对象的情况下，以动态、透明的方式给单个对象添加职责。

(2) 当不能采用继承的方式对系统进行扩展或者采用继承不利于系统扩展和维护时可以使用装饰模式。不能采用继承的情况主要有两类：第 1 类是系统中存在大量独立的扩展，为支持每一种扩展或者扩展之间的组合将产生大量的子类，使得子类数目呈爆炸性增长；第 2 类是因为类已定义为不能被继承(如 Java 语言中的 final 类)。

练习

Sunny 软件公司欲开发一个数据加密模块，可以对字符串进行加密。最简单的加密算法通过对字母进行移位来实现，同时还提供了稍复杂的逆向输出加密和更为高级的求模加密。用户先使用最简单的加密算法对字符串进行加密，如果觉得还不够，可以对加密之后的结果使用其他加密算法进行二次加密，当然也可以进行第 3 次加密。试使用装饰模式设计该多重加密系统。

第13章

提供统一入口——外观模式

中国茶文化源远流长，博大精深，茶也成为很多国人生活中不可或缺的必需品。大家有没有比较过自己泡茶和去茶馆喝茶的区别？自己泡茶需要自行准备茶叶、茶具和开水，而去茶馆喝茶，最简单的方式就是跟茶馆服务员说想要一杯什么样的茶（铁观音、碧螺春或者西湖龙井）。正因为茶馆有服务员，顾客无须直接和茶叶、茶具、开水等交互，整个泡茶过程由服务员来完成，顾客只需与服务员交互即可，非常简单省事。

在软件开发中，有时候为了完成一项较为复杂的功能，一个类需要和多个其他业务类交互，而这些需要交互的业务类经常会作为一个完整的整体出现，由于涉及的类比较多，导致使用时代码较为复杂。此时，特别需要一个类似服务员一样的角色，由它来负责和多个业务类进行交互，而使用这些业务类的类只需和该类交互即可。外观模式通过引入一个新的外观类来实现该功能。外观类充当了软件系统中的"服务员"，它为多个业务类的调用提供了一个统一的入口，简化了类与类之间的交互。

13.1 文件加密模块的设计

> Sunny 软件公司欲开发一个可应用于多个软件的文件加密模块，该模块可以对文件中的数据进行加密并将加密之后的数据存储在一个新文件中。具体的流程包括 3 个部分，分别是读取源文件、加密、保存加密之后的文件。其中，读取文件和保存文件使用流来实现，加密操作通过求模运算实现。这 3 个操作相对独立，为了实现代码的独立重用，让设计更符合单一职责原则，这 3 个操作的业务代码封装在 3 个不同的类中。

Sunny 软件公司开发人员独立实现了这 3 个具体业务类：FileReader 类用于读取文件，CipherMachine 类用于对数据进行加密，FileWriter 用于保存文件。由于该文件加密模块的通用性，它在 Sunny 公司开发的多款软件中都得以使用，包括财务管理软件、公文审批系统、邮件管理系统等，如图 13-1 所示。

在图 13-1 中，不难发现，在每次使用这 3 个类时都需要编写代码与它们逐个进行交互，客户端代码如下：

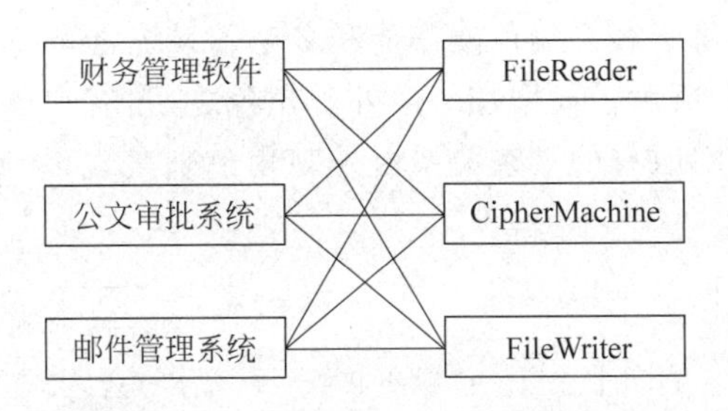

图 13-1　文件加密模块使用示意图

```
class Client {
    public static void main(String args[]) {
        FileReader reader;                                          //文件读取类
        CipherMachine cipher;                                       //数据加密类
        FileWriter writer;                                          //文件保存类
        reader = new FileReader();
        cipher = new CipherMachine();
        writer = new FileWriter();

        String plainStr = reader.read("facade/src.txt");           //读取源文件
        String encryptStr = cipher.encrypt(plainStr);              //加密
        writer.write(encryptStr,"facade/des.txt");                 //将加密结果写入新文件
    }
}
```

Sunny公司开发人员通过分析发现，该方案虽然能够实现预期功能，但存在以下两个问题：

(1) FileReader类、CipherMachine类和FileWriter类经常会作为一个整体同时出现，但是如果按照上述方案进行设计和实现，在每次使用这3个类时，客户端代码需要与它们逐个进行交互，导致客户端代码较为复杂，且在每次使用它们时很多代码都将重复出现。

(2) 如果需要更换一个加密类，例如将CipherMachine类改为NewCipherMachine类，则所有使用该文件加密模块的代码都需要进行修改，系统维护难度增大，灵活性和可扩展性较差。

为了解决这两个问题，可以使用外观模式对文件加密模块进行重构，在客户端代码和业务类之间增加一个外观类，由外观类来封装与业务类之间的交互，而客户端只需与外观类交互即可。下面就正式进入外观模式的学习。

13.2　外观模式概述

根据单一职责原则，在软件中将一个系统划分为若干个子系统(Subsystem)有利于降低整个系统的复杂性。一个常见的设计目标是使客户类与子系统之间的通信和相互依赖关系达到最小，而达到该目标的途径之一就是引入一个外观(Facade)角色，它为子系统的访问提供了一个简单而单一的入口。外观模式也是迪米特法则的体现，通过引入一个新的外观角色可以降低原有系统的复杂度，同时降低客户类与子系统类的耦合度。

如果没有外观角色，每个客户端可能需要和多个子系统之间进行复杂的交互，系统的耦合度将很大，如图 13-2(a)所示。而增加一个外观角色之后，客户端只需要直接与外观角色交互，客户端与子系统之间原有的复杂关系由外观角色来实现，从而降低了系统的耦合度，如图 13-2(b)所示。

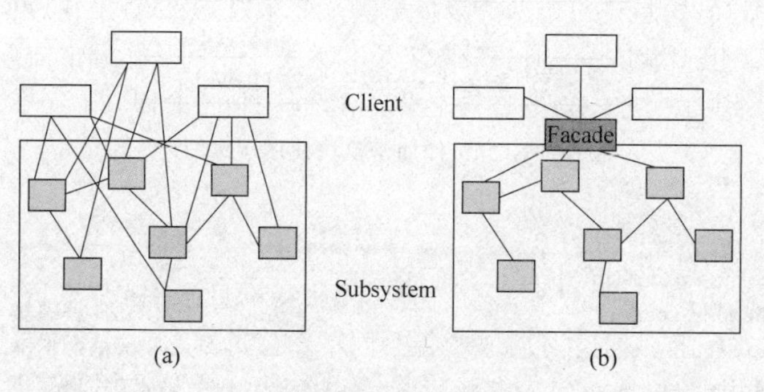

图 13-2　外观模式示意图

注：在外观模式中所指的子系统是一个广义的概念，它可以是一个类、一个功能模块、系统的一个组成部分或者一个完整的系统。

外观模式要求一个子系统的外部与其内部的通信通过一个统一的外观角色进行。外观角色将客户端与子系统的内部复杂性分隔开，使得客户端只需要与外观角色打交道，而不需要与子系统内部的很多对象打交道。外观模式定义如下：

> **外观模式(Facade Pattern)**：外部与一个子系统的通信通过一个统一的外观角色进行，为子系统中的一组接口提供一个一致的入口。外观模式定义了一个高层接口，这个接口使得子系统更加容易使用。外观模式又称为门面模式，它是一种对象结构型模式。

外观模式没有一个一般化的类图描述，通常使用示意图来表示外观模式，如图 13-3 所示。

图 13-4 所示的类图也可以作为外观模式的结构描述形式之一。

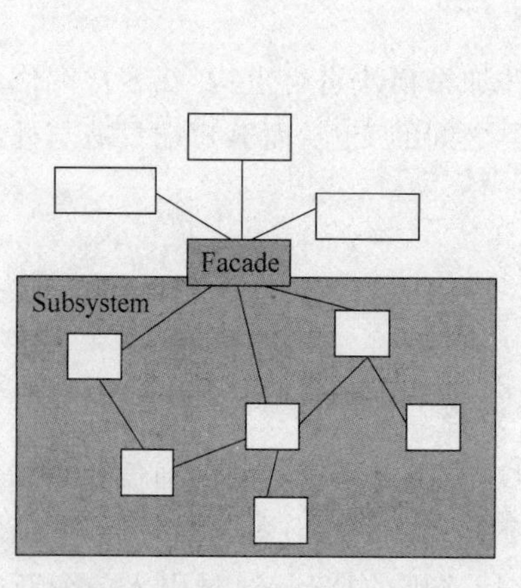

图 13-3　外观模式结构示意图

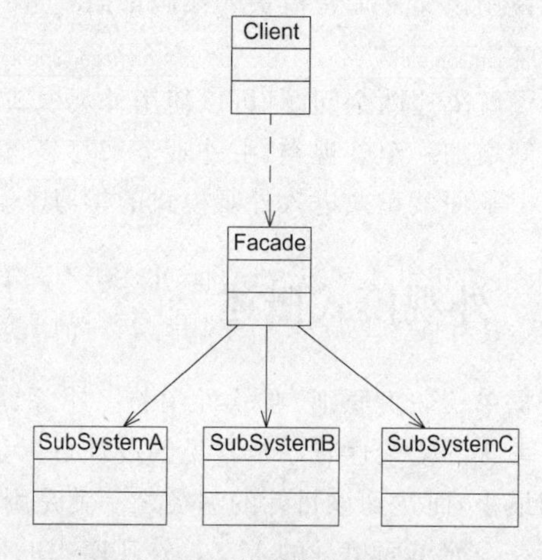

图 13-4　外观模式结构图

由图 13-4 可以看出，在外观模式结构图中包含以下两个角色。

(1) Facade(外观角色)：在客户端可以调用这个角色的方法，在外观角色中可以知道相关的(一个或者多个)子系统的功能和责任。在正常情况下，它将所有从客户端发来的请求委派到相应的子系统中去，传递给相应的子系统对象处理。

(2) SubSystem(子系统角色)：在软件系统中可以有一个或者多个子系统角色。每个子系统可以不是一个单独的类，而是一个类的集合，它实现子系统的功能。每个子系统都可以被客户端直接调用，或者被外观角色调用，它处理由外观类传过来的请求。子系统并不知道外观的存在，对于子系统而言，外观角色仅仅是另外一个客户端而已。

外观模式的主要目的在于降低系统的复杂程度。在面向对象软件系统中，类与类之间的关系越多，并不能表示系统设计得越好，反而表示系统中类之间的耦合度太大，这样的系统在维护和修改时都缺乏灵活性，因为一个类的改动会导致多个类发生变化。而外观模式的引入很大程度上降低了类之间的通信和关系。引入外观模式之后，增加新的子系统或者移除子系统都非常方便，客户端类无须进行修改(或者极少的修改)，只需要在外观类中增加或移除对子系统的引用即可。从这一点来说，外观模式在一定程度上并不符合开闭原则，增加新的子系统需要对原有系统进行一定的修改，虽然这个修改工作量不大。

外观模式的另一个特点是给客户端的使用带来极大方便。本章开头的那个例子中，茶馆服务员就是外观角色。由此可见，外观模式从很大程度上提高了客户端使用的便捷性，使得客户端无须关心子系统的工作细节，通过外观角色即可调用相关功能。

在外观角色中存在如下典型代码：

```
class Facade {
    private SubSystemA obj1 = new SubSystemA();
    private SubSystemB obj2 = new SubSystemB();
    private SubSystemC obj3 = new SubSystemC();

    public void method() {
        obj1.methodA();
        obj2.methodB();
        obj3.methodC();
    }
}
```

在外观角色中维持了对子系统对象的引用，客户端可以通过外观角色来间接调用子系统对象的业务方法，而无须与子系统对象直接交互。

思考

外观模式如何体现迪米特法则？

13.3　完整解决方案

为了降低系统的耦合度，封装与多个子系统进行交互的代码，Sunny 软件公司开发人员使用外观模式来重构文件加密模块的设计。重构后的结构如图 13-5 所示。

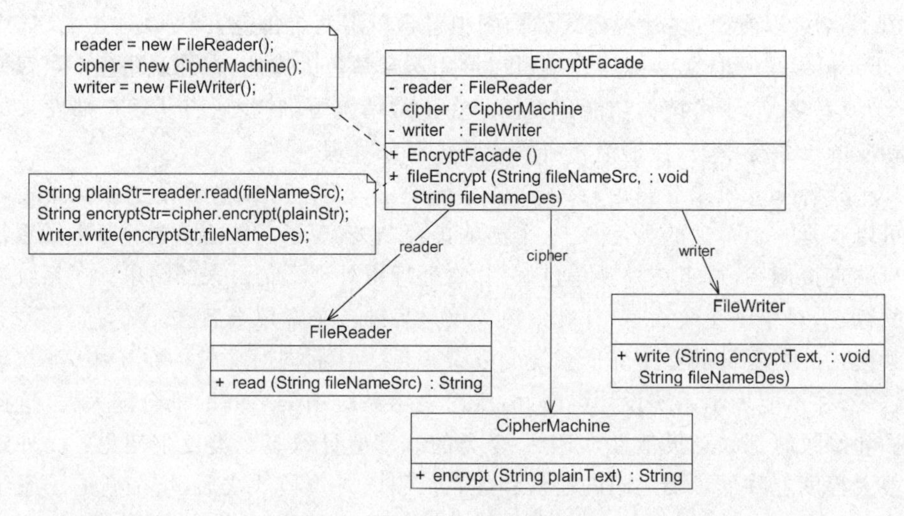

图 13-5 文件加密模块结构图

在图 13-5 中，EncryptFacade 充当外观类，FileReader、CipherMachine 和 FileWriter 充当子系统类。完整代码如下：

```
import java.io.FileInputStream;
import java.io.FileOutputStream;
import java.io.FileNotFoundException;
import java.io.IOException;

//文件读取类：子系统类
class FileReader {
    public String read(String fileNameSrc) {
        System.out.print("读取文件，获取明文：");
        StringBuffer sb = new StringBuffer();
        try{
            FileInputStream inFS = new FileInputStream(fileNameSrc);
            int data;
            while((data = inFS.read())! = -1) {
                sb = sb.append((char)data);
            }
            inFS.close();
            System.out.println(sb.toString());
        }
        catch(FileNotFoundException e) {
            System.out.println("文件不存在！");
        }
        catch(IOException e) {
            System.out.println("文件操作错误！");
        }
        return sb.toString();
    }
}
```

```
//数据加密类：子系统类
class CipherMachine {
    public String encrypt(String plainText) {
        System.out.print("数据加密,将明文转换为密文：");
        String es = "";
        for(int i = 0; i < plainText.length(); i++) {
            String c = String.valueOf(plainText.charAt(i) % 7);
            es += c;
        }
        System.out.println(es);
        return es;
    }
}

//文件保存类：子系统类
class FileWriter {
    public void write(String encryptStr,String fileNameDes) {
        System.out.println("保存密文,写入文件。");
        try{
            FileOutputStream outFS = new FileOutputStream(fileNameDes);
            outFS.write(encryptStr.getBytes());
            outFS.close();
        }
        catch(FileNotFoundException e) {
            System.out.println("文件不存在!");
        }
        catch(IOException e) {
            System.out.println("文件操作错误!");
        }
    }
}

//加密外观类：外观类
class EncryptFacade {
    //维持对子系统对象的引用
    private FileReader reader;
    private CipherMachine cipher;
    private FileWriter writer;

    public EncryptFacade() {
        reader = new FileReader();
        cipher = new CipherMachine();
        writer = new FileWriter();
    }

    //调用其他对象的业务方法
    public void fileEncrypt(String fileNameSrc, String fileNameDes) {
        String plainStr = reader.read(fileNameSrc);
        String encryptStr = cipher.encrypt(plainStr);
        writer.write(encryptStr,fileNameDes);
    }
}
```

编写如下客户端测试代码：

```
class Client {
    public static void main(String args[]) {
        EncryptFacade ef = new EncryptFacade();
        ef.fileEncrypt("facade/src.txt","facade/des.txt");
    }
}
```

编译并运行程序，输出结果如下：

```
读取文件，获取明文：Hello world!
数据加密，将明文转换为密文：233364062325
保存密文，写入文件。
```

在本实例中，对 facade 文件夹下的文件 src.txt 中的数据进行加密，该文件内容为"Hello world!"。加密之后将密文保存到 facade 文件夹下的另一个文件 des.txt 中，程序运行后保存在文件中的密文为"233364062325"。在加密类 CipherMachine 中，采用求模运算对明文进行加密，将明文中的每个字符除以一个整数(本例中为 7，可以由用户设置)后取余数作为密文。

13.4 抽象外观类的引入

在标准的外观模式结构图中，如果需要增加、删除或更换与外观类交互的子系统类，必须修改外观类或客户端的源代码，这将违背开闭原则。因此，可以通过引入抽象外观类来对系统进行改进，在一定程度上解决该问题。在引入抽象外观类之后，客户端可以针对抽象外观类进行编程，对于新的业务需求，不需要修改原有外观类，而对应增加一个新的具体外观类。由新的具体外观类来关联新的子系统对象，同时通过修改配置文件来达到不修改任何源代码并更换外观类的目的。

下面通过一个具体实例来介绍如何使用抽象外观类。

如果在 Sunny 软件公司开发的文件加密模块中需要更换一个加密类，不再使用原有的基于求模运算的加密类 CipherMachine，而改为基于移位运算的新加密类 NewCipherMachine。NewCipherMachine 类的代码如下：

```
//基于移位运算的数据加密类：子系统类
class NewCipherMachine {
    public String encrypt(String plainText) {
        System.out.print("数据加密，将明文转换为密文：");
        String es = "";
        int key = 10;//设置密钥，移位数为 10
        for (int i = 0; i < plainText.length(); i++) {
            char c = plainText.charAt(i);
            //小写字母移位
            if (c >= 'a' && c <= 'z') {
```

```
                c += key % 26;
                if (c > 'z') c -= 26;
                if (c < 'a') c += 26;
            }
            //大写字母移位
            if (c >= 'A' && c <= 'Z') {
                c += key % 26;
                if (c > 'Z') c -= 26;
                if (c < 'A') c += 26;
            }
            es += c;
        }
        System.out.println(es);
        return es;
    }
}
```

如果不增加新的外观类，只能通过修改原有外观类 EncryptFacade 的源代码来实现加密类的更换，将原有的对 CipherMachine 类型对象的引用改为对 NewCipherMachine 类型对象的引用，这违背了开闭原则，因此需要通过增加新的外观类来实现对子系统对象引用的改变。

如果增加一个新的外观类 NewEncryptFacade 来与 FileReader 类、FileWriter 类以及新增加的 NewCipherMachine 类进行交互，虽然原有系统类库无须做任何修改，但是因为客户端代码中原来针对 EncryptFacade 类进行的编程，现在需要改为 NewEncryptFacade 类，因此需要修改客户端源代码。

如何在不修改客户端代码的前提下使用新的外观类呢？解决方法是：引入一个抽象外观类，客户端针对抽象外观类编程，而在运行时再确定具体外观类。引入抽象外观类之后的文件加密模块结构图如图 13-6 所示。

在图 13-6 中，客户端类 Client 针对抽象外观类 AbstractEncryptFacade 进行编程。AbstractEncryptFacade 和 NewEncryptFacade 代码如下：

```
//抽象外观类
abstract class AbstractEncryptFacade {
    public abstract void fileEncrypt(String fileNameSrc, String fileNameDes);
}

//新加密外观类：具体外观类
class NewEncryptFacade extends AbstractEncryptFacade {
    private FileReader reader;
    private NewCipherMachine cipher;
    private FileWriter writer;

    public NewEncryptFacade() {
        reader = new FileReader();
        cipher = new NewCipherMachine();
```

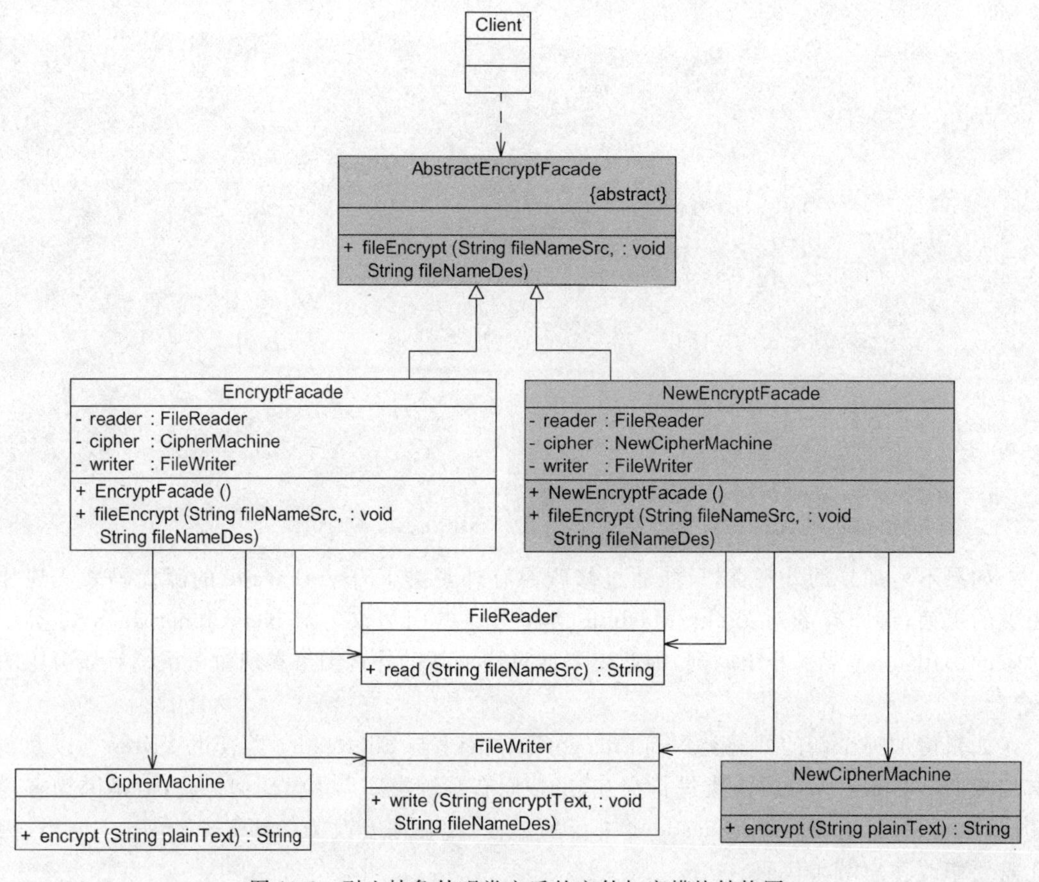

图 13-6　引入抽象外观类之后的文件加密模块结构图

```
        writer = new FileWriter();
    }

    public void fileEncrypt(String fileNameSrc, String fileNameDes) {
        String plainStr = reader.read(fileNameSrc);
        String encryptStr = cipher.encrypt(plainStr);
        writer.write(encryptStr,fileNameDes);
    }
}
```

这里将具体外观类的类名存储在配置文件 config. xml 中，并通过工具类 XMLUtil 来读取配置文件并反射生成对象。XMLUtil 类的代码如下：

```
import javax.xml.parsers.*;
import org.w3c.dom.*;
import org.xml.sax.SAXException;
import java.io.*;

public class XMLUtil {
//该方法用于从 XML 配置文件中提取具体类类名,并返回一个实例对象
```

```
    public static Object getBean() {
        try {
            //创建文档对象
            DocumentBuilderFactory dFactory = DocumentBuilderFactory.newInstance();
            DocumentBuilder builder = dFactory.newDocumentBuilder();
            Document doc;
            doc = builder.parse(new File("config.xml"));

            //获取包含类名的文本节点
            NodeList nl = doc.getElementsByTagName("className");
            Node classNode = nl.item(0).getFirstChild();
            String cName = classNode.getNodeValue();

            //通过类名生成实例对象并将其返回
            Class c = Class.forName(cName);
            Object obj = c.newInstance();
            return obj;
        }
        catch(Exception e) {
            e.printStackTrace();
            return null;
        }
    }
}
```

配置文件 config.xml 中存储了具体外观类的类名，代码如下：

```
<?xml version = "1.0"?>
<config>
    <className>NewEncryptFacade</className>
</config>
```

客户端测试代码修改如下：

```
class Client {
    public static void main(String args[]) {
        AbstractEncryptFacade ef;
        ef = (AbstractEncryptFacade)XMLUtil.getBean();
        ef.fileEncrypt("facade/src.txt","facade/des.txt");
    }
}
```

编译并运行程序，输出结果如下：

```
读取文件,获取明文: Hello world!
数据加密,将明文转换为密文: Rovvy gybvn!
保存密文,写入文件。
```

原有外观类 EncryptFacade 也需作为抽象外观类 AbstractEncryptFacade 类的子类。更换具体外观类时只需修改配置文件,无须修改源代码,符合开闭原则。

13.5 外观角色设计补充说明

在实际应用中具体使用外观模式时,可以参考以下 3 条关于外观角色设计的补充说明。

(1) 在很多情况下为了节约系统资源,系统中只需要一个外观类的实例。换言之,外观类可以是一个单例类。因此可以通过单例模式来设计外观类,从而确保系统中只有唯一一个访问子系统的入口,并降低对系统资源的消耗。引入单例模式的外观模式结构如图 13-7 所示。

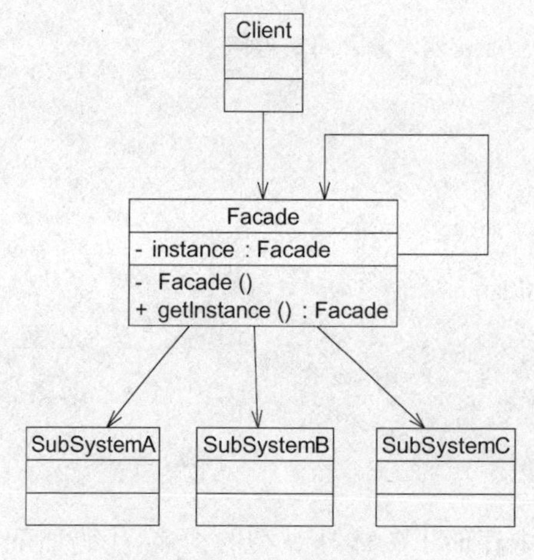

图 13-7 单例外观类结构图

在图 13-7 中,Facade 类被设计为单例类。在其中定义了一个静态的 Facade 类型的成员变量 instance,其构造函数为私有(private),且通过一个静态的公有工厂方法 getInstance()返回自己的唯一实例。当然,能够设计为单例类的外观类一定是具体外观类,而不是抽象外观类。

(2) 在一个系统中可以设计多个外观类,每个外观类都负责和一些特定的子系统交互,向客户端提供相应的业务功能。

(3) 试图通过外观类为子系统增加新行为的做法是错误的。外观模式的用意是为子系统提供一个集中化和简化的沟通渠道,而不是向子系统加入新行为。新行为的增加应该通过修改原有子系统类或增加新的子系统类来实现,不能通过外观类来实现。

13.6 外观模式总结

外观模式是一种使用频率非常高的设计模式,它通过引入一个外观角色来简化客户端与子系统之间的交互,为复杂的子系统调用提供一个统一的入口,使子系统与客户端的耦合度降低,且客户端调用非常方便。外观模式并不给系统增加任何新功能,它仅仅是简化调用接口。在几乎所有的软件中都能够找到外观模式的应用,例如,绝大多数 B/S 系统都有一个首页或者导航页面，大部分C/S系统都提供了菜单或者工具栏。在这里，首页和导航页面就是B/S系统的外观角色，而菜单和工具栏就是C/S系统的外观角色，通过它们，用户可以快速访问子系统，降低了系统的复杂程度。此外，所有涉及与多个业务对象交互的场景都可以考虑使用外观模式进行重构，例如Java EE中的Session外观模式。

1. 主要优点

外观模式的主要优点如下：

(1) 对客户端屏蔽了子系统组件，减少了客户端所需处理的对象数目并使得子系统使用起来更加容易。通过引入外观模式，客户端代码将变得很简单，与之关联的对象也很少。

(2) 实现了子系统与客户端之间的松耦合关系，这使得子系统的变化不会影响到调用它的客户端，只需要调整外观类即可。

(3) 一个子系统的修改对其他子系统没有任何影响，而且子系统内部变化也不会影响到外观对象。

(4) 只是提供了一个访问子系统的统一入口，并不影响客户端直接使用子系统类。

2. 主要缺点

外观模式的主要缺点如下：

(1) 不能很好地限制客户端直接使用子系统类，如果对客户端访问子系统类做太多的限制则减少了可变性和灵活性。

(2) 如果设计不当，增加新的子系统可能需要修改外观类的源代码，这违背了开闭原则。

3. 适用场景

在以下情况下可以考虑使用外观模式：

(1) 当要为访问一系列复杂的子系统提供一个简单入口时可以使用外观模式。

(2) 客户端程序与多个子系统之间存在很大的依赖性。引入外观类可以将子系统与客户端解耦，从而提高子系统的独立性和可移植性。

(3) 在层次化结构中，可以使用外观模式定义系统中每一层的入口，层与层之间不直接产生联系，而通过外观类建立联系，降低层之间的耦合度。

练习

Sunny软件公司为新开发的智能手机控制与管理软件提供了一键备份功能。通过该功能可以将原本存储在手机中的通讯录、短信、照片、歌曲等资料一次性地全部复制到移动存储介质(如MMC卡或SD卡)中。在实现过程中需要与多个已有的类进行交互，例如通讯录管理类、短信管理类等。为了降低系统的耦合性，试使用外观模式来设计并实现该一键备份功能。

第14章

实现对象的复用——享元模式

构建和谐社会的一个重要组成部分就是建设资源节约型社会,“浪费可耻,节俭光荣”。在软件系统中,有时也会存在资源浪费的情况。例如,在计算机内存中存储了多个完全相同或者非常相似的对象,如果这些对象的数量太多将导致系统运行代价过高,内存属于计算机的“稀缺资源”,不应该“随便浪费”。那么,是否存在一种技术可以用于节约内存使用空间,实现对这些相同或者相似对象的共享访问呢?答案是肯定的,这种技术就是本章将要学习的享元模式。

14.1 围棋棋子的设计

Sunny 软件公司欲开发一个围棋软件,其界面效果如图 14-1 所示。

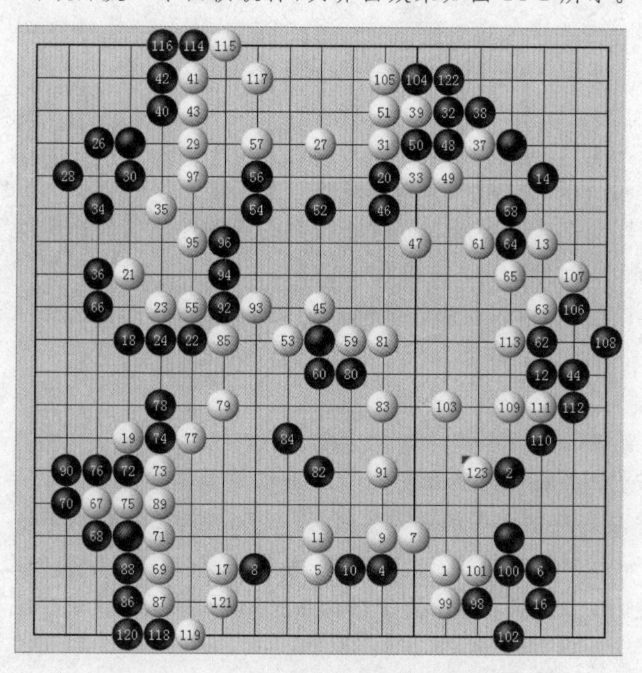

图 14-1　围棋软件界面效果图

Sunny软件公司开发人员通过对围棋软件进行分析，发现在围棋棋盘中包含大量的黑子和白子，它们的形状、大小都一模一样，只是出现的位置不同而已。如果将每个棋子都作为一个独立的对象存储在内存中，将导致该围棋软件在运行时所需内存空间较大。如何降低运行代价、提高系统性能是Sunny公司开发人员需要解决的一个问题。为了解决这个问题，Sunny公司开发人员决定使用享元模式来设计该围棋软件的棋子对象。那么享元模式是如何实现节约内存进而提高系统性能的呢？下面就正式进入享元模式的学习。

14.2 享元模式概述

当一个软件系统在运行时产生的对象数量太多，将导致运行代价过高，带来系统性能下降等问题。例如，在一个文本字符串中存在很多重复的字符，如果每个字符都用一个单独的对象来表示，将会占用较多的内存空间。那么，如何去避免系统中出现大量相同或相似的对象，同时又不影响客户端程序通过面向对象的方式对这些对象进行操作？享元模式正为解决这一类问题而诞生。享元模式通过共享技术实现相同或相似对象的重用。在逻辑上每个出现的字符都有一个对象与之对应，然而在物理上它们却共享同一个享元对象。这个对象可以出现在一个字符串的不同地方，相同的字符对象都指向同一个实例。在享元模式中，存储这些共享实例对象的地方称为**享元池(Flyweight Pool)**。可以针对每个不同的字符创建一个享元对象，将其放在享元池中，需要时再从享元池取出，如图14-2所示。

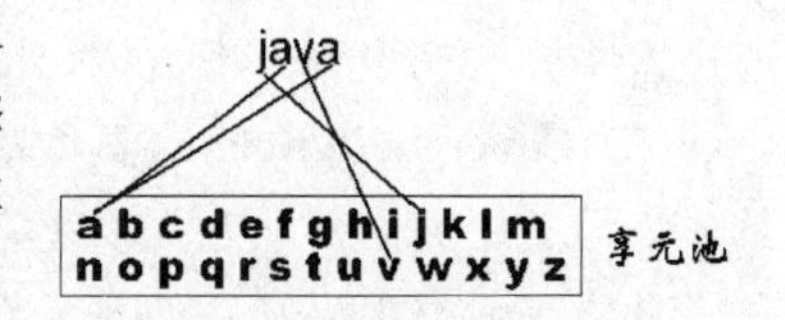

图14-2 字符享元对象示意图

享元模式以共享的方式高效地支持大量细粒度对象的重用。享元对象能做到共享的关键是区分了**内部状态(Intrinsic State)**和**外部状态(Extrinsic State)**。下面对享元的内部状态和外部状态进行简单介绍。

(1) 内部状态是存储在享元对象内部并且不会随环境改变而改变的状态，内部状态可以共享。例如字符的内容，不会随外部环境的变化而变化，无论在任何环境下，字符"a"始终是"a"，都不会变成"b"。

(2) 外部状态是随环境改变而改变的、不可以共享的状态。享元对象的外部状态通常由客户端保存，并在享元对象被创建之后，需要使用的时候，再传入享元对象内部。一个外部状态与另一个外部状态之间是相互独立的。如字符的颜色，可以在不同的地方有不同的颜色，例如有的"a"是红色的，有的"a"是绿色的；字符的大小也是如此，有的"a"是五号字，有的"a"是四号字。而且字符的颜色和大小是两个独立的外部状态，它们可以独立变化，相互之间没有影响，客户端可以在使用时将外部状态注入享元对象中。

正因为区分了内部状态和外部状态，可以将具有相同内部状态的对象存储在享元池中，享元池中的对象是可以实现共享的，需要的时候就将对象从享元池中取出，实现对象的复用。通过向取出的对象注入不同的外部状态，可以得到一系列相似的对象，而这些对象在内存中实际上只存储一份。

享元模式定义如下：

享元模式(Flyweight Pattern)：运用共享技术有效地支持大量细粒度对象的复用。系统只使用少量的对象，而这些对象都很相似，状态变化很小，可以实现对象的多次复用。由于享元模式要求能够共享的对象必须是细粒度对象，因此它又称为轻量级模式，是一种对象结构型模式。

享元模式结构较为复杂，一般结合工厂模式一起使用，在其结构图中包含了一个享元工厂类，如图 14-3 所示。

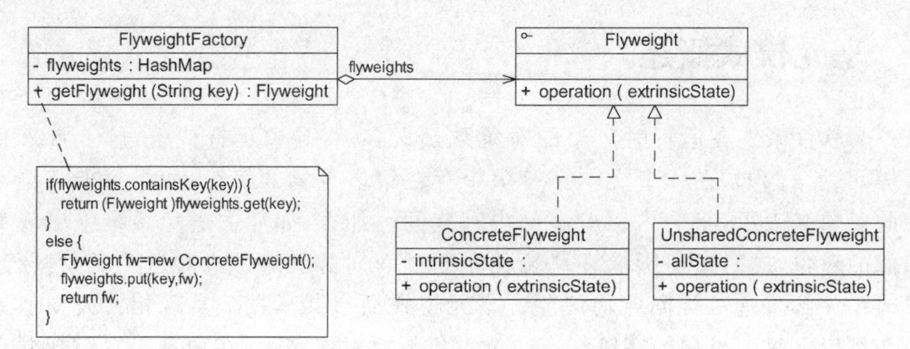

图 14-3 享元模式结构图

由图 14-3 可以看出，在享元模式结构图中包含以下 4 个角色。

(1) **Flyweight(抽象享元类)**：通常是一个接口或抽象类，在抽象享元类中声明了具体享元类公共的方法，这些方法可以向外界提供享元对象的内部数据(内部状态)，同时也可以通过这些方法来设置外部数据(外部状态)。

(2) **ConcreteFlyweight(具体享元类)**：它实现了抽象享元类，其实例称为享元对象。在具体享元类中为内部状态提供了存储空间。通常，可以结合单例模式来设计具体享元类，为每个具体享元类提供唯一的享元对象。

(3) **UnsharedConcreteFlyweight(非共享具体享元类)**：并不是所有的抽象享元类的子类都需要被共享，不能被共享的子类可设计为非共享具体享元类。当需要一个非共享具体享元类的对象时可以直接通过实例化创建。

(4) **FlyweightFactory(享元工厂类)**：享元工厂类用于创建并管理享元对象，它针对抽象享元类编程，将各种类型的具体享元对象存储在一个享元池中。享元池一般设计为一个存储"键值对"的集合(也可以是其他类型的集合)，可以结合工厂模式进行设计。当用户请求一个具体享元对象时，享元工厂提供一个存储在享元池中已创建的实例，或者创建一个新的实例(如果不存在的话)并返回新创建的实例，同时将其存储在享元池中。

在享元模式中引入了享元工厂类。享元工厂类的作用在于提供一个用于存储享元对象的享元池。当用户需要对象时，首先从享元池中获取，如果享元池中不存在，则创建一个新的享元对象返回给用户，并在享元池中保存该新增对象。典型的享元工厂类的代码如下：

```
class FlyweightFactory {
    //定义一个 HashMap 用于存储享元对象,实现享元池
    private HashMap flyweights = new HashMap();
```

```
    public Flyweight getFlyweight(String key) {
        //如果对象存在,则直接从享元池获取
        if (flyweights.containsKey(key)) {
            return (Flyweight)flyweights.get(key);
        }
        //如果对象不存在,先创建一个新的对象添加到享元池中,然后返回
        else {
            Flyweight fw = new ConcreteFlyweight();
            flyweights.put(key,fw);
            return fw;
        }
    }
}
```

享元类的设计是享元模式的要点之一。在享元类中要将内部状态和外部状态分开处理,通常将内部状态作为享元类的成员变量,外部状态则通过注入的方式添加到享元类中。典型的享元类代码如下:

```
class Flyweight {
    //内部状态 intrinsicState 作为成员变量,同一个享元对象其内部状态是一致的
    private String intrinsicState;

    public Flyweight(String intrinsicState) {
        this.intrinsicState = intrinsicState;
    }

    //外部状态 extrinsicState 在使用时由外部设置,不保存在享元对象中,即使是同一个对象,在
    //每一次调用时可以传入不同的外部状态
    public void operation(String extrinsicState) {
        …
    }
}
```

14.3 完整解决方案

为了节约存储空间,提高系统性能,Sunny 公司开发人员使用享元模式来设计围棋软件中的棋子,其基本结构如图 14-4 所示。

在图 14-4 中,IgoChessman 充当抽象享元类,BlackIgoChessman 和 WhiteIgoChessman 充当具体享元类,IgoChessmanFactory 充当享元工厂类。完整代码如下:

```
import java.util.*;

//围棋棋子类: 抽象享元类
abstract class IgoChessman {
```

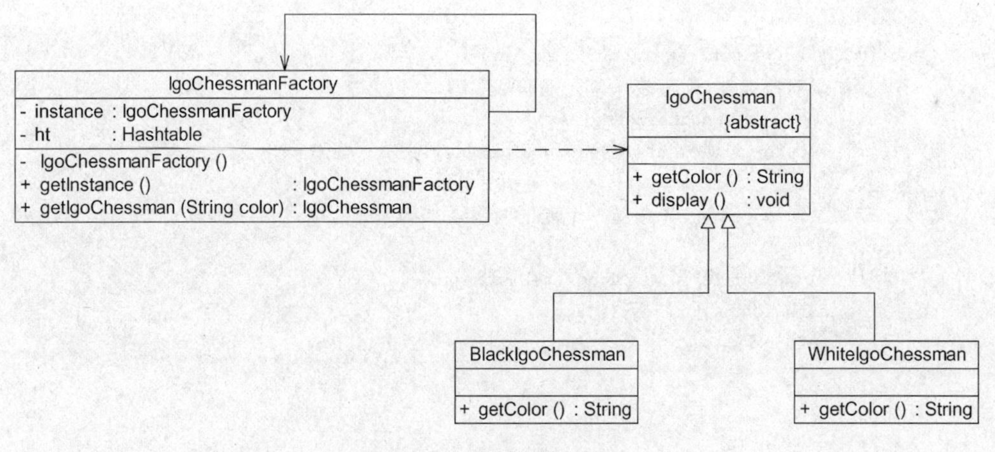

图 14-4 围棋棋子结构图

```
    public abstract String getColor();

    public void display() {
        System.out.println("棋子颜色: " + this.getColor());
    }
}

//黑色棋子类: 具体享元类
class BlackIgoChessman extends IgoChessman {
    public String getColor() {
        return "黑色";
    }
}

//白色棋子类: 具体享元类
class WhiteIgoChessman extends IgoChessman {
    public String getColor() {
        return "白色";
    }
}

//围棋棋子工厂类: 享元工厂类,使用单例模式进行设计
class IgoChessmanFactory {
    private static IgoChessmanFactory instance = new IgoChessmanFactory();
    private static Hashtable ht;        //使用 Hashtable 来存储享元对象,充当享元池

    private IgoChessmanFactory() {
        ht = new Hashtable();
        IgoChessman black,white;
        black = new BlackIgoChessman();
        ht.put("b",black);
        white = new WhiteIgoChessman();
        ht.put("w",white);
```

```
    }

    //返回享元工厂类的唯一实例
    public static IgoChessmanFactory getInstance() {
        return instance;
    }

    //通过 key 来获取存储在 Hashtable 中的享元对象
    public static IgoChessman getIgoChessman(String color) {
        return (IgoChessman)ht.get(color);
    }
}
```

编写如下客户端测试代码：

```
class Client {
    public static void main(String args[]) {
        IgoChessman black1,black2,black3,white1,white2;
        IgoChessmanFactory factory;

        //获取享元工厂对象
        factory = IgoChessmanFactory.getInstance();

        //通过享元工厂获取 3 颗黑子
        black1 = factory.getIgoChessman("b");
        black2 = factory.getIgoChessman("b");
        black3 = factory.getIgoChessman("b");
        System.out.println("判断两颗黑子是否相同：" + (black1 == black2));

        //通过享元工厂获取两颗白子
        white1 = factory.getIgoChessman("w");
        white2 = factory.getIgoChessman("w");
        System.out.println("判断两颗白子是否相同：" + (white1 == white2));

        //显示棋子
        black1.display();
        black2.display();
        black3.display();
        white1.display();
        white2.display();
    }
}
```

编译并运行程序，输出结果如下：

```
判断两颗黑子是否相同：true
判断两颗白子是否相同：true
棋子颜色：黑色
棋子颜色：黑色
```

```
棋子颜色：黑色
棋子颜色：白色
棋子颜色：白色
```

从输出结果可以看出，虽然获取了 3 个黑子对象和两个白子对象，但是它们的内存地址相同，也就是说，它们实际上是同一个对象。在实现享元工厂类时，使用了单例模式和简单工厂模式，确保了享元工厂对象的唯一性，并提供工厂方法来向客户端返回享元对象。

14.4 带外部状态的解决方案

Sunny 软件公司开发人员通过对围棋棋子进行进一步分析，发现虽然黑色棋子和白色棋子可以共享，但是它们将显示在棋盘的不同位置。如何让相同的黑子或者白子能够多次重复显示在一个棋盘的不同地方呢？解决方法就是将棋子的位置定义为棋子的一个外部状态，在需要时再进行设置。因此，在图 14-4 中增加一个新的类 Coordinates（坐标类），用于存储每一个棋子的位置，修改之后的结构图如图 14-5 所示。

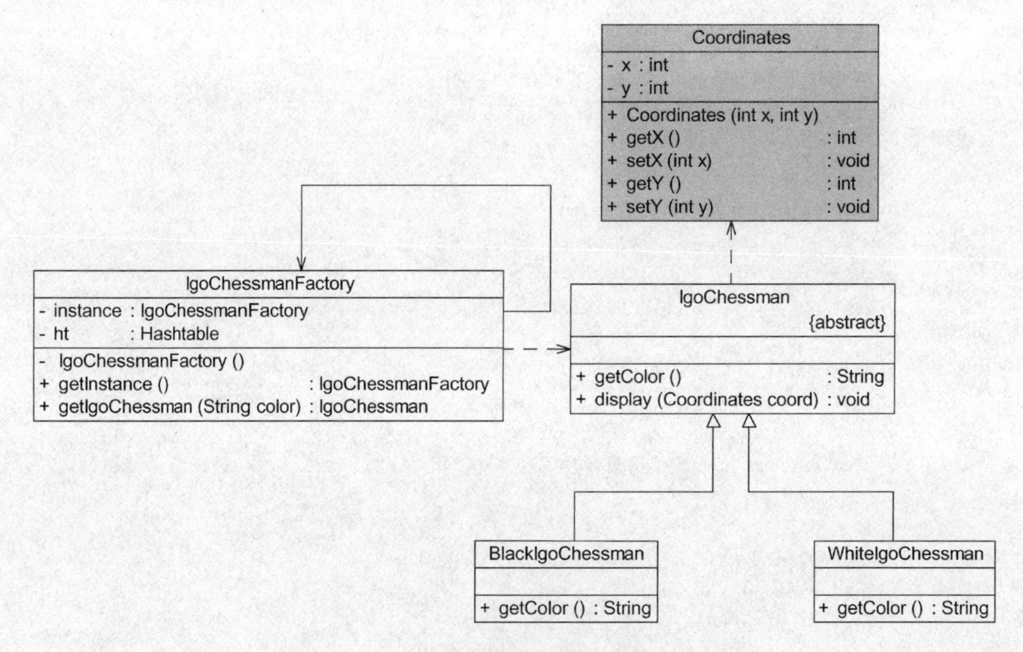

图 14-5 引入外部状态之后的围棋棋子结构图

在图 14-5 中，除了增加一个坐标类 Coordinates 以外，抽象享元类 IgoChessman 中的 display()方法也将对应增加一个 Coordinates 类型的参数，用于在显示棋子时指定其坐标。Coordinates 类和修改之后的 IgoChessman 类的代码如下：

```java
//坐标类：外部状态类
class Coordinates {
    private int x;
    private int y;
```

```
    public Coordinates(int x,int y) {
        this.x = x;
        this.y = y;
    }

    public int getX() {
        return this.x;
    }

    public void setX(int x) {
        this.x = x;
    }

    public int getY() {
        return this.y;
    }

    public void setY(int y) {
        this.y = y;
    }
}

//围棋棋子类: 抽象享元类
abstract class IgoChessman {
    public abstract String getColor();

    public void display(Coordinates coord){
        System.out.println("棋子颜色: " + this.getColor() + ",棋子位置: " + coord.getX()
+ "," + coord.getY() );
    }
}
```

客户端测试代码修改如下：

```
class Client {
    public static void main(String args[]) {
        IgoChessman black1,black2,black3,white1,white2;
        IgoChessmanFactory factory;

        //获取享元工厂对象
        factory = IgoChessmanFactory.getInstance();

        //通过享元工厂获取 3 颗黑子
        black1 = factory.getIgoChessman("b");
        black2 = factory.getIgoChessman("b");
        black3 = factory.getIgoChessman("b");
        System.out.println("判断两颗黑子是否相同: " + (black1 == black2));
```

```
        //通过享元工厂获取两颗白子
        white1 = factory.getIgoChessman("w");
        white2 = factory.getIgoChessman("w");
        System.out.println("判断两颗白子是否相同: " + (white1 == white2));

        //显示棋子,同时设置棋子的坐标位置
        black1.display(new Coordinates(1,2));
        black2.display(new Coordinates(3,4));
        black3.display(new Coordinates(1,3));
        white1.display(new Coordinates(2,5));
        white2.display(new Coordinates(2,4));
    }
}
```

编译并运行程序,输出结果如下:

```
判断两颗黑子是否相同: true
判断两颗白子是否相同: true
棋子颜色: 黑色,棋子位置: 1,2
棋子颜色: 黑色,棋子位置: 3,4
棋子颜色: 黑色,棋子位置: 1,3
棋子颜色: 白色,棋子位置: 2,5
棋子颜色: 白色,棋子位置: 2,4
```

从输出结果可以看到,在每次调用 display()方法时,都设置了不同的外部状态——坐标值。因此,相同的棋子对象虽然具有相同的颜色,但是它们的坐标值不同,将显示在棋盘的不同位置。

14.5 单纯享元模式和复合享元模式

标准的享元模式结构图中既包含可以共享的具体享元类,也包含不可以共享的非共享具体享元类。但是在实际使用过程中,有时候会用到两种特殊的享元模式:单纯享元模式和复合享元模式。下面对这两种特殊的享元模式进行简单介绍。

1. 单纯享元模式

在单纯享元模式中,所有的具体享元类都是可以共享的,不存在非共享具体享元类。单纯享元模式的结构如图 14-6 所示。

2. 复合享元模式

将一些单纯享元对象使用组合模式加以组合,还可以形成复合享元对象。这样的复合享元对象本身不能共享,但是它们可以包括单纯享元对象,而后者则可以共享。复合享元模式的结构如图 14-7 所示。

通过复合享元模式,可以确保复合享元类 CompositeConcreteFlyweight 中所包含的每个单纯享元类 ConcreteFlyweight 都具有相同的外部状态,而这些单纯享元的内部状态往

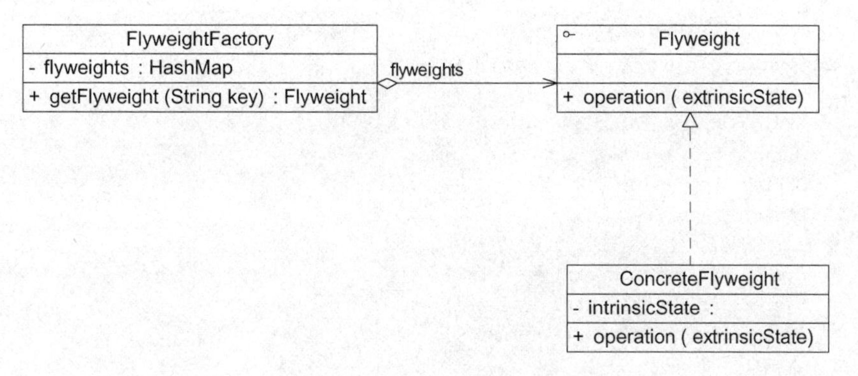

图 14-6　单纯享元模式结构图

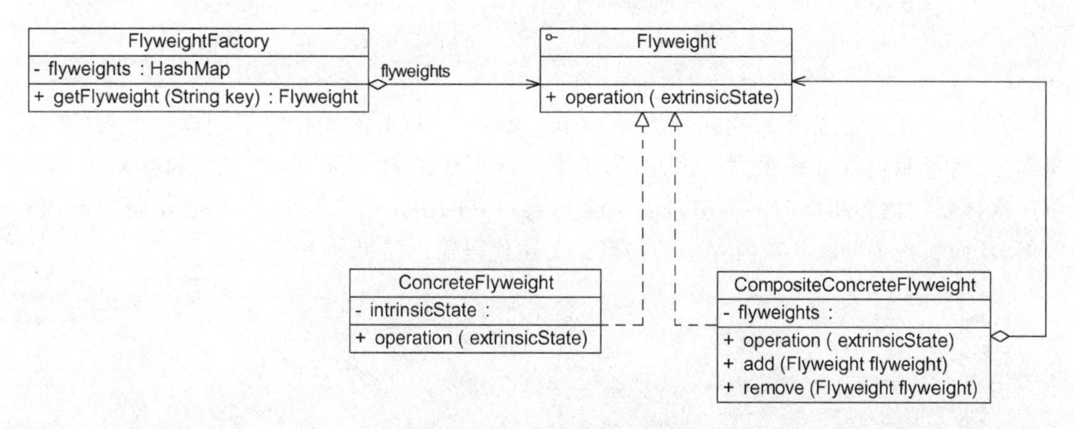

图 14-7　复合享元模式结构图

往可以不同。如果希望为多个内部状态不同的享元对象设置相同的外部状态,可以考虑使用复合享元模式。

14.6　关于享元模式的几点补充

1. 与其他模式的联用

享元模式通常需要和其他模式一起联用,几种常见的联用方式如下:

(1) 在享元模式的享元工厂类中通常提供一个静态的工厂方法用于返回享元对象,使用简单工厂模式来生成享元对象。

(2) 在一个系统中,通常只有唯一一个享元工厂,因此可以使用单例模式进行享元工厂类的设计。

(3) 享元模式可以结合组合模式形成复合享元模式,统一对多个享元对象设置外部状态。

2. 享元模式与 String 类

JDK 类库中的 String 类使用了享元模式,通过如下代码来加以说明:

```
class Demo {
    public static void main(String args[]) {
        String str1 = "abcd";
        String str2 = "abcd";
        String str3 = "ab" + "cd";
        String str4 = "ab";
        str4 += "cd";

        System.out.println(str1 == str2);
        System.out.println(str1 == str3);
        System.out.println(str1 == str4);

        str2 += "e";
        System.out.println(str1 == str2);
    }
}
```

在 Java 语言中，如果每次执行类似 String str1="abcd"的操作时都创建一个新的字符串对象，将导致内存开销很大。因此，如果第一次创建了内容为"abcd"的字符串对象 str1，下一次再创建内容相同的字符串对象 str2 时会将它的引用指向"abcd"，不会重新分配内存空间，从而实现了"abcd"在内存中的共享。上述代码输出结果如下：

```
true
true
false
false
```

可以看出，前两个输出语句均为 true，说明 str1、str2、str3 在内存中引用了相同的对象。如果有一个字符串 str4，其初值为"ab"，再对它进行 str4 += "cd"操作，此时虽然 str4 的内容与 str1 相同，但是由于 str4 的初始值不同，在创建 str4 时重新分配了内存，所以第 3 个输出语句结果为 false。最后一个输出语句结果也为 false，说明当对 str2 进行修改时将创建一个新的对象，修改工作在新对象上完成，而原来引用的对象并没有发生任何改变，str1 仍然引用原有对象，而 str2 引用新对象，str1 与 str2 引用了两个完全不同的对象。

扩展

Java String 类这种在修改享元对象时，先将原有对象复制一份，然后在新对象上再实施修改操作的机制称为"Copy On Write"。大家可以自行查询相关资料来进一步了解和学习"Copy On Write"机制，在此不作详细说明。

14.7 享元模式总结

当系统中存在大量相同或者相似的对象时，享元模式是一种较好的解决方案。它通过共享技术实现相同或相似的细粒度对象的复用，从而节约了内存空间，提高了系统性能。相比其他结构型设计模式，享元模式的使用频率并不算太高，但是作为一种以"节约内存，提高性能”为出发点的设计模式，它在软件开发中还是得到了一定程度的应用。

1. 主要优点

享元模式的主要优点如下：

(1) 可以极大减少内存中对象的数量，使得相同或相似对象在内存中只保存一份，从而可以节约系统资源，提高系统性能。

(2) 享元模式的外部状态相对独立，而且不会影响其内部状态，从而使得享元对象可以在不同的环境中被共享。

2. 主要缺点

享元模式的主要缺点如下：

(1) 享元模式需要分离出内部状态和外部状态，从而使得系统变得复杂，这使得程序的逻辑复杂化。

(2) 为了使对象可以共享，享元模式需要将享元对象的部分状态外部化，而读取外部状态将使得运行时间变长。

3. 适用场景

在以下情况下可以考虑使用享元模式：

(1) 一个系统有大量相同或者相似的对象，造成内存的大量耗费。

(2) 对象的大部分状态都可以外部化，可以将这些外部状态传入对象中。

(3) 在使用享元模式时需要维护一个存储享元对象的享元池，而这需要耗费一定的系统资源。因此，在需要多次重复使用同一享元对象时才值得使用享元模式。

练习

Sunny软件公司欲开发一个多功能文档编辑器，在文本文档中可以插入图片、动画、视频等多媒体资料。为了节约系统资源，相同的图片、动画和视频在同一个文档中只需保存一份，但是可以多次重复出现，而且它们每次出现时位置和大小均可不同。试使用享元模式设计该文档编辑器。

第15章

对象的间接访问——代理模式

某代购网站的口号是“××代购,买遍世界”。所谓代购,简单来说就是找人帮忙购买所需要的商品。代购通常包括两种类型:一种是因为在当地买不到某件商品,又或者是因为当地这件商品的价格比其他地区的贵,因此托人在其他地区甚至国外购买该商品,然后通过快递发货或者直接携带回来。还有一种代购,由于消费者对想要购买的商品相关信息的缺乏,自己无法确定其实际价值,只好委托中介机构帮助讲价或代买。代购网站为顾客提供在线的代购服务,顾客如果看中某国外购物网站上的商品,可以登录代购网站填写代购单并付款,代购网站会帮助购买然后通过快递公司将商品发送给顾客。商品代购过程如图 15-1 所示。

图 15-1　商品代购示意图

在软件开发中,有一种设计模式可以提供与代购网站类似的功能。由于某些原因,客户端不想或不能直接访问某个对象,此时可以通过一个被称为“代理”的第三者来实现间接访问,该方案对应的设计模式被称为代理模式。

15.1　收费商务信息查询系统的设计

> Sunny 软件公司承接了某信息咨询公司的收费商务信息查询系统的开发任务,该系统的基本需求如下:
>
> (1) 在进行商务信息查询之前用户需要通过身份验证,只有合法用户才能够使用该查询系统。
>
> (2) 在进行商务信息查询时,系统需要记录查询日志,以便根据查询次数收取查询费用。
>
> Sunny 软件公司开发人员已完成了商务信息查询模块的开发任务,他们希望能够以一种松耦合的方式向原有系统增加身份验证和日志记录功能。客户端代码可以无区别地

> 对待原始的商务信息查询模块和增加新功能之后的商务信息查询模块，而且可能在将来还要在该信息查询模块中增加一些新的功能。

Sunny软件公司开发人员通过分析，决定采用一种间接访问的方式来实现该商务信息查询系统的设计。在客户端对象和信息查询对象之间增加一个代理对象，让代理对象来实现身份验证和日志记录等功能，而无须直接对原有的商务信息查询对象进行修改，如图15-2所示。

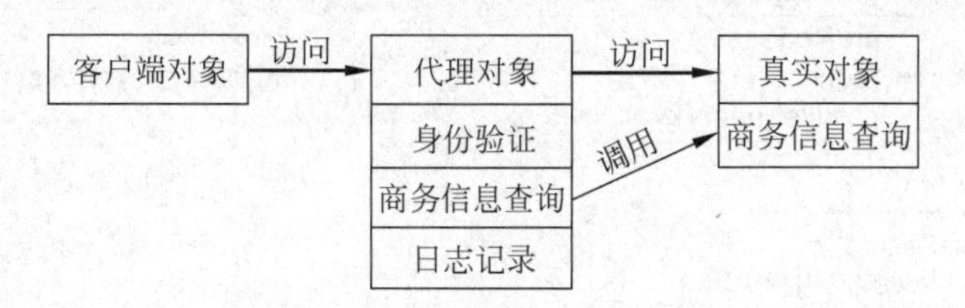

图15-2 商务信息查询系统设计方案示意图

在图15-2中，客户端对象通过代理对象间接访问具有商务信息查询功能的真实对象。在代理对象中除了调用真实对象的商务信息查询功能外，还增加了身份验证和日志记录等功能。这种设计方案即为代理模式。代理模式为对象的访问控制提供了一种设计方案，而且它具有多种不同的类型，应用相当广泛。下面就正式进入代理模式的学习。

15.2 代理模式概述

代理模式是一种应用很广泛的结构型设计模式，而且变化很多。在代理模式中引入了一个新的代理对象，代理对象可以在客户端对象和目标对象之间起到中介的作用，去掉客户不能看到的内容和服务或者增添客户需要的额外服务。

代理模式定义如下：

> 代理模式(Proxy Pattern)：给某一个对象提供一个代理，并由代理对象控制对原对象的引用。代理模式是一种对象结构型模式。

代理模式的结构比较简单，其核心是代理类。为了让客户端能够一致性地对待真实对象和代理对象，在代理模式中引入了抽象层。代理模式结构如图15-3所示。

由图15-3可以看出，在代理模式结构图中包含以下3个角色。

(1) Subject(抽象主题角色)：它声明了真实主题和代理主题的共同接口，使得在任何使用真实主题的地方都可以使用代理主题，客户端通常需要针对抽象主题角色进行编程。

(2) Proxy(代理主题角色)：代理主题角色内部包含了对真实主题的引用，从而可以在任何时候操作真实主题对象。在代理主题角色中提供一个与真实主题角色相同的接口，以便在任何时候都可以替代真实主题。代理主题角色还可以控制对真实主题的使用，负责在需要的时候创建和删除真实主题对象，并对真实主题对象的使用加以约束。通常，在代理主题角色中，客户端在调用所引用的真实主题操作之前或之后还需要执行其他操作，而不仅仅是单纯调用真实主题对象中的操作。

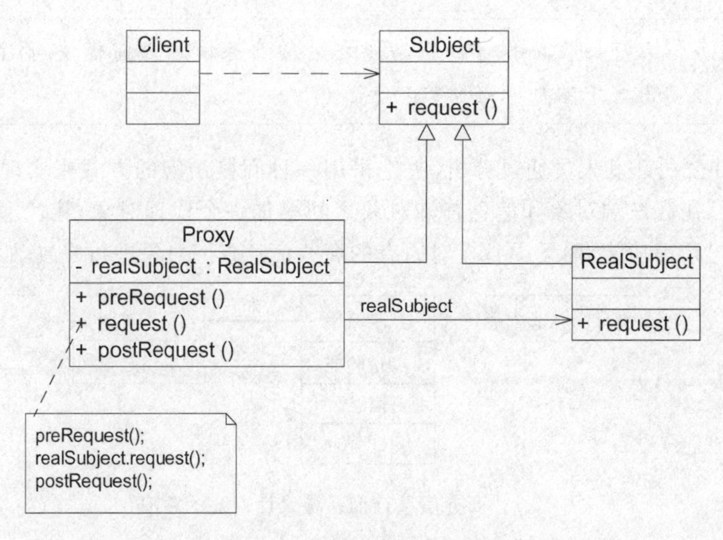

图 15-3　代理模式结构图

(3) RealSubject(真实主题角色)：它定义了代理角色所代表的真实对象，在真实主题角色中实现了真实的业务操作，客户端可以通过代理主题角色间接调用真实主题角色中定义的操作。

代理模式的结构图比较简单，但是在真实的使用和实现过程中要复杂很多，特别是代理类的设计和实现。

最简单的代理类实现代码如下：

```
class Proxy extends Subject {
    private RealSubject realSubject = new RealSubject();  //维持一个对真实主题对象的引用

    public void preRequest() {
        …
    }

    public void request() {
        preRequest();
        realSubject.request();                            //调用真实主题对象的方法
        postRequest();
    }

    public void postRequest() {
        …
    }
}
```

在实际开发过程中，代理类的实现比上述代码要复杂很多。代理模式根据其目的和实现方式不同可分为很多种类，其中常用的几种代理模式简要说明如下。

(1) **远程代理(Remote Proxy)**：为一个位于不同的地址空间的对象提供一个本地的代理对象，这个不同的地址空间可以在同一台主机中，也可以在另一台主机中。远程代理又称为大使(Ambassador)。

(2) **虚拟代理(Virtual Proxy)**：如果需要创建一个资源消耗较大的对象，先创建一个消耗相对较小的对象来表示，真实对象只在需要时才会被真正创建。

(3) **保护代理(Protect Proxy)**：控制对一个对象的访问，可以给不同的用户提供不同级别的使用权限。

(4) **缓冲代理(Cache Proxy)**：为某一个目标操作的结果提供临时的存储空间，以便多个客户端可以共享这些结果。

(5) **智能引用代理(Smart Reference Proxy)**：当一个对象被引用时，提供一些额外的操作，例如将对象被调用的次数记录下来等。

在这些常用的代理模式中，有些代理类的设计非常复杂。例如远程代理类，它封装了底层网络通信和对远程对象的调用，其实现较为复杂。

扩展

代理模式和装饰模式在实现时有些类似，但是代理模式主要是给真实主题类增加一些全新的职责，例如权限控制、缓冲处理、智能引用、远程访问等，这些职责与原有职责不属于同一个问题域。而装饰模式是通过装饰类为具体构件类增加一些相关的职责，是对原有职责的扩展，这些职责属于同一问题域。代理模式和装饰模式的目的也不相同，前者是控制对对象的访问，而后者是为对象动态地增加功能。

15.3　完整解决方案

为了控制对商务信息查询类的访问，灵活地在系统中增加身份验证和日志记录等功能，Sunny 软件公司开发人员使用代理模式来设计和实现商务信息查询系统。其结构如图 15-4 所示。

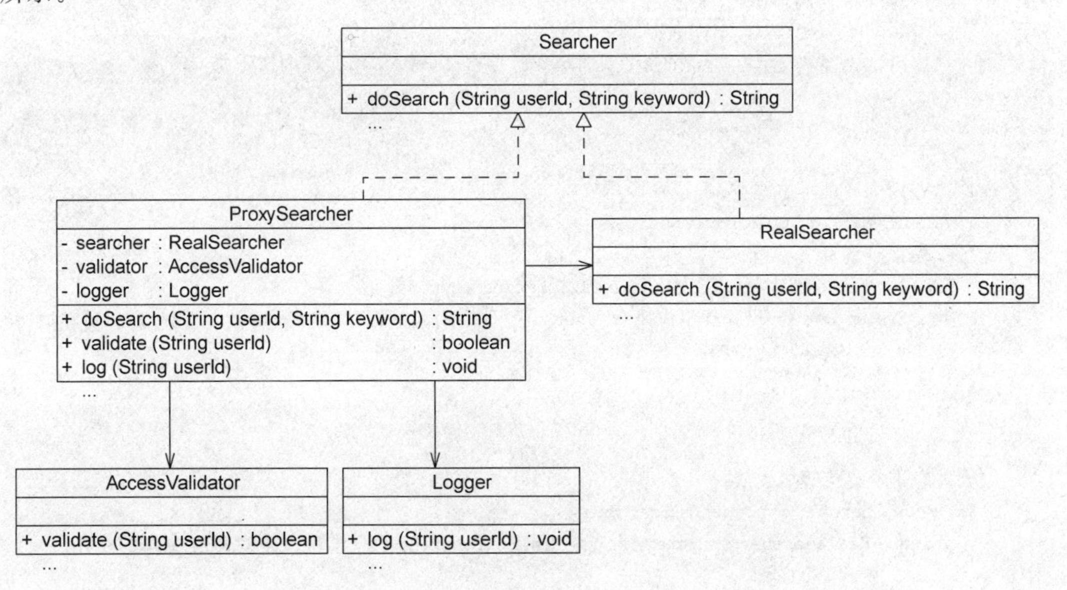

图 15-4　商务信息查询系统结构图

在图 15-4 中，业务类 AccessValidator 用于验证用户身份，它提供方法 validate()来实现身份验证。业务类 Logger 用于记录用户查询日志，它提供方法 log()来保存日志。RealSearcher 充当真实主题角色，实现查询功能，它提供方法 doSearch()来查询信息。ProxySearcher 充当代理主题角色，它是查询代理，维持了对 RealSearcher 对象、AccessValidator 对象和 Logger 对象的引用。Searcher 充当抽象主题角色，声明了 doSearch()方法。完整代码如下：

```
//抽象查询类：抽象主题类
interface Searcher {
    public String doSearch(String userId,String keyword);
}

//身份验证类：业务类
class AccessValidator {
    //模拟实现登录验证
    public boolean validate(String userId) {
        System.out.println("在数据库中验证用户'" + userId + "'是不是合法用户?");
        if (userId.equalsIgnoreCase("杨过")) {
            System.out.println("'" + userId + "'登录成功!");
            return true;
        }
        else {
            System.out.println("'" + userId + "'登录失败!");
            return false;
        }
    }
}

//日志记录类：业务类
class Logger {
    //模拟实现日志记录
    public void log(String userId) {
        System.out.println("更新数据库,用户'" + userId + "'查询次数加 1!");
    }
}

//具体查询类：真实主题类
class RealSearcher implements Searcher {
    //模拟查询商务信息
    public String doSearch(String userId, String keyword) {
        System.out.println("用户'" + userId + "'使用关键词'" + keyword + "'查询商务信息!");
        return "返回具体内容";
    }
}

//代理查询类：代理主题类
class ProxySearcher implements Searcher {
    private RealSearcher searcher = new RealSearcher();  //维持一个对真实主题的引用
```

```
    private AccessValidator validator;
    private Logger logger;

    public String doSearch(String userId,String keyword) {
        //如果身份验证成功,则执行查询
        if (validate(userId)) {
            String result = searcher.doSearch(userId,keyword); //调用真实主题对象的查询方法
            this.log(userId);              //记录查询日志
            return result;                 //返回查询结果
        }
        else {
            return null;
        }
    }

    //创建访问验证对象并调用其 validate()方法实现身份验证
    public boolean validate(String userId) {
        validator = new AccessValidator();
        return validator.validate(userId);
    }

    //创建日志记录对象并调用其 log()方法实现日志记录
    public void log(String userId) {
        logger = new Logger();
        logger.log(userId);
    }
}
```

为了提高系统的灵活性和可扩展性,这里将代理主题类的类名存储在配置文件 config.xml 中,并通过工具类 XMLUtil 来读取配置文件并反射生成对象。XMLUtil 类的代码如下:

```
import javax.xml.parsers.*;
import org.w3c.dom.*;
import org.xml.sax.SAXException;
import java.io.*;

public class XMLUtil {
    //该方法用于从 XML 配置文件中提取具体类类名,并返回一个实例对象
    public static Object getBean() {
        try {
            //创建文档对象
            DocumentBuilderFactory dFactory = DocumentBuilderFactory.newInstance();
            DocumentBuilder builder = dFactory.newDocumentBuilder();
            Document doc;
            doc = builder.parse(new File("config.xml"));

            //获取包含类名的文本节点
            NodeList nl = doc.getElementsByTagName("className");
            Node classNode = nl.item(0).getFirstChild();
```

```
                String cName = classNode.getNodeValue();

                //通过类名生成实例对象并将其返回
                Class c = Class.forName(cName);
                Object obj = c.newInstance();
                return obj;
            }
            catch(Exception e) {
                e.printStackTrace();
                return null;
            }
        }
    }
```

配置文件 config.xml 中存储了代理主题类的类名，代码如下：

```
<?xml version = "1.0"?>
<config>
    <className>ProxySearcher</className>
</config>
```

编写如下客户端测试代码：

```
class Client {
    public static void main(String args[]) {
        Searcher searcher;  //针对抽象编程，客户端无须分辨真实主题类和代理类
        searcher = (Searcher)XMLUtil.getBean();
        String result = searcher.doSearch("杨过","玉女心经");
    }
}
```

编译并运行程序，输出结果如下：

```
在数据库中验证用户'杨过'是不是合法用户?
'杨过'登录成功!
用户'杨过'使用关键词'玉女心经'查询商务信息!
更新数据库,用户'杨过'查询次数加 1!
```

本实例是保护代理和智能引用代理的应用实例，在代理类 ProxySearcher 中实现对真实主题类的权限控制和引用计数。如果需要在访问真实主题时增加新的访问控制机制和新功能，只需增加一个新的代理类，再修改配置文件，在客户端代码中使用新增代理类即可，源代码无须修改，符合开闭原则。

15.4 远程代理

远程代理是一种常用的代理模式，它使得客户端程序可以访问在远程主机(或另一个虚拟机)上的对象。远程主机可能具有更好的计算性能与处理速度，可以快速响应并处理客户

端请求。远程代理可以将网络的细节隐藏起来，使得客户端不必考虑网络的存在。客户端完全可以认为被代理的远程业务对象是局域的而不是远程的，而远程代理对象承担了大部分的网络通信工作，并负责对远程业务方法的调用。

远程代理示意图如图15-5所示，客户端对象不能直接访问远程主机中的业务对象，只能采取间接访问的方式。远程业务对象在本地主机中有一个代理对象，该代理对象负责对远程业务对象的访问和网络通信，它对于客户端对象而言是透明的。客户端无须关心实现具体业务的是谁，只需要按照服务接口所定义的方式直接与本地主机中的代理对象交互即可。

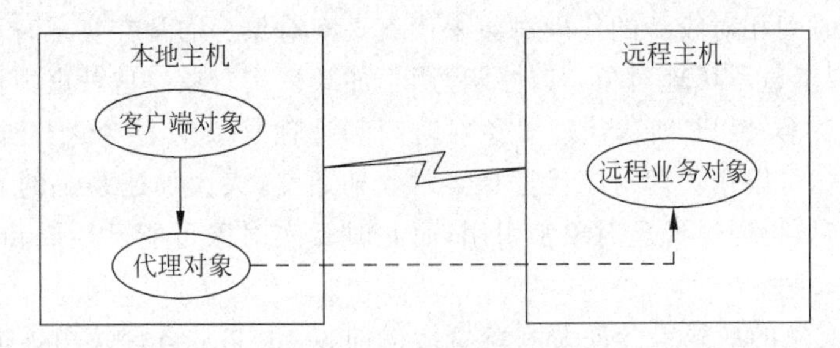

图15-5　远程代理示意图

在Java语言中，可以通过RMI(Remote Method Invocation，远程方法调用)机制来实现远程代理，它能够实现一个Java虚拟机中的对象调用另一个Java虚拟机中对象的方法。在RMI中，客户端对象可以通过一个桩(Stub)对象与远程主机上的业务对象进行通信。由于桩对象和远程业务对象接口一致，因此对于客户端而言，操作远程对象和本地桩对象没有任何区别，桩对象就是远程业务对象在本地主机的代理对象。

在RMI实现过程中，远程主机端有一个Skeleton(骨架)对象来负责与Stub对象通信，RMI的基本实现步骤如下：

(1) 客户端发起请求，将请求转交至RMI客户端的Stub类。

(2) Stub类将请求的接口、方法、参数等信息进行序列化。

(3) 将序列化后的流使用Socket传输至服务器端。

(4) 服务器端接收到流后将其转发至相应的Skeleton类。

(5) Skeleton类将请求信息反序列化后调用实际的业务处理类。

(6) 业务处理类处理完毕后将结果返回给Skeleton类。

(7) Skeleton类将结果序列化，再次通过Socket将流传送给客户端的Stub。

(8) Stub在接收到流后进行反序列化，将反序列化后得到的Java Object对象返回给客户端调用者。

至此，一次完整的远程方法调用得以完成。

扩展

除了RMI之外，在Java语言中还可以通过很多其他方式来实现远程通信和远程方法调用，例如XML-RPC、Binary-RPC、JBoss-Remoting、Spring-Remoting、Hessian等。大家可以自行查阅相关资料进行学习。

15.5 虚拟代理

虚拟代理也是一种常用的代理模式。对于一些占用系统资源较多或者加载时间较长的对象,可以给这些对象提供一个虚拟代理。在真实对象创建成功之前虚拟代理扮演真实对象的替身,而当真实对象创建之后,虚拟代理将用户的请求转发给真实对象。

在以下两种情况下可以考虑使用虚拟代理:

(1) 由于对象本身的复杂性或者网络等原因导致一个对象需要较长的加载时间,此时可以用一个加载时间相对较短的代理对象来代表真实对象。通常在实现时可以结合多线程技术,一个线程用于显示代理对象,其他线程用于加载真实对象。这种虚拟代理模式可以应用在程序启动的时候,由于创建代理对象在时间和处理复杂度上要少于创建真实对象,因此,在程序启动时,可以用代理对象代替真实对象初始化,大大加速系统的启动时间。当需要使用真实对象时,再通过代理对象来引用,而此时真实对象可能已经成功加载完毕,可以缩短用户的等待时间。

(2) 当一个对象的加载十分耗费系统资源的时候,也非常适合使用虚拟代理。虚拟代理可以让那些占用大量内存或处理起来非常复杂的对象推迟到使用它们的时候才创建,而在此之前用一个相对来说占用资源较少的代理对象来代表真实对象,再通过代理对象来引用真实对象。为了节省内存,在第一次引用真实对象时再创建对象,并且该对象可被多次重用,在以后每次访问时需要检测所需对象是否已经被创建,因此在访问该对象时需要进行存在性检测,这需要消耗一定的系统时间,但是可以节省内存空间,这是一种用时间换取空间的做法。

无论是以上哪种情况,虚拟代理都是用一个“虚假”的代理对象来代表真实对象,通过代理对象来间接引用真实对象,从而在一定程度上提高系统的性能。

15.6 Java 动态代理

通常情况下,每个代理类编译之后都会生成一个 class 文件,代理类所实现的接口和所代理的方法都被固定,这种代理被称为**静态代理**(Static Proxy)。那么有没有一种机制能够让系统在运行时动态创建代理类?答案就是本节将要介绍的**动态代理**(Dynamic Proxy)。动态代理是一种较为高级的代理模式,它在事务管理、AOP(Aspect-Oriented Programming,面向方面编程)等领域都发挥了重要的作用。

在传统的代理模式中,客户端通过 Proxy 类调用 RealSubject 类的 request()方法,同时还可以在代理类中封装其他方法(例如 preRequest()和 postRequest()等)。如果按照这种方法使用代理模式,那么代理类和真实主题类都应该是事先已经存在的,代理类的接口和所代理方法都已明确指定。如果需要为不同的真实主题类提供代理类或者代理一个真实主题类中的不同方法,都需要增加新的代理类,这将导致系统中的类个数急剧增加,因此需要想办法减少系统中类的个数。动态代理可以让系统能够根据实际需要来动态创建代理类,让同一个代理类能够代理多个不同的真实主题类,而且可以代理不同的方法。

从 JDK 1.3 开始,Java 语言提供了对动态代理的支持。Java 语言实现动态代理时需要用到位于 java.lang.reflect 包中的一些类，现简要说明如下。

1. Proxy 类

Proxy 类提供了用于创建动态代理类和实例对象的方法，它是所创建的动态代理类的父类，最常用的方法如下：

(1) public static Class <?> getProxyClass(ClassLoader loader, Class <?>…interfaces)。该方法用于返回一个 Class 类型的代理类，在参数中需要提供类加载器并需要指定代理的接口数组(与真实主题类的接口列表一致)。

(2) public static Object newProxyInstance (ClassLoader loader, Class <?>[] interfaces,InvocationHandler h)。该方法用于返回一个动态创建的代理类的实例，方法中第 1 个参数 loader 表示代理类的类加载器，第 2 个参数 interfaces 表示代理类所实现的接口列表(与真实主题类的接口列表一致)，第 3 个参数 h 表示所指派的调用处理程序类。

2. InvocationHandler 接口

InvocationHandler 接口是代理处理程序类的实现接口，该接口作为代理实例的调用处理者的公共父类。每个代理类的实例都可以提供一个相关的具体调用处理者(InvocationHandler 接口的子类)。在该接口中声明了如下方法：

public Object invoke(Object proxy,Method method,Object[] args)。该方法用于处理对代理类实例的方法调用并返回相应的结果，当一个代理实例中的业务方法被调用时将自动调用该方法。invoke()方法包含 3 个参数，其中，第 1 个参数 proxy 表示代理类的实例，第 2 个参数 method 表示需要代理的方法，第 3 个参数 args 表示代理方法的参数数组。

动态代理类需要在运行时指定所代理真实主题类的接口。客户端在调用动态代理对象的方法时，调用请求会将请求自动转发给 InvocationHandler 对象的 invoke()方法，由 invoke()方法来实现对请求的统一处理。

下面通过一个简单实例来学习如何使用动态代理模式。

> Sunny 软件公司欲为公司 OA 系统数据访问层 DAO 增加方法调用日志，记录每一个方法被调用的时间和调用结果。现使用动态代理进行设计和实现。

本实例完整代码如下：

```
import java.lang.reflect.Proxy;
import java.lang.reflect.InvocationHandler;
import java.lang.reflect.InvocationTargetException;
import java.lang.reflect.Method;
import java.util.Calendar;
import java.util.GregorianCalendar;

//抽象 UserDAO: 抽象主题角色
interface AbstractUserDAO {
    public Boolean findUserById(String userId);
```

```
}

//抽象 DocumentDAO: 抽象主题角色
interface AbstractDocumentDAO {
    public Boolean deleteDocumentById(String documentId);
}

//具体 UserDAO 类: 真实角色
class UserDAO implements AbstractUserDAO {
    public Boolean findUserById(String userId) {
        if (userId.equalsIgnoreCase("张无忌")) {
            System.out.println("查询 ID 为" + userId + "的用户信息成功!");
            return true;
        }
        else {
            System.out.println("查询 ID 为" + userId + "的用户信息失败!");
            return false;
        }
    }
}

//具体 DocumentDAO 类: 真实角色
class DocumentDAO implements AbstractDocumentDAO {
    public Boolean deleteDocumentById(String documentId) {
        if (documentId.equalsIgnoreCase("D001")) {
            System.out.println("删除 ID 为" + documentId + "的文档信息成功!");
            return true;
        }
        else {
            System.out.println("删除 ID 为" + documentId + "的文档信息失败!");
            return false;
        }
    }
}

//自定义请求处理程序类
class DAOLogHandler implements InvocationHandler {
    private Calendar calendar;
    private Object object;

    public DAOLogHandler() {
    }

    //自定义有参构造函数,用于注入一个需要提供代理的真实主题对象
    public DAOLogHandler(Object object) {
        this.object = object;
    }

    //实现 invoke()方法,调用在真实主题类中定义的方法
    public Object invoke(Object proxy, Method method, Object[] args) throws Throwable {
```

```
        beforeInvoke();
        Object result = method.invoke(object, args); //转发调用
        afterInvoke();
        return result;
    }

    //记录方法调用时间
    public void beforeInvoke(){
        calendar = new GregorianCalendar();
        int hour = calendar.get(Calendar.HOUR_OF_DAY);
        int minute = calendar.get(Calendar.MINUTE);
        int second = calendar.get(Calendar.SECOND);
        String time = hour + ":" + minute + ":" + second;
        System.out.println("调用时间：" + time);
    }

    public void afterInvoke(){
        System.out.println("方法调用结束！" );
    }
}
```

编写如下客户端测试代码：

```
class Client {
    public static void main(String args[]) {
        InvocationHandler handler = null;

        AbstractUserDAO userDAO = new UserDAO();
        handler = new DAOLogHandler(userDAO);
        AbstractUserDAO proxy = null;
        //动态创建代理对象,用于代理一个 AbstractUserDAO 类型的真实主题对象
        proxy = (AbstractUserDAO) Proxy. newProxyInstance (AbstractUserDAO. class.
getClassLoader(), new Class[]{AbstractUserDAO.class}, handler);
        proxy.findUserById("张无忌"); //调用代理对象的业务方法

        System.out.println("--------------------------------");

        AbstractDocumentDAO docDAO = new DocumentDAO();
        handler = new DAOLogHandler(docDAO);
        AbstractDocumentDAO proxy_new = null;
        //动态创建代理对象,用于代理一个 AbstractDocumentDAO 类型的真实主题对象
        proxy_new = (AbstractDocumentDAO) Proxy. newProxyInstance (AbstractDocumentDAO.
class.getClassLoader(), new Class[]{AbstractDocumentDAO.class}, handler);
        proxy_new.deleteDocumentById("D002"); //调用代理对象的业务方法
    }
}
```

编译并运行程序,输出结果如下:

```
调用时间: 13:47:14
查询 ID 为张无忌的用户信息成功!
方法调用结束!
--------------------------------
调用时间: 13:47:14
删除 ID 为 D002 的文档信息失败!
方法调用结束!
```

通过使用动态代理,可以实现对多个真实主题类的统一代理和集中控制。

扩展

JDK 中提供的动态代理只能代理一个或多个接口,如果需要动态代理具体类或抽象类,可以使用 CGLib (Code Generation Library)等工具。CGLib 是一个功能较为强大、性能和质量也较好的代码生成包,在许多 AOP 框架中得到了广泛应用。大家可以自行查阅相关资料来学习 CGLib。

15.7 代理模式总结

代理模式是常用的结构型设计模式之一,它为对象的间接访问提供了一个解决方案,可以对对象的访问进行控制。代理模式类型较多,其中远程代理、虚拟代理、保护代理等在软件开发中应用非常广泛。在 Java RMI、EJB、Web Service、Spring AOP 等技术和框架中都使用了代理模式。

1. 主要优点

代理模式的主要优点如下:

(1) 代理模式能够协调调用者和被调用者,在一定程度上降低了系统的耦合度,满足迪米特法则。

(2) 客户端可以针对抽象主题角色进行编程,增加和更换代理类无须修改源代码,符合开闭原则,系统具有较好的灵活性和可扩展性。

(3) 远程代理为位于两个不同地址空间对象的访问提供了一种实现机制,可以将一些消耗资源较多的对象和操作移至性能更好的计算机上,提高系统的整体运行效率。

(4) 虚拟代理通过一个消耗资源较少的对象来代表一个消耗资源较多的对象,可以在一定程度上节省系统的运行开销。

(5) 保护代理可以控制对一个对象的访问权限,为不同用户提供不同级别的使用权限。

2. 主要缺点

代理模式的主要缺点如下:

(1) 由于在客户端和真实主题之间增加了代理对象,因此有些类型的代理模式可能会造成请求的处理速度变慢,例如保护代理。

(2) 实现代理模式需要额外的工作,有些代理模式的实现非常复杂,例如远程代理。

3. 适用场景

代理模式的类型较多,不同类型的代理模式有不同的优缺点,它们应用于不同的场合。

(1) 当客户端对象需要访问远程主机中的对象时,可以使用远程代理。

(2) 当需要用一个消耗资源较少的对象来代表一个消耗资源较多的对象,从而降低系统开销、缩短运行时间时,可以使用虚拟代理。例如一个对象需要很长时间才能完成加载时。

(3) 当需要控制对一个对象的访问,为不同用户提供不同级别的访问权限时,可以使用保护代理。

(4) 当需要为某一个被频繁访问的操作结果提供一个临时存储空间,以供多个客户端共享访问这些结果时,可以使用缓冲代理。通过缓冲代理,系统无须在客户端每次访问时都重新执行操作,只需直接从临时缓冲区获取操作结果即可。

(5) 当需要为一个对象的访问(引用)提供一些额外的操作时,可以使用智能引用代理。

练习

Sunny 软件公司欲开发一款基于 C/S 的网络图片查看器,具体功能描述如下:用户只需在图片查看器中输入网页 URL,程序将自动将该网页所有图片下载到本地。考虑到有些网页图片比较多,而且某些图片文件比较大,因此将先以图标的方式显示图片。不同类型的图片使用不同的图标,并且在图标下面标注该图片的文件名,用户单击图片后可查看原图,如图 15-6 所示。试使用虚拟代理模式设计并实现该图片查看器。(可以结合多线程机制,使用一个线程显示小图标,同时启动另一个线程在后台加载原图。)

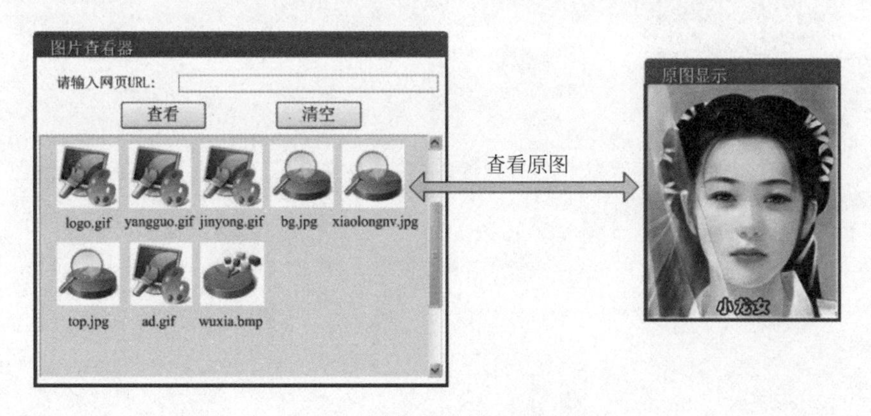

图 15-6 图片查看器界面效果图

第 4 部分　交互的艺术——行为型模式

在软件系统运行时，对象并不是孤立存在的，它们可以通过相互通信协作完成某些功能，一个对象在运行时也将影响到其他对象的运行。行为型模式(Behavioral Pattern)关注系统中对象之间的交互，研究系统在运行时对象之间的相互通信与协作，进一步明确对象的职责。行为型模式不仅仅关注类和对象本身，还重点关注它们之间的相互作用和职责划分。

本部分将逐一介绍 GoF 设计模式中的 11 种行为型模式，其名称、定义、学习难度和使用频率如下表所示。

模式名称	定　义	学习难度	使用频率
职责链模式 (Chain of Responsibility Pattern)	避免将请求发送者与接收者耦合在一起，让多个对象都有机会接收请求，将这些对象连接成一条链，并且沿着这条链传递请求，直到有对象处理它为止	★★★☆☆	★★☆☆☆
命令模式 (Command Pattern)	将一个请求封装为一个对象，从而可用不同的请求对客户进行参数化；对请求排队或者记录请求日志，以及支持可撤销的操作	★★★☆☆	★★★★☆
解释器模式 (Interpreter Pattern)	定义一个语言的文法，并且建立一个解释器来解释该语言中的句子	★★★★★	★☆☆☆☆
迭代器模式 (Iterator Pattern)	提供一种方法来访问聚合对象，而不用暴露这个对象的内部表示	★★★☆☆	★★★★★
中介者模式 (Mediator Pattern)	用一个中介对象(中介者)来封装一系列的对象交互，中介者使各对象不需要显式地相互引用，从而使其耦合松散，而且可以独立地改变它们之间的交互	★★★☆☆	★★☆☆☆
备忘录模式 (Memento Pattern)	在不破坏封装的前提下，捕获一个对象的内部状态，并在该对象之外保存这个状态，这样可以在以后将对象恢复到原先保存的状态	★★☆☆☆	★★☆☆☆

续表

模 式 名 称	定　义	学习难度	使用频率
观察者模式 (Observer Pattern)	定义对象之间的一种一对多依赖关系，使得每当一个对象状态发生改变时，其相关依赖对象皆得到通知并被自动更新	★★★☆☆	★★★★★
状态模式 (State Pattern)	允许一个对象在其内部状态改变时改变它的行为，对象看起来似乎修改了它的类	★★★☆☆	★★★☆☆
策略模式 (Strategy Pattern)	定义一系列算法类，将每一个算法封装起来，并让它们可以相互替换，使得算法的变化可独立于使用它的客户	★☆☆☆☆	★★★★☆
模板方法模式 (Template Method Pattern)	定义一个操作中算法的框架，而将一些步骤延迟到子类中，使得子类可以不改变一个算法的结构即可重定义该算法的某些特定步骤	★★☆☆☆	★★★☆☆
访问者模式 (Visitor Pattern)	提供一个作用于某对象结构中的各元素的操作表示，使得可以在不改变各元素的类的前提下定义作用于这些元素的新操作	★★★★☆	★☆☆☆☆

第16章

请求的链式处理——职责链模式

"一对二""过""过"……这声音熟悉吗？你会想到什么？对！纸牌。在类似"斗地主"这样的纸牌游戏中，某人出牌给他的下家，下家看看手中的牌，如果要不起上家的牌则将出牌请求再转发给他的下家，其下家再进行判断。一个循环下来，如果其他人都要不起该牌，则最初的出牌者可以打出新的牌。在这个过程中，纸牌作为一个请求沿着一条链在传递，每一位纸牌的玩家都可以处理该请求。在设计模式中，也有一种专门用于处理这种请求链式传递的模式，这就是本章将要介绍的职责链模式。

16.1 采购单的分级审批

Sunny 软件公司承接了某企业 SCM（Supply Chain Management，供应链管理）系统的开发任务，其中包含一个采购审批子系统。该企业的采购审批是分级进行的，即根据采购金额的不同由不同层次的主管人员来审批。主任可以审批 5 万元以下（不包括 5 万元）的采购单，副董事长可以审批 5 万～10 万元（不包括 10 万元）的采购单，董事长可以审批 10 万～50 万元（不包括 50 万元）的采购单，50 万元及以上的采购单就需要开董事会讨论决定。采购单分级审批示意图如图 16-1 所示。

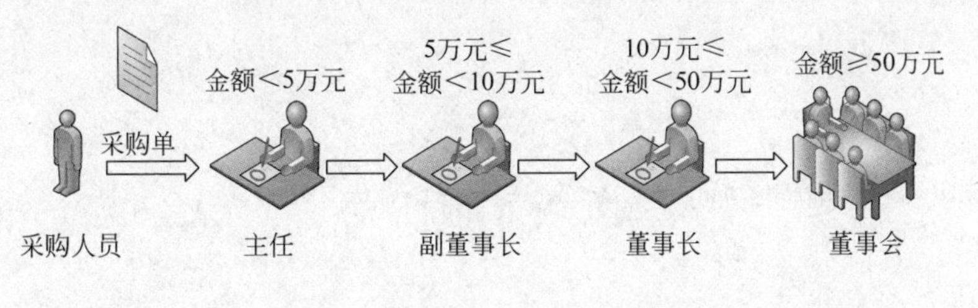

图 16-1 采购单分级审批示意图

如何在软件中实现采购单的分级审批？Sunny 软件公司开发人员提出了一个初始解决方案，在系统中提供一个采购单处理类 PurchaseRequestHandler 用于统一处理采购单，其框架代码如下：

```
//采购单处理类
class PurchaseRequestHandler {
    //递交采购单给主任
    public void sendRequestToDirector(PurchaseRequest request) {
        if (request.getAmount() < 50000) {
            //主任可审批该采购单
            this.handleByDirector(request);
        }
        else if (request.getAmount() < 100000) {
            //副董事长可审批该采购单
            this.handleByVicePresident(request);
        }
        else if (request.getAmount() < 500000) {
            //董事长可审批该采购单
            this.handleByPresident(request);
        }
        else {
            //董事会可审批该采购单
            this.handleByCongress(request);
        }
    }

    //主任审批采购单
    public void handleByDirector(PurchaseRequest request) {
        //代码省略
    }

    //副董事长审批采购单
    public void handleByVicePresident(PurchaseRequest request) {
        //代码省略
    }

    //董事长审批采购单
    public void handleByPresident(PurchaseRequest request) {
        //代码省略
    }

    //董事会审批采购单
    public void handleByCongress(PurchaseRequest request) {
        //代码省略
    }
}
```

问题貌似很简单，但仔细分析，发现上述方案存在以下 3 个问题：

(1) PurchaseRequestHandler 类较为庞大，各个级别的审批方法都集中在一个类中，违反了单一职责原则，测试和维护难度大。

(2) 如果需要增加一个新的审批级别或调整任何一级的审批金额和审批细节（例如将董事长的审批额度改为 60 万元）时都必须修改源代码并进行严格测试。此外，如果需要移除某一级别(例如金额为10万元及以上的采购单直接由董事长审批,不再设副董事长一职)时也必须对源代码进行修改,违反了开闭原则。

(3) 审批流程的设置缺乏灵活性。现在的审批流程是"主任→副董事长→董事长→董事会",如果需要改为"主任→董事长→董事会",在此方案中只能通过修改源代码来实现,客户端无法定制审批流程。

如何针对上述问题对系统进行改进? Sunny公司开发人员迫切需要一种新的设计方案,还好有职责链模式,通过使用职责链模式可以最大限度地解决这些问题。下面就正式进入职责链模式的学习。

16.2　职责链模式概述

很多情况下,在一个软件系统中可以处理某个请求的对象不止一个。例如SCM系统中的采购单审批,主任、副董事长、董事长和董事会都可以处理采购单,他们可以构成一条处理采购单的链式结构。采购单沿着这条链进行传递,这条链就称为职责链。职责链可以是一条直线、一个环或者一个树形结构,最常见的职责链是直线型,即沿着一条单向的链来传递请求。链上的每一个对象都是请求处理者,职责链模式可以将请求的处理者组织成一条链,并让请求沿着链传递,由链上的处理者对请求进行相应的处理,客户端无须关心请求的处理细节以及请求的传递,只需将请求发送到链上即可,实现请求发送者和请求处理者解耦。

职责链模式定义如下:

> 职责链模式(Chain of Responsibility Pattern):避免将请求发送者与接收者耦合在一起,让多个对象都有机会接收请求,将这些对象连接成一条链,并且沿着这条链传递请求,直到有对象处理它为止。职责链模式是一种对象行为型模式。

职责链模式结构的核心在于引入了一个抽象处理者,其结构如图16-2所示。

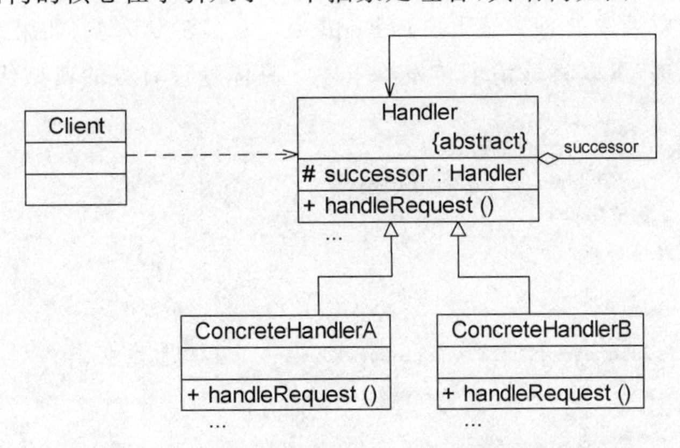

图16-2　职责链模式结构图

由图16-2可以看出,在职责链模式结构图中包含以下两个角色。

(1) Handler(抽象处理者):它定义了一个处理请求的接口,一般设计为抽象类。由于不同的具体处理者处理请求的方式不同,因此在其中定义了抽象请求处理方法。因为每个处理者的下家还是一个处理者,因此在抽象处理者中定义了一个抽象处理者类型的对象(结构图中的 successor),作为其对下家的引用。通过该引用,处理者可以连成一条链。

(2) ConcreteHandler(具体处理者):它是抽象处理者的子类,可以处理用户请求。在具体处理者类中实现了抽象处理者中定义的抽象请求处理方法,在处理请求之前需要进行判断,看是否有相应的处理权限,如果可以处理请求就处理它,否则将请求转发给后继者。在具体处理者中可以访问链中下一个对象,以便请求的转发。

在职责链模式里,很多对象由每个对象对其下家的引用而连接起来形成一条链。请求在这个链上传递,直到链上的某一个对象决定处理此请求为止。发出这个请求的客户端并不知道链上的哪一个对象最终处理这个请求,这使得系统可以在不影响客户端的情况下动态地重新组织链和分配责任。

职责链模式的核心在于抽象处理者类的设计。抽象处理者的典型代码如下:

```
abstract class Handler {
    //维持对下家的引用
    protected Handler successor;

    public void setSuccessor(Handler successor) {
        this.successor = successor;
    }

    public abstract void handleRequest(String request);
}
```

在上述代码中,抽象处理者类定义了对下家的引用对象,以便将请求转发给下家。该对象的访问符可设为 protected,在其子类中可以使用。在抽象处理者类中声明了抽象的请求处理方法,具体实现交由子类完成。

具体处理者是抽象处理者的子类,它具有两大作用。①处理请求,不同的具体处理者以不同的形式实现抽象请求处理方法 handleRequest();②转发请求,如果该请求超出了当前处理者类的处理范围,可以将该请求转发给下家。具体处理者类的典型代码如下:

```
class ConcreteHandler extends Handler {
    public void handleRequest(String request) {
        if (请求满足条件) {
            //处理请求
        }
        else {
            this.successor.handleRequest(request);  //转发请求
        }
    }
}
```

在具体处理类中通过对请求进行判断可以做出相应的处理。

需要注意的是,职责链模式并不创建职责链。职责链的创建工作必须由系统的其他部分来完成,一般是在使用该职责链的客户端中创建职责链。职责链模式降低了请求的发送端和接收端之间的耦合,使多个对象都有机会处理这个请求。

思考

如何在客户端创建一条职责链?

16.3 完整解决方案

为了让采购单的审批流程更加灵活,并实现采购单的链式传递和处理,Sunny 公司开发人员使用职责链模式来实现采购单的分级审批,其基本结构如图 16-3 所示。

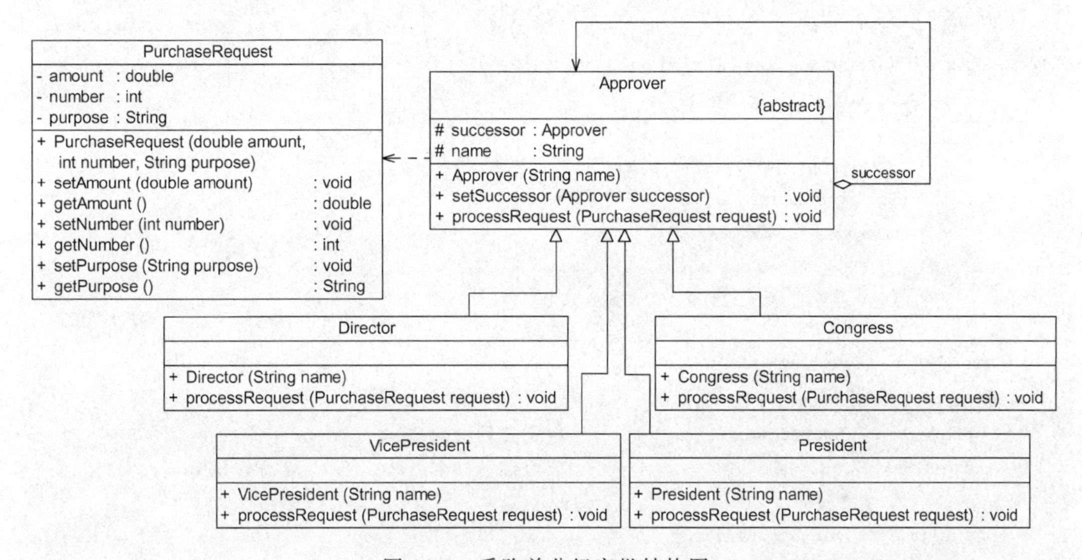

图 16-3 采购单分级审批结构图

在图 16-3 中,抽象类 Approver 充当抽象处理者,Director、VicePresident、President 和 Congress 充当具体处理者,PurchaseRequest 充当请求类。完整代码如下:

```
//采购单: 请求类
class PurchaseRequest {
    private double amount;      //采购金额
    private int number;         //采购单编号
    private String purpose;     //采购目的

    public PurchaseRequest(double amount, int number, String purpose) {
        this.amount = amount;
        this.number = number;
        this.purpose = purpose;
    }

    public void setAmount(double amount) {
        this.amount = amount;
    }
```

```
    public double getAmount() {
        return this.amount;
    }

    public void setNumber(int number) {
        this.number = number;
    }

    public int getNumber() {
        return this.number;
    }

    public void setPurpose(String purpose) {
        this.purpose = purpose;
    }

    public String getPurpose() {
        return this.purpose;
    }
}

//审批者类：抽象处理者
abstract class Approver {
    protected Approver successor;           //定义后继对象
    protected String name;                  //审批者姓名

    public Approver(String name) {
        this.name = name;
    }

    //设置后继者
    public void setSuccessor(Approver successor) {
        this.successor = successor;
    }

    //抽象请求处理方法
    public abstract void processRequest(PurchaseRequest request);
}

//主任类：具体处理者
class Director extends Approver {
    public Director(String name) {
        super(name);
    }

    //具体请求处理方法
    public void processRequest(PurchaseRequest request) {
```

```
        if (request.getAmount() < 50000) {
            System.out.println("主任" + this.name + "审批采购单:" + request.getNumber() +
",金额:" + request.getAmount() + "元,采购目的:" + request.getPurpose() + "。");  //处理请求
        }
        else {
            this.successor.processRequest(request);  //转发请求
        }
    }
}

//副董事长类:具体处理者
class VicePresident extends Approver {
    public VicePresident(String name) {
        super(name);
    }

    //具体请求处理方法
    public void processRequest(PurchaseRequest request) {
        if (request.getAmount() < 100000) {
            System.out.println("副董事长" + this.name + "审批采购单:" + request.getNumber()
+ ",金额:" + request.getAmount() + "元,采购目的:" + request.getPurpose() + "。");  //处理请求
        }
        else {
            this.successor.processRequest(request);  //转发请求
        }
    }
}

//董事长类:具体处理者
class President extends Approver {
    public President(String name) {
        super(name);
    }

    //具体请求处理方法
    public void processRequest(PurchaseRequest request) {
        if (request.getAmount() < 500000) {
            System.out.println("董事长" + this.name + "审批采购单:" + request.getNumber() +
",金额:" + request.getAmount() + "元,采购目的:" + request.getPurpose() + "。");  //处理请求
        }
        else {
            this.successor.processRequest(request);  //转发请求
        }
    }
}

//董事会类:具体处理者
class Congress extends Approver {
    public Congress(String name) {
        super(name);
```

```
    }

    //具体请求处理方法
    public void processRequest(PurchaseRequest request) {
        System.out.println("召开董事会审批采购单: " + request.getNumber() + ",金额: " +
request.getAmount() + "元,采购目的: " + request.getPurpose() + "。");         //处理请求
    }
}
```

编写如下客户端测试代码：

```
class Client {
    public static void main(String[] args) {
        Approver wjzhang,gyang,jguo,meeting;
        wjzhang = new Director("张无忌");
        gyang = new VicePresident("杨过");
        jguo = new President("郭靖");
        meeting = new Congress("董事会");

        //创建职责链
        wjzhang.setSuccessor(gyang);
        gyang.setSuccessor(jguo);
        jguo.setSuccessor(meeting);

        //创建采购单
        PurchaseRequest pr1 = new PurchaseRequest(45000,10001,"购买倚天剑");
        wjzhang.processRequest(pr1);

        PurchaseRequest pr2 = new PurchaseRequest(60000,10002,"购买屠龙刀");
        wjzhang.processRequest(pr2);

        PurchaseRequest pr3 = new PurchaseRequest(160000,10003,"购买《九阳真经》");
        wjzhang.processRequest(pr3);

        PurchaseRequest pr4 = new PurchaseRequest(800000,10004,"购买桃花岛");
        wjzhang.processRequest(pr4);
    }
}
```

编译并运行程序，输出结果如下：

```
主任张无忌审批采购单: 10001,金额: 45000元,采购目的: 购买倚天剑。
副董事长杨过审批采购单: 10002,金额: 60000元,采购目的: 购买屠龙刀。
董事长郭靖审批采购单: 10003,金额: 160000元,采购目的: 购买《九阳真经》。
召开董事会审批采购单: 10004,金额: 800000元,采购目的: 购买桃花岛。
```

如果需要在系统增加一个新的具体处理者，例如增加一个经理(Manager)角色可以审批5万～8万元(不包括8万元)的采购单，需要编写一个新的具体处理者类Manager。Manager类作为抽象处理者类Approver的子类，实现在Approver类中定义的抽象处理方法。如果采购金额大于或等于8万元，则将请求转发给下家，代码如下：

```
//经理类：具体处理者
class Manager extends Approver {
    public Manager(String name) {
        super(name);
    }

    //具体请求处理方法
    public void processRequest(PurchaseRequest request) {
        if (request.getAmount() < 80000) {
            System.out.println("经理" + this.name + "审批采购单：" + request.getNumber() +
",金额：" + request.getAmount() + "元,采购目的：" + request.getPurpose() + "。"); //处理请求
        }
        else {
            this.successor.processRequest(request); //转发请求
        }
    }
}
```

由于链的创建过程由客户端负责，因此增加新的具体处理者类对原有类库无任何影响，无须修改已有类的源代码，符合开闭原则。

在客户端代码中，如果要将新的具体请求处理者应用在系统中，需要创建新的具体处理者对象，然后将该对象加入职责链中。例如在客户端测试代码中增加如下代码：

```
Approver rhuang;
rhuang = new Manager("黄蓉");
```

将建链代码改为：

```
//创建职责链
wjzhang.setSuccessor(rhuang);        //将"黄蓉"作为"张无忌"的下家
rhuang.setSuccessor(gyang);          //将"杨过"作为"黄蓉"的下家
gyang.setSuccessor(jguo);
jguo.setSuccessor(meeting);
```

重新编译并运行程序，输出结果如下：

```
主任张无忌审批采购单：10001,金额：45000元,采购目的：购买倚天剑。
经理黄蓉审批采购单：10002,金额：60000元,采购目的：购买屠龙刀。
董事长郭靖审批采购单：10003,金额：160000元,采购目的：购买《九阳真经》。
召开董事会审批采购单：10004,金额：800000元,采购目的：购买桃花岛。
```

思考

如果将审批流程由"主任→副董事长→董事长→董事会"调整为"主任→董事长→董事会"，系统将做出哪些改动？预测修改之后客户端代码的输出结果。

16.4 纯与不纯的职责链模式

职责链模式可分为纯的职责链模式和不纯的职责链模式两种。

1. 纯的职责链模式

一个纯的职责链模式要求一个具体处理者对象只能在两个行为中选择一个：要么承担全部责任，要么将责任推给下家。不允许出现某一个具体处理者对象在承担了一部分或全部责任后又将责任向下传递的情况。而且在纯的职责链模式中，要求一个请求必须被某一个处理者对象所接收，不能出现某个请求未被任何一个处理者对象处理的情况。在前面的采购单审批实例中应用的是纯的职责链模式。

2. 不纯的职责链模式

在一个不纯的职责链模式中，允许某个请求被一个具体处理者部分处理后再向下传递，或者一个具体处理者处理完某请求后其后继处理者可以继续处理该请求，而且一个请求可以最终不被任何处理者对象所接收。

Java AWT 1.0 中的事件处理模型应用的是不纯的职责链模式。其基本原理如下：由于窗口组件(例如按钮、文本框等)一般都位于容器组件中，因此当事件发生在某一个组件上时，先通过组件对象的 handleEvent()方法将事件传递给相应的事件处理方法，该事件处理方法将处理此事件，然后决定是否将该事件向上一级容器组件传播。上级容器组件在接到事件之后可以继续处理此事件并决定是否继续向上级容器组件传播，如此反复，直到事件到达顶层容器组件为止。如果一直传到最顶层容器仍没有处理方法，则该事件不予处理。每一级组件在接收到事件时，都可以处理此事件，而不论此事件是否在上一级已得到处理。同时，允许存在事件未被处理的情况。显然，这就是不纯的职责链模式。早期的 Java AWT 事件模型(JDK 1.0 及更早)中的这种事件处理机制又称事件浮升(Event Bubbling)机制。从 Java. 1.1 以后，JDK 使用观察者模式代替职责链模式来处理事件。目前，在 JavaScript 中仍然可以使用这种事件浮升机制来进行事件处理。

16.5 职责链模式总结

职责链模式通过建立一条链来组织请求的处理者。请求将沿着链进行传递，请求发送者无须知道请求在何时、何处以及如何被处理，实现了请求发送者与处理者的解耦。在软件开发中，如果遇到有多个对象可以处理同一请求时可以应用职责链模式。例如，在 Web 应用开发中创建一个过滤器(Filter)链来对请求数据进行过滤，在工作流系统中实现公文的分级审批等，使用职责链模式可以较好地解决此类问题。

1. 主要优点

职责链模式的主要优点如下：

(1) 职责链模式使得一个对象无须知道是其他哪一个对象处理其请求。对象仅需知道该请求会被处理即可，接收者和发送者都没有对方的明确信息，且链中的对象不需要知道链的结构。由客户端负责链的创建，降低了系统的耦合度。

(2) 请求处理对象仅需维持一个指向其后继者的引用，而不需要维持它对所有的候选处理者的引用，可简化对象的相互连接。

(3) 在给对象分派职责时，职责链可以提供更多的灵活性，可以通过在运行时对链进行动态的增加或修改来增加或改变处理一个请求的职责。

(4) 在系统中增加一个新的具体请求处理者时无须修改原有系统的代码，只需要在客户端重新建链即可，从这一点来看是符合开闭原则的。

2. 主要缺点

职责链模式的主要缺点如下：

(1) 由于一个请求没有明确的接收者，那么就不能保证它一定会被处理，该请求可能一直到链的末端都得不到处理。一个请求也可能因职责链没有被正确配置而得不到处理。

(2) 对于比较长的职责链，请求的处理可能涉及多个处理对象，系统性能将受到一定影响，而且在进行代码调试时不太方便。

(3) 如果建链不当，可能会造成循环调用，将导致系统陷入死循环。

3. 适用场景

在以下情况下可以考虑使用职责链模式：

(1) 有多个对象可以处理同一个请求，具体哪个对象处理该请求待运行时刻再确定。客户端只需将请求提交到链上，而无须关心请求的处理对象是谁以及它是如何处理的。

(2) 在不明确指定接收者的情况下，向多个对象中的一个提交一个请求。

(3) 可动态指定一组对象处理请求。客户端可以动态创建职责链来处理请求，还可以改变链中处理者之间的先后次序。

练习

Sunny 软件公司的 OA 系统需要提供一个假条审批模块：如果员工请假天数小于 3 天，主任可以审批该假条；如果员工请假天数大于或等于 3 天，小于 10 天，经理可以审批；如果员工请假天数大于或等于 10 天，小于 30 天，总经理可以审批；如果超过 30 天，总经理也不能审批，提示相应的拒绝信息。试用职责链模式设计该假条审批模块。

第17章

请求发送者与接收者解耦——命令模式

装修新房的最后几道工序之一是安装插座和开关，通过开关可以控制一些电器的打开和关闭，例如电灯或者排气扇。在购买开关时，用户并不知道它将来到底用于控制什么电器。也就是说，开关与电灯、排气扇并无直接关系，一个开关在安装之后可能用来控制电灯，也可能用来控制排气扇或者其他电器设备。开关与电器之间通过电线建立连接，如果开关打开，则电线通电，电器工作；反之，开关关闭，电线断电，电器停止工作。相同的开关可以通过不同的电线来控制不同的电器，如图17-1所示。

在图17-1中，可以将开关理解成一个请求的发送者，用户通过它来发送一个“开灯”请求，而电灯是“开灯”请求的最终接收者和处理者。开关和电灯之间并不存在直接耦合关系，它们通过电线连接在一起。使用不同的电线可以连接不同的请求接收者，只需更换一根电线。相同的发送者(开关)即可对应不同的接收者(电器)。

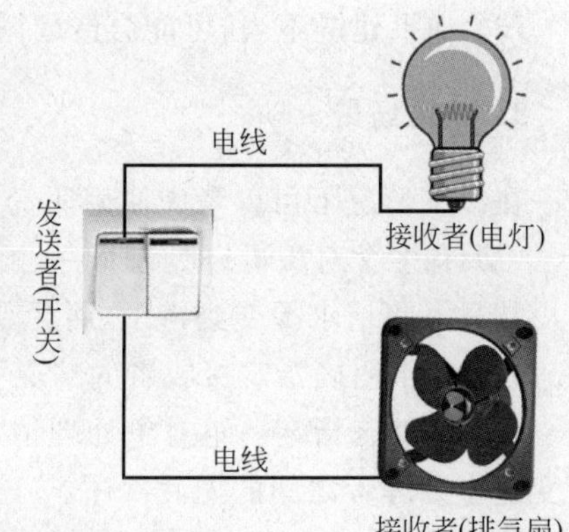

图17-1　开关与电灯、排气扇示意图

在软件开发中也存在很多与开关和电器类似的请求发送者和接收者对象。例如一个按钮，它可能是一个“关闭窗口”请求的发送者，而按钮点击事件处理类则是该请求的接收者。为了降低系统的耦合度，将请求的发送者和接收者解耦，可以使用一种被称之为命令模式的设计模式来设计系统。在命令模式中，发送者与接收者之间引入了新的命令对象(类似图17-1中的电线)，将发送者的请求封装在命令对象中，再通过命令对象来调用接收者的方法。本章将学习用于将请求发送者和接收者解耦的命令模式。

17.1　自定义功能键

Sunny 软件公司开发人员为公司内部 OA 系统开发了一个桌面版应用程序。该应用程序为用户提供了一系列自定义功能键，用户可以通过这些功能键来实现一些快捷操作。Sunny 软件公司开发人员通过分析，发现不同的用户可能会有不同的使用习惯。在设置功能键的时候每个人都有自己的喜好，例如有的人喜欢将第一个功能键设置为"打开帮助文档"，有的人则喜欢将该功能键设置为"最小化至托盘"。为了让用户能够灵活地进行功能键的设置，开发人员提供了一个"功能键设置"窗口，如图17-2所示。

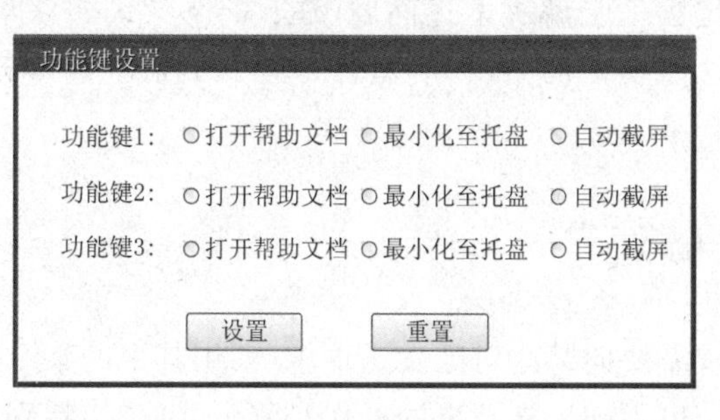

图17-2 "功能键设置"界面效果图

通过如图17-2所示的窗口界面，用户可以将功能键和相应功能绑定在一起，还可以根据需要来修改功能键的设置，而且系统在未来可能还会增加一些新的功能或功能键。

Sunny软件公司某开发人员欲使用如下代码来实现功能键与功能处理类之间的调用关系：

```
//FunctionButton: 功能键类,请求发送者
class FunctionButton {
    private HelpHandler help;        //HelpHandler: 帮助文档处理类,请求接收者

    //在FunctionButton的onClick()方法中调用HelpHandler的display()方法
    public void onClick() {
        help = new HelpHandler();
        help.display();              //显示帮助文档
    }
}
```

在上述代码中，功能键类FunctionButton充当请求的发送者，帮助文档处理类HelpHandler充当请求的接收者，在发送者FunctionButton的onClick()方法中将调用接收者HelpHandler的display()方法。显然，如果使用上述代码，将给系统带来以下3个问题：

(1) 由于请求发送者和请求接收者之间存在方法的直接调用，耦合度很高，更换请求接收者必须修改发送者的源代码。例如，若需要将请求接收者HelpHandler改为WindowHandler(窗口处理类)，则需要修改FunctionButton的源代码，这违背了开闭原则。

(2) FunctionButton类在设计和实现时功能已被固定。如果增加一个新的请求接收者，在不修改原有FunctionButton类的前提下，必须增加一个新的与FunctionButton功能类似的类，这将导致系统中类的个数急剧增加。由于请求接收者HelpHandler、WindowHandler等类之间可能不存在任何关系，它们没有共同的抽象层，因此也很难依据依赖倒转原则来设计FunctionButton。

(3) 用户无法按照自己的需要来设置某个功能键的功能。一个功能键类的功能一旦固定，在不修改源代码的情况下无法更换其功能，系统缺乏灵活性。

不难得知，所有这些问题的产生都是因为请求发送者FunctionButton类和请求接收者

HelpHandler、WindowHandler 等类之间存在直接耦合关系。如何降低请求发送者和接收者之间的耦合度，让相同的发送者可以对应不同的接收者？这是 Sunny 软件公司开发人员在设计“功能键设置”模块时不得不考虑的问题。命令模式正为解决这类问题而诞生。此时，如果使用命令模式，可以在一定程度上解决上述问题（**注**：命令模式无法解决类的个数增加的问题）。下面就正式进入命令模式的学习，看看命令模式到底怎样实现请求发送者和接收者解耦。

17.2 命令模式概述

在软件开发中，经常需要向某些对象发送请求（调用其中的某个或某些方法），但是并不知道请求的接收者是谁，也不知道被请求的操作是哪个。此时，特别希望能够以一种松耦合的方式来设计软件，使得请求发送者与请求接收者能够消除彼此之间的耦合，让对象之间的调用关系更加灵活，可以灵活地指定请求接收者以及被请求的操作。命令模式为此类问题提供了一个较为完美的解决方案。

命令模式可以将请求发送者和接收者完全解耦。发送者与接收者之间没有直接引用关系，发送请求的对象只需要知道如何发送请求，而不必知道如何完成请求。

命令模式定义如下：

> 命令模式(Command Pattern)：将一个请求封装为一个对象，从而可用不同的请求对客户进行参数化；对请求排队或者记录请求日志，以及支持可撤销的操作。命令模式是一种对象行为型模式，其别名为动作(Action)模式或事务(Transaction)模式。

命令模式的定义比较复杂，提到了很多术语，例如“用不同的请求对客户进行参数化”“对请求排队”“记录请求日志”“支持可撤销操作”等，后文中将对这些术语进行一一讲解。

命令模式的核心在于引入了命令类。通过命令类来降低发送者和接收者的耦合度，请求发送者只需指定一个命令对象，再通过命令对象来调用请求接收者的处理方法，其结构如图 17-3 所示。

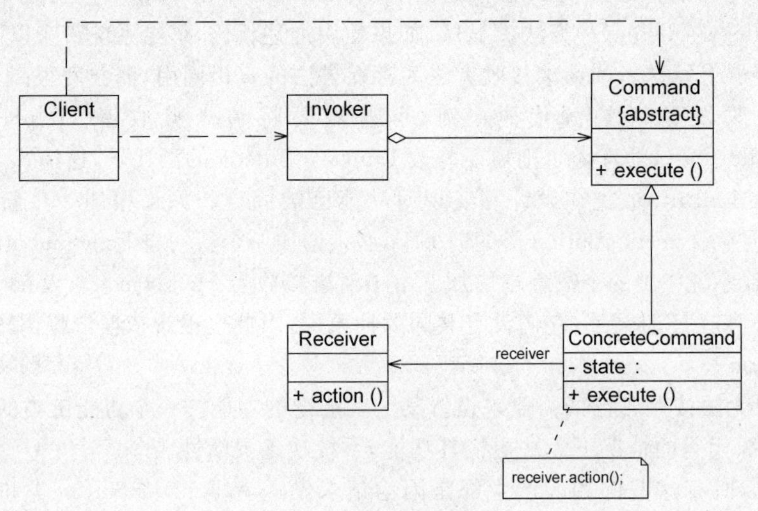

图 17-3　命令模式结构图

由图 17-3 可以看出，在命令模式结构图中包含以下 4 个角色。

(1) Command(抽象命令类)：抽象命令类一般是一个抽象类或接口，在其中声明了用于执行请求的 execute()等方法，通过这些方法可以调用请求接收者的相关操作。

(2) ConcreteCommand(具体命令类)：具体命令类是抽象命令类的子类，实现了在抽象命令类中声明的方法。它对应具体的接收者对象，将接收者对象的动作绑定其中。在实现 execute()方法时，将调用接收者对象的相关操作(Action)。

(3) Invoker(调用者)：调用者即请求发送者，它通过命令对象来执行请求。一个调用者并不需要在设计时确定其接收者，因此它只与抽象命令类之间存在关联关系。在程序运行时可以将一个具体命令对象注入其中，再调用具体命令对象的 execute()方法，从而实现间接调用请求接收者的相关操作。

(4) Receiver(接收者)：接收者执行与请求相关的操作，它具体实现对请求的业务处理。

命令模式的本质是对请求进行封装。一个请求对应于一个命令，将发出命令的责任和执行命令的责任分割开。每个命令都是一个操作：请求的一方发出请求要求执行一个操作；接收的一方收到请求，并执行相应的操作。命令模式允许请求的一方和接收的一方独立开来，使得请求的一方不必知道接收请求的一方的接口，更不必知道请求如何被接收、操作是否被执行、何时被执行，以及是怎么被执行的。

命令模式的关键在于引入了抽象命令类。请求发送者针对抽象命令类编程，只有实现了抽象命令类的具体命令才与请求接收者相关联。在最简单的抽象命令类中只包含了一个抽象的 execute()方法，每个具体命令类将一个 Receiver 类型的对象作为一个实例变量进行存储，从而具体指定一个请求的接收者。不同的具体命令类提供了 execute()方法的不同实现，并调用不同接收者的请求处理方法。

典型的抽象命令类代码如下：

```
abstract class Command {
    public abstract void execute();
}
```

对于请求发送者即调用者而言，将针对抽象命令类进行编程，可以通过构造注入或者设值注入的方式在运行时传入具体命令类对象，并在业务方法中调用命令对象的 execute()方法。其典型代码如下：

```
class Invoker {
    private Command command;

    //构造注入
    public Invoker(Command command) {
        this.command = command;
    }

    //设值注入
```

```
    public void setCommand(Command command) {
        this.command = command;
    }

    //业务方法,用于调用命令类的 execute()方法
    public void call() {
        command.execute();
    }
}
```

具体命令类继承了抽象命令类,它与请求接收者相关联,实现了在抽象命令类中声明的 execute()方法,并在实现时调用接收者的请求响应方法 action()。其典型代码如下:

```
class ConcreteCommand extends Command {
    private Receiver receiver = new Receiver();   //维持一个对请求接收者对象的引用

    public void execute() {
        receiver.action();                        //调用请求接收者的业务处理方法 action()
    }
}
```

请求接收者 Receiver 类具体实现对请求的业务处理,它提供了 action()方法,用于执行与请求相关的操作。其典型代码如下:

```
class Receiver {
    public void action() {
        //具体操作
    }
}
```

思考

一个请求发送者能否对应多个请求接收者? 如何实现?

17.3 完整解决方案

为了降低功能键与功能处理类之间的耦合度,让用户可以自定义每个功能键的功能,Sunny 软件公司开发人员使用命令模式来设计"自定义功能键"模块。其核心结构如图 17-4 所示。

在图 17-4 中,FBSettingWindow 是"功能键设置"界面类,FunctionButton 充当请求调用者,Command 充当抽象命令类,MinimizeCommand 和 HelpCommand 充当具体命令类,WindowHandler 和 HelpHandler 充当请求接收者。完整代码如下:

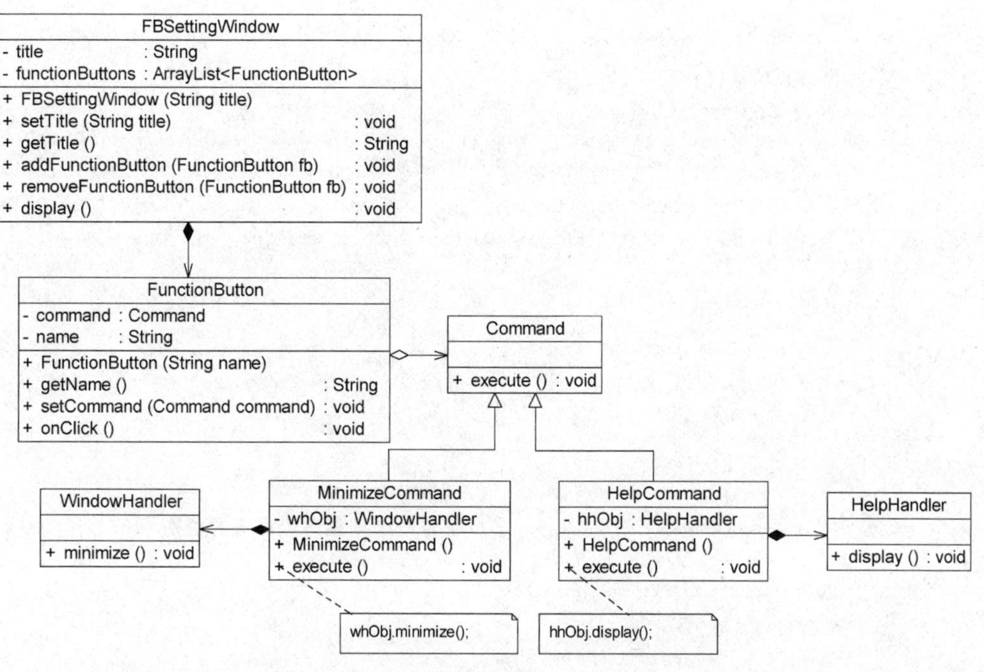

图 17-4 自定义功能键核心结构图

```
import java.util.*;

//功能键设置窗口类
class FBSettingWindow {
    private String title;                                          //窗口标题
    //定义一个 ArrayList 来存储所有功能键
    private ArrayList<FunctionButton> functionButtons = new ArrayList<FunctionButton>();

    public FBSettingWindow(String title) {
        this.title = title;
    }

    public void setTitle(String title) {
        this.title = title;
    }

    public String getTitle() {
        return this.title;
    }

    public void addFunctionButton(FunctionButton fb) {
        functionButtons.add(fb);
    }

    public void removeFunctionButton(FunctionButton fb) {
        functionButtons.remove(fb);
    }
```

```
    //显示窗口及功能键
    public void display() {
        System.out.println("显示窗口：" + this.title);
        System.out.println("显示功能键：");
        for (Object obj : functionButtons) {
            System.out.println(((FunctionButton)obj).getName());
        }
        System.out.println("-------------------------------");
    }
}

//功能键类：请求发送者
class FunctionButton {
    private String name;                    //功能键名称
    private Command command;                //维持一个抽象命令对象的引用

    public FunctionButton(String name) {
        this.name = name;
    }

    public String getName() {
        return this.name;
    }

    //为功能键注入命令
    public void setCommand(Command command) {
        this.command = command;
    }

    //发送请求的方法
    public void onClick() {
        System.out.print("点击功能键：");
        command.execute();
    }
}

//抽象命令类
abstract class Command {
    public abstract void execute();
}

//帮助命令类：具体命令类
class HelpCommand extends Command {
    private HelpHandler hhObj;              //维持对请求接收者的引用

    public HelpCommand() {
        hhObj = new HelpHandler();
    }
```

```
    //命令执行方法,将调用请求接收者的业务方法
    public void execute() {
        hhObj.display();
    }
}

//最小化命令类: 具体命令类
class MinimizeCommand extends Command {
    private WindowHandler whObj;//维持对请求接收者的引用

    public MinimizeCommand() {
        whObj = new WindowHandler();
    }

//命令执行方法,将调用请求接收者的业务方法
    public void execute() {
        whObj.minimize();
    }
}
//窗口处理类: 请求接收者
class WindowHandler {
    public void minimize() {
        System.out.println("将窗口最小化至托盘!");
    }
}

//帮助文档处理类: 请求接收者
class HelpHandler {
    public void display() {
        System.out.println("显示帮助文档!");
    }
}
```

为了提高系统的灵活性和可扩展性,这里将具体命令类的类名存储在配置文件 config.xml 中,并通过工具类 XMLUtil 来读取配置文件并反射生成对象。XMLUtil 类的代码如下:

```
import javax.xml.parsers.*;
import org.w3c.dom.*;
import org.xml.sax.SAXException;
import java.io.*;

public class XMLUtil {
//该方法用于从 XML 配置文件中提取具体类类名,并返回一个实例对象,可以通过参数的不同返回不
//同类名节点所对应的实例
    public static Object getBean(int i) {
        try {
            //创建文档对象
            DocumentBuilderFactory dFactory = DocumentBuilderFactory.newInstance();
            DocumentBuilder builder = dFactory.newDocumentBuilder();
```

```
            Document doc;
            doc = builder.parse(new File("config.xml"));

            //获取包含类名的文本节点
            NodeList nl = doc.getElementsByTagName("className");
            Node classNode = null;
            if (0 == i) {
                classNode = nl.item(0).getFirstChild();
            }
            else {
                classNode = nl.item(1).getFirstChild();
            }

            String cName = classNode.getNodeValue();

            //通过类名生成实例对象并将其返回
            Class c = Class.forName(cName);
            Object obj = c.newInstance();
            return obj;
        }
        catch(Exception e){
            e.printStackTrace();
            return null;
        }
    }
}
```

配置文件 config.xml 中存储了具体命令类的类名，代码如下：

```
<?xml version="1.0"?>
<config>
    <className>HelpCommand</className>
    <className>MinimizeCommand</className>
</config>
```

编写如下客户端测试代码：

```
class Client {
    public static void main(String args[]) {
        FBSettingWindow fbsw = new FBSettingWindow("功能键设置");

        FunctionButton fb1,fb2;
        fb1 = new FunctionButton("功能键 1");
        fb2 = new FunctionButton("功能键 2");

        Command command1,command2;
        //通过读取配置文件和反射生成具体命令对象
        command1 = (Command)XMLUtil.getBean(0);
        command2 = (Command)XMLUtil.getBean(1);
```

```
        //将命令对象注入功能键
        fb1.setCommand(command1);
        fb2.setCommand(command2);

        fbsw.addFunctionButton(fb1);
        fbsw.addFunctionButton(fb2);
        fbsw.display();

        //调用功能键的业务方法
        fb1.onClick();
        fb2.onClick();
    }
}
```

编译并运行程序，输出结果如下：

```
显示窗口：功能键设置
显示功能键：
功能键 1
功能键 2
--------------------------------
点击功能键：显示帮助文档！
点击功能键：将窗口最小化至托盘！
```

如果需要修改功能键的功能，例如某个功能键可以实现“自动截屏”，只需要对应增加一个新的具体命令类。在该命令类与屏幕处理者（ScreenHandler）之间创建一个关联关系，然后将该具体命令类的对象通过配置文件注入某个功能键即可，原有代码无须修改，符合开闭原则。在此过程中，每一个具体命令类对应一个请求的处理者（接收者）。通过向请求发送者注入不同的具体命令对象可以使得相同的发送者对应不同的接收者，从而实现“将一个请求封装为一个对象，用不同的请求对客户进行参数化”。客户端只需要将具体命令对象作为参数注入请求发送者，无须直接操作请求的接收者。

17.4 命令队列的实现

有时需要将多个请求排队。当一个请求发送者发送一个请求时，不止一个请求接收者产生响应，这些请求接收者将逐个执行业务方法，完成对请求的处理。此时，可以通过命令队列来实现。

命令队列的实现方法有多种形式，其中最常用、灵活性最好的一种方式是增加一个CommandQueue类。CommandQueue类负责存储多个命令对象，而不同的命令对象可以对应不同的请求接收者。CommandQueue类的典型代码如下：

```
import java.util.*;
```

```
class CommandQueue {
    //定义一个 ArrayList 来存储命令队列
    private ArrayList<Command> commands = new ArrayList<Command>();

    public void addCommand(Command command) {
        commands.add(command);
    }

    public void removeCommand(Command command) {
        commands.remove(command);
    }

    //循环调用每一个命令对象的 execute()方法
    public void execute() {
        for (Object command : commands) {
            ((Command)command).execute();
        }
    }
}
```

在增加了命令队列类 CommandQueue 以后，请求发送者类 Invoker 将针对 CommandQueue 编程。代码修改如下：

```
class Invoker {
    private CommandQueue commandQueue; //维持一个 CommandQueue 对象的引用

    //构造注入
    public Invoker(CommandQueue commandQueue) {
        this.commandQueue = commandQueue;
    }

    //设值注入
    public void setCommandQueue (CommandQueue commandQueue) {
        this.commandQueue = commandQueue;
    }

    //调用 CommandQueue 类的 execute()方法
    public void call() {
        commandQueue.execute();
    }
}
```

命令队列与批处理有点类似。批处理，顾名思义，可以对一组对象（命令）进行批量处理，当一个发送者发送请求后，将有一系列接收者对请求做出响应。命令队列可以用于设计批处理应用程序，如果请求接收者的接收次序没有严格的先后次序，还可以使用多线程技术来并发调用命令对象的 execute()方法，从而提高程序的执行效率。

17.5　撤销操作的实现

在命令模式中，可以通过调用一个命令对象的 execute()方法来实现对请求的处理。如果需要撤销(Undo)请求，可通过在命令类中增加一个逆向操作来实现。

扩展

除了通过采用逆向操作来实现撤销(Undo)外，还可以通过保存对象的历史状态来实现撤销，后者将在备忘录模式(Memento Pattern)中进行详细学习。

下面通过一个简单的实例来学习如何使用命令模式实现撤销操作。

> Sunny 软件公司欲开发一个简易计算器，该计算器可以实现简单的数学运算，还可以对运算实施撤销操作。

Sunny 软件公司开发人员使用命令模式设计了如图 17-5 所示结构图。其中，计算器界面类 CalculatorForm 充当请求发送者，实现数据求和功能的加法类 Adder 充当请求接收者，界面类可间接调用加法类中的 add()方法实现加法运算，并且提供可撤销加法运算的 undo()方法。

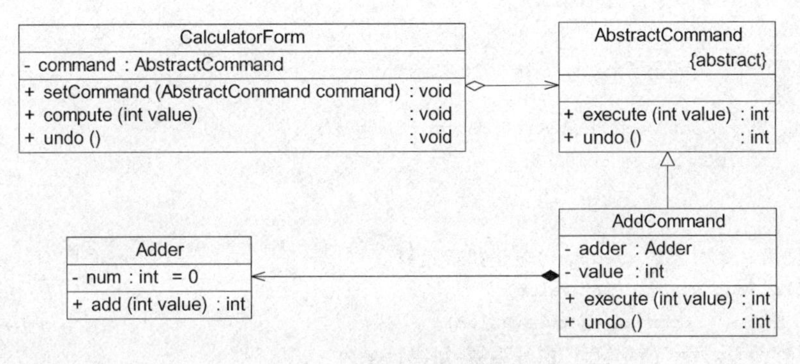

图 17-5　简易计算器结构图

本实例完整代码如下：

```
//加法类：请求接收者
class Adder {
    private int num = 0;                                    //定义初始值为 0

    //加法操作，每次将传入的值与 num 作加法运算，再将结果返回
    public int add(int value) {
        num += value;
        return num;
    }
}
```

```
//抽象命令类
abstract class AbstractCommand {
    public abstract int execute(int value);//声明命令执行方法 execute()
    public abstract int undo();             //声明撤销方法 undo()
}

//具体命令类
class AddCommand extends AbstractCommand {
    private Adder adder = new Adder();
    private int value;

    //实现抽象命令类中声明的 execute()方法,调用加法类的加法操作
    public int execute(int value) {
        this.value = value;
        return adder.add(value);
    }

    //实现抽象命令类中声明的 undo()方法,通过加一个相反数来实现加法的逆向操作
    public int undo() {
        return adder.add( - value);
    }
}

//计算器界面类: 请求发送者
class CalculatorForm {
    private AbstractCommand command;

    public void setCommand(AbstractCommand command) {
        this.command = command;
    }

    //调用命令对象的 execute()方法执行运算
    public void compute(int value) {
        int i = command.execute(value);
        System.out.println("执行运算,运算结果为: " + i);
    }

    //调用命令对象的 undo()方法执行撤销
    public void undo() {
        int i = command.undo();
        System.out.println("执行撤销,运算结果为: " + i);
    }
}
```

编写如下客户端测试代码：

```
class Client {
    public static void main(String args[]) {
        CalculatorForm form = new CalculatorForm();
```

```
        AbstractCommand command;
        command = new AddCommand();
        form.setCommand(command);        //向发送者注入命令对象

        form.compute(10);
        form.compute(5);
        form.compute(10);
        form.undo();
    }
}
```

编译并运行程序，输出结果如下：

```
执行运算,运算结果为: 10
执行运算,运算结果为: 15
执行运算,运算结果为: 25
执行撤销,运算结果为: 15
```

思考

如果连续调用 form.undo()两次，预测客户端代码的输出结果。

需要注意的是，由于没有保存命令对象的历史状态，在本实例中只能实现一步撤销操作。可以通过引入一个命令集合或其他方式来存储每次操作时命令的状态，从而实现多次撤销操作。除了 Undo 操作外，还可以采用类似的方式实现恢复(Redo)操作，即恢复所撤销的操作(或称为**二次撤销**)。

练习

修改简易计算器源代码，使之能够实现多次撤销(Undo)和恢复(Redo)。

17.6　请求日志

请求日志就是将请求的历史记录保存下来，通常以日志文件(Log File)的形式永久存储在计算机中。很多系统都提供了日志文件，例如 Windows 日志文件、Oracle 日志文件等。日志文件可以记录用户对系统的一些操作(例如对数据的更改)。请求日志文件可以实现很多功能，常用功能如下：

(1) “天有不测风云”，一旦系统发生故障，日志文件可以为系统提供一种恢复机制。在请求日志文件中可以记录用户对系统的每一步操作，从而让系统能够顺利恢复到某一个特定的状态。

(2) 请求日志也可以用于实现批处理。在一个请求日志文件中可以存储一系列命令对象，例如一个命令队列。

(3) 可以将命令队列中的所有命令对象都存储在一个日志文件中。每执行一个命令则从日志文件中删除一个对应的命令对象，防止因为断电或者系统重启等原因造成请求丢失。而且可以避免重新发送全部请求时造成某些命令的重复执行，只需读取请求日志文件，再继续执行文件中剩余的命令即可。

在实现请求日志时，可以将命令对象通过序列化写到日志文件中，此时命令类必须实现 java.io.Serializable 接口。下面通过一个简单实例来说明日志文件的用途以及如何实现请求日志。

Sunny 软件公司开发了一个网站配置文件管理工具，可以通过一个可视化界面对网站配置文件进行增/删/改等操作，该工具使用命令模式进行设计，结构如图 17-6 所示。

现在 Sunny 软件公司开发人员希望将对配置文件的操作请求记录在日志文件中，如果网站重新部署，只需要执行保存在日志文件中的命令对象即可修改配置文件。

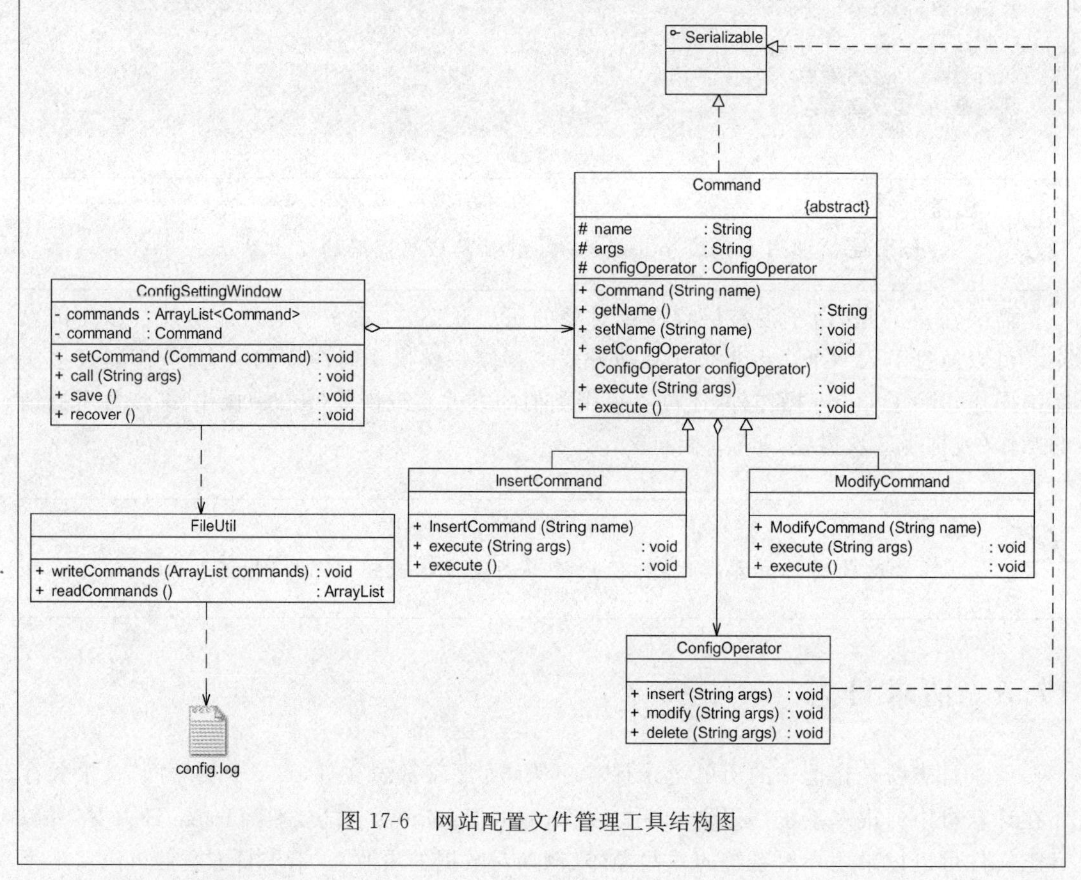

图 17-6　网站配置文件管理工具结构图

本实例完整代码如下：

```
import java.io.*;
import java.util.*;

//抽象命令类,由于需要将命令对象写入文件,因此它实现了 Serializable 接口
abstract class Command implements Serializable {
    protected String name;                              //命令名称
```

```
    protected String args;                       //命令参数
    protected ConfigOperator configOperator;     //维持对接收者对象的引用

    public Command(String name) {
        this.name = name;
    }

    public String getName() {
        return this.name;
    }

    public void setName(String name) {
        this.name = name;
    }

    public void setConfigOperator(ConfigOperator configOperator) {
        this.configOperator = configOperator;
    }

    //声明两个抽象的执行方法 execute()
    public abstract void execute(String args);
    public abstract void execute();
}

//增加命令类：具体命令
class InsertCommand extends Command {
    public InsertCommand(String name) {
        super(name);
    }

    public void execute(String args) {
        this.args = args;
        configOperator.insert(args);
    }

    public void execute() {
        configOperator.insert(this.args);
    }
}

//修改命令类：具体命令
class ModifyCommand extends Command {
    public ModifyCommand(String name) {
        super(name);
    }

    public void execute(String args) {
        this.args = args;
        configOperator.modify(args);
    }
```

```
    public void execute() {
        configOperator.modify(this.args);
    }
}

//省略了删除命令类 DeleteCommand

//配置文件操作类：请求接收者。由于 ConfigOperator 类的对象是 Command 的成员对象，它也将随
//Command 对象一起写入文件，因此 ConfigOperator 也需要实现 Serializable 接口
class ConfigOperator implements Serializable {
    public void insert(String args) {
        System.out.println("增加新节点：" + args);
    }

    public void modify(String args) {
        System.out.println("修改节点：" + args);
    }

    public void delete(String args) {
        System.out.println("删除节点：" + args);
    }
}

//配置文件设置窗口类：请求发送者
class ConfigSettingWindow {
    //定义一个集合来存储每一次操作时的命令对象
    private ArrayList<Command> commands = new ArrayList<Command>();
    private Command command;

    //注入具体命令对象
    public void setCommand(Command command) {
        this.command = command;
    }

    //执行配置文件修改命令，同时将命令对象添加到命令集合中
    public void call(String args) {
        command.execute(args);
        commands.add(command);
    }

    //记录请求日志，生成日志文件，将命令集合写入日志文件
    public void save() {
        FileUtil.writeCommands(commands);
    }

    //从日志文件中提取命令集合，并循环调用每一个命令对象的 execute()方法来实现配置文件
    //的重新设置
    public void recover() {
        ArrayList list;
```

```
        list = FileUtil.readCommands();

        for (Object obj : list) {
            ((Command)obj).execute();
        }
    }
}

//工具类: 文件操作类
class FileUtil {
    //将命令集合写入日志文件
    public static void writeCommands(ArrayList commands) {
        try {
            FileOutputStream file = new FileOutputStream("config.log");
            //创建对象输出流用于将对象写入到文件中
            ObjectOutputStream objout = new ObjectOutputStream(new BufferedOutputStream(file));
            //将对象写入文件
            objout.writeObject(commands);
            objout.close();
            }
        catch(Exception e) {
        System.out.println("命令保存失败!");
        e.printStackTrace();
        }
    }

    //从日志文件中提取命令集合
    public static ArrayList readCommands() {
        try {
            FileInputStream file = new FileInputStream("config.log");
            //创建对象输入流用于从文件中读取对象
            ObjectInputStream objin = new ObjectInputStream(new BufferedInputStream(file));

            //将文件中的对象读出并转换为 ArrayList 类型
            ArrayList commands = (ArrayList)objin.readObject();
            objin.close();
            return commands;
            }
        catch(Exception e) {
        System.out.println("命令读取失败!");
        e.printStackTrace();
        return null;
        }
    }
}
```

编写如下客户端测试代码：

```
class Client {
    public static void main(String args[]) {
        ConfigSettingWindow csw = new ConfigSettingWindow(); //定义请求发送者
        Command command; //定义命令对象
        ConfigOperator co = new ConfigOperator(); //定义请求接收者

        //4 次对配置文件的更改
        command = new InsertCommand("增加");
        command.setConfigOperator(co);
        csw.setCommand(command);
        csw.call("网站首页");

        command = new InsertCommand("增加");
        command.setConfigOperator(co);
        csw.setCommand(command);
        csw.call("端口号");

        command = new ModifyCommand("修改");
        command.setConfigOperator(co);
        csw.setCommand(command);
        csw.call("网站首页");

        command = new ModifyCommand("修改");
        command.setConfigOperator(co);
        csw.setCommand(command);
        csw.call("端口号");

        System.out.println("----------------------------");
        System.out.println("保存配置");
        csw.save();

        System.out.println("----------------------------");
        System.out.println("恢复配置");
        System.out.println("----------------------------");
        csw.recover();
    }
}
```

编译并运行程序，输出结果如下：

```
增加新节点：网站首页
增加新节点：端口号
修改节点：网站首页
修改节点：端口号
----------------------------
保存配置
----------------------------
```

```
恢复配置
------------------------------
增加新节点: 网站首页
增加新节点: 端口号
修改节点: 网站首页
修改节点: 端口号
```

17.7 宏命令

宏命令(**Macro Command**)又称为**组合命令**,它是组合模式和命令模式联用的产物。宏命令是一个具体命令类,它拥有一个集合属性,在该集合中包含了对其他命令对象的引用。通常宏命令不直接与请求接收者交互,而是通过它的成员来调用接收者的方法。当调用宏命令的 execute()方法时,将递归调用它所包含的每个成员命令的 execute()方法。一个宏命令的成员可以是简单命令,还可以继续是宏命令。执行一个宏命令将触发多个具体命令的执行,从而实现对命令的批处理。其结构如图 17-7 所示。

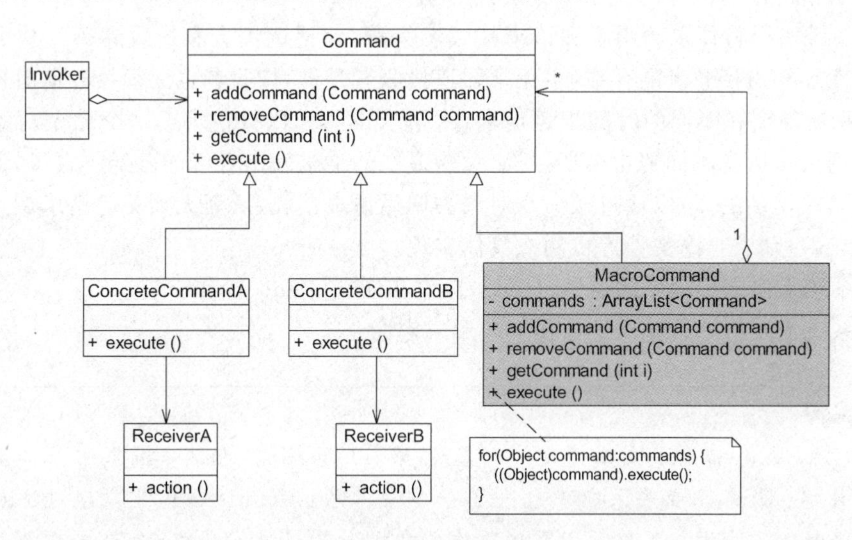

图 17-7 宏命令结构图

17.8 命令模式总结

命令模式是一种使用频率非常高的设计模式,用于将请求发送者与接收者解耦。请求发送者通过命令对象来间接引用请求接收者,使得系统具有更好的灵活性和可扩展性。在基于 GUI 的软件开发,无论是计算机桌面应用还是移动应用中命令模式都得以广泛应用。

1. 主要优点

命令模式的主要优点如下:

(1) 降低系统的耦合度。由于请求者与接收者之间不存在直接引用,因此请求者与接收者之间实现完全解耦，相同的请求者可以对应不同的接收者。同样，相同的接收者也可以供不同的请求者使用，两者之间具有良好的独立性。

(2) 新的命令可以很容易地加入系统中。由于增加新的具体命令类不会影响到其他类，因此增加新的具体命令类很容易，无须修改原有系统源代码甚至客户类代码，满足开闭原则的要求。

(3) 可以比较容易地设计一个命令队列或宏命令(组合命令)。

(4) 为请求的撤销(Undo)和恢复(Redo)操作提供了一种设计和实现方案。

2. 主要缺点

命令模式的主要缺点是：使用命令模式可能会导致某些系统有过多的具体命令类。因为针对每一个对请求接收者的调用操作都需要设计一个具体命令类，因此在某些系统中可能需要提供大量的具体命令类，这将影响命令模式的使用。

3. 适用场景

在以下情况下可以考虑使用命令模式：

(1) 系统需要将请求调用者和请求接收者解耦，使得调用者和接收者不直接交互。请求调用者无须知道接收者的存在，也无须知道接收者是谁，接收者也无须关心何时被调用。

(2) 系统需要在不同的时间指定请求、将请求排队和执行请求。一个命令对象和请求的初始调用者可以有不同的生命期。换言之，最初的请求发出者可能已经不在了，而命令对象本身仍然是活动的，可以通过该命令对象去调用请求接收者，而无须关心请求调用者的存在性，可以通过请求日志文件等机制来具体实现。

(3) 系统需要支持命令的撤销(Undo)操作和恢复(Redo)操作。

(4) 系统需要将一组操作组合在一起形成宏命令。

练习

Sunny 软件公司欲开发一个基于 Windows 平台的公告板系统。该系统提供了一个主菜单(Menu)，在主菜单中包含了一些菜单项(MenuItem)，可以通过 Menu 类的 addMenuItem()方法增加菜单项。菜单项的主要方法是 click()，每一个菜单项包含一个抽象命令类。具体命令类包括 OpenCommand(打开命令)、CreateCommand(新建命令)、EditCommand(编辑命令)等。命令类具有一个 execute()方法，用于调用公告板系统界面类(BoardScreen)的 open()、create()、edit()等方法。试使用命令模式设计该系统，以便降低 MenuItem 类与 BoardScreen 类之间的耦合度。

第18章

自定义语言的实现——解释器模式

虽然目前计算机编程语言有好几百种,但有时候人们还是希望能用一些简单的语言来实现一些特定的操作。只要向计算机输入一个句子或文件,它就能够按照预先定义的文法规则来对句子或文件进行解释,从而实现相应的功能。例如提供一个简单的加法/减法解释器,只要输入一个加法/减法表达式,它就能够计算出表达式结果。如图 18-1 所示,当输入字符串表达式为"1 + 2 + 3－4 + 1"时,将输出计算结果为 3。

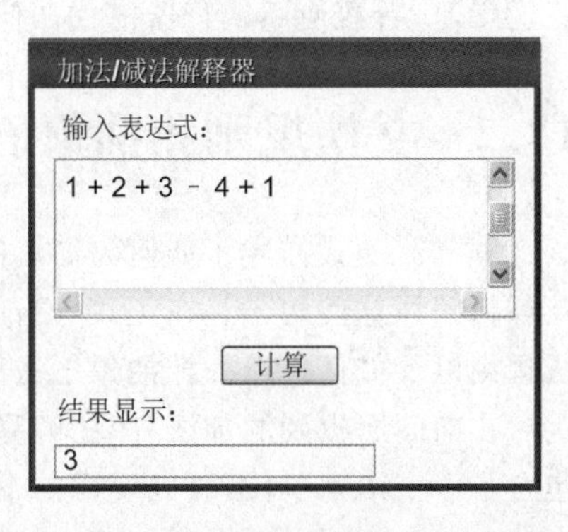

图 18-1 "加法/减法解释器"示意图

像 C++、Java 和 C# 等语言无法直接解释类似"1 + 2 + 3－4 + 1"这样的字符串(如果直接作为数值表达式时可以解释),用户必须自己定义一套文法规则来实现对这些语句的解释,即设计一个自定义语言。在实际开发中,这些简单的自定义语言可以基于现有的编程语言来设计。如果所基于的编程语言是面向对象语言,此时可以使用解释器模式来实现自定义语言。

18.1 机器人控制程序

Sunny 软件公司欲为某玩具公司开发一套机器人控制程序。在该机器人控制程序中包含一些简单的英文控制指令,每个指令对应一个表达式(expression),该表达式可以是简单表达式,也可以是复合表达式。每个简单表达式由移动方向(direction)、移动方式(action)和移动距离(distance)三部分组成,其中移动方向包括上(up)、下(down)、左(left)、右(right);移动方式包括移动(move)和快速移动(run);移动距离为一个正整数。两个表达式之间可以通过与(and)连接,形成复合(composite)表达式。

用户通过对图形化的设置界面进行操作可以创建一个机器人控制指令,机器人在收到指令后将按照指令的设置进行移动。例如,输入控制指令"up move 5",则向上移动 5 个单位;输入控制指令"down run 10 and left move 20",则向下快速移动 10 个单位再向左移动 20 个单位。

Sunny 软件公司开发人员决定自定义一个简单的语言来解释机器人控制指令。根据上述需求描述，用形式化语言来表示该简单语言的文法规则如下：

```
expression ::= direction action distance | composite      //表达式
composite ::= expression 'and' expression                  //复合表达式
direction ::= 'up' | 'down' | 'left' | 'right'             //移动方向
action ::= 'move' | 'run'                                  //移动方式
distance ::= an integer                                    //移动距离
```

上述语言一共定义了 5 条文法规则，对应 5 个语言单位。这些语言单位可以分为两类：一类为终结符（也称为终结符表达式），例如 direction、action 和 distance，它们是语言的最小组成单位，不能再进行拆分；另一类为非终结符（也称为非终结符表达式），例如 expression 和 composite，它们都是一个完整的句子，包含一系列终结符或非终结符。

根据上述规则定义出的语言可以构成很多语句，计算机程序将根据这些语句进行某种操作。为了实现对语句的解释，可以使用解释器模式。在解释器模式中每一条文法规则都将对应一个类，扩展、改变文法以及增加新的文法规则都很方便。下面就正式进入解释器模式的学习，看看使用解释器模式如何实现对机器人控制指令的处理。

18.2 文法规则和抽象语法树

解释器模式描述了如何为简单的语言定义一个文法，如何在该语言中表示一个句子，以及如何解释这些句子。在正式分析解释器模式结构之前，先来学习如何表示一个语言的文法规则以及如何构造一棵抽象语法树。

在前面所提到的加法/减法解释器中，每个输入表达式，例如"1 + 2 + 3－4 + 1"，都包含了 3 个语言单位，可以使用如下文法规则来定义：

```
expression ::= value | operation
operation ::= expression '+' expression | expression '-' expression
value ::= an integer //一个整数值
```

该文法规则包含 3 条语句。第一条表示表达式的组成方式，其中 value 和 operation 是后面两个语言单位的定义。每一条语句所定义的字符串如 operation 和 value 称为语言构造成分或语言单位。符号"::＝"表示"定义为"的意思，其左边的语言单位通过右边来进行说明和定义，语言单位对应终结符表达式和非终结符表达式。例如，本规则中的 operation 是非终结符表达式，它的组成元素仍然可以是表达式，可以进一步分解；而 value 是终结符表达式，它的组成元素是最基本的语言单位，不能再进行分解。

在文法规则定义中可以使用一些符号来表示不同的含义，例如使用"|"表示或，使用"{"和"}"表示组合，使用"*"表示出现 0 次或多次等。其中，使用频率最高的符号是表示或关系的"|"，例如，文法规则"boolValue ::＝ 0 | 1"表示终结符表达式 boolValue 的取值可以为 0 或者 1。

除了使用文法规则来定义一个语言外，还可以通过一种被称为**抽象语法树**（**Abstract Syntax Tree，AST**）的图形方式来直观地表示语言的构成。每一棵抽象语法树对应一个语言实例，例如加法/减法表达式语言中的语句"1 + 2 + 3－4 + 1"，可以通过如图 18-2 所示抽象语法树来表示。

在该抽象语法树中，可以通过终结符表达式 value 和非终结符表达式 operation 组成复杂的语句。每个文法规则的语言实例都可以表示为一个抽象语法树，即每一条具体的语句都可以用类似图 18-2 所示的抽象语法树来表示。在图中终结符表达式类的实例作为树的叶子节点，而非终结符表达式类的实例作为非叶子节点，它们可以将终结符表达式类的实例以及包含终结符和非终结符实例的子表达式作为其子节点。抽象语法树描述了如何构成一个复杂的句子。通过对抽象语法树的分析，可以识别出语言中的终结符类和非终结符类。

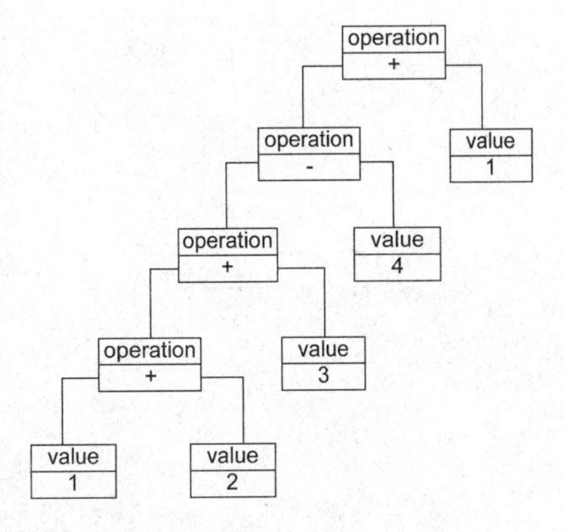

图 18-2 抽象语法树示意图

18.3 解释器模式概述

解释器模式是一种使用频率相对较低但学习难度较大的设计模式，它用于描述如何使用面向对象语言构成一个简单的语言解释器。在某些情况下，为了更好地描述某些特定类型的问题，可以创建一种新的语言。这种语言拥有自己的表达式和结构，即文法规则，这些问题的实例将对应为该语言中的句子。此时，可以使用解释器模式来设计这种新的语言。对解释器模式的学习能够加深对面向对象思想的理解，并且掌握编程语言中文法规则的解释过程。

解释器模式定义如下：

> 解释器模式(Interpreter Pattern)：定义一个语言的文法，并且建立一个解释器来解释该语言中的句子，这里的"语言"是指使用规定格式和语法的代码。解释器模式是一种类行为型模式。

由于表达式可分为终结符表达式和非终结符表达式，因此解释器模式的结构与组合模式的结构有些类似，但在解释器模式中包含更多的组成元素，其结构如图 18-3 所示。

由图 18-3 可以看出，在解释器模式结构图中包含以下 4 个角色。

(1) AbstractExpression(抽象表达式)：在抽象表达式中声明了抽象的解释操作，它是所有终结符表达式和非终结符表达式的公共父类。

(2) TerminalExpression(终结符表达式)：是抽象表达式的子类，它实现了与文法中的终结符相关联的解释操作，在句子中的每一个终结符都是该类的一个实例。通常，在一个解释器模式中只有少数几个终结符表达式类，它们的实例可以通过非终结符表达式组成较为复杂的句子。

(3) NonterminalExpression(非终结符表达式)：也是抽象表达式的子类，它实现了文法中非终结符的解释操作。由于在非终结符表达式中可以包含终结符表达式，也可以继续包含非终结符表达式，因此其解释操作一般通过递归的方式来完成。

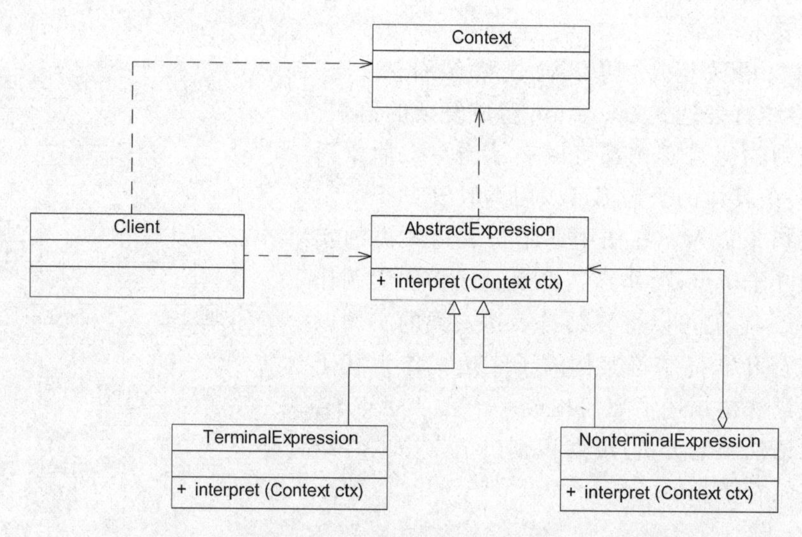

图 18-3 解释器模式结构图

(4) Context(环境类)：环境类又称为上下文类，它用于存储解释器之外的一些全局信息，通常它临时存储了需要解释的语句。

在解释器模式中，每一种终结符和非终结符都有一个具体类与之对应。正因为使用类来表示每一条文法规则，所以系统将具有较好的灵活性和可扩展性。对于所有的终结符和非终结符，首先需要抽象出一个公共父类，即抽象表达式类，其典型代码如下：

```
abstract class AbstractExpression {
    public abstract void interpret(Context ctx);
}
```

终结符表达式和非终结符表达式类都是抽象表达式类的子类。对于终结符表达式，其代码很简单，主要是对终结符元素的处理，其典型代码如下：

```
class TerminalExpression extends AbstractExpression {
    public void interpret(Context ctx) {
        //终结符表达式的解释操作
    }
}
```

对于非终结符表达式，其代码相对比较复杂，因为可以通过非终结符将表达式组合成更加复杂的结构。对于包含两个操作元素的非终结符表达式类，其典型代码如下：

```
class NonterminalExpression extends AbstractExpression {
    private AbstractExpression left;
    private AbstractExpression right;

    public NonterminalExpression(AbstractExpression left,AbstractExpression right) {
        this.left = left;
        this.right = right;
```

```
    }

    public void interpret(Context ctx) {
        //递归调用每一个组成部分的 interpret()方法
        //在递归调用时指定组成部分的连接方式,即非终结符的功能
    }
}
```

除了上述用于表示表达式的类以外,通常在解释器模式中还提供了一个环境类 Context,用于存储一些全局信息。在 Context 中可以包含一个 HashMap 或 ArrayList 等类型的集合对象(也可以直接由 HashMap 等集合类充当环境类)来存储一系列公共信息,例如变量名与值的映射关系(key/value)等,用于在进行具体的解释操作时从中获取相关信息。其典型代码片段如下:

```
class Context {
    private HashMap map = new HashMap();

    public void assign(String key, String value) {
        //往环境类中设值
    }

    public String lookup(String key) {
        //获取存储在环境类中的值
    }
}
```

当系统无须提供全局公共信息时可以省略环境类,也可根据实际情况决定是否需要环境类。

思考

绘制加法/减法解释器的类图并编写核心实现代码。

18.4 完整解决方案

为了能够解释机器人控制指令,Sunny 软件公司开发人员使用解释器模式来设计和实现机器人控制程序。针对 5 条文法规则,分别提供 5 个类来实现。其中,终结符表达式 direction、action 和 distance 对应 DirectionNode 类、ActionNode 类和 DistanceNode 类,非终结符表达式 expression 和 composite 对应 SentenceNode 类和 AndNode 类。

可以通过抽象语法树来表示具体解释过程,例如机器人控制指令"down run 10 and left move 20"对应的抽象语法树如图 18-4 所示。

机器人控制程序实例基本结构如图 18-5 所示。

在图 18-5 中,AbstractNode 充当抽象表达式角色,DirectionNode、ActionNode 和 DistanceNode 充当终结符表达式角色,AndNode 和 SentenceNode 充当非终结符表达式角

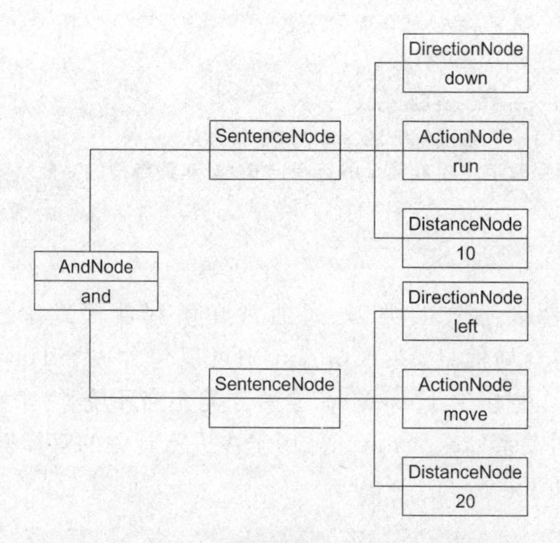

图 18-4 机器人控制程序抽象语法树实例

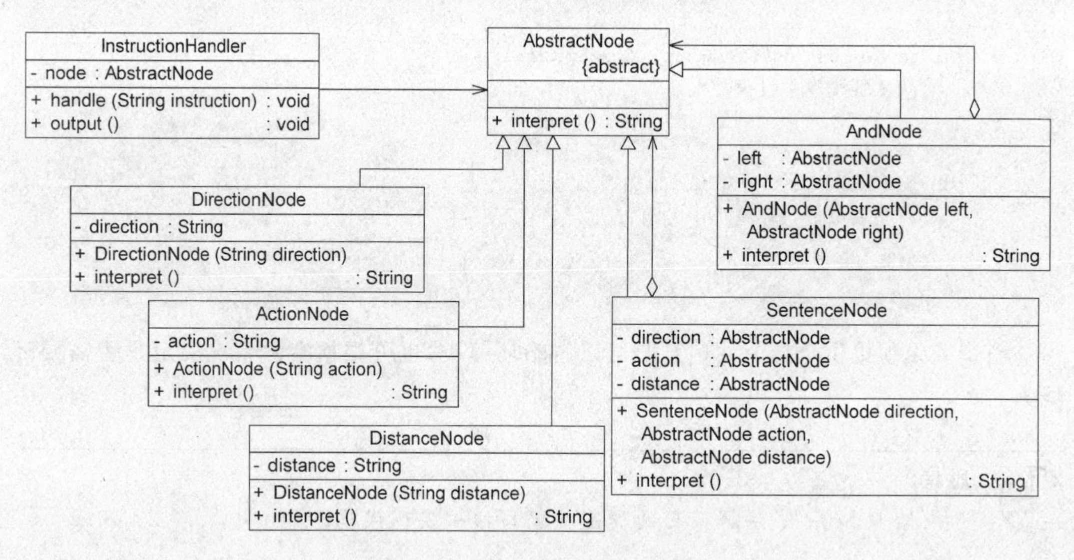

图 18-5 机器人控制程序结构图

色。完整代码如下：

```
//注：本实例对机器人控制指令的输出结果进行模拟，将英文指令翻译为中文指令，实际情况是调用
//不同的控制程序进行机器人的控制，包括对移动方向、方式和距离的控制等
import java.util.*;

//抽象表达式
abstract class AbstractNode {
    public abstract String interpret();
}

//And 解释：非终结符表达式
class AndNode extends AbstractNode {
```

```
    private AbstractNode left; //And 的左表达式
    private AbstractNode right; //And 的右表达式

    public AndNode(AbstractNode left, AbstractNode right) {
        this.left = left;
        this.right = right;
    }

    //And 表达式解释操作
    public String interpret() {
        return left.interpret() + "再" + right.interpret();
    }
}

//简单句子解释：非终结符表达式
class SentenceNode extends AbstractNode {
    private AbstractNode direction;
    private AbstractNode action;
    private AbstractNode distance;

    public SentenceNode(AbstractNode direction,AbstractNode action,AbstractNode distance) {
        this.direction = direction;
        this.action = action;
        this.distance = distance;
    }

    //简单句子的解释操作
    public String interpret() {
        return direction.interpret() + action.interpret() + distance.interpret();
    }
}

//方向解释：终结符表达式
class DirectionNode extends AbstractNode {
    private String direction;

    public DirectionNode(String direction) {
        this.direction = direction;
    }

    //方向表达式的解释操作
    public String interpret() {
        if (direction.equalsIgnoreCase("up")) {
            return "向上";
        }
        else if (direction.equalsIgnoreCase("down")) {
            return "向下";
        }
        else if (direction.equalsIgnoreCase("left")) {
            return "向左";
```

```
        }
        else if (direction.equalsIgnoreCase("right")) {
            return "向右";
        }
        else {
            return "无效指令";
        }
    }
}

//动作解释: 终结符表达式
class ActionNode extends AbstractNode {
    private String action;

    public ActionNode(String action) {
        this.action = action;
    }

    //动作(移动方式)表达式的解释操作
    public String interpret() {
        if (action.equalsIgnoreCase("move")) {
            return "移动";
        }
        else if (action.equalsIgnoreCase("run")) {
            return "快速移动";
        }
        else {
            return "无效指令";
        }
    }
}

//距离解释: 终结符表达式
class DistanceNode extends AbstractNode {
    private String distance;

    public DistanceNode(String distance) {
        this.distance = distance;
    }

    //距离表达式的解释操作
    public String interpret() {
        return this.distance;
    }
}

//指令处理类: 工具类
class InstructionHandler {
    private AbstractNode node;
```

```
    public void handle(String instruction) {
        AbstractNode left = null, right = null;
        AbstractNode direction = null, action = null, distance = null;
        Stack stack = new Stack();                        //声明一个栈对象用于存储抽象语法树
        String[] words = instruction.split(" ");          //以空格分隔指令字符串
        for (int i = 0; i < words.length; i++) {
            //本实例采用栈的方式来处理指令,如果遇到"and",则将其后的3个单词作为3个终
            //结符表达式连成一个简单句子SentenceNode作为"and"的右表达式,而将从栈顶弹
            //出的表达式作为"and"的左表达式,最后将新的"and"表达式压入栈中
          if (words[i].equalsIgnoreCase("and")) {
                left = (AbstractNode)stack.pop();    //弹出栈顶表达式作为左表达式
                String word1 = words[++i];
                direction = new DirectionNode(word1);
                String word2 = words[++i];
                action = new ActionNode(word2);
                String word3 = words[++i];
                distance = new DistanceNode(word3);
                right = new SentenceNode(direction,action,distance);     //右表达式
                stack.push(new AndNode(left,right)); //将新表达式压入栈中
            }
            //如果是从头开始进行解释,则将前3个单词组成一个简单句子SentenceNode并将该
            //句子压入栈中
            else {
                String word1 = words[i];
                direction = new DirectionNode(word1);
                String word2 = words[++i];
                action = new ActionNode(word2);
                String word3 = words[++i];
                distance = new DistanceNode(word3);
                left = new SentenceNode(direction,action,distance);
                stack.push(left); //将新表达式压入栈中
            }
        }
        this.node = (AbstractNode)stack.pop();            //将全部表达式从栈中弹出
    }

    public String output() {
        String result = node.interpret();                 //解释表达式
        return result;
    }
}
```

工具类InstructionHandler用于对输入指令进行处理,将输入指令分割为字符串数组,将第1个、第2个和第3个单词组合成一个句子,并存入栈中。如果发现有单词"and",则将"and"后的第1个、第2个和第3个单词组合成一个新的句子作为"and"的右表达式,并从栈中取出原先所存句子作为左表达式,然后组合成一个And节点存入栈中。以此类推,直到整个指令解析结束。

编写如下客户端测试代码：

```
class Client {
    public static void main(String args[]) {
        String instruction = "up move 5 and down run 10 and left move 5";
        InstructionHandler handler = new InstructionHandler();
        handler.handle(instruction);
        String outString;
        outString = handler.output();
        System.out.println(outString);
    }
}
```

编译并运行程序，输出结果如下：

```
向上移动 5 再向下快速移动 10 再向左移动 5
```

18.5 再谈 Context 的作用

在解释器模式中，环境类 Context 用于存储解释器之外的一些全局信息。它通常作为参数被传递到所有表达式的解释方法 interpret()中，可以在 Context 对象中存储和访问表达式解释器的状态，向表达式解释器提供一些全局的、公共的数据。此外，还可以在 Context 中增加一些所有表达式解释器都共有的功能，减轻解释器的职责。

在上面的机器人控制程序实例中，省略了环境类角色。下面再通过一个简单实例来说明环境类的用途。

Sunny 软件公司开发了一套简单的基于字符界面的格式化指令，可以根据输入的指令在字符界面中输出一些格式化内容。例如输入"LOOP 2 PRINT 杨过 SPACE SPACE PRINT 小龙女 BREAK END PRINT 郭靖 SPACE SPACE PRINT 黄蓉"，将输出如下结果：

```
杨过  小龙女
杨过  小龙女
郭靖  黄蓉
```

其中，关键词 LOOP 表示循环，后面的数字表示循环次数；PRINT 表示打印，后面的字符串表示打印的内容；SPACE 表示空格；BREAK 表示换行；END 表示循环结束。每个关键词对应一条命令，计算机程序将根据关键词执行相应的处理操作。

现使用解释器模式设计并实现该格式化指令的解释，对指令进行分析并调用相应的操作执行指令中每一条命令。

Sunny 软件公司开发人员通过分析，根据该格式化指令中句子的组成，定义了如下文法规则：

```
expression ::= command *                          //表达式,一个表达式包含多条命令
command ::= loop | primitive                      //语句命令
loop ::= 'LOOP number' expression 'END'           //循环命令,其中 number 为自然数
primitive ::= 'PRINT string' | 'SPACE' | 'BREAK'  //基本命令,其中 string 为字符串
```

根据以上文法规则,通过进一步分析,绘制如图 18-6 所示结构图。

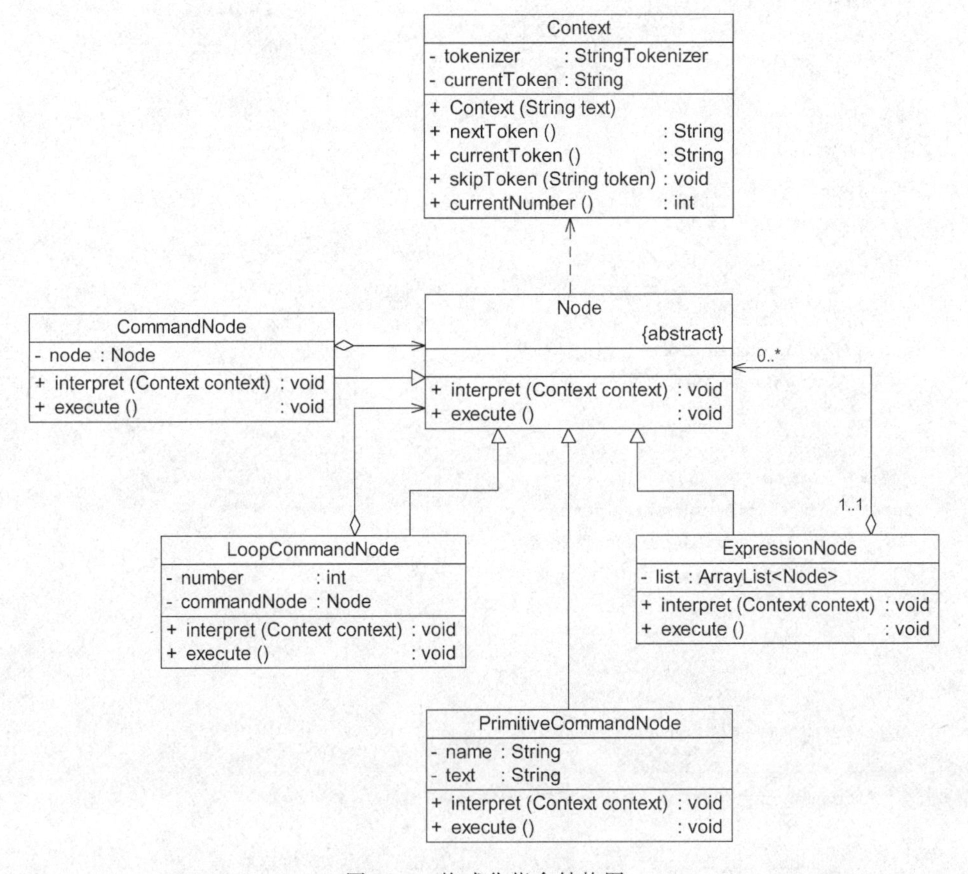

图 18-6　格式化指令结构图

在图 18-6 中,Context 充当环境角色,Node 充当抽象表达式角色,ExpressionNode、CommandNode 和 LoopCommandNode 充当非终结符表达式角色,PrimitiveCommandNode 充当终结符表达式角色。完整代码如下:

```
import java.util.*;

//环境类:用于存储和操作需要解释的语句,在本实例中每一个需要解释的单词可以称为一个动作
//标记(Action Token)或命令
class Context {
    private StringTokenizer tokenizer;  //StringTokenizer 类,用于将字符串分解为更小的字符
                                        //串标记(Token),默认情况下以空格作为分隔符
    private String currentToken;        //当前字符串标记
```

```
    public Context(String text) {
        tokenizer = new StringTokenizer(text);  //通过传入的指令字符串创建 StringTokenizer 对象
        nextToken();
    }

    //返回下一个标记
    public String nextToken() {
        if (tokenizer.hasMoreTokens()) {
            currentToken = tokenizer.nextToken();
        }
        else {
            currentToken = null;
        }
        return currentToken;
    }

    //返回当前的标记
    public String currentToken() {
        return currentToken;
    }

    //跳过一个标记
    public void skipToken(String token) {
        if (!token.equals(currentToken)) {
            System.err.println("错误提示:" + currentToken + "解释错误!");
        }
        nextToken();
    }

    //如果当前的标记是一个数字,则返回对应的数值
    public int currentNumber() {
        int number = 0;
        try{
            number = Integer.parseInt(currentToken);//将字符串转换为整数
        }
        catch(NumberFormatException e) {
            System.err.println("错误提示:" + e);
        }
        return number;
    }
}

//抽象节点类:抽象表达式
abstract class Node {
    public abstract void interpret(Context text);    //声明一个方法用于解释语句
    public abstract void execute();                   //声明一个方法用于执行标记对应的命令
}

//表达式节点类:非终结符表达式
class ExpressionNode extends Node {
```

```
    private ArrayList<Node> list = new ArrayList<Node>();  //定义一个集合用于存储多条命令

    public void interpret(Context context) {
        //循环处理 Context 中的标记
        while (true){
            //如果已经没有任何标记,则退出解释
            if (context.currentToken() == null) {
                break;
            }
            //如果标记为 END,则不解释 END 并结束本次解释过程,可以继续之后的解释
            else if (context.currentToken().equals("END")) {
                context.skipToken("END");
                break;
            }
            //如果为其他标记,则解释标记并将其加入命令集合
            else {
                Node commandNode = new CommandNode();
                commandNode.interpret(context);
                list.add(commandNode);
            }
        }
    }

    //循环执行命令集合中的每一条命令
    public void execute() {
        Iterator iterator = list.iterator();
        while (iterator.hasNext()){
            ((Node)iterator.next()).execute();
        }
    }
}

//语句命令节点类:非终结符表达式
class CommandNode extends Node {
    private Node node;

    public void interpret(Context context) {
        //处理 LOOP 循环命令
        if (context.currentToken().equals("LOOP")) {
            node = new LoopCommandNode();
            node.interpret(context);
        }
        //处理其他基本命令
        else {
            node = new PrimitiveCommandNode();
            node.interpret(context);
        }
    }
```

```
    public void execute() {
        node.execute();
    }
}

//循环命令节点类：非终结符表达式
class LoopCommandNode extends Node {
    private int number;                              //循环次数
    private Node commandNode;                        //循环语句中的表达式

    //解释循环命令
    public void interpret(Context context) {
        context.skipToken("LOOP");
        number = context.currentNumber();
        context.nextToken();
        commandNode = new ExpressionNode();//循环语句中的表达式
        commandNode.interpret(context);
    }

    public void execute() {
        for (int i = 0;i < number;i++)
            commandNode.execute();
    }
}

//基本命令节点类：终结符表达式
class PrimitiveCommandNode extends Node {
    private String name;
    private String text;

    //解释基本命令
    public void interpret(Context context) {
        name = context.currentToken();
        context.skipToken(name);
        if (!name.equals("PRINT") && !name.equals("BREAK") && !name.equals ("SPACE")){
            System.err.println("非法命令!");
        }
        if (name.equals("PRINT")){
            text = context.currentToken();
            context.nextToken();
        }
    }

    public void execute(){
        if (name.equals("PRINT"))
            System.out.print(text);
        else if (name.equals("SPACE"))
            System.out.print(" ");
```

```
            else if (name.equals("BREAK"))
                System.out.println();
        }
    }
```

在本实例代码中，环境类 Context 类似一个工具类，它提供了用于处理指令的方法，例如 nextToken()、currentToken()、skipToken()等。同时它存储了需要解释的指令并记录了每一次解释的当前标记(Token)，而具体的解释过程交给表达式解释器类来处理。还可以将各种解释器类包含的公共方法移至环境类中，更好地实现这些方法的重用和扩展。

针对本实例，编写如下客户端测试代码：

```
class Client{
    public static void main(String[] args){
        String text = "LOOP 2 PRINT 杨过 SPACE SPACE PRINT 小龙女 BREAK END PRINT 郭靖 SPACE SPACE PRINT 黄蓉";
        Context context = new Context(text);

        Node node = new ExpressionNode();
        node.interpret(context);
        node.execute();
    }
}
```

编译并运行程序，输出结果如下：

```
杨过  小龙女
杨过  小龙女
郭靖  黄蓉
```

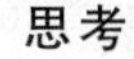

思考

预测指令"LOOP 2 LOOP 2 PRINT 杨过 SPACE SPACE PRINT 小龙女 BREAK END PRINT 郭靖 SPACE SPACE PRINT 黄蓉 BREAK END"的输出结果。

18.6　解释器模式总结

解释器模式为自定义语言的设计和实现提供了一种解决方案，它用于定义一组文法规则并通过这组文法规则来解释语言中的句子。虽然解释器模式的使用频率不是特别高，但是它在正则表达式、XML 文档解释等领域还是得到了广泛使用。与解释器模式类似，目前还诞生了很多基于抽象语法树的源代码处理工具。例如 Eclipse 中的 Eclipse AST，它可以用于表示 Java 语言的语法结构，用户可以通过扩展其功能，创建自己的文法规则。

1. 主要优点

解释器模式的主要优点如下：

(1) 易于改变和扩展文法。由于在解释器模式中使用类来表示语言的文法规则,因此可以通过继承等机制来改变或扩展文法。

(2) 每一条文法规则都可以表示为一个类,因此可以方便地实现一个简单的语言。

(3) 实现文法较为容易。在抽象语法树中每一个表达式节点类的实现方式都是相似的,这些类的代码编写都不会特别复杂,还可以通过一些工具自动生成节点类代码。

(4) 增加新的解释表达式较为方便。如果用户需要增加新的解释表达式只需要对应增加一个新的终结符表达式或非终结符表达式类,原有表达式类代码无须修改,符合开闭原则。

2. 主要缺点

解释器模式的主要缺点如下:

(1) 对于复杂文法难以维护。在解释器模式中,每一条规则至少需要定义一个类,因此如果一种语言包含太多文法规则,类的个数将会急剧增加,导致系统难以管理和维护,此时可以考虑使用语法分析程序等方式来取代解释器模式。

(2) 执行效率较低。由于在解释器模式中使用了大量的循环和递归调用,因此在解释较为复杂的句子时其速度很慢,而且代码的调试过程也比较麻烦。

3. 适用场景

在以下情况下可以考虑使用解释器模式:

(1) 可以将一个需要解释执行的语言中的句子表示为一个抽象语法树。

(2) 一些重复出现的问题可以用一种简单的语言来进行表达。

(3) 一个语言的文法较为简单。

(4) 执行效率不是关键问题。(**注**:高效的解释器通常不是通过直接解释抽象语法树来实现的,而是需要将它们转换成其他形式,使用解释器模式的执行效率并不高。)

练习

Sunny 软件公司欲为数据库备份和同步开发一套简单的数据库同步指令,通过指令可以对数据库中的数据和结构进行备份。例如,输入指令"COPY VIEW FROM srcDB TO desDB"表示将数据库 srcDB 中的所有视图(View)对象都复制至数据库 desDB;输入指令"MOVE TABLE Student FROM srcDB TO desDB"表示将数据库 srcDB 中的 Student 表移动至数据库 desDB。试使用解释器模式来设计并实现该数据库同步指令。

第19章

遍历聚合对象中的元素——迭代器模式

20 世纪 80 年代的黑白电视机没有遥控器，每次开/关机或者换台都需要通过电视机上面的那些按钮来完成，尤其是那个用来换台的按钮。需要亲自用手去旋转（还要使点劲才能拧动），每转一下就“啪”的响一声，如果没有收到任何电视频道就会出现一片让人眼花的雪花点。当然，电视机上面那两根可以前/后/左/右移动并能够变长/变短的天线也是当年电视机的标志性部件之一。随着科技的飞速发展，越来越高级的电视机相继出现，那种古老的电视机已经很少能够看到了。与那时的电视机相比，现今的电视机给人们带来的最大便利之一就是增加了电视机遥控器。人们在进行开机、关机、换台、改变音量等操作时都无须直接操作电视机，可以通过遥控器来间接实现。可以将电视机看成一个存储电视频道的集合对象，通过遥控器可以对电视机中的电视频道集合进行操作，例如，返回上一个频道、跳转到下一个频道或者跳转至指定的频道。遥控器为操作电视频道带来很大方便，用户并不需要知道这些频道到底如何存储在电视机中。电视机遥控器和电视机示意图如图 19-1 所示。

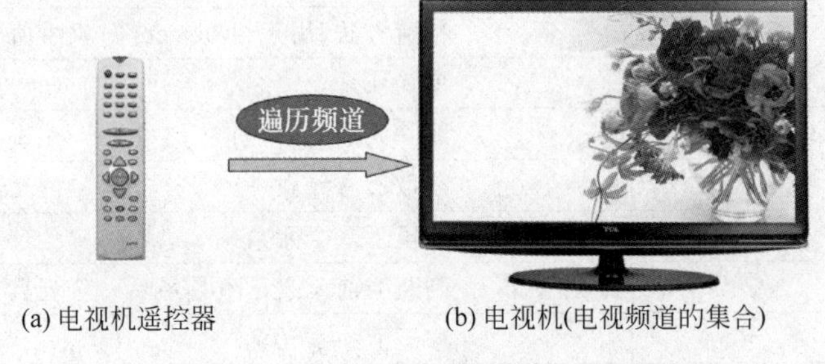

(a) 电视机遥控器　　(b) 电视机(电视频道的集合)

图 19-1　电视机遥控器与电视机示意图

在软件开发中，也存在大量类似电视机一样的类，它们可以存储多个成员对象（元素），这些类通常称为聚合类（Aggregate Classes），对应的对象称为聚合对象。为了更加方便地操作这些聚合对象，同时可以更灵活地为聚合对象增加不同的遍历方法，也需要类似电视机遥控器一样的角色，可以访问一个聚合对象中的元素但又不需要暴露它的内部结构。本章将要学习的迭代器模式会为聚合对象提供一个遥控器。通过引入迭代器，客户端无须了解聚合对象的内部结构即可实现对聚合对象中成员的遍历，还可以根据需要很方便地增加新的遍历方式。

19.1 销售管理系统中数据的遍历

Sunny 软件公司为某商场开发了一套销售管理系统。在对该系统进行分析和设计时，Sunny 软件公司开发人员发现经常需要对系统中的商品数据、客户数据等进行遍历。为了复用这些遍历代码，Sunny 公司开发人员设计了一个抽象的数据聚合类 AbstractObjectList，而将存储商品和客户等数据的类作为其子类。AbstractObjectList 类结构如图 19-2 所示。

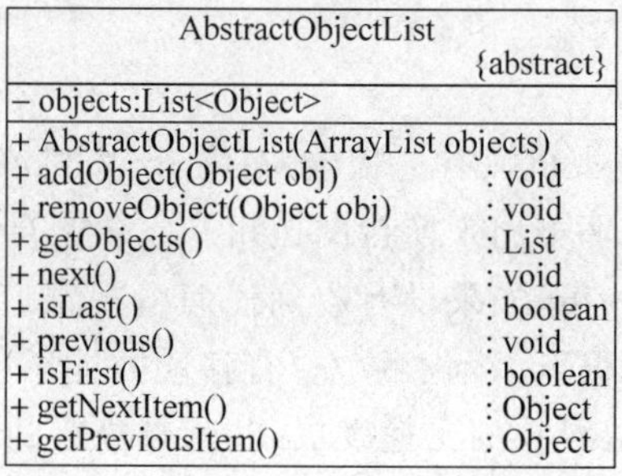

```
AbstractObjectList
                                        {abstract}
- objects:List<Object>
+ AbstractObjectList(ArrayList objects)
+ addObject(Object obj)          : void
+ removeObject(Object obj)       : void
+ getObjects()                   : List
+ next()                         : void
+ isLast()                       : boolean
+ previous()                     : void
+ isFirst()                      : boolean
+ getNextItem()                  : Object
+ getPreviousItem()              : Object
```

图 19-2 AbstractObjectList 类结构图

在图 19-2 中，List 类型的对象 objects 用于存储数据，AbstractObjectList 类的方法说明如表 19-1 所示。

表 19-1 AbstractObjectList 类方法及说明

方 法 名	说 明
AbstractObjectList()	构造方法，用于给 objects 对象赋值
addObject()	增加元素
removeObject()	删除元素
getObjects()	获取所有元素
next()	移至下一个元素
isLast()	判断当前元素是不是最后一个元素
previous()	移至上一个元素
isFirst()	判断当前元素是不是第一个元素
getNextItem()	获取下一个元素
getPreviousItem()	获取上一个元素

AbstractObjectList 类的子类 ProductList 和 CustomerList 分别用于存储商品数据和客户数据。

Sunny 软件公司开发人员通过对 AbstractObjectList 类结构进行分析，发现该设计方案存在以下问题：

(1) 在图 19-2 所示类图中，addObject()、removeObject()等方法用于管理数据，而 next()、

isLast()、previous()、isFirst()等方法用于遍历数据。这将导致聚合类的职责过重，它既负责存储和管理数据，又负责遍历数据，违反了单一职责原则。由于聚合类非常庞大，实现代码过长，还将给测试和维护增加难度。

(2) 如果将抽象聚合类声明为一个接口，则在这个接口中充斥着大量方法，不利于子类实现，违反了接口隔离原则。

(3) 如果将所有的遍历操作都交给子类来实现，将导致子类代码庞大。而且，还必须暴露 AbstractObjectList 的内部存储细节，向子类公开自己的私有属性，否则子类无法实施对数据的遍历，这将破坏 AbstractObjectList 类的封装性。

如何解决上述问题？解决方案之一就是将聚合类中负责遍历数据的方法提取出来，封装到专门的类中，实现数据存储和数据遍历分离，无须暴露聚合类的内部属性即可对其进行操作，而这正是迭代器模式的意图所在。下面就正式进入迭代器模式的学习。

19.2　迭代器模式概述

在软件开发时，经常需要使用聚合对象来存储一系列数据。聚合对象拥有两个职责：一是存储数据；二是遍历数据。从依赖性来看，前者是聚合对象的基本职责；而后者既是可变化的，又是可分离的。因此，可以将遍历数据的行为从聚合对象中分离出来，封装在一个被称之为“迭代器”的对象中。由迭代器来提供遍历聚合对象内部数据的行为，这将简化聚合对象的设计，更符合单一职责原则的要求。

迭代器模式定义如下：

> 迭代器模式(Iterator Pattern)：提供一种方法来访问聚合对象，而不用暴露这个对象的内部表示，其别名为游标(Cursor)。迭代器模式是一种对象行为型模式。

在迭代器模式结构中包含聚合和迭代器两个层次结构。考虑到系统的灵活性和可扩展性，在迭代器模式中应用了工厂方法模式，其模式结构如图 19-3 所示。

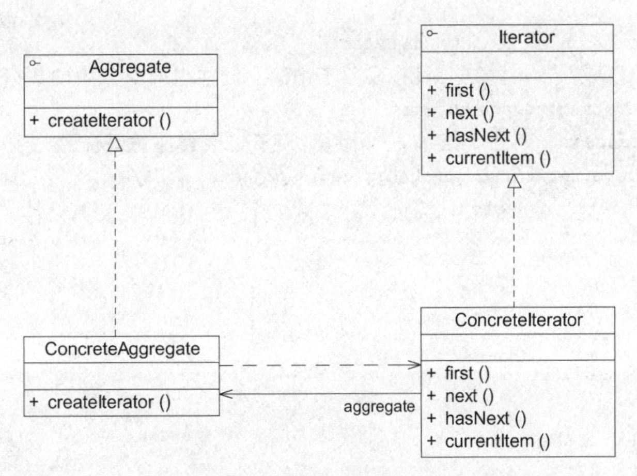

图 19-3　迭代器模式结构图

由图 19-3 可以看出，在迭代器模式结构图中包含以下 4 个角色。

(1) Iterator(抽象迭代器)：它定义了访问和遍历元素的接口，声明了用于遍历数据元素的方法。例如，用于获取第一个元素的 first()方法，用于访问下一个元素的 next()方法，用于判断是否还有下一个元素的 hasNext()方法，用于获取当前元素的 currentItem()方法等。在具体迭代器中将实现这些方法。

(2) ConcreteIterator(具体迭代器)：它实现了抽象迭代器接口，完成对聚合对象的遍历，同时在具体迭代器中通过游标来记录在聚合对象中所处的当前位置。在具体实现时，游标通常是一个表示位置的非负整数。

(3) Aggregate(抽象聚合类)：它用于存储和管理元素对象，声明一个 createIterator()方法用于创建一个迭代器对象，充当抽象迭代器工厂角色。

(4) ConcreteAggregate(具体聚合类)：它实现了在抽象聚合类中声明的 createIterator()方法，该方法返回一个与该具体聚合类对应的具体迭代器 ConcreteIterator 实例。

在迭代器模式中，提供了一个外部的迭代器来对聚合对象进行访问和遍历。迭代器定义了一个访问该聚合元素的接口，并且可以跟踪当前遍历的元素，了解哪些元素已经遍历过而哪些没有。迭代器的引入，将使得对一个复杂聚合对象的操作变得简单。

下面结合代码来对迭代器模式的结构进行进一步分析。在迭代器模式中应用了工厂方法模式，抽象迭代器对应于抽象产品角色，具体迭代器对应于具体产品角色，抽象聚合类对应于抽象工厂角色，具体聚合类对应于具体工厂角色。

在抽象迭代器中声明了用于遍历聚合对象中所存储元素的方法，典型代码如下：

```
interface Iterator {
    public void first();                        //将游标指向第一个元素
    public void next();                         //将游标指向下一个元素
    public boolean hasNext();                   //判断是否存在下一个元素
    public Object currentItem();                //获取游标指向的当前元素
}
```

在具体迭代器中将实现在抽象迭代器中声明的遍历数据方法，代码如下：

```
class ConcreteIterator implements Iterator {
    //维持一个对具体聚合对象的引用，以便于访问存储在聚合对象中的数据
    private ConcreteAggregate objects;
    private int cursor;         //定义一个游标，用于记录当前访问位置
    public ConcreteIterator(ConcreteAggregate objects) {
        this.objects = objects;
    }

    public void first() {   …}

    public void next() {   …   }

    public boolean hasNext() {   …   }

    public Object currentItem() {   …   }
}
```

需要注意的是，抽象迭代器接口的设计非常重要。一方面需要充分满足各种遍历操作的要求，尽量为各种遍历方法都提供声明；另一方面又不能包含太多方法，接口中方法太多将给子类的实现带来麻烦。因此，可以考虑使用抽象类来设计抽象迭代器，在抽象类中为每一个方法提供一个空的默认实现。如果需要在具体迭代器中为聚合对象增加全新的遍历操作，则必须修改抽象迭代器和具体迭代器的源代码，这将违反开闭原则，因此在设计时要考虑全面，避免之后修改接口。

聚合类用于存储数据并负责创建迭代器对象。最简单的抽象聚合类代码如下：

```
interface Aggregate {
    Iterator createIterator();
}
```

具体聚合类作为抽象聚合类的子类，一方面负责存储数据，另一方面实现了在抽象聚合类中声明的工厂方法 createIterator()，用于返回一个与该具体聚合类对应的具体迭代器对象。代码如下：

```
class ConcreteAggregate implements Aggregate {
    …
    public Iterator createIterator() {
        return new ConcreteIterator(this);
    }
    …
}
```

思考

如何理解迭代器模式中具体聚合类与具体迭代器类之间存在的依赖关系和关联关系？

19.3 完整解决方案

为了简化 AbstractObjectList 类的结构，并给不同的具体数据聚合类提供不同的遍历方式，Sunny 软件公司开发人员使用迭代器模式来重构 AbstractObjectList 类的设计。重构之后的销售管理系统数据遍历结构如图 19-4 所示。

在图 19-4 中，AbstractObjectList 充当抽象聚合类，ProductList 充当具体聚合类，AbstractIterator 充当抽象迭代器，ProductIterator 充当具体迭代器。完整代码如下：

```
//在本实例中，为了详细说明自定义迭代器的实现过程，没有使用 JDK 中内置的迭代器。事实上，JDK
//内置迭代器已经实现了对一个 List 对象的正向遍历
import java.util.*;

//抽象聚合类
```

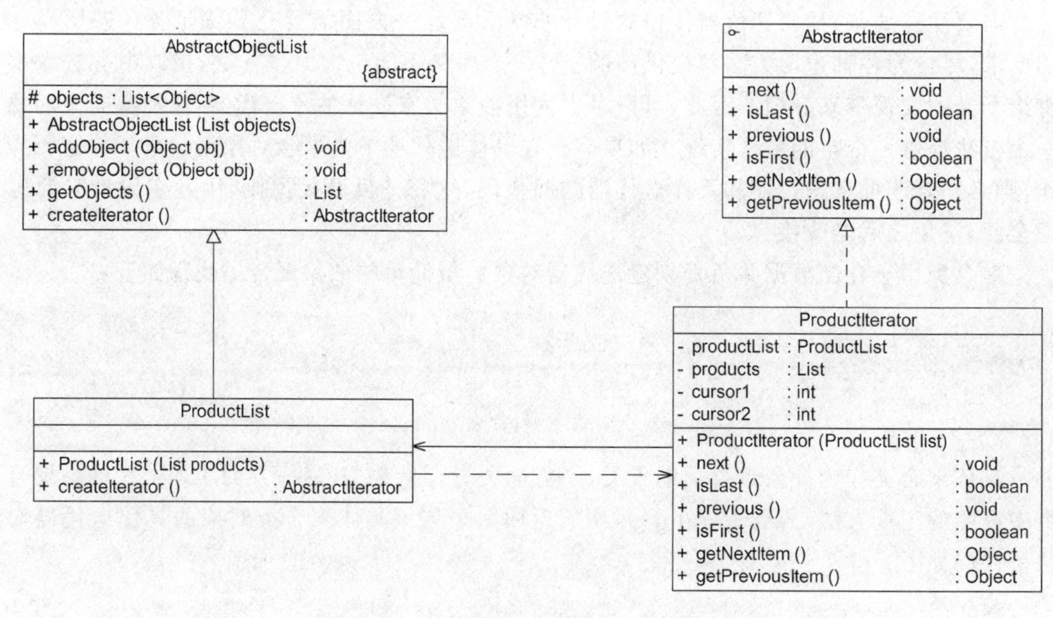

图 19-4 销售管理系统数据遍历结构图

（注：为了简化类图和代码，本结构图中只提供一个具体聚合类和一个具体迭代器类）

```
abstract class AbstractObjectList {
    protected List<Object> objects = new ArrayList<Object>();

    public AbstractObjectList(List objects) {
        this.objects = objects;
    }

    public void addObject(Object obj) {
        this.objects.add(obj);
    }

    public void removeObject(Object obj) {
        this.objects.remove(obj);
    }

    public List getObjects() {
        return this.objects;
    }

    //声明创建迭代器对象的抽象工厂方法
    public abstract AbstractIterator createIterator();
}

//商品数据类：具体聚合类
class ProductList extends AbstractObjectList {
    public ProductList(List products) {
        super(products);
```

```
    }

    //实现创建迭代器对象的具体工厂方法
    public AbstractIterator createIterator() {
        return new ProductIterator(this);
    }
}

//抽象迭代器
interface AbstractIterator {
    public void next();                   //移至下一个元素
    public boolean isLast();              //判断是否为最后一个元素
    public void previous();               //移至上一个元素
    public boolean isFirst();             //判断是否为第一个元素
    public Object getNextItem();          //获取下一个元素
    public Object getPreviousItem();      //获取上一个元素
}

//商品迭代器：具体迭代器
class ProductIterator implements AbstractIterator {
    private ProductList productList;
    private List products;
    private int cursor1;                          //定义一个游标，用于记录正向遍历的位置
    private int cursor2;                          //定义一个游标，用于记录逆向遍历的位置

    public ProductIterator(ProductList list) {
        this.productList = list;
        this.products = list.getObjects();  //获取集合对象
        cursor1 = 0;                              //设置正向遍历游标的初始值
        cursor2 = products.size() - 1;            //设置逆向遍历游标的初始值
    }

    public void next() {
        if(cursor1 < products.size()) {
            cursor1++;
        }
    }

    public boolean isLast() {
        return (cursor1 == products.size());
    }

    public void previous() {
        if (cursor2 > -1) {
            cursor2--;
        }
    }

    public boolean isFirst() {
        return (cursor2 == -1);
```

```
    }

    public Object getNextItem() {
        return products.get(cursor1);
    }

    public Object getPreviousItem() {
        return products.get(cursor2);
    }
}
```

编写如下客户端测试代码：

```
class Client {
    public static void main(String args[]) {
        List products = new ArrayList();
        products.add("倚天剑");
        products.add("屠龙刀");
        products.add("断肠草");
        products.add("葵花宝典");
        products.add("四十二章经");

        AbstractObjectList list;
        AbstractIterator iterator;

        list = new ProductList(products);           //创建聚合对象
        iterator = list.createIterator();           //创建迭代器对象

        System.out.println("正向遍历：");
        while(!iterator.isLast()) {
            System.out.print(iterator.getNextItem() + ",");
            iterator.next();
        }
        System.out.println();
        System.out.println("-----------------------------");
        System.out.println("逆向遍历：");
        while(!iterator.isFirst()) {
            System.out.print(iterator.getPreviousItem() + ",");
            iterator.previous();
        }
    }
}
```

编译并运行程序，输出结果如下：

```
正向遍历：
倚天剑,屠龙刀,断肠草,葵花宝典,四十二章经,
-----------------------------
逆向遍历：
四十二章经,葵花宝典,断肠草,屠龙刀,倚天剑,
```

如果需要增加一个新的具体聚合类，例如客户数据聚合类，并且需要为客户数据聚合类提供不同于商品数据聚合类的正向遍历和逆向遍历操作，只需增加一个新的聚合子类和一个新的具体迭代器类即可，原有类库代码无须修改，符合开闭原则。如果需要为ProductList类更换一个迭代器，只需要增加一个新的具体迭代器类作为抽象迭代器类的子类，重新实现遍历方法，原有迭代器代码无须修改，从迭代器的角度来看，也符合开闭原则。但是如果要在迭代器中增加新的方法，则需要修改抽象迭代器源代码，这将违背开闭原则。

19.4 使用内部类实现迭代器

在图19-3所示的迭代器模式结构图中可以看到，具体迭代器类和具体聚合类之间存在双重关系，其中一个关系为关联关系。在具体迭代器中需要维持一个对具体聚合对象的引用，该关联关系的目的是访问存储在聚合对象中的数据，以便迭代器能够对这些数据进行遍历操作。

除了使用关联关系外，为了能够让迭代器可以访问到聚合对象中的数据，还可以将迭代器类设计为聚合类的内部类。JDK中的迭代器类就是通过这种方法来实现的。其中AbstractList类的代码片段如下：

```
package java.util;
…
public abstract class AbstractList<E> extends AbstractCollection<E> implements List<E> {
    …
    private class Itr implements Iterator<E> {
        int cursor = 0;
        …
}
…
}
```

可以通过类似的方法来设计19.3节中的ProductList类，将ProductIterator类作为ProductList类的内部类，代码如下：

```
//商品数据类：具体聚合类
class ProductList extends AbstractObjectList {
    public ProductList(List products) {
        super(products);
    }

    public AbstractIterator createIterator() {
        return new ProductIterator();
    }

    //商品迭代器：具体迭代器，内部类实现
    private class ProductIterator implements AbstractIterator {
        private int cursor1;
```

```
            private int cursor2;

            public ProductIterator() {
                cursor1 = 0;
                cursor2 = objects.size() - 1;
            }

            public void next() {
                if(cursor1 < objects.size()) {
                    cursor1++;
                }
            }

            public boolean isLast() {
                return (cursor1 == objects.size());
            }

            public void previous() {
                if(cursor2 > -1) {
                    cursor2--;
                }
            }

            public boolean isFirst() {
                return (cursor2 == -1);
            }

            public Object getNextItem() {
                return objects.get(cursor1);
            }

            public Object getPreviousItem() {
                return objects.get(cursor2);
            }
        }
    }
```

无论使用哪种实现机制，客户端代码都是一样的。也就是说，客户端无须关心具体迭代器对象的创建细节，只需通过调用工厂方法 createIterator()即可得到一个可用的迭代器对象，这也是使用工厂方法模式的好处。通过工厂来封装对象的创建过程，简化了客户端的调用。

19.5 JDK 内置迭代器

为了让开发人员能够更加方便地操作聚合对象，在 Java、C# 等编程语言中都提供了内置迭代器。在 Java 集合框架中，常用的 List 和 Set 等聚合类的子类都间接实现了

java.util.Collection 接口。在 Collection 接口中声明了如下方法(部分):

```
package java.util;

public interface Collection<E> extends Iterable<E> {
    …
    boolean add(Object c);
    boolean addAll(Collection c);
    boolean remove(Object o);
    boolean removeAll(Collection c);
    boolean remainAll(Collection c);
    Iterator iterator();
    …
}
```

除了包含一些增加元素和删除元素的方法外,还提供了一个 iterator()方法,用于返回一个 Iterator 迭代器对象,以便遍历聚合中的元素。具体的 Java 聚合类可以通过实现该 iterator()方法返回一个具体的 Iterator 对象。

JDK 中定义了抽象迭代器接口 Iterator,代码如下:

```
package java.util;

public interface Iterator<E> {
    boolean hasNext();
    E next();
    void remove();
}
```

其中,hasNext()方法用于判断聚合对象中是否还存在下一个元素。为了不抛出异常,在每次调用 next()之前需先调用 hasNext(),如果有可供访问的元素,则返回 true。next()方法用于将游标移至下一个元素,通过它可以逐个访问聚合中的元素,它返回游标所越过的那个元素的引用。remove()方法用于删除上次调用 next()时所返回的元素。

Java 迭代器工作原理如图 19-5 所示。在第一个 next()方法被调用时,迭代器游标由"元素 1"与"元素 2"之间移至"元素 2"与"元素 3"之间,跨越了"元素 2",因此 next()方法将返回对"元素 2"的引用。在第二个 next()方法被调用时,迭代器游标由"元素 2"与"元素 3"之间移至"元素 3"和"元素 4"之间,next()方法将返回对"元素 3"的引用。如果此时调用 remove()方法,即可将"元素 3"删除。

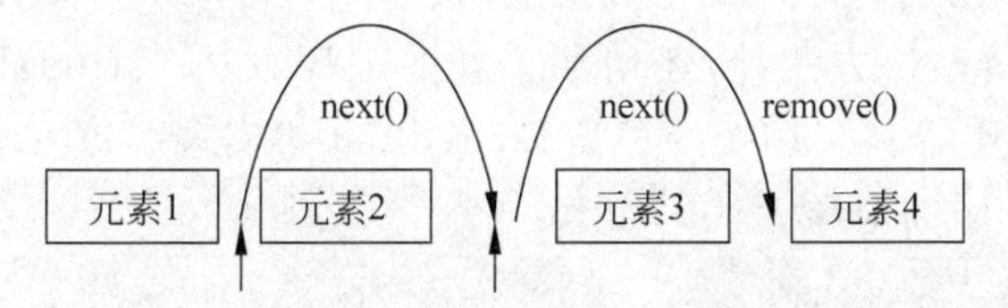

图 19-5　Java 迭代器工作原理示意图

用于删除聚合对象中的第一个元素的代码片段如下：

```
Iterator iterator = collection.iterator();          //collection是已实例化的聚合对象
iterator.next();                                    //跳过第一个元素
iterator.remove();                                  //删除第一个元素
```

需要注意的是，在这里 next()方法与 remove()方法的调用是相互关联的。如果调用 remove()之前没有先对 next()进行调用，那么将会抛出一个 IllegalStateException 异常，因为没有任何可供删除的元素。

用于删除两个相邻元素的代码片段如下：

```
iterator.remove();
iterator.next();        //如果删除此行代码,程序将抛出异常
iterator.remove();
```

在上面的代码片段中，如果将代码"iterator.next();"去掉则程序运行抛出异常，因为第二次删除时将找不到可供删除的元素。

在 JDK 中，Collection 接口和 Iterator 接口充当了迭代器模式的抽象层，分别对应于抽象聚合类和抽象迭代器，而 Collection 接口的子类充当了具体聚合类。下面以 List 为例加以说明，图 19-6 列出了 JDK 中部分与 List 有关的类及它们之间的关系。

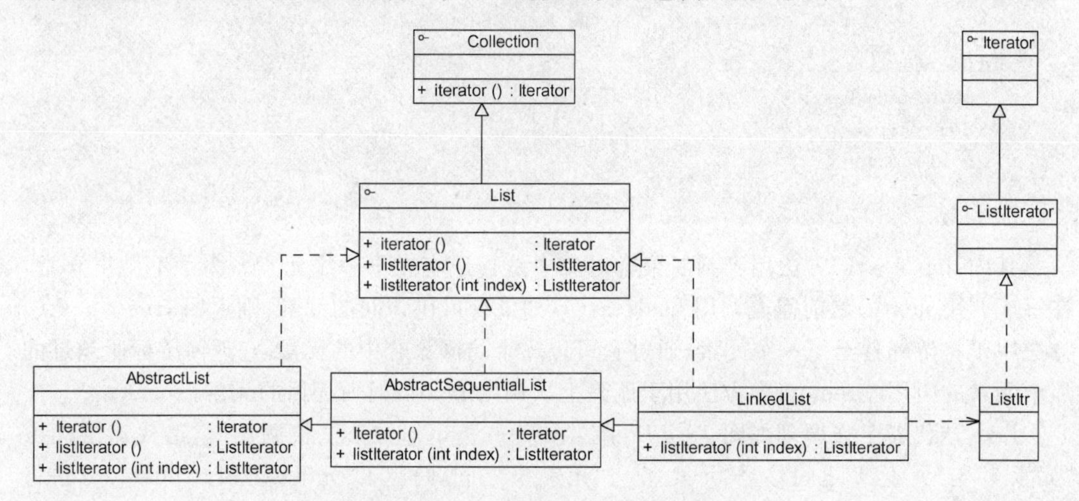

图 19-6 Java 集合框架中部分类结构图

（注：为了简化类图，本图省略了大量方法）

在 JDK 中，实际情况比图 19-6 要复杂很多。在图 19-6 中，List 接口除了继承 Collection 接口的 iterator()方法外，还增加了新的工厂方法 listIterator()，专门用于创建 ListIterator 类型的迭代器。在 List 的子类 LinkedList 中实现了该方法，可用于创建具体的 ListIterator 子类 ListItr 的对象。代码如下：

```
public ListIterator<E> listIterator(int index) {
    return new ListItr(index);
}
```

listIterator()方法用于返回具体迭代器 ListItr 类型的对象。在 JDK 源码中，AbstractList 中的 iterator()方法调用了 listIterator()方法，代码如下：

```
public Iterator<E> iterator() {
    return listIterator();
}
```

客户端通过调用 LinkedList 类的 iterator()方法，即可得到一个专门用于遍历 LinkedList 的迭代器对象。

大家可能会问：既然有了 iterator()方法，为什么还要提供一个 listIterator()方法呢？这两个方法的功能不会存在重复吗？

现在给大家简单解释一下这样设计的原因：由于在 Iterator 接口中定义的方法太少，只有 3 个。通过这 3 个方法只能实现正向遍历，但有时需要对一个聚合对象进行逆向遍历等操作，因此在 JDK 的 ListIterator 接口中声明了用于逆向遍历的 hasPrevious()和 previous()等方法。如果客户端需要调用这两个方法来实现逆向遍历，就不能再使用 iterator()方法来创建迭代器了，因为此时创建的迭代器对象是不具有这两个方法的。于是只能通过如下代码来创建 ListIterator 类型的迭代器对象：

```
ListIterator i = c.listIterator();
```

正因为这样，在 JDK 的 List 接口中不得不增加对 listIterator()方法的声明，该方法可以返回一个 ListIterator 类型的迭代器。ListIterator 迭代器具有更加强大的功能。

思考

为什么使用 iterator()方法创建的迭代器无法实现逆向遍历？

在 Java 语言中，可以直接使用 JDK 内置的迭代器来遍历聚合对象中的元素。下面的代码演示了如何使用 Java 内置的迭代器：

```
import java.util.*;

class IteratorDemo {
    public static void process(Collection c) {
        Iterator i = c.iterator();      //创建迭代器对象

        //通过迭代器遍历聚合对象
        while(i.hasNext()) {
            System.out.println(i.next().toString());
        }
    }

    public static void main(String args[]) {
        Collection persons;
        persons = new ArrayList(); //创建一个 ArrayList 类型的聚合对象
```

```
            persons.add("张无忌");
            persons.add("小龙女");
            persons.add("令狐冲");
            persons.add("韦小宝");
            persons.add("袁紫衣");
            persons.add("小龙女");

            process(persons);
        }
    }
```

在静态方法 process()中使用迭代器 Iterator 对 Collection 对象进行处理，该代码运行结果如下：

```
张无忌
小龙女
令狐冲
韦小宝
袁紫衣
小龙女
```

如果需要更换聚合类型，例如将 List 改成 Set，则只需更换具体聚合类类名。将上述代码中的 ArrayList 改为 HashSet，则输出结果如下：

```
令狐冲
张无忌
韦小宝
小龙女
袁紫衣
```

在 HashSet 中合并了重复元素，并且元素以随机次序输出，其结果与使用 ArrayList 不相同。由此可见，通过使用迭代器模式，使得更换具体聚合类变得非常方便，而且还可以根据需要增加新的聚合类。新的聚合类只需要实现 Collection 接口，无须修改原有类库代码，符合开闭原则。

练习

在 Sunny 软件公司开发的某教务管理系统中，一个班级(Class in School)包含多个学生(Student)。使用 Java 内置迭代器实现对学生信息的遍历，要求按学生年龄由大到小的次序输出学生信息。

19.6 迭代器模式总结

迭代器模式是一种使用频率非常高的设计模式，通过引入迭代器可以将数据的遍历功能从聚合对象中分离出来。聚合对象只负责存储数据，而遍历数据由迭代器来完成。由于很多编程语言的类库都已经实现了迭代器模式，因此在实际开发中，只需要直接使用Java、C#等语言已定义好的迭代器即可。迭代器已经成为操作聚合对象的基本工具之一。

1. 主要优点

迭代器模式的主要优点如下：

(1) 支持以不同的方式遍历一个聚合对象，在同一个聚合对象上可以定义多种遍历方式。在迭代器模式中只需要用一个不同的迭代器来替换原有迭代器即可改变遍历算法，也可以自己定义迭代器的子类以支持新的遍历方式。

(2) 迭代器简化了聚合类。由于引入了迭代器，在原有的聚合对象中不需要再自行提供数据遍历等方法，这样可以简化聚合类的设计。

(3) 在迭代器模式中，由于引入了抽象层，增加新的聚合类和迭代器类都很方便，无须修改原有代码，满足开闭原则的要求。

2. 主要缺点

迭代器模式的主要缺点如下：

(1) 由于迭代器模式将存储数据和遍历数据的职责分离，增加新的聚合类需要对应增加新的迭代器类，类的个数成对增加，这在一定程度上增加了系统的复杂性。

(2) 抽象迭代器的设计难度较大，需要充分考虑到系统将来的扩展。例如JDK内置迭代器Iterator就无法实现逆向遍历，如果需要实现逆向遍历，只能通过其子类ListIterator等来实现，而ListIterator迭代器无法用于操作Set类型的聚合对象。在自定义迭代器时，创建一个考虑全面的抽象迭代器并不是件很容易的事情。

3. 适用场景

在以下情况下可以考虑使用迭代器模式：

(1) 访问一个聚合对象的内容而无须暴露它的内部表示。将聚合对象的访问与内部数据的存储分离，使得访问聚合对象时无须了解其内部实现细节。

(2) 需要为一个聚合对象提供多种遍历方式。

(3) 为遍历不同的聚合结构提供一个统一的接口，在该接口的实现类中为不同的聚合结构提供不同的遍历方式，而客户端可以一致性地操作该接口。

练习

设计一个逐页迭代器，每次可返回指定个数(一页)元素，并将该迭代器用于对数据进行分页处理。

第20章

协调多个对象之间的交互——中介者模式

腾讯公司推出的 QQ 作为一款免费的即时聊天软件深受广大用户的喜爱，目前已经成为很多人学习、工作和生活的一部分。在 QQ 中，一般有两种聊天方式：第一种是用户与用户直接聊天，第二种是通过 QQ 群聊天，如图 20-1 所示。如果使用图 20-1(a)所示方式，一个用户如果要与其他用户聊天或发送文件，通常需要加对方用户为好友，用户与用户之间存在多对多的联系，这将导致系统中用户之间的关系非常复杂。一个用户如果要将相同的信息或文件发送给其他所有用户，必须一个一个地发送，于是 QQ 群产生了，如图 20-1(b)所示。如果使用 QQ 群，一个用户就可以向多个用户发送相同的信息和文件而无须一一进行发送，只需要将信息或文件发送到群中或作为群共享即可。群的作用就是将发送者所发送的信息和文件转发给每个接收者用户。通过引入群的机制，将极大减少系统中用户之间的两两通信，用户与用户之间的联系可以通过群来实现。

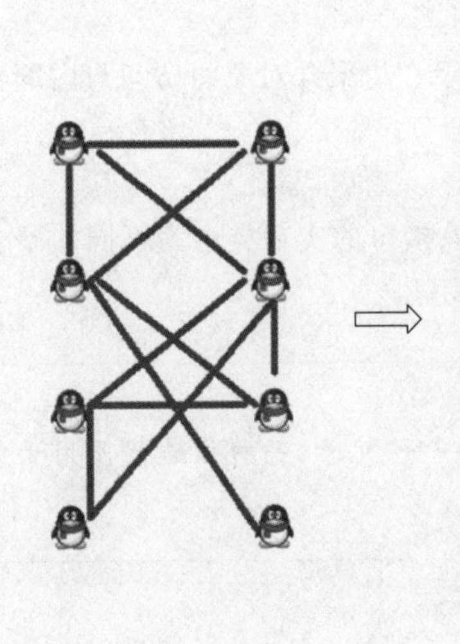

(a) 用户与用户直接聊天

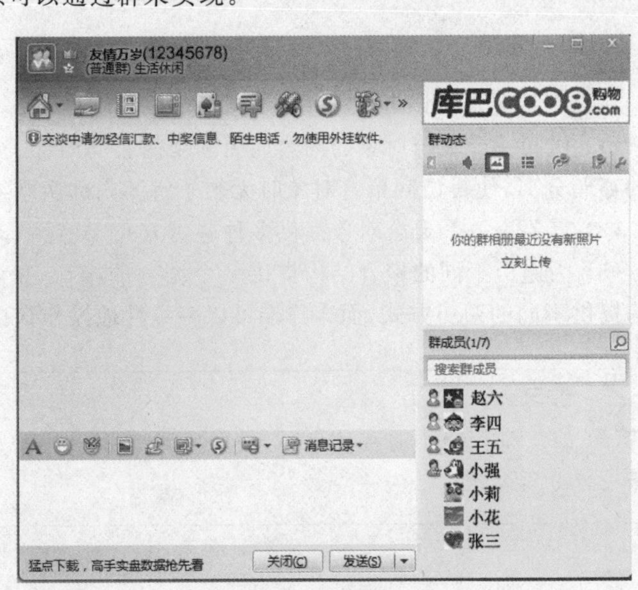

(b) 通过QQ群聊天

图 20-1　QQ 聊天示意图

在有些软件中，某些类/对象之间的相互调用关系错综复杂，类似 QQ 用户之间的关系。此时，特别需要一个类似“QQ 群”一样的中间类来协调这些类/对象之间的复杂关系，以降低系统的耦合度。有一个设计模式正为此而诞生，它就是本章将要介绍的中介者模式。

20.1　客户信息管理窗口的初始设计

Sunny 软件公司欲开发一套 CRM 系统，其中包含一个客户信息管理模块，所设计的“客户信息管理窗口”界面效果图如图 20-2 所示。

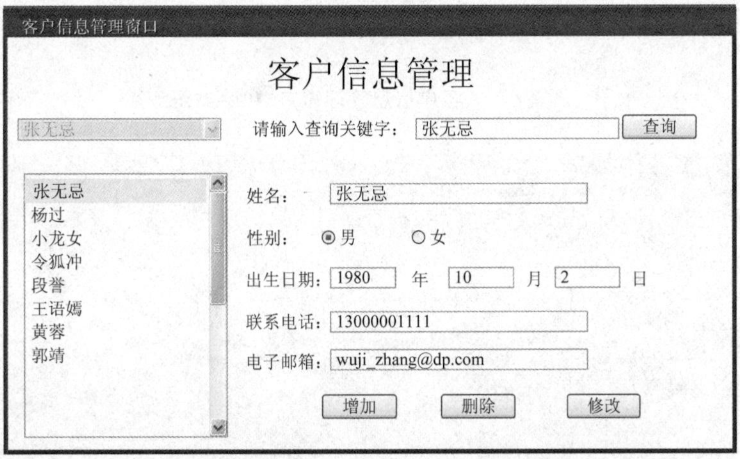

图 20-2　“客户信息管理窗口”界面图

Sunny 公司开发人员通过分析发现，在图 20-2 中，界面组件之间存在较为复杂的交互关系：如果删除一个客户，则将从客户列表（List）中删掉对应的项，客户选择组合框（ComboBox）中客户名称也将减少一个；如果增加一个客户信息，则客户列表中将增加一个客户，且组合框中也将增加一项。

如何实现界面组件之间的交互是 Sunny 公司开发人员必须面对的一个问题。

Sunny 公司开发人员对组件之间的交互关系进行了分析，结果如下：

（1）当用户单击“增加”“删除”“修改”或“查询”按钮时，界面左侧的“客户选择组合框”“客户列表”以及界面中的文本框将产生响应。

（2）当用户通过“客户选择组合框”选中某个客户姓名时，“客户列表”和文本框将产生响应。

（3）当用户通过“客户列表”选中某个客户姓名时，“客户选择组合框”和文本框将产生响应。

于是，Sunny 公司开发人员根据组件之间的交互关系绘制了如图 20-3 所示初始类图。

与类图 20-3 所对应的框架代码片段如下：

```
//按钮类
class Button {
    private List list;
    private ComboBox cb;
```

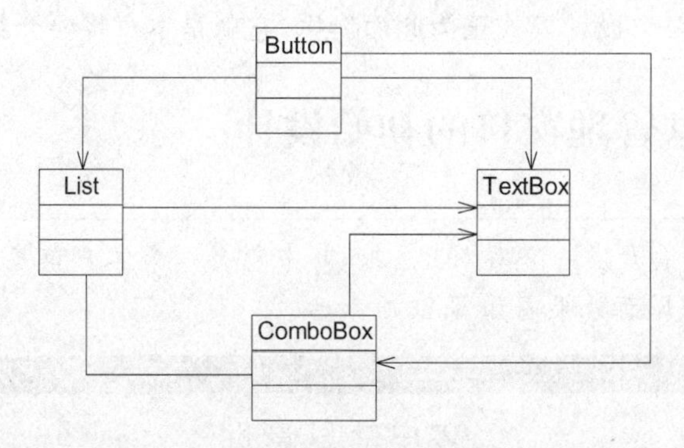

图 20-3 “客户信息管理窗口”初始类图

```
    private TextBox tb;
    …

    //界面组件的交互
    public void change() {
        list.update();
        cb.update();
        tb.update();
    }

    public void update() {
        …
    }
    …
}

//列表框类
class List {
    private ComboBox cb;
    private TextBox tb;
    …

    //界面组件的交互
    public void change() {
        cb.update();
        tb.update();
    }

    public void update() {
        …
    }
    …
}

//组合框类
class ComboBox {
    private List list;
    private TextBox tb;
```

```
        …

        //界面组件的交互
        public void change() {
            list.update();
            tb.update();
        }

        public void update() {
            …
        }
        …
    }

    //文本框类
    class TextBox {
        public void update() {
            …
        }
        …
    }
```

分析图 20-3 所示初始结构图和上述代码，不难发现该设计方案存在以下问题：

(1) 系统结构复杂且耦合度高。每个界面组件都与多个其他组件之间产生相互关联和调用。若一个界面组件对象发生变化，需要跟踪与之有关联的其他所有组件并进行处理。系统组件之间呈现一种较为复杂的网状结构，组件之间的耦合度高。

(2) 组件的可重用性差。由于每个组件和其他组件之间都具有很强的关联，若没有其他组件的支持，一个组件很难被另一个系统或模块重用，这些组件表现出更像一个不可分割的整体。但在实际使用时往往需要每一个组件都能够单独重用，而不是重用一个由多个组件组成的复杂结构。

(3) 系统的可扩展性差。如果在上述系统中增加一个新的组件类，则必须修改与之交互的其他组件类的源代码，将导致多个类的源代码需要修改。同样，如果要删除一个组件也存在类似的问题。这违反了开闭原则，可扩展性和灵活性欠佳。

由于存在上述问题，Sunny 公司开发人员不得不对原有系统进行重构。那么如何重构呢？大家想到了迪米特法则，引入一个"第三者"来降低现有系统中类之间的耦合度。由这个"第三者"来封装并协调原有组件两两之间复杂的引用关系，使之成为一个松耦合的系统。这个"第三者"又称为"中介者"，中介者模式因此而得名。下面就正式进入中介者模式的学习，学会如何使用中介者类来协调多个类/对象之间的交互，以达到降低系统耦合度的目的。

20.2 中介者模式概述

如果在一个系统中对象之间的联系呈现为网状结构，如图 20-4 所示。对象之间存在大量的多对多联系，将导致系统非常复杂，这些对象既会影响别的对象，也会被别的对象所影响，这些对象称为同事对象，它们之间通过彼此的相互作用实现系统的行为。在网状结构中，几乎每个对象都需要与其他对象发生相互作用，而这种相互作用表现为一个对象与另外一个对象的直接耦合，这将导致一个过度耦合的系统。

中介者模式可以使对象之间的关系数量急剧减少。通过引入中介者对象，可以将系统的网状结构变成以中介者为中心的星形结构，如图 20-5 所示。在这个星形结构中，同事对象不再直接与另一个对象联系，它通过中介者对象与另一个对象发生相互作用。中介者对象的存在保证了对象结构上的稳定，也就是说，系统的结构不会因为新对象的引入带来大量的修改工作。

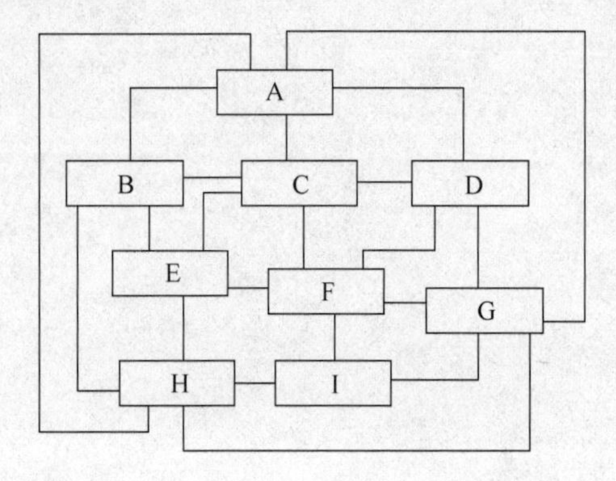

图 20-4　对象之间存在复杂关系的网状结构

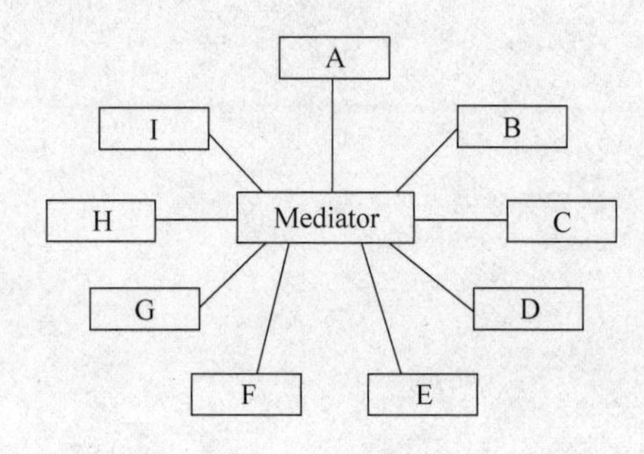

图 20-5　引入中介者对象的星形结构

如果在一个系统中对象之间存在多对多的相互关系，可以将对象之间的一些交互行为从各个对象中分离出来，并集中封装在一个中介者对象中，由该中介者进行统一协调，这样对象之间多对多的复杂关系就转化为相对简单的一对多关系。通过引入中介者来简化对象之间的复杂交互，中介者模式是迪米特法则的一个典型应用。

中介者模式定义如下：

> 中介者模式(Mediator Pattern)：用一个中介对象(中介者)来封装一系列的对象交互。中介者使各对象不需要显式地相互引用，从而使其耦合松散，而且可以独立地改变它们之间的交互。中介者模式又称为调停者模式，它是一种对象行为型模式。

在中介者模式中，引入了用于协调其他对象/类之间相互调用的中介者类。为了让系统具有更好的灵活性和可扩展性，通常还提供了抽象中介者，其结构图如图 20-6 所示。

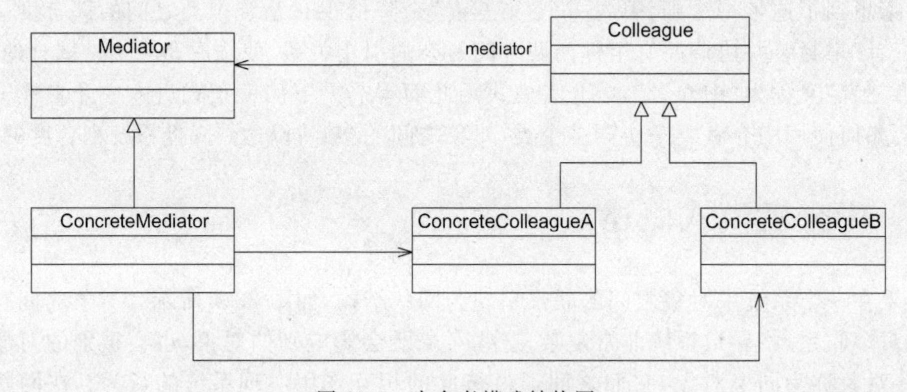

图 20-6　中介者模式结构图

由图 20-6 可以看出，在中介者模式结构图中包含以下 4 个角色：

(1) Mediator（抽象中介者）：它定义一个接口，该接口用于与各同事对象之间进行通信。

(2) ConcreteMediator（具体中介者）：它是抽象中介者的子类，通过协调各个同事对象来实现协作行为，维持了对各个同事对象的引用。

(3) Colleague（抽象同事类）：它定义各个同事类公有的方法，并声明了一些抽象方法来供子类实现，同时维持了一个对抽象中介者类的引用，其子类可以通过该引用来与中介者通信。

(4) ConcreteColleague（具体同事类）：它是抽象同事类的子类。每一个同事对象在需要和其他同事对象通信时，先与中介者通信，通过中介者来间接完成与其他同事类的通信。在具体同事类中实现了在抽象同事类中声明的抽象方法。

中介者模式的核心在于中介者类的引入。在中介者模式中，中介者类承担了以下两方面的职责：

(1) 中转作用（结构性）。通过中介者提供的中转作用，各个同事对象就不再需要显式地引用其他同事。当需要和其他同事进行通信时，可通过中介者来实现间接调用。该中转作用属于中介者在结构上的支持。

(2) 协调作用（行为性）。中介者可以更进一步地对同事之间的关系进行封装，同事可以一致地和中介者进行交互，而不需要指明中介者需要具体怎么做。中介者根据封装在自身内部的协调逻辑，对同事的请求进行进一步处理，将同事成员之间的关系行为进行分离和封装。该协调作用属于中介者在行为上的支持。

在中介者模式中，典型的抽象中介者类代码如下：

```
abstract class Mediator {
    protected ArrayList<Colleague> colleagues;          //用于存储同事对象

    //注册方法，用于增加同事对象
    public void register(Colleague colleague) {
        colleagues.add(colleague);
    }

    //声明抽象的业务方法
    public abstract void operation();
}
```

在抽象中介者中可以定义一个同事类的集合，用于存储同事对象并提供注册方法，同时声明具体中介者类所具有的方法。在具体中介者类中将实现这些抽象方法，典型的具体中介者类代码如下：

```
class ConcreteMediator extends Mediator {
    //实现业务方法，封装同事之间的调用
    public void operation() {
        …
```

```
        ((Colleague)(colleagues.get(0))).method1(); //通过中介者调用同事类的方法
        …
    }
}
```

在具体中介者类中将调用同事类的方法，调用时可以增加一些自己的业务代码对调用进行控制。

在抽象同事类中维持了一个抽象中介者的引用，用于调用中介者的方法。典型的抽象同事类代码如下：

```
abstract class Colleague {
    protected Mediator mediator;            //维持一个抽象中介者的引用

    public Colleague(Mediator mediator) {
        this.mediator = mediator;
    }

    public abstract void method1();         //声明自身方法，处理自己的行为

    //定义依赖方法，与中介者进行通信
    public void method2() {
        mediator.operation();
    }
}
```

在抽象同事类中声明了同事类的抽象方法，而在具体同事类中将实现这些方法。典型的具体同事类代码如下：

```
class ConcreteColleague extends Colleague {
    public ConcreteColleague(Mediator mediator) {
        super(mediator);
    }

    //实现自身方法
    public void method1() {
        …
    }
}
```

在具体同事类 ConcreteColleague 中实现了在抽象同事类中声明的方法。其中方法 method1()是同事类的自身方法(Self-Method)，用于处理自己的行为。方法 method2()是依赖方法(Depend-Method)，用于调用在中介者中定义的方法，依赖中介者来完成相应的行为，例如调用另一个同事类的相关方法。

思考

如何理解同事类中的自身方法与依赖方法？

20.3　完整解决方案

为了协调界面组件对象之间的复杂交互关系，Sunny 公司开发人员使用中介者模式来设计客户信息管理窗口，其结构示意图如图 20-7 所示。

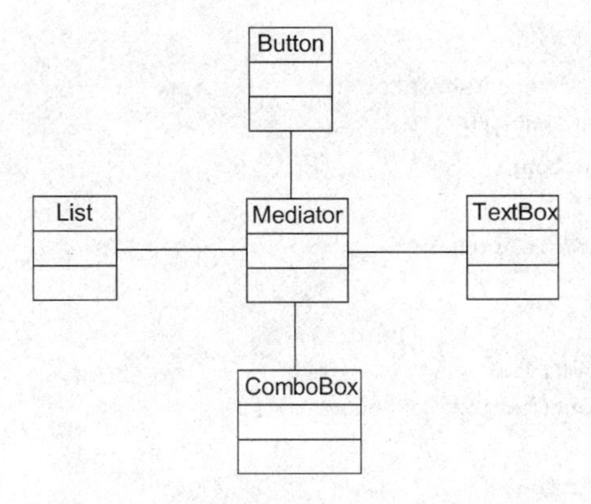

图 20-7　引入了中介者类的"客户信息管理窗口"结构示意图

图 20-7 只是一个重构之后的结构示意图。在具体实现时，为了确保系统具有更好的灵活性和可扩展性，需要定义抽象中介者和抽象组件类，其中抽象组件类是所有具体组件类的公共父类。完整类图如图 20-8 所示。

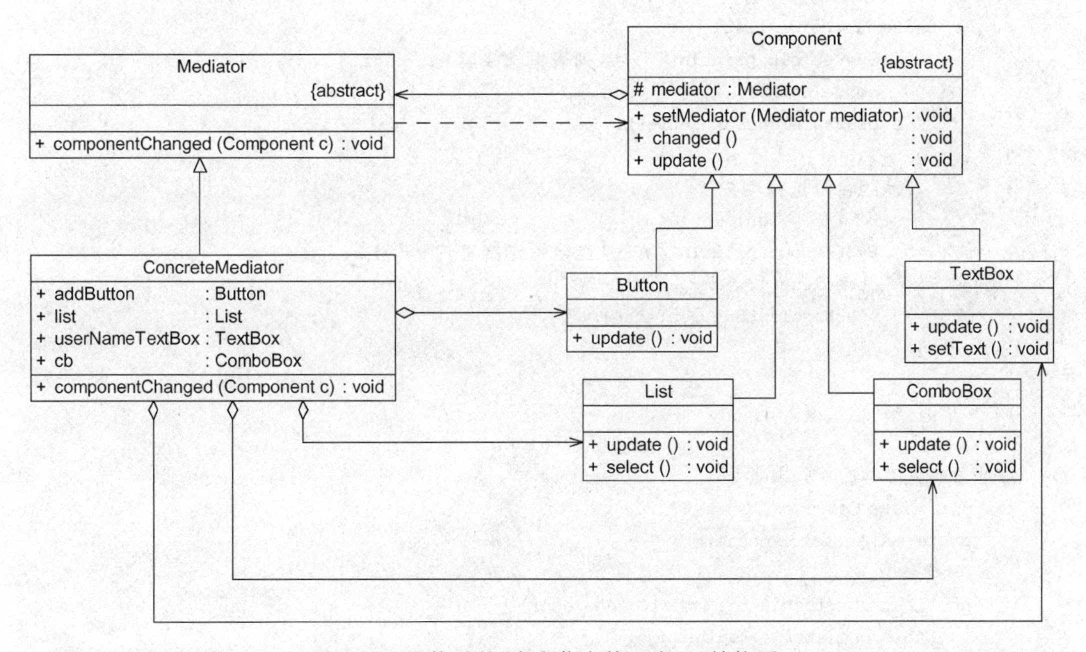

图 20-8　重构后的"客户信息管理窗口"结构图

在图 20-8 中，Component 充当抽象同事类，Button、List、ComboBox 和 TextBox 充当具体同事类，Mediator 充当抽象中介者类，ConcreteMediator 充当具体中介者类。ConcreteMediator 维持了对具体同事类的引用。为了简化 ConcreteMediator 类的代码，在

其中只定义了一个 Button 对象和一个 TextBox 对象。完整代码如下：

```
//抽象中介者
abstract class Mediator {
    public abstract void componentChanged(Component c);
}

//具体中介者
class ConcreteMediator extends Mediator {
    //维持对各个同事对象的引用
    public Button addButton;
    public List list;
    public TextBox userNameTextBox;
    public ComboBox cb;

    //封装同事对象之间的交互
    public void componentChanged(Component c) {
        //单击按钮
        if (c == addButton) {
            System.out.println("--单击增加按钮--");
            list.update();
            cb.update();
            userNameTextBox.update();
        }
        //从列表框选择客户
        else if (c == list) {
            System.out.println("--从列表框选择客户--");
            cb.select();
            userNameTextBox.setText();
        }
        //从组合框选择客户
        else if (c == cb) {
            System.out.println("--从组合框选择客户--");
            cb.select();
            userNameTextBox.setText();
        }
    }
}

//抽象组件类：抽象同事类
abstract class Component {
    protected Mediator mediator;

    public void setMediator(Mediator mediator) {
        this.mediator = mediator;
    }

    //转发调用
    public void changed() {
        mediator.componentChanged(this);
```

```
    }

    public abstract void update();
}

//按钮类：具体同事类
class Button extends Component {
    public void update() {
        //按钮不产生响应
    }
}

//列表框类：具体同事类
class List extends Component {
    public void update() {
        System.out.println("列表框增加一项：张无忌。");
    }

    public void select() {
        System.out.println("列表框选中项：小龙女。");
    }
}

//组合框类：具体同事类
class ComboBox extends Component {
    public void update() {
        System.out.println("组合框增加一项：张无忌。");
    }

    public void select() {
        System.out.println("组合框选中项：小龙女。");
    }
}

//文本框类：具体同事类
class TextBox extends Component {
    public void update() {
        System.out.println("客户信息增加成功后文本框清空。");
    }

    public void setText() {
        System.out.println("文本框显示：小龙女。");
    }
}
```

编写如下客户端测试代码：

```
class Client {
    public static void main(String args[]) {
```

```
        //定义中介者对象
        ConcreteMediator mediator;
        mediator = new ConcreteMediator();

        //定义同事对象
        Button addBT = new Button();
        List list = new List();
        ComboBox cb = new ComboBox();
        TextBox userNameTB = new TextBox();

        addBT.setMediator(mediator);
        list.setMediator(mediator);
        cb.setMediator(mediator);
        userNameTB.setMediator(mediator);

        mediator.addButton = addBT;
        mediator.list = list;
        mediator.cb = cb;
        mediator.userNameTextBox = userNameTB;

        addBT.changed();
        System.out.println("------------------------------");
        list.changed();
    }
}
```

编译并运行程序，输出结果如下：

```
--单击增加按钮--
列表框增加一项：张无忌。
组合框增加一项：张无忌。
客户信息增加成功后文本框清空。
------------------------------
--从列表框选择客户--
组合框选中项：小龙女。
文本框显示：小龙女。
```

20.4 中介者与同事类的扩展

Sunny 软件公司 CRM 系统的客户对“客户信息管理窗口”提出了一个修改意见：要求在窗口的下端能够及时显示当前系统中客户信息的总数。修改之后的界面如图 20-9 所示。

从图 20-9 中不难发现，可以通过增加一个文本标签(Label)来显示客户信息总数，而且当用户单击“增加”按钮或者“删除”按钮时，将改变文本标签的内容。

由于使用了中介者模式，在原有系统中增加新的组件(即新的同事类)将变得很容易，至少有以下两种解决方案：

解决方案 1：增加一个界面组件类 Label。修改原有的具体中介者类

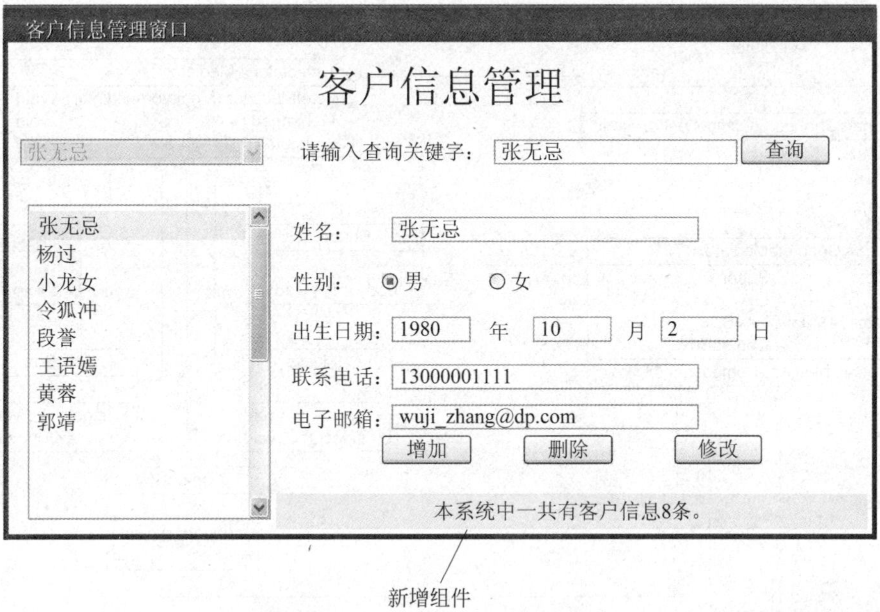

图 20-9 修改之后的“客户信息管理窗口”界面图

ConcreteMediator，增加一个对 Label 对象的引用，然后修改 componentChanged()方法中其他相关组件对象的业务处理代码。原有组件类无须任何修改。客户端代码需针对新增组件 Label 进行适当修改。

解决方案 2：与方案 1 相同，首先增加一个 Label 类，但不修改原有具体中介者类 ConcreteMediator 的代码，而是增加一个 ConcreteMediator 的子类 SubConcreteMediator 来实现对 Label 对象的引用，然后在新增的中介者类 SubConcreteMediator 中通过覆盖 componentChanged()方法来实现所有组件(包括新增 Label 组件)之间的交互。同样，原有组件类无须做任何修改，客户端代码只需要少许修改。

引入 Label 之后的“客户信息管理窗口”类结构示意图如图 20-10 所示。

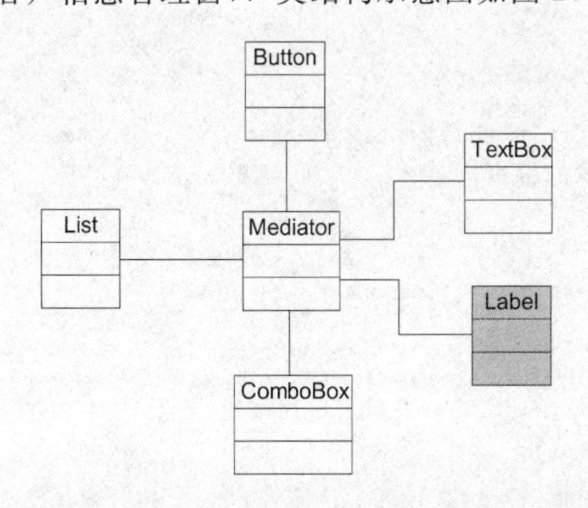

图 20-10 增加 Label 组件类后的“客户信息管理窗口”结构示意图

由于解决方案 2 无须修改 ConcreteMediator 类，更符合开闭原则，因此现在选择该解决方案来对新增 Label 类进行处理。对应的完整类图如图 20-11 所示。

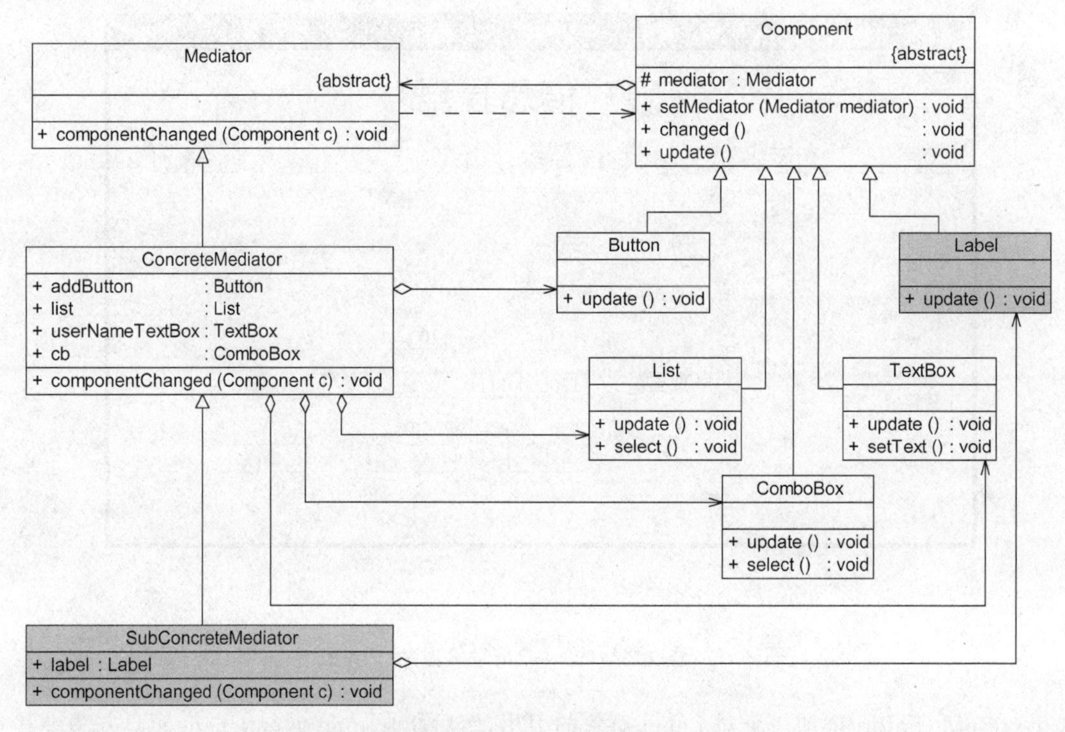

图 20-11 修改之后的"客户信息管理窗口"结构图

在图 20-11 中，新增了具体同事类 Label 和具体中介者类 SubConcreteMediator，代码如下：

```
//文本标签类：具体同事类
class Label extends Component {
    public void update() {
        System.out.println("文本标签内容改变，客户信息总数加 1。");
    }
}

//新增具体中介者类
class SubConcreteMediator extends ConcreteMediator {
    //增加对 Label 对象的引用
    public Label label;

    public void componentChanged(Component c) {
        //单击按钮
        if (c == addButton) {
            System.out.println("--单击增加按钮--");
            list.update();
            cb.update();
            userNameTextBox.update();
            label.update(); //文本标签更新
        }
        //从列表框选择客户
```

```
        else if (c == list) {
            System.out.println(" -- 从列表框选择客户 -- ");
            cb.select();
            userNameTextBox.setText();
        }
        //从组合框选择客户
        else if (c == cb) {
            System.out.println(" -- 从组合框选择客户 -- ");
            cb.select();
            userNameTextBox.setText();
        }
    }
}
```

修改客户端测试代码：

```
class Client {
    public static void main(String args[]) {
        //用新增具体中介者定义中介者对象
        SubConcreteMediator mediator;
        mediator = new SubConcreteMediator();

        Button addBT = new Button();
        List list = new List();
        ComboBox cb = new ComboBox();
        TextBox userNameTB = new TextBox();
        Label label = new Label();

        addBT.setMediator(mediator);
        list.setMediator(mediator);
        cb.setMediator(mediator);
        userNameTB.setMediator(mediator);
        label.setMediator(mediator);

        mediator.addButton = addBT;
        mediator.list = list;
        mediator.cb = cb;
        mediator.userNameTextBox = userNameTB;
        mediator.label = label;

        addBT.changed();
        System.out.println("------------------------------");
        list.changed();
    }
}
```

编译并运行程序，输出结果如下：

```
-- 单击增加按钮 --
列表框增加一项：张无忌。
```

```
组合框增加一项：张无忌。
客户信息增加成功后文本框清空。
文本标签内容改变，客户信息总数加1。
-----------------------------
--从列表框选择客户--
组合框选中项：小龙女。
文本框显示：小龙女。
```

由于在本实例中不同的组件类（即不同的同事类）所拥有的方法并不完全相同，因此中介者类没有针对抽象同事类编程，导致在具体中介者类中需要维持对具体同事类的引用，客户端代码无法完全透明地对待所有同事类和中介者类。在某些情况下，如果设计得当，可以在客户端透明地对同事类和中介者类编程，这样系统将具有更好的灵活性和可扩展性。

思考

如果不使用中介者模式，按照图20-3所示设计方案，增加新组件时原有系统该如何修改？

在中介者模式的实际使用过程中，如果需要引入新的具体同事类，只需要继承抽象同事类并实现其中的方法即可。由于具体同事类之间并无直接的引用关系，因此原有所有同事类无须进行任何修改，它们与新增同事对象之间的交互可以通过修改或者增加具体中介者类来实现。如果需要在原有系统中增加新的具体中介者类，只需要继承抽象中介者类（或已有的具体中介者类）并覆盖其中定义的方法即可。在新的具体中介者中可以通过不同的方式来处理对象之间的交互，也可以增加对新增同事的引用和调用。在客户端中只需要修改少许代码（如果引入配置文件的话有时可以不修改任何代码）就可以实现中介者的更换。

20.5 中介者模式总结

中介者模式将一个网状的系统结构变成一个以中介者对象为中心的星形结构。在这个星形结构中，使用中介者对象与其他对象的一对多关系来取代原有对象之间的多对多关系。中介者模式在事件驱动类软件中应用较为广泛，特别是基于GUI的应用软件。此外，在类与类之间存在错综复杂的关联关系的系统中，中介者模式都得到了较好的应用。

1. 主要优点

中介者模式的主要优点如下：

(1) 中介者模式简化了对象之间的交互，它用中介者和同事的一对多交互代替了原来同事之间的多对多交互。一对多关系更容易理解、维护和扩展，将原本难以理解的网状结构转换成相对简单的星形结构。

(2) 中介者模式可将各同事对象解耦。中介者有利于各同事之间的松耦合，可以独立地改变和复用每一个同事和中介者，增加新的中介者和新的同事类都比较方便，更好地符合开闭原则。

(3) 可以减少大量同事子类生成。中介者将原本分布于多个对象间的行为集中在一起,改变这些行为只需要生成新的中介者子类即可,这使得各个同事类可以被重用,无须对同事类进行扩展。

2. 主要缺点

中介者模式的主要缺点是:在具体中介者类中包含了大量同事之间的交互细节,可能会导致具体中介者类非常复杂,使得系统难以维护。

3. 适用场景

在以下情况下可以考虑使用中介者模式:

(1) 系统中对象之间存在复杂的引用关系,系统结构混乱且难以理解。

(2) 一个对象由于引用了其他很多对象并且直接和这些对象通信,导致难以复用该对象。

(3) 想通过一个中间类来封装多个类中的行为,而又不想生成太多的子类。可以通过引入中介者类来实现,在中介者中定义对象交互的公共行为,如果需要改变行为则可以增加新的具体中介者类。

练习

Sunny软件公司欲开发一套图形界面类库。该类库需要包含若干预定义的窗格(Pane)对象,例如TextPane、ListPane、GraphicPane等,窗格之间不允许直接引用。基于该类库的应用由一个包含一组窗格的窗口(Window)组成,窗口需要协调窗格之间的行为。试采用中介者模式设计该系统。

第21章

撤销功能的实现——备忘录模式

每个人都有过后悔的时候，但人生并无后悔药。有些错误一旦发生就无法再挽回，有些事一旦错过就不会再重来，有些话一旦说出口就不可能再收回，这就是人生。为了不后悔，凡事都需要三思而后行。本章将介绍一种可以在软件中实现后悔机制的设计模式——备忘录模式，它是软件中的“后悔药”。下面就进入备忘录模式的学习。

21.1 可悔棋的中国象棋

Sunny 软件公司欲开发一款可以运行在 Android 平台的触摸式中国象棋软件，如图 21-1 所示。由于考虑到有些用户是新手，经常不小心走错棋；还有些用户因为不习惯使用手指在手机屏幕上拖动棋子，常常出现操作失误。因此，该中国象棋软件要提供“悔棋”功能，用户走错棋或操作失误后可恢复到前一个步骤。

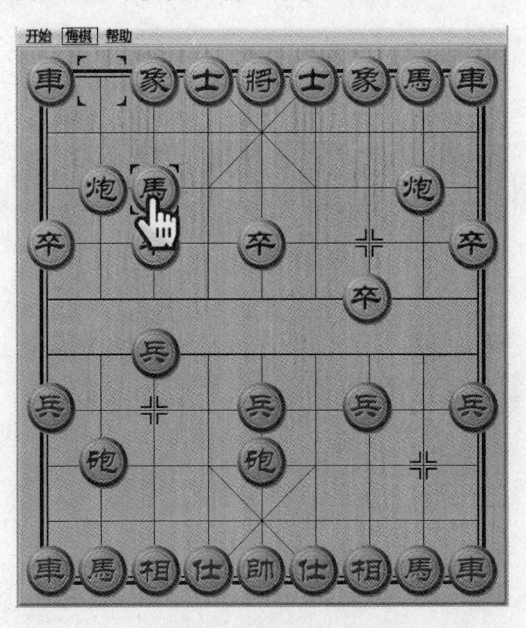

图 21-1 Android 版中国象棋软件界面示意图

如何实现“悔棋”功能是 Sunny 软件公司开发人员需要面对的一个重要问题。“悔棋”就是让系统恢复到某个历史状态，在很多软件中通常称之为“撤销”。下面来简单分析一下撤销功能的实现原理。

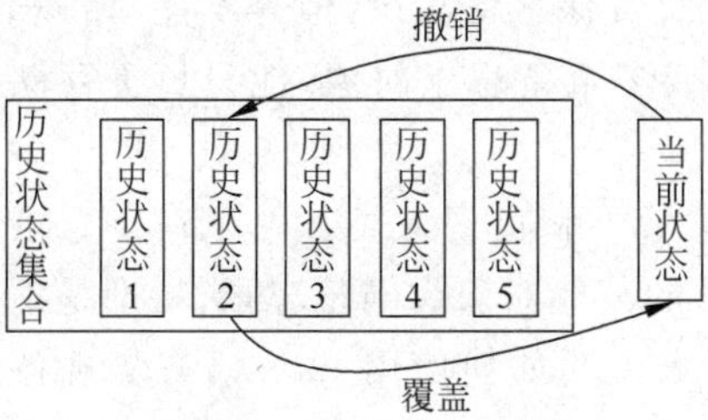

在实现撤销时，首先必须保存软件系统的历史状态。当用户需要取消错误操作并且返回到某个历史状态时，可以取出事先保存的历史状态来覆盖当前状态，如图 21-2 所示。

图 21-2 撤销功能示意图

备忘录模式正为解决此类撤销问题而诞生，它为软件提供了“后悔药”。通过使用备忘录模式可以使系统恢复到某一特定的历史状态。

21.2 备忘录模式概述

备忘录模式提供了一种状态恢复的实现机制，使得用户可以方便地回到一个特定的历史步骤。当新的状态无效或者存在问题时，可以使用暂时存储起来的备忘录将状态复原。当前很多软件都提供了撤销(Undo)操作，其中就使用了备忘录模式。

备忘录模式定义如下：

> 备忘录模式(Memento Pattern)：在不破坏封装的前提下，捕获一个对象的内部状态，并在该对象之外保存这个状态，这样可以在以后将对象恢复到原先保存的状态。它是一种对象行为型模式，其别名为 Token。

备忘录模式的核心是备忘录类以及用于管理备忘录的负责人类的设计，其结构如图 21-3 所示。

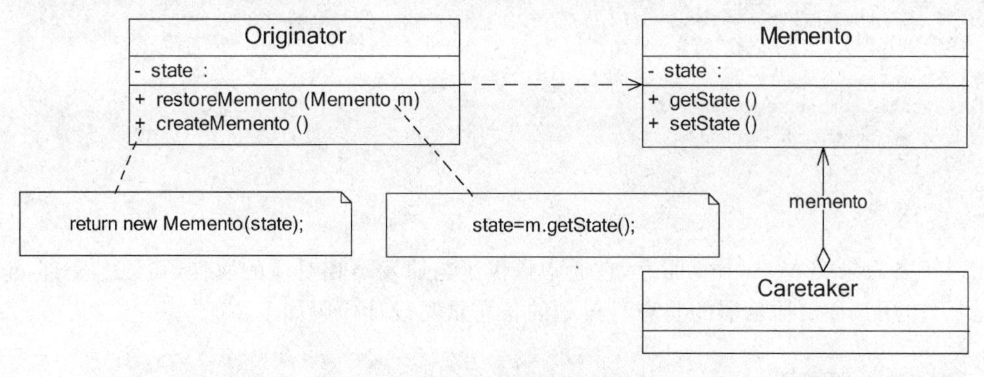

图 21-3 备忘录模式结构图

由图 21-3 可以看出，在备忘录模式结构图中包含以下 3 个角色。

(1) Originator(原发器)：它是一个普通类，可以创建一个备忘录，并存储其当前内部状态，也可以使用备忘录来恢复其内部状态。一般将需要保存内部状态的类设计为原发器。

(2) Memento(备忘录)：存储原发器的内部状态，根据原发器来决定保存哪些内部状态。备忘录的设计一般可以参考原发器的设计，根据实际需要确定备忘录类中的属性。需要注意的是，除了原发器本身与负责人类之外，备忘录对象不能直接供其他类使用。原发器的设计在不同的编程语言中实现机制会有所不同。

(3) Caretaker（负责人）：负责人又称为管理者，他负责保存备忘录，但是不能对备忘录的内容进行操作或检查。在负责人类中可以存储一个或多个备忘录对象，他只负责存储对象，而不能修改对象，也无须知道对象的实现细节。

理解备忘录模式并不难，但关键在于如何设计备忘录类和负责人类。由于在备忘录中存储的是原发器的中间状态，因此需要防止原发器以外的其他对象访问备忘录，特别是不允许其他对象来修改备忘录。下面通过简单的示例代码来说明如何使用 Java 语言实现备忘录模式。

在使用备忘录模式时，首先应该存在一个原发器类 Originator。在真实业务中，原发器类是一个具体的业务类，它包含一些用于存储成员数据的属性，典型代码如下：

```
package dp.memento;
public class Originator {
    private String state;

    public Originator(){}

    //创建一个备忘录对象
    public Memento createMemento() {
        return new Memento(this);
    }

    //根据备忘录对象恢复原发器状态
    public void restoreMemento(Memento m) {
        state = m.state;
    }

    public void setState(String state) {
        this.state = state;
    }

    public String getState() {
        return this.state;
    }
}
```

对于备忘录类 Memento 而言，它通常提供了与原发器相对应的属性（可以是全部，也可以是部分）用于存储原发器的状态。典型的备忘录类设计代码如下：

```
package dp.memento;
//备忘录类,默认可见性,包内可见
class Memento {
    private String state;

    public Memento(Originator o) {
        state = o.getState();
    }
```

```
    public void setState(String state) {
        this.state = state;
    }

    public String getState() {
        return this.state;
    }
}
```

在设计备忘录类时需要考虑其封装性，除了 Originator 类，不允许其他类来调用备忘录类 Memento 的构造函数与相关方法。如果不考虑封装性，允许其他类调用 setState()等方法，将导致在备忘录中保存的历史状态发生改变，通过撤销操作所恢复的状态就不再是真实的历史状态，备忘录模式也就失去了本身的意义。

在使用 Java 语言实现备忘录模式时，一般通过将 Memento 类与 Originator 类定义在同一个包(package)中来实现封装。在 Java 语言中可使用默认访问标识符来定义 Memento 类，即保证其包内可见。只有 Originator 类可以对 Memento 进行访问，而限制了其他类对 Memento 的访问。在 Memento 中保存了 Originator 的 state 值，如果 Originator 中的 state 值改变之后需撤销，可以通过调用它的 restoreMemento()方法进行恢复。

对于负责人类 Caretaker，它用于保存备忘录对象，并提供 getMemento()方法用于向客户端返回一个备忘录对象。原发器通过使用这个备忘录对象可以回到某个历史状态。典型的负责人类的实现代码如下：

```
package dp.memento;
public class Caretaker {
    private Memento memento;

    public Memento getMemento() {
        return memento;
    }

    public void setMemento(Memento memento) {
        this.memento = memento;
    }
}
```

在 Caretaker 类中不应该直接调用 Memento 中的状态改变方法，它的作用仅仅用于存储备忘录对象。将原发器备份生成的备忘录对象存储在其中，当用户需要对原发器进行恢复时再将存储在其中的备忘录对象取出。

思考

能否通过原型模式来创建备忘录对象？系统该如何设计？

21.3 完整解决方案

为了实现撤销功能，Sunny 公司开发人员决定使用备忘录模式来设计中国象棋软件，其基本结构如图 21-4 所示。

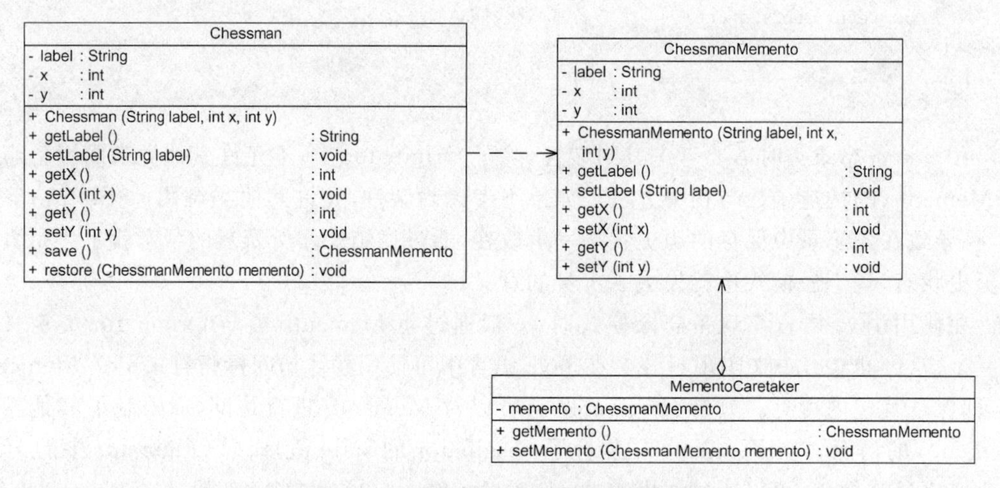

图 21-4　中国象棋棋子撤销功能结构图

在图 21-4 中，Chessman 充当原发器，ChessmanMemento 充当备忘录，MementoCaretaker 充当负责人。在 MementoCaretaker 中定义了一个 ChessmanMemento 类型的对象，用于存储备忘录。完整代码如下：

```
//象棋棋子类：原发器
class Chessman {
    private String label;
    private int x;
    private int y;

    public Chessman(String label,int x,int y) {
        this.label = label;
        this.x = x;
        this.y = y;
    }

    public void setLabel(String label) {
        this.label = label;
    }

    public void setX(int x) {
        this.x = x;
    }

    public void setY(int y) {
        this.y = y;
```

```
    }

    public String getLabel() {
        return (this.label);
    }

    public int getX() {
        return (this.x);
    }

    public int getY() {
        return (this.y);
    }

    //保存状态
    public ChessmanMemento save() {
        return new ChessmanMemento(this.label,this.x,this.y);
    }

    //恢复状态
    public void restore(ChessmanMemento memento) {
        this.label = memento.getLabel();
        this.x = memento.getX();
        this.y = memento.getY();
    }
}

//象棋棋子备忘录类：备忘录
class ChessmanMemento {
    private String label;
    private int x;
    private int y;

    public ChessmanMemento(String label,int x,int y) {
        this.label = label;
        this.x = x;
        this.y = y;
    }

    public void setLabel(String label) {
        this.label = label;
    }

    public void setX(int x) {
        this.x = x;
    }

    public void setY(int y) {
        this.y = y;
    }
```

```
    public String getLabel() {
        return (this.label);
    }

    public int getX() {
        return (this.x);
    }

    public int getY() {
        return (this.y);
    }
}

//象棋棋子备忘录管理类：负责人
class MementoCaretaker {
    private ChessmanMemento memento;

    public ChessmanMemento getMemento() {
        return memento;
    }

    public void setMemento(ChessmanMemento memento) {
        this.memento = memento;
    }
}
```

编写如下客户端测试代码：

```
class Client {
    public static void main(String args[]) {
        MementoCaretaker mc = new MementoCaretaker();
        Chessman chess = new Chessman("车",1,1);
        display(chess);
        mc.setMemento(chess.save());        //保存状态
        chess.setY(4);
        display(chess);
        mc.setMemento(chess.save());        //保存状态
        chess.setX(5);
        display(chess);
        System.out.println("******悔棋******");
        chess.restore(mc.getMemento());     //恢复状态
        display(chess);
    }

    public static void display(Chessman chess) {
```

```
        System.out.println("棋子" + chess.getLabel() + "当前位置为: " + "第" + chess.
getX() + "行" + "第" + chess.getY() + "列。");
    }
}
```

编译并运行程序,输出结果如下:

```
棋子车当前位置为: 第 1 行第 1 列。
棋子车当前位置为: 第 1 行第 4 列。
棋子车当前位置为: 第 5 行第 4 列。
****** 悔棋 ******
棋子车当前位置为: 第 1 行第 4 列。
```

21.4 实现多次撤销

Sunny 软件公司开发人员通过使用备忘录模式实现了中国象棋棋子的撤销操作,但是使用上述代码只能实现一次撤销。因为在负责人类中只定义一个备忘录对象来保存状态,后面保存的状态会将前一次保存的状态覆盖,但有时候用户需要撤销多步操作。如何实现多次撤销呢?本节将提供一种多次撤销的解决方案,那就是在负责人类中定义一个集合来存储多个备忘录。每个备忘录负责保存一个历史状态,在撤销时可以对备忘录集合进行逆向遍历,回到一个指定的历史状态,而且还可以对备忘录集合进行正向遍历,实现重做(Redo)或恢复操作,即取消撤销,让对象状态得到恢复。

改进之后的中国象棋棋子撤销功能结构如图 21-5 所示。

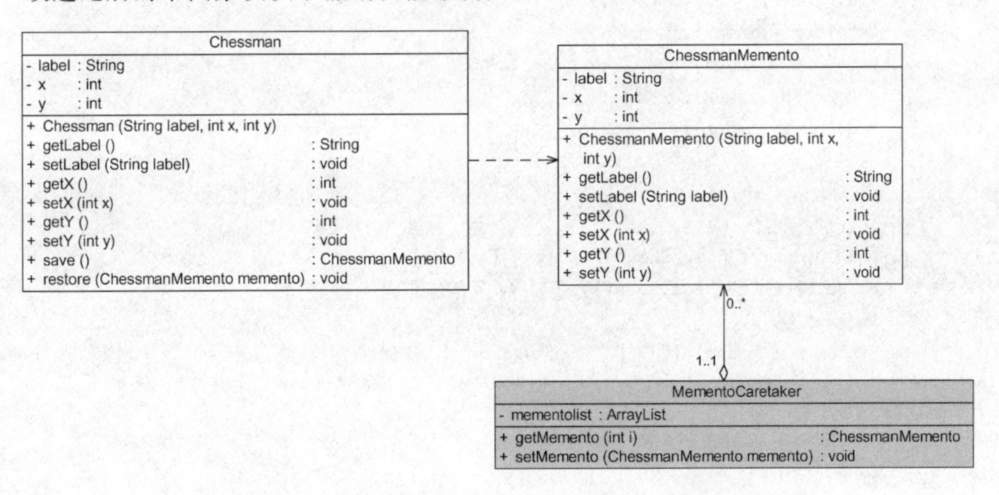

图 21-5 改进之后的中国象棋棋子撤销功能结构图

在图 21-5 中,对负责人类 MementoCaretaker 进行了修改,在其中定义了一个 ArrayList 类型的集合对象来存储多个备忘录,其代码如下:

```
import java.util.*;

class MementoCaretaker {
    //定义一个集合来存储多个备忘录
    private ArrayList mementolist = new ArrayList();

    public ChessmanMemento getMemento(int i) {
        return (ChessmanMemento)mementolist.get(i);
    }

    public void setMemento(ChessmanMemento memento) {
        mementolist.add(memento);
    }
}
```

编写如下客户端测试代码：

```
class Client {
    private static int index = -1;          //定义一个索引来记录当前状态所在位置
    private static MementoCaretaker mc = new MementoCaretaker();

    public static void main(String args[]) {
        Chessman chess = new Chessman("车",1,1);
        play(chess);
        chess.setY(4);
        play(chess);
        chess.setX(5);
        play(chess);
        undo(chess,index);
        undo(chess,index);
        redo(chess,index);
        redo(chess,index);
    }

    //下棋
    public static void play(Chessman chess) {
        mc.setMemento(chess.save());      //保存备忘录
        index ++;
        System.out.println("棋子" + chess.getLabel() + "当前位置为：" + "第" + chess.
getX() + "行" + "第" + chess.getY() + "列。");
    }

    //悔棋
    public static void undo(Chessman chess,int i) {
        System.out.println("******悔棋******");
        index --;
        chess.restore(mc.getMemento(i - 1));       //撤销到上一个备忘录
        System.out.println("棋子" + chess.getLabel() + "当前位置为：" + "第" + chess.
getX() + "行" + "第" + chess.getY() + "列。");
```

```
    }

    //撤销悔棋
    public static void redo(Chessman chess, int i) {
        System.out.println(" ****** 撤销悔棋 ****** ");
        index ++;
        chess.restore(mc.getMemento(i + 1));     //恢复到下一个备忘录
        System.out.println("棋子" + chess.getLabel() + "当前位置为: " + "第" + chess.
getX() + "行" + "第" + chess.getY() + "列。");
    }
}
```

编译并运行程序，输出结果如下：

```
棋子车当前位置为: 第 1 行第 1 列。
棋子车当前位置为: 第 1 行第 4 列。
棋子车当前位置为: 第 5 行第 4 列。
****** 悔棋 ******
棋子车当前位置为: 第 1 行第 4 列。
****** 悔棋 ******
棋子车当前位置为: 第 1 行第 1 列。
****** 撤销悔棋 ******
棋子车当前位置为: 第 1 行第 4 列。
****** 撤销悔棋 ******
棋子车当前位置为: 第 5 行第 4 列。
```

扩展

本实例只能实现最简单的 Undo 和 Redo 操作，并未考虑对象状态在操作过程中出现分支的情况。如果在撤销到某个历史状态之后，用户再修改对象状态，此后执行 Undo 操作时可能会发生对象状态错误，大家可以思考其产生原因。(**注**：可将对象状态的改变绘制成一张树状图进行分析。)

在实际开发中，可以使用链表或者堆栈来处理有分支的对象状态改变。大家可通过链表或者堆栈对上述实例进行改进。

21.5 再谈备忘录的封装

备忘录是一个很特殊的对象，只有原发器对它拥有控制的权力，负责人只负责管理备忘录，而其他类无法直接访问到备忘录，因此需要对备忘录进行封装。

为了实现对备忘录对象的封装，需要对备忘录的调用进行控制。对于原发器而言，它可以调用备忘录的所有信息，可以访问返回到先前状态所需的所有数据。对于负责人而言，只负责备忘录的保存并将备忘录传递给其他对象。对于其他对象而言，只需要从负责人处取出备忘录对象并将原发器对象的状态恢复，而无须关心备忘录的保存细节。理想的情况是只允许生成该备忘录的那个原发器访问备忘录的内部状态。

在实际开发中，原发器与备忘录之间的关系是非常特殊的，它们要分享信息而不让其他类知道，实现方法因编程语言的不同而有所差异。在C++中可以使用friend关键字，让原发器类和备忘录类成为友元类，相互之间可以访问对方的一些私有属性。在Java语言中可以将原发器类和备忘录类放在一个包中，让它们之间满足默认的包内可见性，也可以将备忘录类作为原发器类的内部类，使得只有原发器才可以访问备忘录中的数据，其他对象都无法直接使用备忘录中的数据。

思考

如何使用内部类来实现备忘录模式？

21.6 备忘录模式总结

备忘录模式在很多软件的使用过程中普遍存在，但是在应用软件开发中，它的使用频率并不太高，因为现在很多基于窗体和浏览器的应用软件并没有提供撤销操作。如果需要为软件提供撤销功能，备忘录模式无疑是一种很好的解决方案。在一些字处理软件、图像编辑软件、数据库管理系统等软件中备忘录模式都得到了很好的应用。

1. 主要优点

备忘录模式的主要优点如下：

(1) 它提供了一种状态恢复的实现机制，使得用户可以方便地回到一个特定的历史步骤。当新的状态无效或者存在问题时，可以使用暂时存储起来的备忘录将状态复原。

(2) 备忘录实现了对信息的封装。一个备忘录对象是一种原发器对象状态的表示，不会被其他代码所改动。备忘录保存了原发器的状态，采用列表、堆栈等集合来存储备忘录对象可以实现多次撤销操作。

2. 主要缺点

备忘录模式的主要缺点是：资源消耗过大。如果需要保存的原发器类的成员变量太多，就不可避免地需要占用大量的存储空间，每保存一次对象的状态都需要消耗一定的系统资源。

3. 适用场景

在以下情况下可以考虑使用备忘录模式：

(1) 保存一个对象在某一个时刻的全部状态或部分状态，这样以后需要时就能够恢复到先前的状态，实现撤销操作。

(2) 防止外界对象破坏一个对象历史状态的封装性，避免将对象历史状态的实现细节暴露给外界对象。

练习

Sunny 软件公司正在开发一款 RPG 网游。为了给玩家提供更多方便，在游戏过程中可以设置一个恢复点，用于保存当前的游戏场景。如果在后续游戏过程中玩家角色“不幸牺牲”，可以返回到先前保存的场景，从所设恢复点开始重新游戏。试使用备忘录模式设计该功能。

第22章

对象间的联动——观察者模式

“红灯停，绿灯行”。在日常生活中，交通信号灯装点着城市，指挥着日益拥挤的城市交通。当红灯亮起，来往的汽车将停止；而绿灯亮起，汽车可以继续前行。在这个过程中，交通信号灯是汽车(更准确地说应该是汽车驾驶员)的观察目标，而汽车是观察者。随着交通信号灯的变化，汽车的行为也将随之变化，一盏交通信号灯可以指挥多辆汽车，如图 22-1 所示。

图 22-1　交通信号灯与汽车示意图

在软件系统中，有些对象之间也存在类似交通信号灯和汽车之间的关系。一个对象的状态或行为的变化将导致其他对象的状态或行为也发生改变，它们之间将产生联动，正所谓“触一而牵百发”。为了更好地描述对象之间存在的这种一对多(包括一对一)的联动，观察者模式应运而生。它定义了对象之间一对多的依赖关系，让一个对象的改变能够影响其他对象。本章将学习用于实现对象间联动的观察者模式。

22.1　多人联机对战游戏的设计

Sunny 软件公司欲开发一款多人联机对战游戏(类似魔兽世界、星际争霸等游戏)。在该游戏中，多个玩家可以加入同一战队组成联盟，当战队中某一成员受到敌人攻击时将给所有其他盟友发送通知，盟友收到通知后将做出响应。

Sunny 软件公司开发人员需要提供一个设计方案来实现战队成员之间的联动。

Sunny 软件公司开发人员通过对系统功能需求进行分析，发现在该系统中战队成员之间的联动过程可以简单描述如下：

联盟成员受到攻击→发送通知给盟友→盟友做出响应。

如果按照上述思路来设计系统，由于联盟成员在受到攻击时需要通知他的每个盟友，每个联盟成员都需要持有其他所有盟友的信息，这将导致系统开销较大。因此 Sunny 公司开发人员决定引入一个新的角色——"战队控制中心"来负责维护和管理每个战队所有成员的信息。当一个联盟成员受到攻击时，将向相应的战队控制中心发送求助信息。战队控制中心再逐一通知每个盟友，盟友再做出响应，如图 22-2 所示。

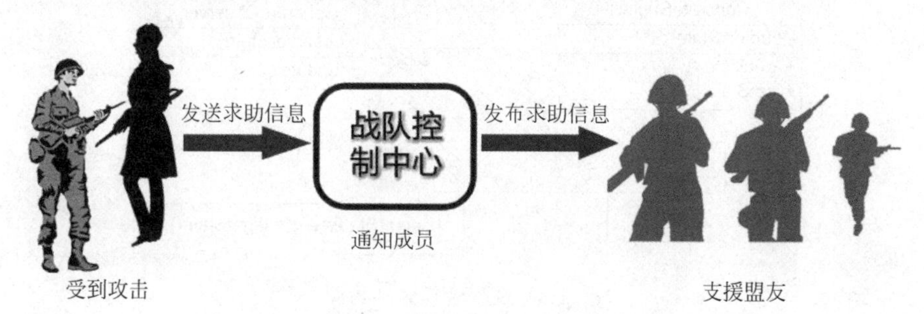

图 22-2　多人联机对战游戏中对象的联动

在图 22-2 中，受攻击的联盟成员将与战队控制中心产生联动，战队控制中心还将与其他盟友产生联动。

如何实现对象之间的联动？如何让一个对象的状态或行为改变时，依赖于它的对象能够得到通知并进行相应的处理？本章所介绍的观察者模式将为对象之间的联动提供一个优秀的解决方案。下面就正式进入观察者模式的学习。

22.2 观察者模式概述

观察者模式是使用频率最高的设计模式之一，用于建立对象与对象之间的依赖关系。一个对象发生改变时将自动通知其他对象，其他对象将相应做出反应。在观察者模式中，发生改变的对象称为观察目标，而被通知的对象称为观察者。一个观察目标可以对应多个观察者，而且这些观察者之间可以没有任何相互联系，可以根据需要增加和删除观察者，使得系统更易于扩展。

观察者模式定义如下：

观察者模式(Observer Pattern)：定义对象之间的一种一对多依赖关系，使得每当一个对象状态发生改变时，其相关依赖对象皆得到通知并被自动更新。观察者模式的别名包括发布-订阅(Publish/Subscribe)模式、模型-视图(Model/View)模式、源-监听器(Source/Listener)模式或从属者(Dependents)模式。观察者模式是一种对象行为型模式。

观察者模式结构中通常包括观察目标和观察者两个继承层次结构，其结构如图 22-3 所示。

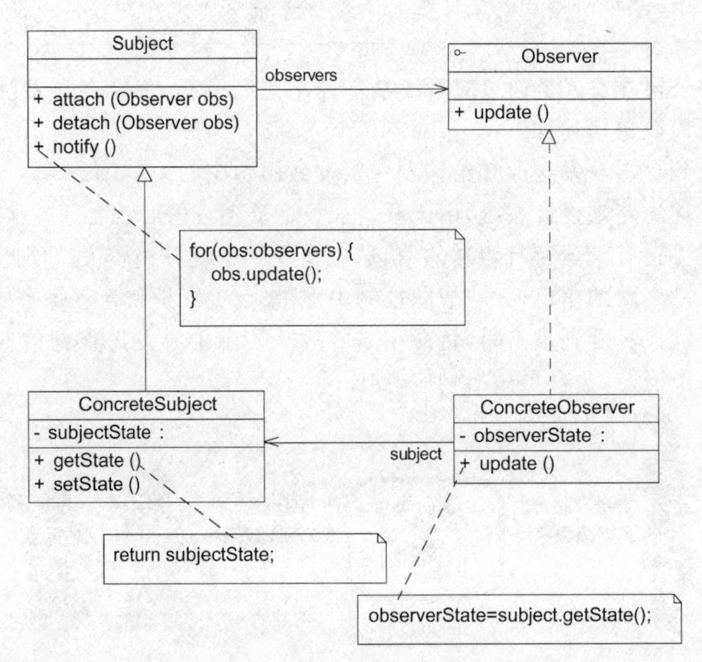

图 22-3 观察者模式结构图

由图 22-3 可以看出，在观察者模式结构图中包含以下 4 个角色。

(1) Subject(目标)：目标又称为主题，它是指被观察的对象。在目标中定义了一个观察者集合，一个观察目标可以接受任意数量的观察者来观察，它提供一系列方法来增加和删除观察者对象，同时定义了通知方法 notify()。目标类可以是接口，也可以是抽象类或具体类。

(2) ConcreteSubject(具体目标)：具体目标是目标类的子类，通常包含有经常发生改变的数据。当它的状态发生改变时，向其各个观察者发出通知。同时它还实现了在目标类中定义的抽象业务逻辑方法(如果有)。如果无须扩展目标类，则具体目标类可以省略。

(3) Observer(观察者)：观察者将对观察目标的改变做出反应。观察者一般定义为接口，该接口声明了更新数据的方法 update()，因此又称为抽象观察者。

(4) ConcreteObserver(具体观察者)：在具体观察者中维护一个指向具体目标对象的引用，它存储具体观察者的有关状态，这些状态需要和具体目标的状态保持一致。它实现了在抽象观察者 Observer 中声明的 update()方法。通常在实现时，可以调用具体目标类的 attach()方法将自己添加到目标类的集合中或通过 detach()方法将自己从目标类的集合中删除。

观察者模式描述了如何建立对象与对象之间的依赖关系，以及如何构造满足这种需求的系统。观察者模式包含观察目标和观察者两类对象。一个目标可以有任意数目的与之相依赖的观察者，一旦观察目标的状态发生改变，所有的观察者都将得到通知。作为对这个通知的响应，每个观察者都将监视观察目标的状态以使其状态与目标状态同步，这种交互也称为发布-订阅(Publish-Subscribe)。观察目标是通知的发布者，它发出通知时并不需要知道谁是它的观察者，可以有任意数目的观察者订阅它并接收通知。

下面通过示意代码来对该模式进行进一步分析。首先定义一个抽象目标 Subject，典型代码如下：

```
import java.util.*;
abstract class Subject {
    //定义一个观察者集合用于存储所有观察者对象
    protected ArrayList observers<Observer> = new ArrayList();

    //注册方法,用于向观察者集合中增加一个观察者
    public void attach(Observer observer) {
        observers.add(observer);
    }

    //注销方法,用于在观察者集合中删除一个观察者
    public void detach(Observer observer) {
        observers.remove(observer);
    }

    //声明抽象通知方法
    public abstract void notify();
}
```

具体目标类 ConcreteSubject 是实现抽象目标类 Subject 的一个具体子类，其典型代码如下：

```
class ConcreteSubject extends Subject {
    //实现通知方法
    public void notify() {
        //遍历观察者集合,调用每一个观察者的响应方法
        for(Object obs:observers) {
            ((Observer)obs).update();
        }
    }
}
```

抽象观察者角色一般定义为一个接口，通常只声明一个 update()方法，为不同观察者的更新(响应)行为定义相同的接口。这个方法在其子类中实现，不同的观察者具有不同的响应方法。抽象观察者 Observer 典型代码如下：

```
interface Observer {
    //声明响应方法
    public void update();
}
```

在具体观察者 ConcreteObserver 中实现了 update()方法，其典型代码如下：

```
class ConcreteObserver implements Observer {
    //实现响应方法
    public void update() {
```

```
            //具体响应代码
        }
    }
```

在有些更加复杂的情况下,具体观察者类 ConcreteObserver 的 update()方法在执行时需要使用到具体目标类 ConcreteSubject 中的状态(属性)。因此,在 ConcreteObserver 与 ConcreteSubject 之间有时候还存在关联或依赖关系。在 ConcreteObserver 中定义一个 ConcreteSubject 实例,通过该实例获取存储在 ConcreteSubject 中的状态。如果 ConcreteObserver 的 update()方法不需要使用到 ConcreteSubject 中的状态属性,则可以对观察者模式的标准结构进行简化,在具体观察者 ConcreteObserver 和具体目标 ConcreteSubject 之间无须维持对象引用。如果在具体层具有关联关系,系统的扩展性将受到一定的影响,增加新的具体目标类有时候需要修改原有观察者的代码,在一定程度上违反了开闭原则。但是,如果原有观察者类无须关联新增的具体目标,则系统扩展性不受影响。

思考

观察者模式是否符合开闭原则?(从增加具体观察者和增加具体目标类两方面考虑。)

22.3 完整解决方案

为了实现对象之间的联动,Sunny 软件公司开发人员决定使用观察者模式来进行多人联机对战游戏的设计,其基本结构如图 22-4 所示。

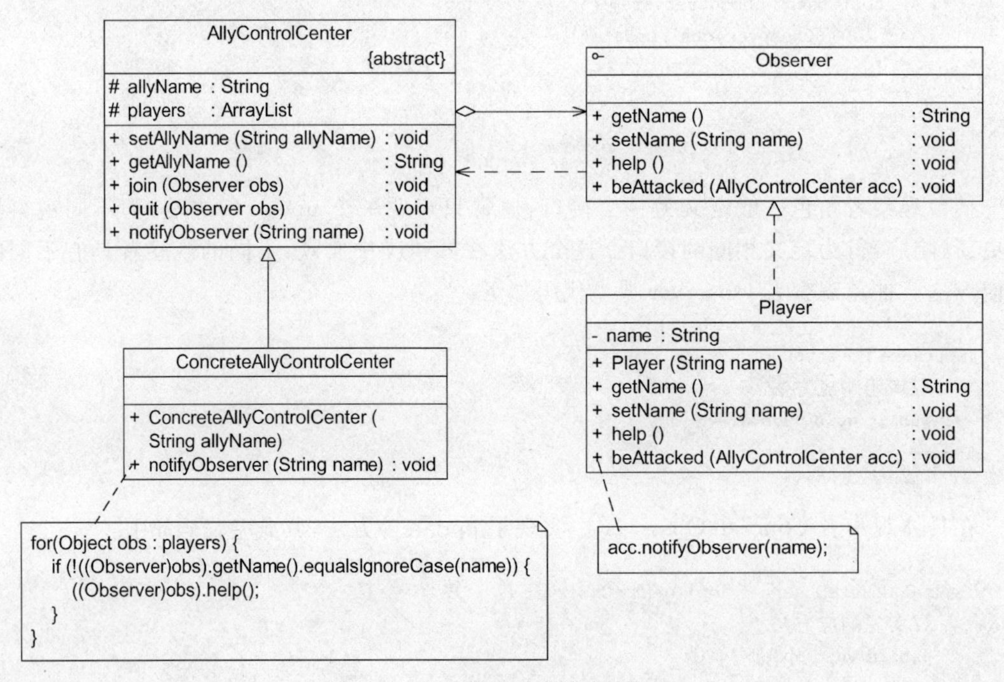

图 22-4 多人联机对战游戏结构图

在图 22-4 中，AllyControlCenter 充当目标类，ConcreteAllyControlCenter 充当具体目标类，Observer 充当抽象观察者，Player 充当具体观察者。完整代码如下：

```
import java.util.*;

//抽象观察类
interface Observer {
    public String getName();
    public void setName(String name);
    public void help();                                          //声明支援盟友方法
    public void beAttacked(AllyControlCenter acc);               //声明遭受攻击方法
}

//战队成员类：具体观察者类
class Player implements Observer {
    private String name;

    public Player(String name) {
        this.name = name;
    }

    public void setName(String name) {
        this.name = name;
    }

    public String getName() {
        return this.name;
    }

    //支援盟友方法的实现
    public void help() {
        System.out.println("坚持住," + this.name + "来救你!");
    }

    //遭受攻击方法的实现,当遭受攻击时将调用战队控制中心类的通知方法 notifyObserver()来
    //通知盟友
    public void beAttacked(AllyControlCenter acc) {
        System.out.println(this.name + "被攻击!");
        acc.notifyObserver(name);
    }
}

//战队控制中心类：目标类
abstract class AllyControlCenter {
    protected String allyName;                                   //战队名称
    protected ArrayList<Observer> players = new ArrayList<Observer>();    //定义一个集合
    //用于存储战队成员

    public void setAllyName(String allyName) {
```

```
        this.allyName = allyName;
    }

    public String getAllyName() {
        return this.allyName;
    }

    //注册方法
    public void join(Observer obs) {
        System.out.println(obs.getName() + "加入" + this.allyName + "战队!");
        players.add(obs);
    }

    //注销方法
    public void quit(Observer obs) {
        System.out.println(obs.getName() + "退出" + this.allyName + "战队!");
        players.remove(obs);
    }

    //声明抽象通知方法
    public abstract void notifyObserver(String name);
}

//具体战队控制中心类:具体目标类
class ConcreteAllyControlCenter extends AllyControlCenter {
    public ConcreteAllyControlCenter(String allyName) {
        System.out.println(allyName + "战队组建成功!");
        System.out.println("-------------");
        this.allyName = allyName;
    }

    //实现通知方法
    public void notifyObserver(String name) {
        System.out.println(this.allyName + "战队紧急通知,盟友" + name + "遭受敌人攻击!");
        //遍历观察者集合,调用每一个盟友(自己除外)的支援方法
        for(Object obs : players) {
            if (!((Observer)obs).getName().equalsIgnoreCase(name)) {
                ((Observer)obs).help();
            }
        }
    }
}
```

编写如下客户端测试代码:

```
class Client {
    public static void main(String args[]) {
        //定义观察目标对象
        AllyControlCenter acc;
```

```
        acc = new ConcreteAllyControlCenter("金庸群侠");

        //定义 4 个观察者对象
        Observer player1,player2,player3,player4;

        player1 = new Player("杨过");
        acc.join(player1);

        player2 = new Player("令狐冲");
        acc.join(player2);

        player3 = new Player("张无忌");
        acc.join(player3);

        player4 = new Player("段誉");
        acc.join(player4);

        //某成员遭受攻击
        player1.beAttacked(acc);
    }
}
```

编译并运行程序，输出结果如下：

```
金庸群侠战队组建成功!
------------
杨过加入金庸群侠战队!
令狐冲加入金庸群侠战队!
张无忌加入金庸群侠战队!
段誉加入金庸群侠战队!
杨过被攻击!
金庸群侠战队紧急通知,盟友杨过遭受敌人攻击!
坚持住,令狐冲来救你!
坚持住,张无忌来救你!
坚持住,段誉来救你!
```

在本实例中，实现了两次对象之间的联动。当一个游戏玩家 Player 对象的 beAttacked()方法被调用时，将调用 AllyControlCenter 的 notifyObserver()方法来进行处理，而在 notifyObserver()方法中又将调用其他 Player 对象的 help()方法。Player 的 beAttacked()方法、AllyControlCenter 的 notifyObserver()方法以及 Player 的 help()方法构成了一个联动触发链，执行顺序如下：

Player.beAttacked() → AllyControlCenter.notifyObserver() → Player.help()

22.4　JDK 对观察者模式的支持

观察者模式在 Java 语言中的地位非常重要。在 JDK 的 java.util 包中，提供了 Observable 类以及 Observer 接口，它们构成了 JDK 对观察者模式的支持，如图 22-5 所示。

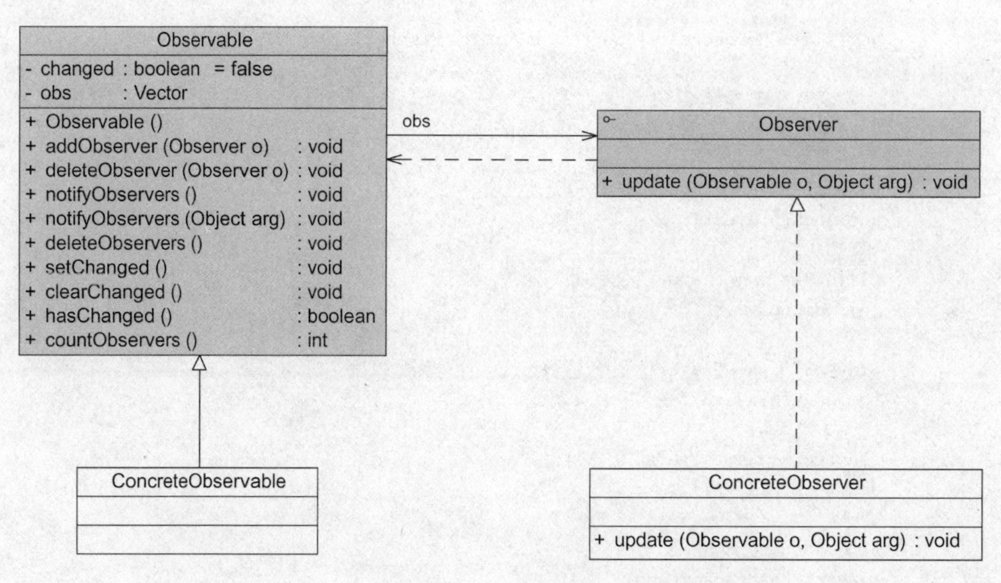

图 22-5 JDK 提供的 Observable 类及 Observer 接口结构图

1. Observer 接口

在 java. util. Observer 接口中只声明一个方法，它充当抽象观察者，其方法声明代码如下：

```
void update(Observable o, Object arg);
```

当观察目标的状态发生变化时，该方法将会被调用。在 Observer 的子类中将实现 update()方法，即具体观察者可以根据需要具有不同的更新行为。当调用观察目标类 Observable 的 notifyObservers()方法时，将执行观察者类中的 update()方法。

2. Observable 类

java. util. Observable 类充当观察目标类。在 Observable 中定义了一个向量 Vector 来存储观察者对象，它所包含的方法及说明如表 22-1 所示。

表 22-1 Observable 类所包含方法及说明

方 法 名	说 明
Observable()	构造方法，实例化 Vector 向量
addObserver(Observer o)	用于注册新的观察者对象到向量中
deleteObserver (Observer o)	用于删除向量中的某一个观察者对象
notifyObservers()和 notifyObservers(Object arg)	通知方法，用于在方法内部循环调用向量中每一个观察者的 update()方法
deleteObservers()	用于清空向量，即删除向量中所有观察者对象
setChanged()	该方法被调用后会设置一个 boolean 类型的内部标记变量 changed 的值为 true，表示观察目标对象的状态发生了变化

续表

方法名	说明
clearChanged()	用于将 changed 变量的值设为 false，表示对象状态不再发生改变或者已经通知了所有的观察者对象，调用了它们的 update()方法
hasChanged()	用于测试对象状态是否改变
countObservers()	用于返回向量中观察者的数量

可以直接使用 Observer 接口和 Observable 类来作为观察者模式的抽象层，再自定义具体观察者类和具体观察目标类。通过使用 JDK 中的 Observer 接口和 Observable 类，可以更加方便地在 Java 语言中应用观察者模式。

22.5　观察者模式与 Java 事件处理

JDK 1.0 及更早版本的事件模型基于职责链模式，但是这种模型不适用于复杂的系统。因此，在 JDK 1.1 及以后的各个版本中，事件处理模型采用基于观察者模式的委派事件模型(Delegation Event Model，DEM)，即一个 Java 组件所引发的事件并不由引发事件的对象自己来负责处理，而是委派给独立的事件处理对象负责。

在 DEM 模型中，目标角色(例如界面组件)负责发布事件，而观察者角色(事件处理者)可以向目标订阅它所感兴趣的事件。当一个具体目标产生一个事件时，它将通知所有订阅者。事件的发布者称为**事件源**(Event Source)，而订阅者称为**事件监听器**(Event Listener)。在这个过程中还可以通过**事件对象**(Event Object)来传递与事件相关的信息。在事件监听者的实现类中实现事件处理，因此事件监听对象又可以称为事件处理对象。事件源对象、事件监听对象(事件处理对象)和事件对象构成了 Java 事件处理模型的三要素。事件源对象充当观察目标，而事件监听对象充当观察者。以按钮单击事件为例，其事件处理流程如下：

(1) 如果用户在 GUI 中单击一个按钮，将触发一个事件(例如 ActionEvent 类型的动作事件)。JVM 将产生一个相应的 ActionEvent 类型的事件对象，在该事件对象中包含了有关事件和事件源的信息，此时按钮是事件源对象。

(2) 将 ActionEvent 事件对象传递给事件监听对象(事件处理对象)，JDK 提供了专门用于处理 ActionEvent 事件的接口 ActionListener。开发人员需提供一个 ActionListener 的实现类(例如 MyActionHandler)，实现在 ActionListener 接口中声明的抽象事件处理方法 actionPerformed()，对所发生事件做出相应的处理。

(3) 开发人员将 ActionListener 接口的实现类(例如 MyActionHandler)对象注册到按钮中，可以通过按钮类的 addActionListener()方法来实现注册。

(4) JVM 在触发事件时将调用按钮的 fire×××()方法，在该方法内部将调用注册到按钮中的事件处理对象的 actionPerformed()方法，实现对事件的处理。

使用类似的方法，用户可自定义 GUI 组件。例如包含两个文本框和两个按钮的登录组件 LoginBean，可以采用如图 22-6 所示设计方案。

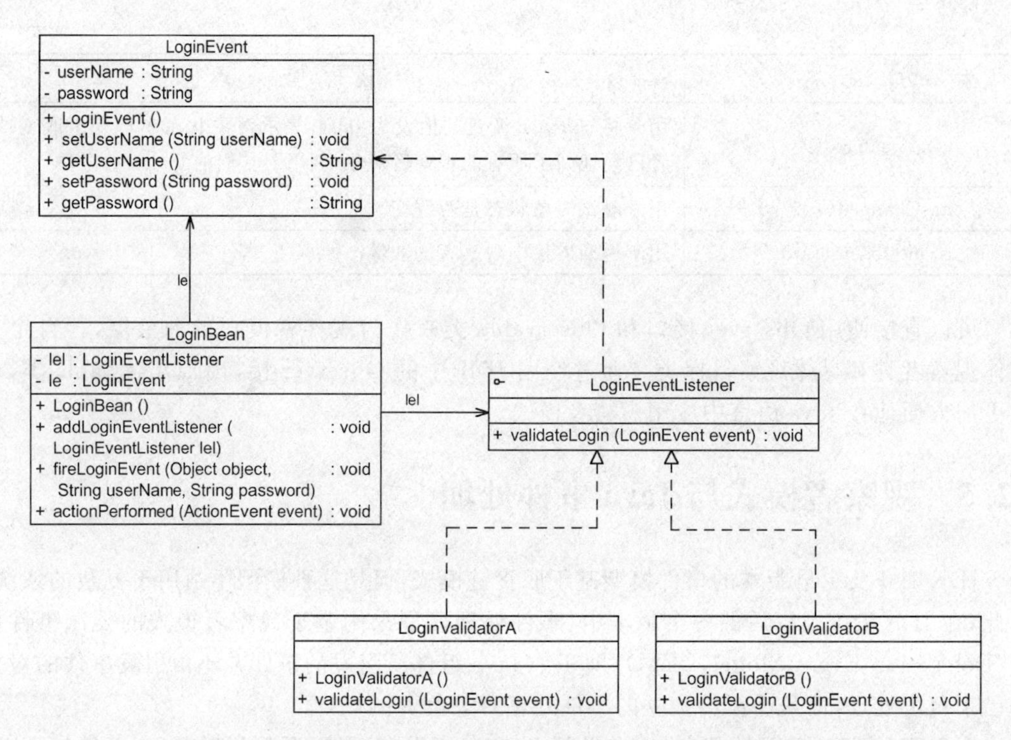

图 22-6 自定义登录组件结构图(省略按钮、文本框等界面组件)

图 22-6 中相关类说明如下：

(1) LoginEvent 是事件类，它用于封装与事件有关的信息。它不是观察者模式的一部分，但是它可以在目标对象和观察者对象之间传递数据。在 AWT 事件模型中，所有的自定义事件类都是 java. util. EventObject 的子类。

(2) LoginEventListener 充当抽象观察者，它声明了事件响应方法 validateLogin()，用于处理事件，该方法也称为事件处理方法。validateLogin()方法将一个 LoginEvent 类型的事件对象作为其参数，用于传输与事件相关的数据，在其子类中实现该方法，实现具体的事件处理。

(3) LoginBean 充当具体目标类。在这里没有定义抽象目标类，对观察者模式进行了一定的简化。在 LoginBean 中定义了抽象观察者 LoginEventListener 类型的对象 lel 和 LoginEvent 类型的事件对象 le，提供了注册方法 addLoginEventListener()用于添加观察者。在 Java 事件处理中，通常使用的是一对一的观察者模式，而不是一对多的观察者模式。也就是说，一个观察目标中只定义一个观察者对象，而不是提供一个观察者对象的集合。在 LoginBean 中还定义了通知方法 fireLoginEvent()，该方法在 Java 事件处理模型中称为“点火方法”。在方法内部实例化了一个事件对象 LoginEvent，将用户输入的信息传给观察者对象，并且调用了观察者对象的响应方法 validateLogin()。

(4) LoginValidatorA 和 LoginValidatorB 充当具体观察者类，它们实现了在 LoginEventListener 接口中声明的抽象方法 validateLogin()，用于具体实现事件处理。该方法包含一个 LoginEvent 类型的参数，在 LoginValidatorA 和 LoginValidatorB 类中可以针对相同的事件提供不同的实现。

练习

编程实现图 22-6 所示自定义登录组件。

22.6　观察者模式与 MVC

在当前流行的 MVC(Model-View-Controller)架构中也应用了观察者模式。MVC 是一种架构模式,它包含 3 个角色:模型(Model)、视图(View)和控制器(Controller)。其中,模型可对应于观察者模式中的观察目标,而视图对应于观察者,控制器可充当两者之间的中介者。当模型层的数据发生改变时,视图层将自动改变其显示内容,如图 22-7 所示。

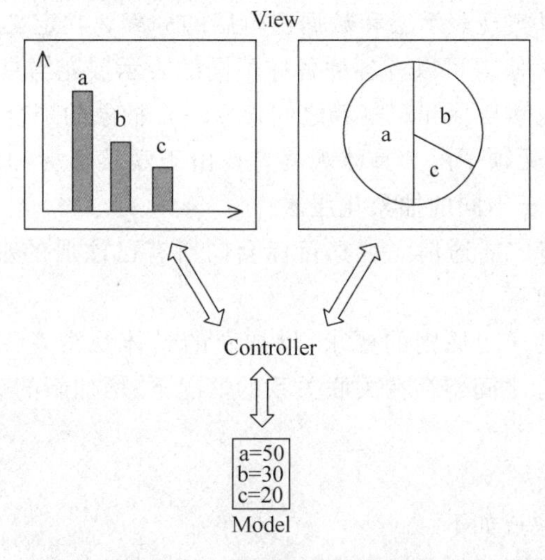

图 22-7　MVC 结构示意图

在图 22-7 中,模型层提供的数据是视图层所观察的对象。在视图层中包含两个用于显示数据的图表对象,一个是柱状图,一个是饼状图,相同的数据拥有不同的图表显示方式。如果模型层的数据发生改变,两个图表对象将随之发生变化,这意味着图表对象依赖模型层提供的数据对象,因此数据对象的任何状态改变都应立即通知它们。同时,这两个图表之间相互独立,不存在任何联系,而且图表对象的个数没有任何限制,用户可以根据需要再增加新的图表对象,例如折线图。在增加新的图表对象时,无须修改原有类库,满足开闭原则。

扩展

大家可以查阅相关资料对 MVC 模式进行深入学习,例如 Oracle 公司提供的技术文档 *Java SE Application Design With MVC*,参考链接: http://www.oracle.com/technetwork/articles/javase/index-142890.html。

22.7 观察者模式总结

观察者模式是一种使用频率非常高的设计模式，无论是移动应用、Web应用或者桌面应用，观察者模式几乎无处不在。它为实现对象之间的联动提供了一套完整的解决方案，凡是涉及一对一或者一对多的对象交互场景都可以使用观察者模式。观察者模式广泛应用于各种编程语言的GUI事件处理的实现，在基于事件的XML解析技术(例如SAX2)以及Web事件处理中也都使用了观察者模式。

1. 主要优点

观察者模式的主要优点如下：

(1) 观察者模式可以实现表示层和数据逻辑层的分离。它定义了稳定的消息更新传递机制，并抽象了更新接口，使得可以有各种各样不同的表示层充当具体观察者角色。

(2) 观察者模式在观察目标和观察者之间建立一个抽象的耦合。观察目标只需要维持一个抽象观察者的集合，无须了解其具体观察者。由于观察目标和观察者没有紧密地耦合在一起，因此它们可以属于不同的抽象化层次。

(3) 观察者模式支持广播通信。观察目标会向所有已注册的观察者对象发送通知，简化了一对多系统设计的难度。

(4) 观察者模式满足开闭原则的要求，增加新的具体观察者无须修改原有系统代码。在具体观察者与观察目标之间不存在关联关系的情况下，增加新的观察目标也很方便。

2. 主要缺点

观察者模式的主要缺点如下：

(1) 如果一个观察目标对象有很多直接和间接观察者，将所有的观察者都通知到会花费很多时间。

(2) 如果在观察者和观察目标之间存在循环依赖，观察目标会触发它们之间进行循环调用，可能导致系统崩溃。

(3) 观察者模式没有相应的机制让观察者知道所观察的目标对象是怎么发生变化的，而仅仅只是知道观察目标发生了变化。

3. 适用场景

在以下情况下可以考虑使用观察者模式：

(1) 一个抽象模型有两个方面，其中一个方面依赖于另一个方面，将这两个方面封装在独立的对象中使它们可以各自独立地改变和复用。

(2) 一个对象的改变将导致一个或多个其他对象也发生改变，而并不知道具体有多少对象将发生改变，也不知道这些对象是谁。

(3) 需要在系统中创建一个触发链，A对象的行为将影响B对象，B对象的行为将影响C对象……可以使用观察者模式创建一种链式触发机制。

练习

Sunny软件公司欲开发一款实时在线股票软件。该软件需提供如下功能：当股票购买者所购买的某只股票价格变化幅度达到5%时，系统将自动发送通知（包括新价格）给购买该股票的所有股民。试使用观察者模式设计并实现该系统。

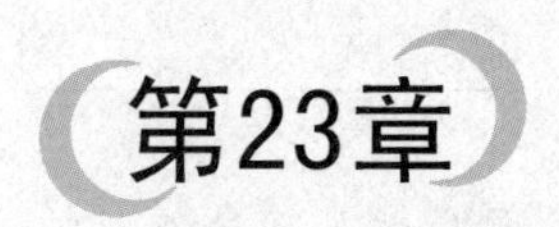

对象状态及其转换——状态模式

"人有悲欢离合,月有阴晴圆缺"。包括人在内,很多事物都具有多种状态,而且在不同状态下会具有不同的行为,这些状态在特定条件下还将发生相互转换。就像水,它可以凝固成冰,也可以受热蒸发后变成水蒸气,水可以流动,冰可以雕刻,蒸汽可以扩散。这里可以用UML 状态图来描述 H_2O 的 3 种状态,如图 23-1 所示。

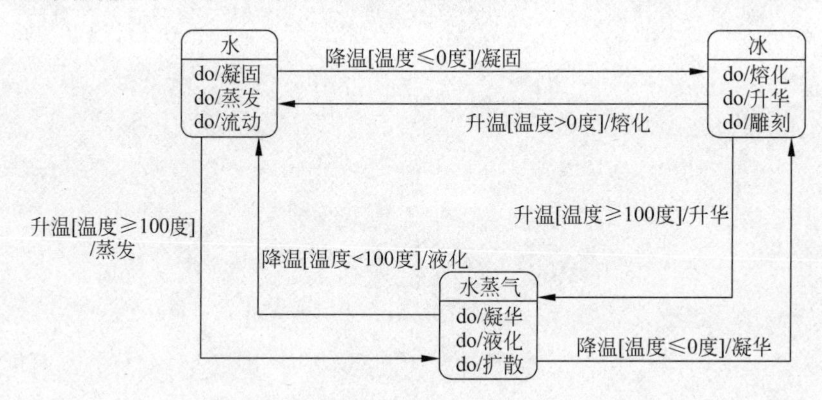

图 23-1　H_2O 的 3 种状态(未考虑临界点)

在软件系统中,有些对象也像水一样具有多种状态,这些状态在某些情况下能够相互转换,而且对象在不同的状态下也将具有不同的行为。为了更好地对这些具有多种状态的对象进行设计,可以使用一种被称为状态模式的设计模式。本章将学习用于描述对象状态及其转换的状态模式。

23.1　银行系统中的账户类设计

Sunny 软件公司欲为某银行开发一套信用卡业务系统,银行账户(Account)是该系统的核心类之一。通过分析,Sunny 软件公司开发人员发现在该系统中账户存在 3 种状态,且在不同状态下账户存在不同的行为,具体说明如下:

(1) 如果账户中余额大于或等于 0,则账户的状态为正常状态(Normal State),此时用户既可以向该账户存款也可以从该账户取款。

(2) 如果账户中余额小于0,并且大于－2000,则账户的状态为透支状态(Overdraft State),此时用户既可以向该账户存款也可以从该账户取款,但需要按天计算利息。

(3) 如果账户中余额等于－2000,那么账户的状态为受限状态(Restricted State),此时用户只能向该账户存款,不能再从中取款,同时也将按天计算利息。

(4) 根据余额的不同,以上3种状态可发生相互转换。

Sunny软件公司开发人员对银行账户类进行分析,绘制了如图23-2所示UML状态图。

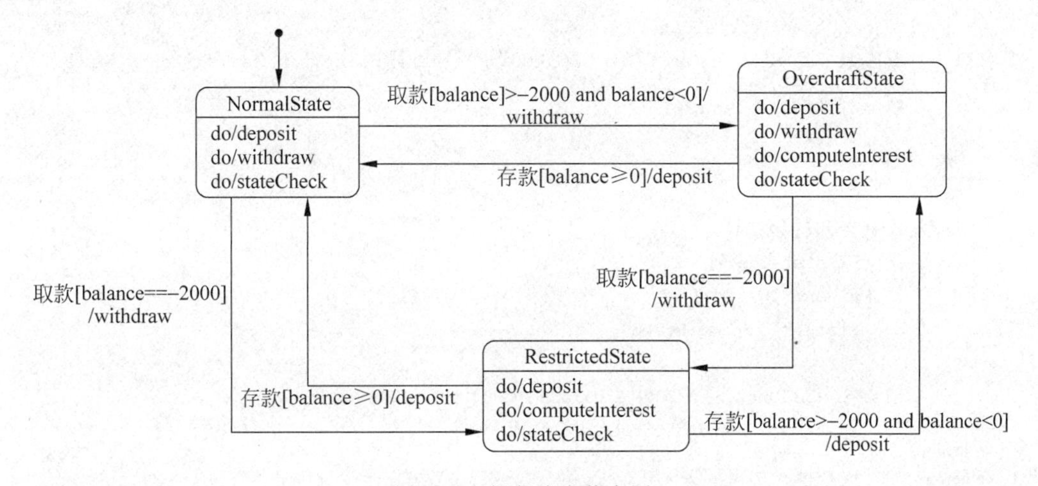

图23-2　银行账户状态图

在图23-2中,NormalState表示正常状态,OverdraftState表示透支状态,RestrictedState表示受限状态。在这3种状态下账户对象拥有不同的行为,方法deposit()用于存款,withdraw()用于取款,computeInterest()用于计算利息,stateCheck()用于在每次执行存款和取款操作后根据余额来判断是否要进行状态转换并实现状态转换。相同的方法在不同的状态中可能会有不同的实现。为了实现不同状态下对象的各种行为以及对象状态之间的相互转换,Sunny软件公司开发人员设计了一个较为庞大的账户类Account,其中部分代码如下:

```
class Account {
    private String state;          //状态
    private int balance;           //余额
    …

    //存款操作
    public void deposit() {
        //存款
        stateCheck();
    }

    //取款操作
    public void withdraw() {
```

```
        if (state.equalsIgnoreCase("NormalState") || state.equalsIgnoreCase("OverdraftState ")) {
            //取款
            stateCheck();
        }
        else {
            //取款受限
        }
    }

    //计算利息操作
    public void computeInterest() {
        if(state.equalsIgnoreCase("OverdraftState") || state.equalsIgnoreCase("RestrictedState ")) {
            //计算利息
        }
    }

    //状态检查和转换操作
    public void stateCheck() {
        if (balance >= 0) {
            state = "NormalState";
        }
        else if (balance > -2000 && balance < 0) {
            state = "OverdraftState";
        }
        else if (balance == -2000) {
            state = "RestrictedState";
        }
        else if (balance < -2000) {
            //操作受限
        }
    }
    …
}
```

分析上述代码，不难发现存在以下问题：

(1) 几乎每个方法中都包含状态判断语句，以判断在该状态下是否具有该方法以及在特定状态下该方法如何实现，导致代码非常冗长，可维护性较差。

(2) 拥有一个较为复杂的 stateCheck()方法，包含大量的 if…else if…else…语句用于进行状态转换，代码测试难度较大，且不易于维护。

(3) 系统扩展性较差。如果需要增加一种新的状态，例如冻结状态(Frozen State，在该状态下既不允许存款也不允许取款)，需要对原有代码进行大量修改，扩展起来非常麻烦。

为了解决这些问题，可以使用状态模式。在状态模式中，将对象在每个状态下的行为和状态转移语句封装在一个个状态类中，通过这些状态类来分散冗长的条件转移语句，让系统具有更好的灵活性和可扩展性。下面就进入状态模式的学习。

23.2　状态模式概述

状态模式用于解决系统中复杂对象的状态转换以及不同状态下行为的封装问题。当系统中某个对象存在多个状态，这些状态之间可以进行转换，而且对象在不同状态下行为不相同时可以使用状态模式。状态模式将一个对象的状态从该对象中分离出来，封装到专门的状态类中，使得对象状态可以灵活变化。对于客户端而言，无须关心对象状态的转换以及对象所处的当前状态，无论对于何种状态的对象，客户端都可以一致性地处理。

状态模式定义如下：

> 状态模式(State Pattern)：允许一个对象在其内部状态改变时改变它的行为，对象看起来似乎修改了它的类。其别名为状态对象(Objects for States)，状态模式是一种对象行为型模式。

在状态模式中引入了抽象状态类和具体状态类，它们是状态模式的核心，其结构如图 23-3 所示。

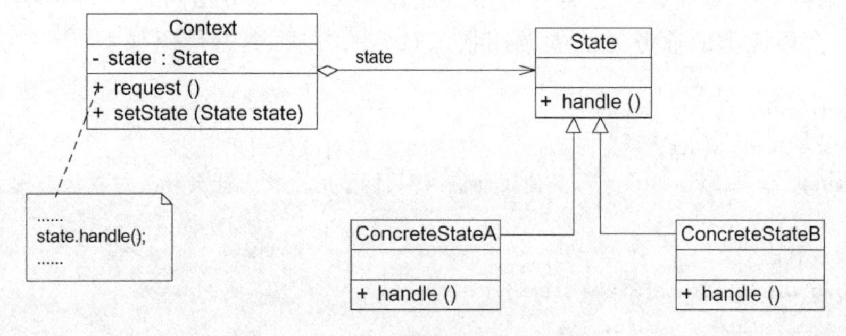

图 23-3　状态模式结构图

由图 23-3 可以看出，在状态模式结构图中包含以下 3 个角色。

(1) Context(环境类)：环境类又称为上下文类，它是拥有多种状态的对象。由于环境类的状态存在多样性且在不同状态下对象的行为有所不同，因此将状态独立出去形成单独的状态类。在环境类中维护一个抽象状态类 State 的实例，这个实例定义当前状态，在具体实现时，它是一个 State 子类的对象。

(2) State(抽象状态类)：它用于定义一个接口以封装与环境类的一个特定状态相关的行为。在抽象状态类中声明各种不同状态对应的方法，而在其子类中实现这些方法。由于不同状态下对象的行为可能不同，因此在不同子类中方法的实现可能存在不同，相同的方法可以写在抽象状态类中。

(3) ConcreteState(具体状态类)：它是抽象状态类的子类，每个子类实现一个与环境类的一个状态相关的行为。每个具体状态类对应环境类的一个具体状态，不同的具体状态类其行为有所不同。

在状态模式中，将对象在不同状态下的行为封装到不同的状态类中。为了让系统具有更好的灵活性和可扩展性，同时对各状态下的共有行为进行封装，需要对状态进行抽象，引

入了抽象状态类角色,其典型代码如下:

```
abstract class State {
    //声明抽象业务方法,不同的具体状态类可以有不同的方法实现
    public abstract void handle();
}
```

在抽象状态类的子类即具体状态类中实现了在抽象状态类中声明的业务方法,不同的具体状态类可以提供完全不同的方法实现。在实际使用时,一个状态类中可能包含多个业务方法。如果在具体状态类中某些业务方法的实现完全相同,可以将这些方法移至抽象状态类,实现代码的复用。典型的具体状态类代码如下:

```
class ConcreteState extends State {
    public void handle() {
        //方法具体实现代码
    }
}
```

环境类维持一个对抽象状态类的引用。通过 setState()方法可以向环境类注入不同的状态对象,再在环境类的业务方法中调用状态对象的方法,典型代码如下:

```
class Context {
    private State state;       //维持一个对抽象状态对象的引用
    private int value;         //其他属性值,该属性值的变化可能会导致对象状态发生变化

    //设置状态对象
    public void setState(State state) {
        this.state = state;
    }

    public void request() {
        //其他代码
        state.handle();        //调用状态对象的业务方法
        //其他代码
    }
}
```

环境类实际上是真正拥有状态的对象,这里只是将环境类中与状态有关的代码提取出来封装到专门的状态类中。在图 23-3 所示的状态模式结构图中,环境类 Context 与抽象状态类 State 之间存在单向关联关系,在 Context 中定义了一个 State 对象。在实际使用时,它们之间可能存在更为复杂的关系,State 与 Context 之间可能也存在依赖或者关联关系。

在状态模式的使用过程中,一个对象的状态之间还可以进行相互转换。通常有以下两种实现状态转换的方式:

(1) 统一由环境类来负责状态之间的转换。此时,环境类还充当了状态管理器(State

Manager)角色。在环境类的业务方法中通过对某些属性值的判断实现状态转换，还可以提供一个专门的方法用于实现属性判断和状态转换。代码片段如下：

```
…
public void changeState() {
    //判断属性值，根据属性值进行状态转换
    if (value == 0) {
        this.setState(new ConcreteStateA());
    }
    else if (value == 1) {
        this.setState(new ConcreteStateB());
    }
    …
}
…
```

（2）由具体状态类来负责状态之间的转换。可以在具体状态类的业务方法中判断环境类的某些属性值再根据情况为环境类设置新的状态对象，实现状态转换。同样，也可以提供一个专门的方法来负责属性值的判断和状态转换。此时，状态类与环境类之间将存在依赖或关联关系，因为状态类需要访问环境类中的属性值。代码片段如下：

```
…
public void changeState(Context ctx) {
    //根据环境对象中的属性值进行状态转换
    if (ctx.getValue() == 1) {
        ctx.setState(new ConcreteStateB());
    }
    else if (ctx.getValue() == 2) {
        ctx.setState(new ConcreteStateC());
    }
    …
}
…
```

思考

比较两种状态转换方式有何异同。

23.3 完整解决方案

Sunny 软件公司开发人员使用状态模式来解决账户状态的转换问题。客户端只需要执行简单的存款和取款操作，系统根据余额将账户自动转换到相应的状态，其基本结构如图 23-4 所示。

在图 23-4 中，Account 充当环境类角色，AccountState 充当抽象状态角色，NormalState、OverdraftState 和 RestrictedState 充当具体状态角色。完整代码如下：

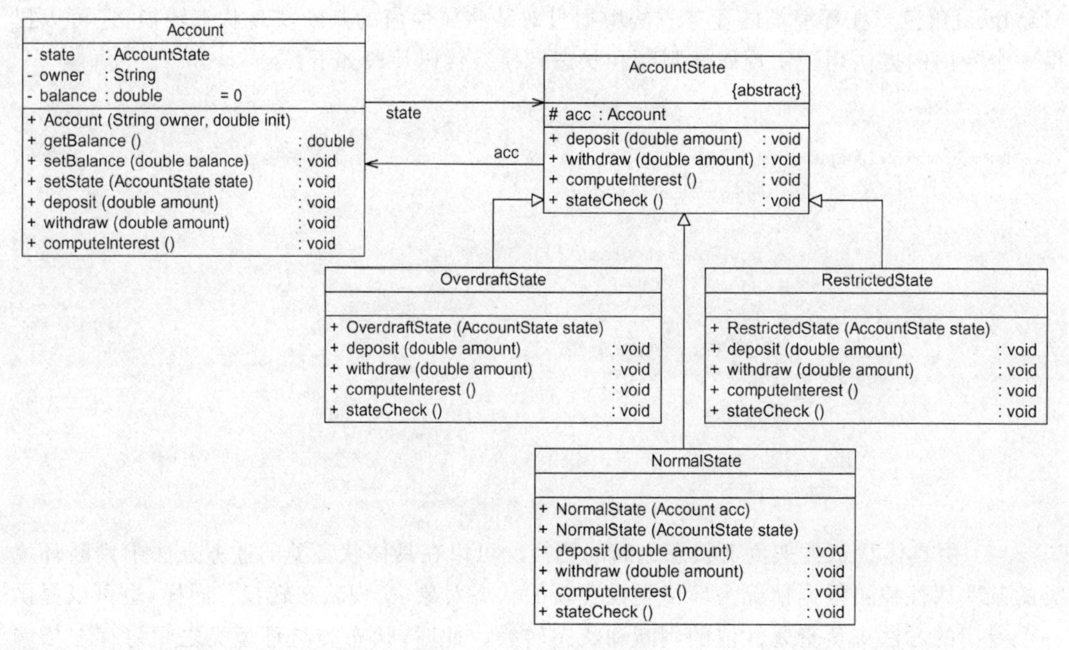

图 23-4 银行账户结构图

```
//银行账户：环境类
class Account {
    private AccountState state;                    //维持一个对抽象状态对象的引用
    private String owner;                          //开户名
    private double balance = 0;                    //账户余额

    public Account(String owner,double init) {
        this.owner = owner;
        this.balance = balance;
        this.state = new NormalState(this);        //设置初始状态
        System.out.println(this.owner + "开户,初始金额为" + init);
        System.out.println("-------------------------");
    }

    public double getBalance() {
        return this.balance;
    }

    public void setBalance(double balance) {
        this.balance = balance;
    }

    public void setState(AccountState state) {
        this.state = state;
    }

    public void deposit(double amount) {
```

```
        System.out.println(this.owner + "存款" + amount);
        state.deposit(amount); //调用状态对象的 deposit()方法
        System.out.println("现在余额为"+ this.balance);
        System.out.println("现在账户状态为"+ this.state.getClass().getName());
        System.out.println("------------------------");
    }

    public void withdraw(double amount) {
        System.out.println(this.owner + "取款" + amount);
        state.withdraw(amount); //调用状态对象的 withdraw()方法
        System.out.println("现在余额为"+ this.balance);
        System.out.println("现在账户状态为"+ this. state.getClass().getName());
        System.out.println("------------------------");
    }

    public void computeInterest(){
        state.computeInterest(); //调用状态对象的 computeInterest()方法
    }
}

//抽象状态类
abstract class AccountState {
    protected Account acc;
    public abstract void deposit(double amount);
    public abstract void withdraw(double amount);
    public abstract void computeInterest();
    public abstract void stateCheck();
}

//正常状态：具体状态类
class NormalState extends AccountState {
    public NormalState(Account acc) {
        this.acc = acc;
    }

    public NormalState(AccountState state) {
        this.acc = state.acc;
    }

    public void deposit(double amount) {
        acc.setBalance(acc.getBalance() + amount);
        stateCheck();
    }

    public void withdraw(double amount) {
        acc.setBalance(acc.getBalance() - amount);
        stateCheck();
    }
```

```
    public void computeInterest()    {
        System.out.println("正常状态,无须支付利息!");
    }

    //状态转换
    public void stateCheck() {
        if (acc.getBalance() > -2000 && acc.getBalance() <= 0) {
            acc.setState(new OverdraftState(this));
        }
        else if (acc.getBalance() == -2000) {
            acc.setState(new RestrictedState(this));
        }
        else if (acc.getBalance() < -2000) {
            System.out.println("操作受限!");
        }
    }
}

//透支状态:具体状态类
class OverdraftState extends AccountState{
    public OverdraftState(AccountState state) {
        this.acc = state.acc;
    }

    public void deposit(double amount) {
        acc.setBalance(acc.getBalance() + amount);
        stateCheck();
    }

    public void withdraw(double amount) {
        acc.setBalance(acc.getBalance() - amount);
        stateCheck();
    }

    public void computeInterest() {
        System.out.println("计算利息!");
    }

    //状态转换
    public void stateCheck() {
        if (acc.getBalance() > 0) {
            acc.setState(new NormalState(this));
        }
        else if (acc.getBalance() == -2000) {
            acc.setState(new RestrictedState(this));
        }
        else if (acc.getBalance() < -2000) {
            System.out.println("操作受限!");
        }
    }
```

```
}

//受限状态：具体状态类
class RestrictedState extends AccountState {
    public RestrictedState(AccountState state) {
        this.acc = state.acc;
    }

    public void deposit(double amount) {
        acc.setBalance(acc.getBalance() + amount);
        stateCheck();
    }

    public void withdraw(double amount) {
        System.out.println("账号受限,取款失败");
    }

    public void computeInterest() {
        System.out.println("计算利息!");
    }

    //状态转换
    public void stateCheck() {
        if(acc.getBalance() > 0) {
            acc.setState(new NormalState(this));
        }
        else if(acc.getBalance() > -2000) {
            acc.setState(new OverdraftState(this));
        }
    }
}
```

编写如下客户端测试代码：

```
class Client {
    public static void main(String args[]) {
        Account acc = new Account("段誉",0.0);
        acc.deposit(1000);
        acc.withdraw(2000);
        acc.deposit(3000);
        acc.withdraw(4000);
        acc.withdraw(1000);
        acc.computeInterest();
    }
}
```

编译并运行程序，输出结果如下：

```
段誉开户,初始金额为 0.0
----------------
段誉存款 1000.0
```

```
现在余额为 1000.0
现在账户状态为 NormalState
----------------
段誉取款 2000.0
现在余额为 - 1000.0
现在账户状态为 OverdraftState
----------------
段誉存款 3000.0
现在余额为 2000.0
现在账户状态为 NormalState
----------------
段誉取款 4000.0
现在余额为 - 2000.0
现在账户状态为 RestrictedState
----------------
段誉取款 1000.0
账号受限,取款失败
现在余额为 - 2000.0
现在账户状态为 RestrictedState
----------------
计算利息!
```

23.4 共享状态

在有些情况下,多个环境对象可能需要共享同一个状态。如果希望在系统中实现多个环境对象共享一个或多个状态对象,那么需要将这些状态对象定义为环境类的静态成员对象。

下面通过一个简单实例来说明如何实现共享状态。

如果某系统要求两个开关对象要么都处于开的状态,要么都处于关的状态,在使用时它们的状态必须保持一致。开关可以由开转换到关,也可以由关转换到开。

可以使用状态模式来实现开关的设计,其结构如图 23-5 所示。

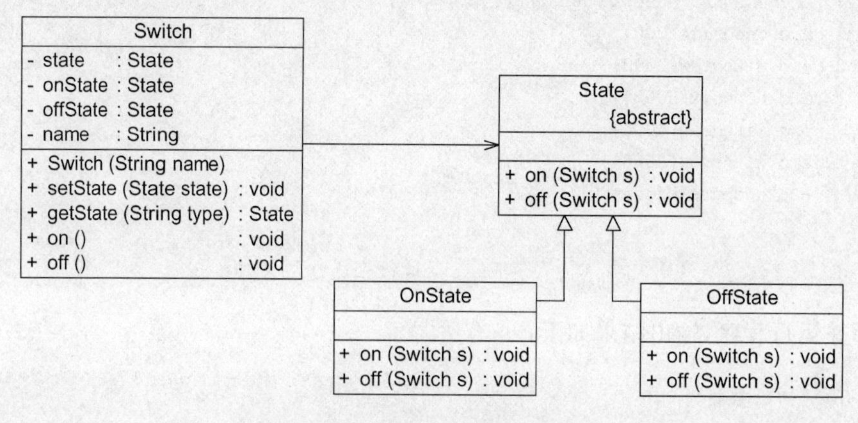

图 23-5 开关及其状态设计结构图

开关类 Switch 代码如下：

```
class Switch {
    private static State state,onState,offState; //定义 3 个静态的状态对象
    private String name;

    public Switch(String name) {
        this.name = name;
        onState = new OnState();
        offState = new OffState();
        this.state = onState;
    }

    public void setState(State state) {
        this.state = state;
    }

    public static State getState(String type) {
        if (type.equalsIgnoreCase("on")) {
            return onState;
        }
        else {
            return offState;
        }
    }

    //打开开关
    public void on() {
        System.out.print(name);
        state.on(this);
    }

    //关闭开关
    public void off() {
        System.out.print(name);
        state.off(this);
    }
}
```

抽象状态类 State 代码如下：

```
abstract class State {
    public abstract void on(Switch s);
    public abstract void off(Switch s);
}
```

两个具体状态类 OnState 和 OffState 代码如下：

```
//打开状态
class OnState extends State {
    public void on(Switch s) {
```

```
            System.out.println("已经打开!");
        }

        public void off(Switch s) {
            System.out.println("关闭!");
            s.setState(Switch.getState("off"));
        }
    }

    //关闭状态
    class OffState extends State {
        public void on(Switch s) {
            System.out.println("打开!");
            s.setState(Switch.getState("on"));
        }

        public void off(Switch s) {
            System.out.println("已经关闭!");
        }
    }
```

编写如下客户端代码进行测试：

```
class Client {
    public static void main(String args[]) {
        Switch s1,s2;
        s1 = new Switch("开关 1");
        s2 = new Switch("开关 2");

        s1.on();
        s2.on();
        s1.off();
        s2.off();
        s2.on();
        s1.on();
    }
}
```

输出结果如下：

```
开关 1 已经打开!
开关 2 已经打开!
开关 1 关闭!
开关 2 已经关闭!
开关 2 打开!
开关 1 已经打开!
```

从输出结果可以得知两个开关共享相同的状态。如果第一个开关关闭，则第二个开关也将关闭，再次关闭时将输出“已经关闭”；打开时也将得到类似结果。

23.5　使用环境类实现状态转换

在状态模式中实现状态转换时,在具体状态类中可通过调用环境类 Context 的 setState()方法进行状态的转换操作,也可以统一由环境类 Context 来实现状态的转换。此时,增加新的具体状态类可能需要修改其他具体状态类或者环境类的源代码,否则系统无法转换到新增状态。但是对于客户端来说,无须关心状态类,可以为环境类设置默认的状态类,而将状态的转换工作交给具体状态类或环境类来完成,具体的转换细节对于客户端而言是透明的。

在本章的“银行账户状态转换”实例中,通过具体状态类来实现状态的转换。在每个具体状态类中都包含一个 stateCheck()方法,在该方法内部实现状态的转换。此外,还可以通过环境类来实现状态转换,将环境类作为一个状态管理器,统一实现各种状态之间的转换操作。

下面通过一个包含循环状态的简单实例来说明如何使用环境类实现状态转换。

> Sunny 软件公司某开发人员欲开发一个屏幕放大镜工具,其具体功能描述如下:
>
> 用户单击“放大镜”按钮之后屏幕将放大一倍,再单击一次“放大镜”按钮屏幕再放大一倍,第 3 次单击该按钮后屏幕将还原到默认大小。

可以考虑使用状态模式来设计该屏幕放大镜工具。定义 3 个屏幕状态类 NormalState、LargerState 和 LargestState 来对应屏幕的 3 种状态,分别是正常状态、2 倍放大状态和 4 倍放大状态。屏幕类 Screen 充当环境类。其结构如图 23-6 所示。

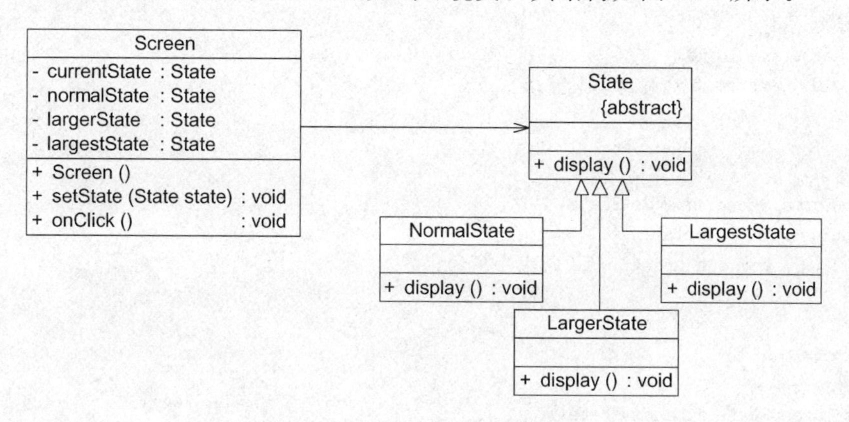

图 23-6　屏幕放大镜工具结构图

本实例核心代码如下:

```
//屏幕类
class Screen {
    //枚举所有的状态,currentState 表示当前状态
    private State currentState, normalState, largerState, largestState;

    public Screen() {
        this.normalState = new NormalState();      //创建正常状态对象
```

```
        this.largerState = new LargerState();       //创建 2 倍放大状态对象
        this.largestState = new LargestState();     //创建 4 倍放大状态对象
        this.currentState = normalState;            //设置初始状态
        this.currentState.display();
    }

    public void setState(State state) {
        this.currentState = state;
    }

    //单击事件处理方法,封装了对状态类中业务方法的调用和状态的转换
    public void onClick() {
        if (this.currentState == normalState) {
            this.setState(largerState);
            this.currentState.display();
        }
        else if (this.currentState == largerState) {
            this.setState(largestState);
            this.currentState.display();
        }
        else if (this.currentState == largestState) {
            this.setState(normalState);
            this.currentState.display();
        }
    }
}

//抽象状态类
abstract class State {
    public abstract void display();
}

//正常状态类
class NormalState extends State{
    public void display() {
        System.out.println("正常大小!");
    }
}

//2 倍状态类
class LargerState extends State{
    public void display() {
        System.out.println("2 倍大小!");
    }
}

//4 倍状态类
class LargestState extends State{
    public void display() {
        System.out.println("4 倍大小!");
    }
}
```

在上述代码中，所有的状态转换操作都由环境类 Screen 来实现。此时，环境类充当了状态管理器角色。如果需要增加新的状态，例如“8 倍状态类”，则需要修改环境类，这在一定程度上违背了开闭原则，但对其他状态类没有任何影响。

编写如下客户端代码进行测试：

```
class Client {
    public static void main(String args[]) {
        Screen screen = new Screen();
        screen.onClick();
        screen.onClick();
        screen.onClick();
    }
}
```

输出结果如下：

```
正常大小!
2 倍大小!
4 倍大小!
正常大小!
```

23.6 状态模式总结

状态模式将一个对象在不同状态下的不同行为封装在一个个状态类中。通过设置不同的状态对象可以让环境对象拥有不同的行为，而状态转换的细节对于客户端而言是透明的，方便了客户端的使用。在实际开发中，状态模式具有较高的使用频率，在工作流、游戏等软件中状态模式都得到了广泛应用，例如公文状态的转换、游戏中角色的升级等。

1. 主要优点

状态模式的主要优点如下：

(1) 封装了状态的转换规则。在状态模式中可以将状态的转换代码封装在环境类或者具体状态类中，对状态转换代码进行集中管理，而不是分散在一个个业务方法中。

(2) 将所有与某个状态有关的行为放到一个类中，只需要注入一个不同的状态对象即可使环境对象拥有不同的行为。

(3) 允许状态转换逻辑与状态对象合成一体，而不是提供一个巨大的条件语句块。状态模式可以避免使用庞大的条件语句来将业务方法和状态转换代码交织在一起。

(4) 可以让多个环境对象共享一个状态对象，从而减少系统中对象的个数。

2. 主要缺点

状态模式的主要缺点如下：

(1) 状态模式的使用必然会增加系统中类和对象的个数，导致系统运行开销增大。

(2) 状态模式的程序结构与实现都较为复杂，如果使用不当将导致程序结构和代码的混乱，增加系统设计的难度。

(3) 状态模式对开闭原则的支持并不太好。增加新的状态类需要修改那些负责状态转换的源代码，否则无法转换到新增状态；而且修改某个状态类的行为也需修改对应类的源代码。

3. 适用场景

在以下情况下可以考虑使用状态模式：

(1) 对象的行为依赖于它的状态(例如某些属性值)，状态的改变将导致行为的变化。

(2) 在代码中包含大量与对象状态有关的条件语句。这些条件语句的出现，会导致代码的可维护性和灵活性变差，不能方便地增加和删除状态，并且导致客户类与类库之间的耦合增强。

练习

Sunny软件公司欲开发一款纸牌游戏软件，在该游戏软件中用户角色具有入门级(Primary)、熟练级(Secondary)、高手级(Professional)和骨灰级(Final)4种等级。角色的等级与其积分相对应，游戏胜利将增加积分，失败则扣除积分。入门级具有最基本的游戏功能play()，熟练级增加了游戏胜利积分加倍功能doubleScore()，高手级在熟练级基础上再增加换牌功能changeCards()，骨灰级在高手级基础上再增加偷看他人的牌的功能peekCards()。试使用状态模式来设计该系统。

第24章

算法的封装与切换——策略模式

俗话说：条条大路通罗马。在很多情况下，实现某个目标的途径不止一条，例如在外出旅游时可以根据实际情况(目的地、旅游预算、旅游时间等)来选择一种最适合的出行方式。在制订旅行计划时，如果目的地较远、时间不多，但不差钱，可以选择坐飞机去旅游；如果目的地虽远，但假期长，且需控制旅游成本时可以选择坐火车或汽车；如果从健康和环保的角度考虑，而且有足够的毅力，自行车游或者徒步旅游也是个不错的选择。

在软件开发中，也常常会遇到类似的情况，实现某一个功能有多条途径。每一条途径对应一种算法，此时可以使用一种设计模式来实现灵活地选择解决途径，也能够方便地增加新的解决途径。本章将介绍一种为了适应算法灵活性而产生的设计模式——策略模式。

24.1 电影票打折方案

Sunny 软件公司为某电影院开发了一套影院售票系统，在该系统中需要为不同类型的用户提供不同的电影票打折方式，具体打折方案如下：

(1) 学生凭学生证可享受票价 8 折优惠。

(2) 年龄在 10 周岁及以下的儿童可享受每张票减免 10 元的优惠(原始票价需大于或等于 20 元)。

(3) 影院 VIP 用户除享受票价半价优惠外还可进行积分，积分累积到一定额度可换取电影院赠送的礼品。

该系统在将来可能还要根据需要引入新的打折方式。

为了实现上述电影票打折功能，Sunny 软件公司开发人员设计了一个电影票类 MovieTicket，其核心代码片段如下：

```
//电影票类
class MovieTicket {
    private double price;          //电影票价格
    private String type;           //电影票类型

    public void setPrice(double price) {
```

```
        this.price = price;
    }

    public void setType(String type) {
        this.type = type;
    }

    public double getPrice() {
        return this.calculate();
    }

    //计算打折之后的票价
    public double calculate() {
        //学生票折后票价计算
        if(this.type.equalsIgnoreCase("student")) {
            System.out.println("学生票：");
            return this.price * 0.8;
        }
        //儿童票折后票价计算
        else if(this.type.equalsIgnoreCase("children") && this.price >= 20 ) {
            System.out.println("儿童票：");
            return this.price - 10;
        }
         //VIP 票折后票价计算
        else if(this.type.equalsIgnoreCase("vip")) {
            System.out.println("VIP 票：");
            System.out.println("增加积分!");
            return this.price * 0.5;
        }
        else {
            return this.price; //如果不满足任何打折要求,则返回原始票价
        }
    }
}
```

编写如下客户端测试代码：

```
class Client {
    public static void main(String args[]) {
        MovieTicket mt = new MovieTicket();
        double originalPrice = 60.0;        //原始票价
        double currentPrice;                //折后价

        mt.setPrice(originalPrice);
        System.out.println("原始价为：" + originalPrice);
        System.out.println("----------------");

        mt.setType("student");              //学生票
        currentPrice = mt.getPrice();
```

```
        System.out.println("折后价为：" + currentPrice);
        System.out.println("----------------");

        mt.setType("children"); //儿童票
        currentPrice = mt.getPrice();
        System.out.println("折后价为：" + currentPrice);
    }
}
```

编译并运行程序，输出结果如下：

```
原始价为：60.0
---------------
学生票：
折后价为：48.0
---------------
儿童票：
折后价为：50.0
```

通过 MovieTicket 类实现了电影票的折后价计算，该方案解决了电影票打折问题。每一种打折方式都可以称为一种打折算法，更换打折方式只需修改客户端代码中的参数，无须修改已有源代码。但该方案并不是一个完美的解决方案，它至少存在以下 3 个问题：

(1) MovieTicket 类的 calculate()方法非常庞大，它包含各种打折算法的实现代码，在代码中出现了较长的 if…else…语句，不利于测试和维护。

(2) 增加新的打折算法或者对原有打折算法进行修改时必须修改 MovieTicket 类的源代码，违反了开闭原则，系统的灵活性和可扩展性较差。

(3) 算法的复用性差。如果在另一个系统(例如商场销售管理系统)中需要重用某些打折算法，只能通过对源代码进行复制、粘贴来重用，无法单独重用其中的某个或某些算法。

如何解决这 3 个问题？导致这些问题的主要原因在于 MovieTicket 类职责过重，它将各种打折算法都定义在一个类中，既不便于算法的重用，也不便于算法的扩展。因此需要对 MovieTicket 类进行重构，将原本庞大的 MovieTicket 类的职责进行分解，将算法的定义和使用分离，这就是策略模式所要解决的问题。下面就正式进入策略模式的学习。

24.2　策略模式概述

在策略模式中，可以定义一些独立的类来封装不同的算法，每个类封装一种具体的算法。在这里，每个封装算法的类都可以称之为一种策略(Strategy)。为了保证这些策略在使用时具有一致性，一般会提供一个抽象的策略类来做规则的定义，而每种算法则对应于一个具体策略类。

策略模式的主要目的是将算法的定义与使用分开，也就是将算法的行为和环境分开。将算法的定义放在专门的策略类中，每个策略类封装了一种实现算法。使用算法的环境类针对抽象策略类进行编程，符合依赖倒转原则。在出现新的算法时，只需要增加一个新的实现了抽象策略类的具体策略类即可。策略模式定义如下：

策略模式(Strategy Pattern)：定义一系列算法类，将每一个算法封装起来，并让它们可以相互替换。策略模式让算法独立于使用它的客户而变化，也称为政策模式(Policy)。策略模式是一种对象行为型模式。

策略模式结构并不复杂，但需要理解其中环境类 Context 的作用，其结构如图 24-1 所示。

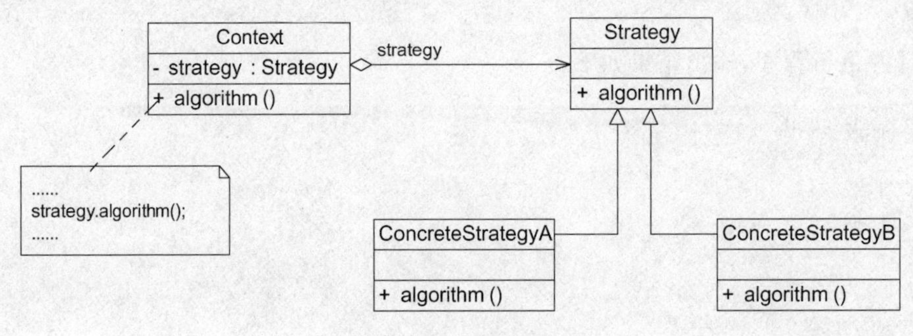

图 24-1　策略模式结构图

由图 24-1 可以看出，在策略模式结构图中包含以下 3 个角色。

(1) **Context(环境类)**：环境类是使用算法的角色，它在解决某个问题(即实现某个方法)时可以采用多种策略。在环境类中维持一个对抽象策略类的引用实例，用于定义所采用的策略。

(2) **Strategy(抽象策略类)**：它为所支持的算法声明了抽象方法，是所有策略类的父类。它可以是抽象类或具体类，也可以是接口。环境类通过抽象策略类中声明的方法在运行时调用具体策略类中实现的算法。

(3) **ConcreteStrategy(具体策略类)**：它实现了在抽象策略类中声明的算法。在运行时，具体策略类将覆盖在环境类中定义的抽象策略类对象，使用一种具体的算法实现某个业务处理。

思考

一个环境类 Context 能否对应多个不同的策略等级结构？如何设计？

策略模式是一个比较容易理解和使用的设计模式。策略模式是对算法的封装，它把算法的责任和算法本身分割开，委派给不同的对象管理。策略模式通常把一个系列的算法封装到一系列具体策略类里面，作为抽象策略类的子类。在策略模式中，对环境类和抽象策略类的理解非常重要，环境类是需要使用算法的类。在一个系统中可以存在多个环境类，它们可能需要重用一些相同的算法。

在使用策略模式时，需要将算法从 Context 类中提取出来。首先应该创建一个抽象策略类，其典型代码如下：

```
abstract class AbstractStrategy {
    public abstract void algorithm();      //声明抽象算法
}
```

然后再将封装每一种具体算法的类作为该抽象策略类的子类，代码如下：

```
class ConcreteStrategyA extends AbstractStrategy {
    //算法的具体实现
    public void algorithm() {
        //算法 A
    }
}
```

其他具体策略类与之类似。对于 Context 类而言，在它与抽象策略类之间建立一个关联关系，其典型代码如下：

```
class Context {
    private AbstractStrategy strategy; //维持一个对抽象策略类的引用

    public void setStrategy(AbstractStrategy strategy) {
        this.strategy = strategy;
    }

    //调用策略类中的算法
    public void algorithm() {
        strategy.algorithm();
    }
}
```

在 Context 类中定义一个 AbstractStrategy 类型的对象 strategy。通过注入的方式在客户端传入一个具体策略对象，客户端代码片段如下：

```
…
Context context = new Context();
AbstractStrategy strategy;
strategy = new ConcreteStrategyA();     //可在运行时指定类型
context.setStrategy(strategy);
context.algorithm();
…
```

在客户端代码中只需注入一个具体策略对象。可以将具体策略类类名存储在配置文件中，通过反射来动态创建具体策略对象，从而使得用户可以灵活地更换具体策略类，增加新的具体策略类也很方便。策略模式提供了一种**可插入式**(Pluggable)**算法**的实现方案。

24.3 完整解决方案

为了实现打折算法的复用，并能够灵活地向系统中增加新的打折方式，Sunny 软件公司开发人员使用策略模式对电影院打折方案进行重构，其基本结构如图 24-2 所示。

在图 24-2 中，MovieTicket 充当环境类角色，Discount 充当抽象策略角色，StudentDiscount、

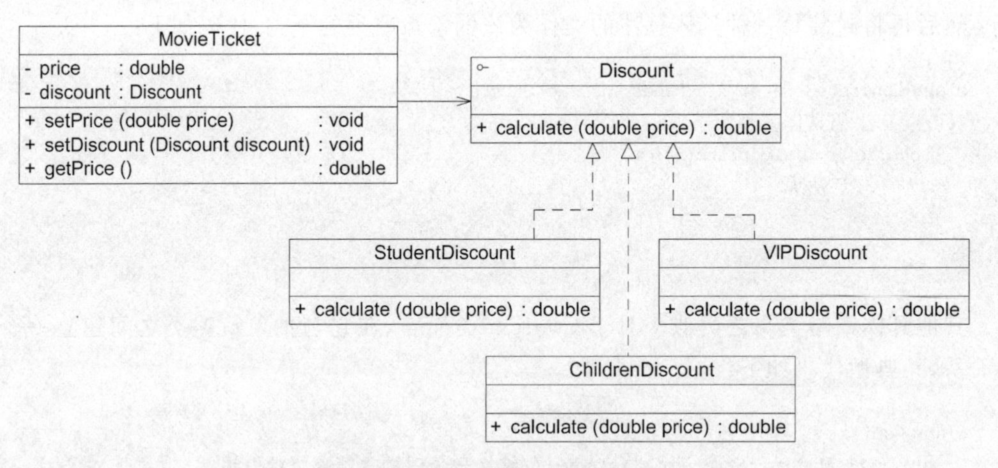

图 24-2 电影票打折方案结构图

ChildrenDiscount 和 VIPDiscount 充当具体策略角色。完整代码如下：

```
//电影票类：环境类
class MovieTicket {
    private double price;
    private Discount discount;      //维持一个对抽象折扣类的引用

    public void setPrice(double price) {
        this.price = price;
    }

    //注入一个折扣类对象
    public void setDiscount(Discount discount) {
        this.discount = discount;
    }

    public double getPrice() {
        //调用折扣类的折扣价计算方法
        return discount.calculate(this.price);
    }
}

//折扣类：抽象策略类
interface Discount {
    public double calculate(double price);
}

//学生票折扣类：具体策略类
class StudentDiscount implements Discount {
    public double calculate(double price) {
        System.out.println("学生票：");
        return price * 0.8;
    }
```

```
}

//儿童票折扣类：具体策略类
class ChildrenDiscount implements Discount {
    public double calculate(double price) {
        System.out.println("儿童票：");
        return price - 10;
        if(price>=20) {
            return price - 10;
        }
        else {
            return price;
        }
    }
}

//VIP 会员票折扣类：具体策略类
class VIPDiscount implements Discount {
    public double calculate(double price) {
        System.out.println("VIP 票：");
        System.out.println("增加积分!");
        return price * 0.5;
    }
}
```

为了提高系统的灵活性和可扩展性，这里将具体策略类的类名存储在配置文件 config.xml 中，并通过工具类 XMLUtil 来读取配置文件并反射生成对象。XMLUtil 类的代码如下：

```
import javax.xml.parsers.*;
import org.w3c.dom.*;
import org.xml.sax.SAXException;
import java.io.*;

public class XMLUtil {
//该方法用于从 XML 配置文件中提取具体类类名，并返回一个实例对象
    public static Object getBean() {
        try {
            //创建文档对象
            DocumentBuilderFactory dFactory = DocumentBuilderFactory.newInstance();
            DocumentBuilder builder = dFactory.newDocumentBuilder();
            Document doc;
            doc = builder.parse(new File("config.xml"));

            //获取包含类名的文本节点
            NodeList nl = doc.getElementsByTagName("className");
            Node classNode = nl.item(0).getFirstChild();
            String cName = classNode.getNodeValue();

            //通过类名生成实例对象并将其返回
            Class c = Class.forName(cName);
            Object obj = c.newInstance();
            return obj;
```

```
            }
            catch(Exception e) {
                e.printStackTrace();
                return null;
            }
        }
    }
```

配置文件 config.xml 中存储了具体策略类的类名,代码如下:

```
<?xml version="1.0"?>
<config>
    <className>StudentDiscount</className>
</config>
```

编写如下客户端测试代码:

```
class Client {
    public static void main(String args[]) {
        MovieTicket mt = new MovieTicket();
        double originalPrice = 60.0;
        double currentPrice;

        mt.setPrice(originalPrice);
        System.out.println("原始价为: " + originalPrice);
        System.out.println("----------------");

        Discount discount;
        discount = (Discount)XMLUtil.getBean(); //读取配置文件并反射生成具体折扣对象
        mt.setDiscount(discount);                //注入折扣对象

        currentPrice = mt.getPrice();
        System.out.println("折后价为: " + currentPrice);
    }
}
```

编译并运行程序,输出结果如下:

```
原始价为: 60.0
----------------
学生票:
折后价为: 48.0
```

如果需要更换具体策略类,无须修改源代码,只需修改配置文件。例如将学生票改为儿童票,只需将存储在配置文件中的具体策略类 StudentDiscount 改为 ChildrenDiscount,代码如下:

```
<?xml version="1.0"?>
<config>
    <className>ChildrenDiscount</className>
</config>
```

重新运行客户端程序，输出结果如下：

```
原始价为：60.0
---------------
儿童票：
折后价为：50.0
```

如果需要增加新的打折方式，原有代码均无须修改，只要增加一个新的折扣类作为抽象折扣类的子类，实现在抽象折扣类中声明的打折方法。然后修改配置文件，将原有具体折扣类类名改为新增折扣类类名即可，完全符合开闭原则。

24.4 策略模式的两个典型应用

策略模式实用性强、扩展性好，在软件开发中得以广泛使用，是使用频率较高的设计模式之一。下面将介绍策略模式的两个典型应用实例，一个来源于Java SE，另一个来源于微软公司推出的演示项目PetShop。

1. Java SE的容器布局管理

Java SE的容器布局管理就是策略模式的一个经典应用实例，其基本结构示意图如图24-3所示。

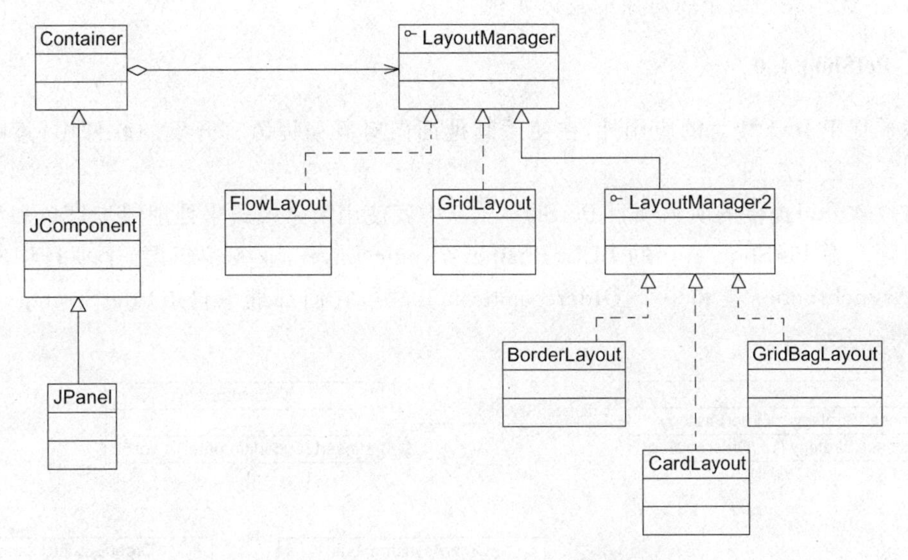

图24-3 Java SE布局管理结构示意图

在Java SE开发中，用户需要对容器对象Container中的成员对象（例如按钮、文本框等GUI控件）进行布局（Layout），在程序运行期间由客户端动态决定一个Container对象如何布局。Java语言在JDK中提供了几种不同的布局方式，封装在不同的类中，例如BorderLayout、FlowLayout、GridLayout、GridBagLayout和CardLayout等。在图24-3中，Container类充当环境角色Context，而LayoutManager作为所有布局类的公共父类扮演了抽象策略角色，它给出所有具体布局类所需的接口。具体策略类是 LayoutManager 的子类，也就是说各种具体的布局类，它们封装了不同的布局方式。

任何人都可以设计并实现自己的布局类，只需将自己设计的布局类作为 LayoutManager 的子类。例如 Borland 公司(后被 Micro Focus 公司收购)曾在 JBuilder 中提供了一种新的布局方式——XYLayout，作为对 JDK 提供的 Layout 类的补充。对于客户端而言，只需要使用 Container 类提供的 setLayout()方法就可设置任何具体布局方式，无须关心该布局的具体实现。在 JDK 中，Container 类的代码片段如下：

```
public class Container extends Component {
    …
    LayoutManager layoutMgr;
    …
    public void setLayout(LayoutManager mgr) {
        layoutMgr = mgr;
        …
    }
    …
}
```

从上述代码可以看出，Container 作为环境类，它针对抽象策略类 LayoutManager 进行编程。根据里氏代换原则，用户在使用时，只需要在 setLayout()方法中传入一个具体布局对象即可，无须关心该布局对象的具体实现。

2. PetShop 4.0

除了基于 Java 语言的应用外，在使用其他面向对象编程语言开发的软件中，策略模式也得到了广泛的应用。

在微软公司提供的演示项目 PetShop 4.0 中就使用策略模式来处理同步订单和异步订单的问题。在 PetShop 4.0 的 BLL(Business Logic Layer，业务逻辑层)子项目中有一个 OrderAsynchronous 类和一个 OrderSynchronous 类，它们都继承自 IOrderStrategy 接口，如图 24-4 所示。

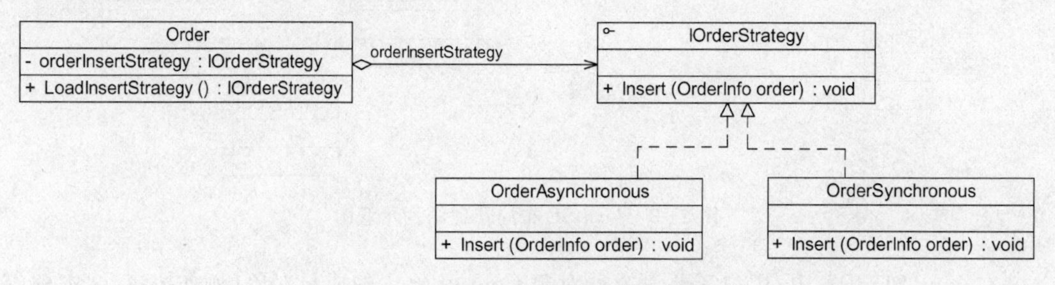

图 24-4　PetShop 订单策略类结构图

在图 24-4 中，OrderSynchronous 以一种同步的方式处理订单，而 OrderAsynchronous 先将订单存放在一个队列中，然后再对队列里的订单以一种异步方式进行处理。BLL 的 Order 类通过反射机制从配置文件中读取策略配置的信息，以决定到底是使用哪种订单处理方式。配置文件 web.config 中代码片段如下：

```
…
<add key = "OrderStrategyClass" value = "PetShop.BLL.OrderSynchronous"/>
…
```

用户只需要修改配置文件即可更改订单处理方式，提高了系统的灵活性。

24.5 策略模式总结

策略模式用于算法的自由切换和扩展，它是应用较为广泛的设计模式之一。策略模式对应于解决某一问题的一个算法族，允许用户从该算法族中任选一个算法来解决某一问题，同时可以方便地更换算法或者增加新的算法。只要涉及算法的封装、复用和切换都可以考虑使用策略模式。

1. 主要优点

策略模式的主要优点如下：

（1）策略模式提供了对开闭原则的完美支持。用户可以在不修改原有系统的基础上选择算法或行为，也可以灵活地增加新的算法或行为。

（2）策略模式提供了管理相关的算法族的办法。策略类的等级结构定义了一个算法或行为族，恰当使用继承可以把公共的代码移到抽象策略类中，从而避免重复代码。

（3）策略模式提供了一种可以替换继承关系的办法。如果不使用策略模式，那么使用算法的环境类就可能会有一些子类，每一个子类提供一种不同的算法。但是，这样一来算法的使用就和算法本身混在一起，不符合单一职责原则。决定使用哪一种算法的逻辑和该算法本身混合在一起，从而不可能再独立演化；而且使用继承无法实现算法或行为在程序运行时的动态切换。

（4）使用策略模式可以避免多重条件选择语句。多重条件选择语句不易维护，它把采取哪一种算法或行为的逻辑与算法或行为本身的实现逻辑混合在一起，将它们全部硬编码(Hard Coding)在一个庞大的多重条件选择语句中，比直接继承环境类的办法还要原始和落后。

（5）策略模式提供了一种算法的复用机制。由于将算法单独提取出来封装在策略类中，因此不同的环境类可以方便地复用这些策略类。

2. 主要缺点

策略模式的主要缺点如下：

（1）客户端必须知道所有的策略类，并自行决定使用哪一个策略类。这就意味着客户端必须理解这些算法的区别，以便适时选择恰当的算法。换言之，策略模式只适用于客户端知道所有的算法或行为的情况。

（2）策略模式将造成系统产生很多具体策略类。任何细小的变化都将导致系统要增加一个新的具体策略类。

(3) 无法同时在客户端使用多个策略类。也就是说，在使用策略模式时，客户端每次只能使用一个策略类，不支持使用一个策略类完成部分功能后再使用另一个策略类来完成剩余功能的情况。

3. 适用场景

在以下情况下可以考虑使用策略模式：

(1) 一个系统需要动态地在几种算法中选择一种。可以将这些算法封装到一个个的具体算法类中，而这些具体算法类都是一个抽象算法类的子类。换言之，这些具体算法类均具有统一的接口。根据里氏代换原则和面向对象的多态性，客户端可以选择使用任何一个具体算法类，并只需要维持一个数据类型是抽象算法类的对象。

(2) 一个对象有很多的行为，如果不用恰当的模式，这些行为就只好使用多重条件选择语句来实现。此时，使用策略模式，把这些行为转移到相应的具体策略类里面，就可以避免使用难以维护的多重条件选择语句。

(3) 不希望客户端知道复杂的、与算法相关的数据结构。在具体策略类中封装算法与相关的数据结构，可以提高算法的保密性与安全性。

练习

Sunny 软件公司欲开发一款飞机模拟系统，该系统主要模拟不同种类飞机的飞行特征与起飞特征，需要模拟的飞机种类及其特征如表 24-1 所示。

表 24-1　飞机种类及特征一览表

飞机种类	起飞特征	飞行特征
直升机(Helicopter)	垂直起飞(VerticalTakeOff)	亚音速飞行(SubSonicFly)
客机(AirPlane)	长距离起飞(LongDistanceTakeOff)	亚音速飞行(SubSonicFly)
歼击机(Fighter)	长距离起飞(LongDistanceTakeOff)	超音速飞行(SuperSonicFly)
鹞式战斗机(Harrier)	垂直起飞(VerticalTakeOff)	超音速飞行(SuperSonicFly)

为了将来能够模拟更多种类的飞机，试采用策略模式设计该飞机模拟系统。

第25章

定义算法的框架——模板方法模式

在现实生活中很多事情需要通过几个步骤才能够完成。例如请客吃饭，无论吃什么，一般都包含点单、吃东西、买单等几个步骤。通常情况下这几个步骤的次序是：点单→吃东西→买单。在这 3 个步骤中，点单和买单大同小异，最大的区别在于第 2 步——吃什么？吃面条和吃满汉全席可大不相同，如图 25-1 所示。

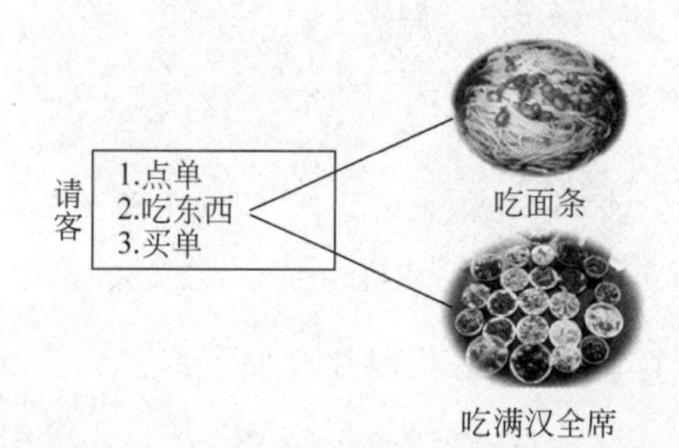

图 25-1　请客吃饭示意图

在软件开发中，有时也会遇到类似的情况，某个方法的实现需要多个步骤（类似“请客”），其中有些步骤是固定的（类似“点单”和“买单”），而有些步骤并不固定，存在可变性（类似“吃东西”）。为了提高代码的复用性和系统的灵活性，可以使用一种被称为模板方法模式的设计模式来对这类情况进行设计。在模板方法模式中，将实现功能的每一个步骤所对应的方法称为基本方法（例如“点单”“吃东西”和“买单”），而调用这些基本方法同时定义基本方法的执行次序的方法称为模板方法（例如“请客”）。在模板方法模式中，可以将相同的代码放在父类中，例如将模板方法“请客”以及基本方法“点单”和“买单”的实现放在父类中。而对于基本方法“吃东西”，在父类中只做一个声明，将其具体实现放在不同的子类中，例如可在一个子类中提供“吃面条”的实现，而另一个子类提供“吃满汉全席”的实现。通过使用模板方法模式，可以提高代码的复用性，同时还可以利用面向对象的多态性，在运行时选择一种具体子类，实现完整的“请客”方法。本章将详细学习模板方法模式。

25.1　银行利息计算模块

Sunny 软件公司欲为某银行的业务支撑系统开发一个利息计算模块，利息计算流程如下：

(1) 系统根据账号和密码验证用户信息，如果用户信息错误，系统显示出错提示。

(2) 如果用户信息正确，则根据用户类型的不同使用不同的利息计算公式计算利息（例如活期账户和定期账户具有不同的利息计算公式）。

(3) 系统显示利息。

Sunny 软件公司开发人员针对该需求设计了一个 Account 类，在 Account 类中定义了 3 个方法用于实现上述 3 个步骤。Account 类核心代码如下：

```
class Account {
    //验证用户信息
    public boolean validate(String account, String password) {
        //具体实现代码省略
    }

    //计算利息
    public void calculateInterest(String type) {
        if (type.equalsIgnoreCase("Current")) {
            //按活期利率计算利息,代码省略
        }
        else if (type.equalsIgnoreCase("Saving")) {
            //按定期利率计算利息,代码省略
        }
    }

    //显示结果
    public void display() {
        //具体实现代码省略
    }
}
```

客户端可通过调用 Account 类实现完整的利息计算流程，核心代码片段如下：

```
class Client {
    public static void main(String args[]) {
        Account account = new Account();
        if (account.validate("张无忌", "123456")) {     //验证用户
            account.calculateInterest("Current");      //计算利息
            account.display();                         //显示利息
        }
        else {
            //提示账号或密码出错信息
        }
    }
}
```

通过以上代码可实现该利息计算模块的功能，但是在仔细分析之后，不难发现该实现方案存在以下两个问题：

(1) 系统的可扩展性较差。如果需要增加一种新类型的用户，例如“小额存款用户”，在系统中需要对应增加一种新的利息计算方法，不得不修改原有 Account 类的源代码。在 calculateInterest()方法中增加新的判断逻辑和实现代码，违背了开闭原则。

(2) 客户端需要逐个调用 Account 类中定义的方法，而且需要了解这些方法的执行次序，否则容易出错。例如 Account 类中 3 个方法的调用次序必须为：validate()→

calculateInterest()→display()，如果不按照该次序调用，可能会导致结果出错。这无疑增加了客户端使用的难度，给用户带来较多不便。

针对问题(1)，可以通过增加 Account 类的子类来解决，在 Account 类的子类中覆盖父类的 calculateInterest()方法，实现对系统的扩展。但是针对问题(2)，即使使用的是 Account 类的子类，也无法解决该问题。是否存在一种技术能够一次性解决上述两个问题？当然有，答案就是使用模板方法模式。下面就正式进入模板方法模式的学习。

25.2　模板方法模式概述

模板方法模式是结构最简单的行为型设计模式，在其结构中只存在父类与子类之间的继承关系。通过使用模板方法模式，可以将一些复杂流程的实现步骤封装在一系列基本方法中。在抽象父类中提供一个称之为模板方法的方法来定义这些基本方法的执行次序，而通过其子类来覆盖某些步骤，从而使得相同的算法框架可以有不同的执行结果。模板方法模式提供了一个模板方法来定义算法框架，而某些具体步骤的实现可以在其子类中完成。

模板方法模式是一种基于继承的代码复用基本技术，其定义如下：

> 模板方法模式(Template Method Pattern)：定义一个操作中算法的框架，而将一些步骤延迟到子类中。模板方法模式使得子类可以不改变一个算法的结构即可重定义该算法的某些特定步骤。模板方法模式是一种类行为型模式。

模板方法模式结构比较简单，其核心是抽象类和其中的模板方法的设计，其结构如图 25-2 所示。

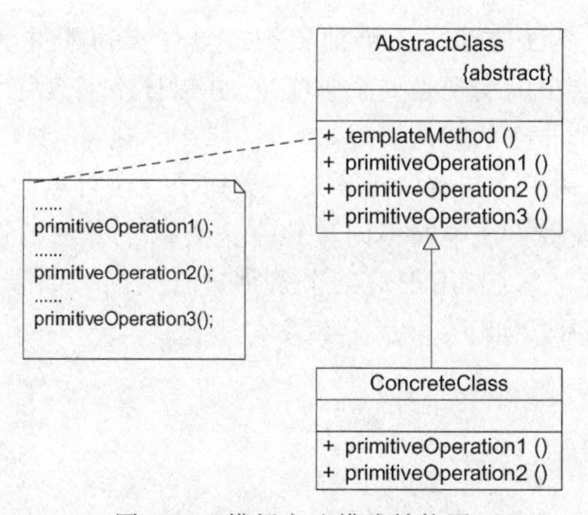

图 25-2　模板方法模式结构图

从图 25-2 可以看出，在模板方法模式结构图中包含以下两个角色。

(1) AbstractClass(抽象类)：在抽象类中定义了一系列基本操作(Primitive Operations)，这些基本操作可以是具体的，也可以是抽象的。每个基本操作对应算法的一个步骤，在其子类中可以重定义或实现这些步骤。同时，在抽象类中实现了一个模板方法(Template Method)，用于定义一个算法的框架。模板方法不仅可以调用在抽象类中实现的基本方法，也可以调用在抽象类的子类中实现的基本方法，还可以调用其他对象中的方法。

(2) ConcreteClass(具体子类)：它是抽象类的子类，用于实现在父类中声明的抽象基本操作以完成子类特定算法的步骤，也可以覆盖在父类中已经实现的具体基本操作。

在使用模板方法模式时，开发抽象类的软件设计师和开发具体子类的软件设计师之间可以进行协作。一个设计师负责给出一个算法的轮廓和框架，另一些设计师则负责给出这个算法的各个逻辑步骤。实现这些具体逻辑步骤的方法即为基本方法，而将这些基本方法汇总起来的方法即为模板方法，模板方法模式的名字也因此而来。下面将详细介绍模板方法和基本方法。

1. 模板方法

一个模板方法是定义在抽象类中的、把基本操作方法组合在一起形成一个总算法或一个总行为的方法。这个模板方法定义在抽象类中，并由子类不加以修改地完全继承下来(在Java语言中，可以将模板方法定义为final方法)。模板方法是一个具体方法，它给出了一个顶层逻辑框架，而逻辑的组成步骤在抽象类中可以是具体方法，也可以是抽象方法。由于模板方法是具体方法，因此模板方法模式中的抽象层只能是抽象类，而不是接口。

2. 基本方法

基本方法是实现算法各个步骤的方法，是模板方法的组成部分。基本方法又可以分为3种：抽象方法(Abstract Method)、具体方法(Concrete Method)和钩子方法(Hook Method)。

(1) 抽象方法：一个抽象方法由抽象类声明，由其具体子类实现。在Java语言里一个抽象方法以abstract关键字标识。

(2) 具体方法：一个具体方法由一个抽象类或具体类声明并实现，其子类可以进行覆盖也可以直接继承。

(3) 钩子方法：一个钩子方法由一个抽象类或具体类声明并实现，而其子类可能会加以扩展。通常在父类中给出的实现是一个空实现，并以该空实现作为方法的默认实现，当然钩子方法也可以提供一个非空的默认实现。

在模板方法模式中，钩子方法有两类。第一类钩子方法可以与一些具体步骤"挂钩"，以实现在不同条件下执行模板方法中的不同步骤。这类钩子方法的返回类型通常是boolean类型，方法名一般为is×××()，用于对某个条件进行判断。如果条件满足则执行某一步骤，否则将不执行。代码片段如下：

```
…
//模板方法
public void template() {
    open();
    display();
    //通过钩子方法来确定某步骤是否执行
    if(isPrint()) {
        print();
    }
}

//钩子方法
```

```
public boolean isPrint() {
    return true;
}
...
```

在以上代码中，isPrint()方法即是钩子方法，它可以决定 print()方法是否执行。一般情况下，钩子方法的返回值为 true。如果不希望某方法执行，可以在其子类中覆盖钩子方法，将其返回值改为 false 即可。这种类型的钩子方法可以控制方法的执行，对一个算法进行约束。

还有一类钩子方法就是方法体为空的具体方法，子类可以根据需要覆盖或者继承这些钩子方法。与抽象方法相比，这类钩子方法的好处在于子类如果没有覆盖父类中定义的钩子方法，编译也可以正常通过，但是如果没有覆盖父类中声明的抽象方法，编译将报错。

模板方法模式中，抽象类的典型代码如下：

```
abstract class AbstractClass {
    //模板方法
    public void templateMethod() {
        primitiveOperation1();
        primitiveOperation2();
        primitiveOperation3();
    }

    //基本方法——具体方法
    public void primitiveOperation1() {
        //实现代码
    }

    //基本方法——抽象方法
    public abstract void primitiveOperation2();

    //基本方法——钩子方法
    public void primitiveOperation3()
    { }
}
```

在抽象类中，模板方法 templateMethod()定义了算法的框架，在模板方法中调用基本方法以实现完整的算法。每一个基本方法如 primitiveOperation1()、primitiveOperation2()等均实现了算法的一部分，对于所有子类都相同的基本方法可由父类提供具体实现，例如 primitiveOperation1()。否则在父类中声明为抽象方法或钩子方法，由不同的子类提供不同的实现，例如 primitiveOperation2()和 primitiveOperation3()。

可在抽象类的子类中提供抽象步骤的实现，也可覆盖父类中已经实现的具体方法。具体子类的典型代码如下：

```
class ConcreteClass extends AbstractClass {
    public void primitiveOperation2() {
        //实现代码
```

```
    }

    public void primitiveOperation3() {
        //实现代码
    }
}
```

在模板方法模式中，由于面向对象的多态性，子类对象在运行时将覆盖父类对象，子类中定义的方法也将覆盖父类中定义的方法。因此程序在运行时，具体子类的基本方法将覆盖父类中定义的基本方法，子类的钩子方法也将覆盖父类的钩子方法，从而可以通过在子类中实现的钩子方法对父类方法的执行进行约束，实现子类对父类行为的反向控制。

思考

在模板方法模式中，钩子方法如何实现子类控制父类的行为？

25.3 完整解决方案

为了让系统具有更好的可扩展性和灵活性，Sunny 软件公司开发人员使用模板方法模式对银行利息计算模块进行重构。在抽象父类中实现公共的业务处理方法，而在具体子类中覆盖抽象的业务处理方法，重构之后的系统结构如图 25-3 所示。

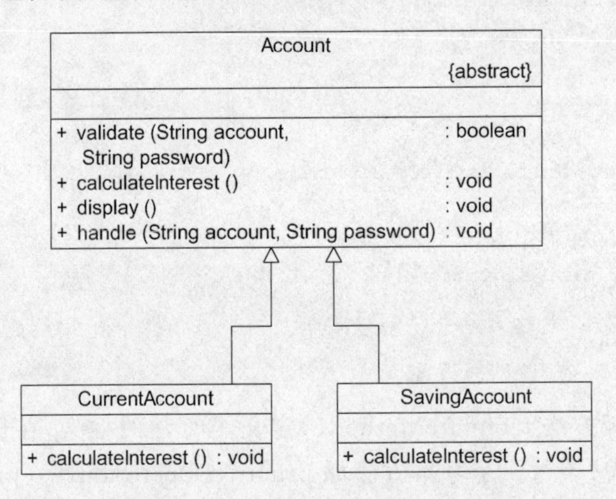

图 25-3 银行利息计算模块结构图

在图 25-3 中，Account 充当抽象类角色，CurrentAccount 和 SavingAccount 充当具体子类角色。完整代码如下：

```
//账户类：抽象类
abstract class Account {
    //基本方法——具体方法
    public boolean validate(String account, String password) {
        System.out.println("账号：" + account);
```

```
        System.out.println("密码: " + password);
        if (account.equalsIgnoreCase("张无忌") && password.equalsIgnoreCase("123456"))
        {
            return true;
        }
        else {
            return false;
        }
    }

    //基本方法——抽象方法
    public abstract void calculateInterest();

    //基本方法——具体方法
    public void display() {
        System.out.println("显示利息!");
    }

    //模板方法
    public void handle(String account, String password) {
        if (!validate(account,password)) {
            System.out.println("账户或密码错误!");
            return;
        }
        calculateInterest();
        display();
    }
}

//活期账户类:具体子类
class CurrentAccount extends Account {
    //覆盖父类的抽象基本方法
    public void calculateInterest() {
        System.out.println("按活期利率计算利息!");
    }
}


//定期账户类:具体子类
class SavingAccount extends Account {
    //覆盖父类的抽象基本方法
    public void calculateInterest() {
        System.out.println("按定期利率计算利息!");
    }
}
```

为了提高系统的灵活性和可扩展性,这里将具体子类的类名存储在配置文件 config.xml 中,并通过工具类 XMLUtil 来读取配置文件并反射生成对象。XMLUtil 类的代码如下:

```
import javax.xml.parsers.*;
import org.w3c.dom.*;
import org.xml.sax.SAXException;
import java.io.*;

public class XMLUtil {
    //该方法用于从XML配置文件中提取具体类类名,并返回一个实例对象
    public static Object getBean() {
        try {
            //创建文档对象
            DocumentBuilderFactory dFactory = DocumentBuilderFactory.newInstance();
            DocumentBuilder builder = dFactory.newDocumentBuilder();
            Document doc;
            doc = builder.parse(new File("config.xml"));

            //获取包含类名的文本节点
            NodeList nl = doc.getElementsByTagName("className");
            Node classNode = nl.item(0).getFirstChild();
            String cName = classNode.getNodeValue();

            //通过类名生成实例对象并将其返回
            Class c = Class.forName(cName);
            Object obj = c.newInstance();
            return obj;
        }
        catch(Exception e) {
            e.printStackTrace();
            return null;
        }
    }
}
```

配置文件config.xml中存储了具体子类的类名,代码如下:

```
<?xml version="1.0"?>
<config>
    <className>CurrentAccount</className>
</config>
```

编写如下客户端测试代码:

```
class Client {
    public static void main(String args[]) {
        Account account;
        account = (Account) XMLUtil.getBean();
        account.handle("张无忌","123456");
    }
}
```

编译并运行程序，输出结果如下：

```
账号：张无忌
密码：123456
按活期利率计算利息！
显示利息！
```

如果需要更换具体子类，无须修改源代码，只需修改配置文件。例如将活期账户(Current Account)改为定期账户(Saving Account)，只需将存储在配置文件中的具体子类CurrentAccount改为SavingAccount，代码如下：

```
<?xml version = "1.0"?>
<config>
    <className>SavingAccount</className>
</config>
```

重新运行客户端程序，输出结果如下：

```
账号：张无忌
密码：123456
按定期利率计算利息！
显示利息！
```

如果需要增加新的具体子类(新的账户类型)，原有代码均无须修改，完全符合开闭原则。

25.4 钩子方法的使用

在对模板方法模式进行学习时，大家已经知道该模式不仅在父类中提供了一个定义算法框架的模板方法，还提供了一系列抽象方法、具体方法和钩子方法，其中钩子方法的引入使得子类可以控制父类的行为。最简单的钩子方法就是空方法，代码如下：

```
public void display() { }
```

当然也可以在钩子方法中提供一个默认的实现，如果子类不覆盖钩子方法，则执行父类的默认实现代码。

另一种钩子方法可以用于对其他方法进行约束，这种钩子方法通常返回一个boolean类型的值，即返回true或false，用来判断是否执行某一个基本方法。下面通过一个实例来说明这种钩子方法的使用。

> Sunny软件公司欲为某销售管理系统提供一个数据图表显示功能，该功能的实现包括以下步骤：
>
> (1) 从数据源获取数据。
>
> (2) 将数据转换为XML格式。

(3) 以某种图表方式显示 XML 格式的数据。

该功能支持多种数据源和多种图表显示方式,但所有的图表显示操作都基于 XML 格式的数据,因此可能需要对数据进行转换。如果从数据源获取的数据已经是 XML 格式则无须转换。

由于该数据图表显示功能的 3 个步骤的次序是固定的,且存在公共代码(例如数据格式转换代码),满足模板方法模式的适用条件,可以使用模板方法模式对其进行设计。因为数据格式的不同,XML 数据可以直接显示,而其他格式的数据需要进行转换,因此第(2)步"将数据转换为 XML 格式"的执行存在不确定性。为了解决这个问题,可以定义一个钩子方法 isNotXMLData()来对数据转换方法进行控制。通过以上分析,该图表显示功能的基本结构如图 25-4 所示。

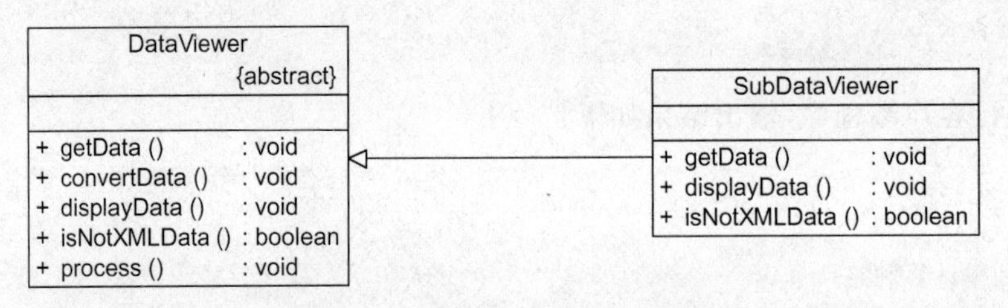

图 25-4 数据图表显示功能结构图

可以将公共方法和框架代码放在抽象父类中,代码如下:

```
abstract class DataViewer {
    //抽象方法:获取数据
    public abstract void getData();

    //具体方法:转换数据
    public void convertData() {
        System.out.println("将数据转换为 XML 格式。");
    }

    //抽象方法:显示数据
    public abstract void displayData();

    //钩子方法:判断是否为 XML 格式的数据
    public boolean isNotXMLData() {
        return true;
    }

    //模板方法
    public void process() {
        getData();
        //如果不是 XML 格式的数据则进行数据转换
        if (isNotXMLData()) {
            convertData();
```

```
        }
        displayData();
    }
}
```

在上面的代码中，引入了一个钩子方法 isNotXMLData()，其返回类型为 boolean 类型。在模板方法中通过它来对数据转换方法 convertData()进行约束，该钩子方法的默认返回值为 true，在其子类中可以根据实际情况覆盖该方法。例如，某一具体子类代码如下：

```
class SubDataViewer extends DataViewer {
    //实现父类方法：获取数据
    public void getData() {
        System.out.println("从 XML 文件中获取数据。");
    }

    //实现父类方法：显示数据
    public void displayData() {
        System.out.println("以柱状图显示数据。");
    }

    //覆盖父类的钩子方法
    public boolean isNotXMLData() {
        return false;
    }
}
```

在具体子类 SubDataViewer 中覆盖了钩子方法 isNotXMLData()，返回 false，表示该数据已为 XML 格式，无须执行数据转换方法 convertData()。客户端代码如下：

```
class Client {
    public static void main(String args[]) {
        DataViewer dv;
        dv = new SubDataViewer();
        dv.process();
    }
}
```

该程序运行结果如下：

```
从 XML 文件中获取数据。
以柱状图显示数据。
```

练习

结合“桥接模式”，给出一个“数据图表显示实例”的完整解决方案(系统需支持多种数据源和多种图表显示方式)。

25.5 模板方法模式总结

模板方法模式是一种基于继承的代码复用技术，它体现了面向对象的诸多重要思想，是一种使用频率较高的模式。模板方法模式广泛应用于框架设计(例如 Spring、JUnit 等)中，以确保通过父类来控制处理流程的逻辑顺序(例如框架的初始化、测试流程的设置等)。

1. 主要优点

模板方法模式的主要优点如下：

(1) 模板方法模式在父类中形式化地定义一个算法，而由它的子类来实现细节的处理。在子类实现详细的处理算法时并不会改变算法中步骤的执行次序。

(2) 模板方法模式是一种代码复用技术，它在类库设计中尤为重要。它提取了类库中的公共行为，将公共行为放在父类中，而通过其子类来实现不同的行为。它鼓励恰当使用继承来实现代码复用。

(3) 模板方法模式可实现一种反向控制结构。通过子类覆盖父类的钩子方法来决定某一特定步骤是否需要执行。

(4) 在模板方法模式中可以通过子类来覆盖父类的基本方法，不同的子类可以提供基本方法的不同实现，更换和增加新的子类很方便，符合单一职责原则和开闭原则。

2. 主要缺点

模板方法模式的主要缺点是：需要为每一个基本方法的不同实现提供一个子类。如果父类中可变的基本方法太多，将会导致类的个数增加，系统更加庞大，设计也更加抽象。此时，可结合桥接模式来进行设计。

3. 适用场景

在以下情况下可以考虑使用模板方法模式：

(1) 对一些复杂的算法进行分割，将其算法中固定不变的部分设计为模板方法和父类具体方法，而一些可以改变的细节由其子类来实现。即一次性地实现一个算法的不变部分，并将可变的行为留给子类来实现。

(2) 各子类中公共的行为应被提取出来并集中到一个公共父类中以避免代码重复。

(3) 需要通过子类来决定父类算法中某个步骤是否执行，实现子类对父类的反向控制。

练习

Sunny 软件公司欲使用模板方法模式开发一个数据库操作模块。用户只需将 SQL 语句作为参数传入模板方法，则可实现连接数据库、打开数据库、操作数据库(查询或更新)、关闭数据库等操作，在设计时有以下要求：

(1) 系统需支持多种数据连接方式，例如 JDBC-ODBC 桥接、厂商驱动或者数据库连接池等。

(2) 每次调用模板方法时，需要从“查询数据库”或“更新数据库”两个方法中选择一个。(**注**：可以通过在模板方法中增加一个参数来实现。)

试给出该数据库操作模块的核心实现代码。

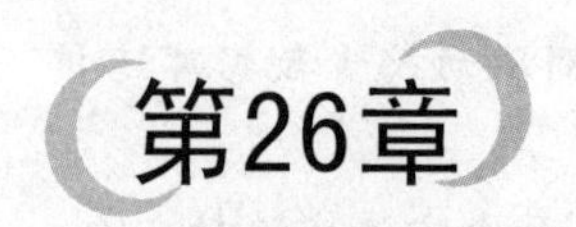

操作复杂对象结构——访问者模式

患者就医时，在医生开具处方单(药单)后，很多医院都存在以下处理流程：划价人员拿到处方单之后根据药品名称和数量计算总价，药房工作人员根据药品名称和数量准备药品，如图 26-1 所示。

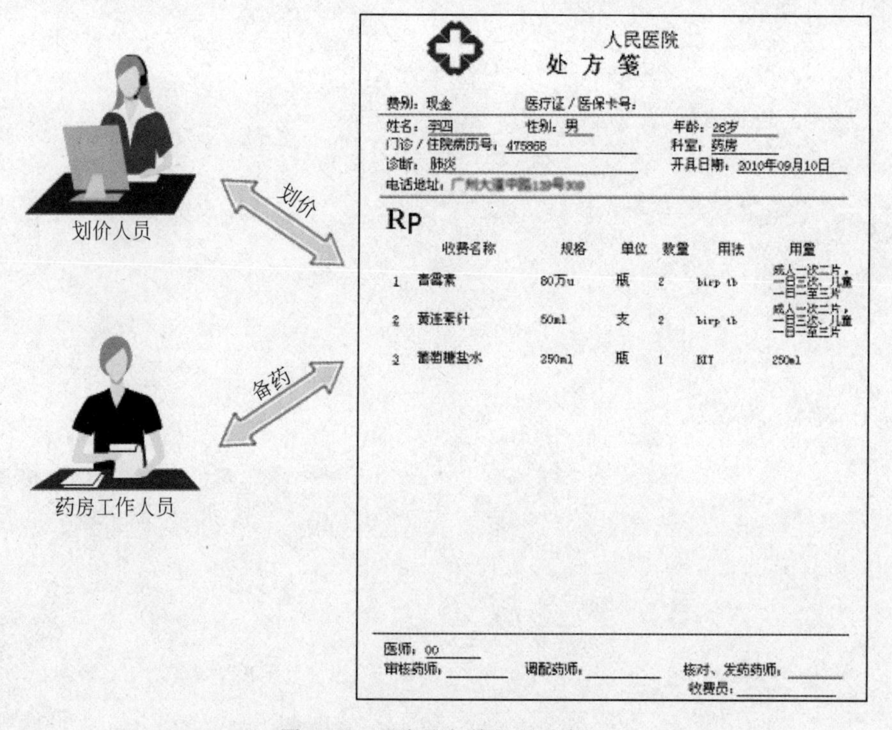

图 26-1 医院处方单处理示意图

在图 26-1 中，可以将处方单看成一个药品信息的集合，里面包含了一种或多种不同类型的药品信息。不同类型的工作人员(例如划价人员和药房工作人员)在操作同一个药品信息集合时将提供不同的处理方式，而且可能还会增加新类型的工作人员来操作处方单。

在软件开发中，有时也需要处理像处方单这样的集合对象结构。在该对象结构中存储了多个不同类型的对象信息，而且对同一对象结构中的元素的操作方式并不唯一，可能需要提供多种不同的处理方式，还可能需要增加新的处理方式。在设计模式中，有一种模式可以满足上述要求，其模式动机就是以不同的方式操作复杂对象结构，该模式就是本章将要学习的访问者模式。

26.1 OA系统中员工数据汇总

> Sunny软件公司欲为某银行开发一套OA系统，在该OA系统中包含一个员工信息管理子系统。该银行员工包括正式员工和临时工，每周人力资源部和财务部等部门需要对员工数据进行汇总，汇总数据包括员工工作时间、员工工资等。该公司基本制度如下：
>
> (1) 正式员工(Full-time Employee)每周工作时间为40小时。不同级别、不同部门的员工每周基本工资不同。如果超过40小时，超出部分按照100元/小时作为加班费；如果少于40小时，所缺时间按照请假处理，请假所扣工资以80元/小时计算，直到基本工资扣除到零为止。除了记录实际工作时间外，人力资源部需记录加班时长或请假时长，作为员工平时表现的一项依据。
>
> (2) 临时工(Part-time Employee)每周工作时间不固定。基本工资按小时计算，不同岗位的临时工小时工资不同。人力资源部只需记录实际工作时间。
>
> 人力资源部和财务部工作人员可以根据各自的需要对员工数据进行汇总处理。人力资源部负责汇总每周员工工作时间，而财务部负责计算每周员工工资。

Sunny软件公司开发人员针对上述需求，提出了一个初始解决方案，其核心代码如下：

```java
import java.util.*;

class EmployeeList {
    private ArrayList<Employee> list = new ArrayList<Employee>(); //员工集合

    //增加员工
    public void addEmployee(Employee employee) {
        list.add(employee);
    }

    //处理员工数据
    public void handle(String departmentName) {
        //财务部处理员工数据
        if (departmentName.equalsIgnoreCase("财务部")) {
            for(Object obj : list) {
                if (obj.getClass().getName().equalsIgnoreCase("FulltimeEmployee")) {
                    System.out.println("财务部处理全职员工数据!");
                }
                else {
                    System.out.println("财务部处理兼职员工数据!");
                }
            }
        }
        //人力资源部处理员工数据
```

```
            else if (departmentName.equalsIgnoreCase("人力资源部"))    {
                for (Object obj : list) {
                    if (obj.getClass().getName().equalsIgnoreCase("FulltimeEmployee")) {
                        System.out.println("人力资源部处理全职员工数据!");
                    }
                    else {
                        System.out.println("人力资源部处理兼职员工数据!");
                    }
                }
            }
        }
    }
```

在 EmployeeList 类的 handle()方法中，通过对部门名称和员工类型进行判断，不同部门对不同类型的员工进行了不同的处理，满足了员工数据汇总的要求。但是该解决方案存在以下问题：

(1) EmployeeList 类非常庞大，它将各个部门处理各类员工数据的代码集中在一个类中，在具体实现时，代码将相当冗长。EmployeeList 类承担了过多的职责，既不方便代码的复用，也不利于系统的扩展，违背了单一职责原则。

(2) 在代码中包含大量的"if…else…"条件判断语句，既需要对不同部门进行判断，又需要对不同类型的员工进行判断，还将出现嵌套的条件判断语句，导致测试和维护难度增大。

(3) 如果要增加一个新的部门来操作员工集合，不得不修改 EmployeeList 类的源代码，在 handle()方法中增加一个新的条件判断语句和一些业务处理代码来实现新部门的访问操作。这违背了开闭原则，系统的灵活性和可扩展性有待提高。

(4) 如果要增加一种新类型的员工，同样需要修改 EmployeeList 类的源代码，在不同部门的处理代码中增加对新类型员工的处理逻辑，这也违背了开闭原则。

如何解决上述问题？如何为同一集合对象中的元素提供多种不同的操作方式？访问者模式就是一个值得考虑的解决方案，它可以在一定程度上解决上述问题(解决大部分问题)。访问者模式可以为不同类型的元素提供多种访问操作方式，而且可以在不修改原有系统的情况下增加新的操作方式。

26.2 访问者模式概述

访问者模式是一种较为复杂的行为型设计模式，它包含访问者和被访问元素两个主要组成部分。这些被访问的元素通常具有不同的类型，且不同的访问者可以对它们进行不同的访问操作。例如处方单中的各种药品信息就是被访问的元素，而划价人员和药房工作人员就是访问者。访问者模式使得用户可以在不修改现有系统的情况下扩展系统的功能，为这些不同类型的元素增加新的操作。

在使用访问者模式时，被访问的元素通常不是单独存在的，它们存储在一个集合中，这个集合称为"对象结构"。访问者通过遍历对象结构实现对其中存储的元素的逐个操作。

访问者模式定义如下：

> **访问者模式(Visitor Pattern)**：提供一个作用于某对象结构中的各元素的操作表示，它使得可以在不改变各元素的类的前提下定义作用于这些元素的新操作。访问者模式是一种对象行为型模式。

访问者模式的结构较为复杂，其结构如图 26-2 所示。

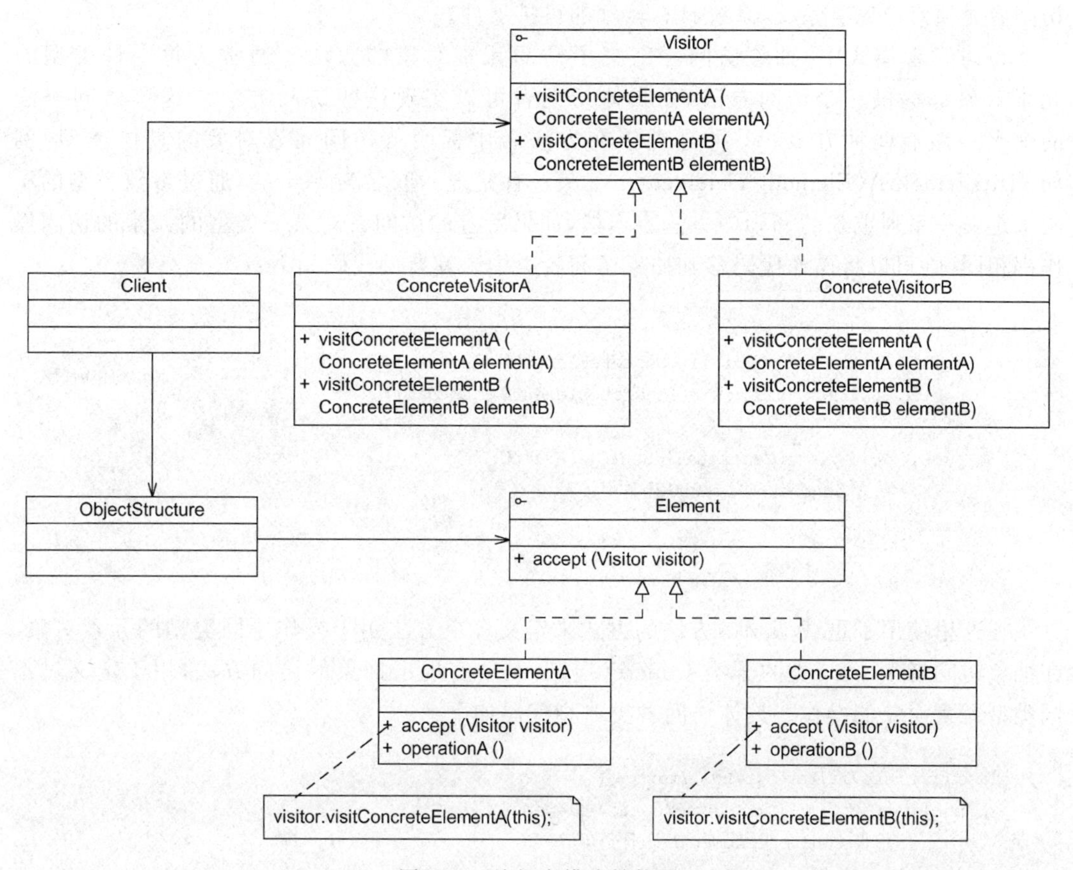

图 26-2 访问者模式结构图

从图 26-2 可以看出，在访问者模式结构图中包含以下 5 个角色。

(1) **Visitor(抽象访问者)**：抽象访问者为对象结构中每个具体元素类 ConcreteElement 声明一个访问操作，从这个操作的名称或参数类型可以清楚知道需要访问的具体元素的类型。具体访问者需要实现这些操作方法，提供对这些元素的访问操作。

(2) **ConcreteVisitor(具体访问者)**：具体访问者实现了每个由抽象访问者声明的操作，每个操作用于访问对象结构中一种类型的元素。

(3) **Element(抽象元素)**：抽象元素一般是抽象类或者接口，它定义一个 accept()方法，该方法通常以一个抽象访问者作为参数。(稍后将介绍为什么要这样设计。)

(4) **ConcreteElement(具体元素)**：具体元素实现了 accept()方法，在 accept()方法中调用访问者的访问方法以便完成对一个元素的操作。

(5) **ObjectStructure(对象结构)**：对象结构是一个元素的集合，它用于存放元素对象，并且提供了遍历其内部元素的方法。它可以结合组合模式来实现，也可以是一个简单的集合对象,例如一个 List 对象或一个 Set 对象。

访问者模式中对象结构存储了不同类型的元素对象,以供不同访问者访问。访问者模式包括两个层次结构:一个是访问者层次结构,提供了抽象访问者和具体访问者;另一个是元素层次结构,提供了抽象元素和具体元素。相同的访问者可以以不同的方式访问不同的元素,相同的元素可以接受不同访问者以不同访问方式访问。在访问者模式中,增加新的访问者无须修改原有系统,系统具有较好的可扩展性。

在访问者模式中,抽象访问者定义了访问元素对象的方法。通常为每一种类型的元素对象都提供一个访问方法,而具体访问者可以实现这些访问方法。这些访问方法的命名一般有两种方式:一种是直接在方法名中标明待访问元素对象的具体类型,例如 visitElementA(ElementA elementA);另一种是统一取名为 visit(),通过参数类型的不同来定义一系列重载的 visit()方法。当然,如果所有的访问者对某一类型的元素的访问操作都相同,则可以将操作代码移到抽象访问者类中。其典型代码如下:

```
abstract class Visitor {
    public abstract void visit(ConcreteElementA elementA);
    public abstract void visit(ConcreteElementB elementB);

    public void visit(ConcreteElementC elementC) {
        //元素 ConcreteElementC 操作代码
    }
}
```

在这里使用了重载 visit()方法的方式来定义多个方法用于操作不同类型的元素对象。在抽象访问者 Visitor 类的子类 ConcreteVisitor 中实现了抽象的访问方法,用于定义对不同类型元素对象的操作。具体访问者类典型代码如下:

```
class ConcreteVisitor extends Visitor {
    public void visit(ConcreteElementA elementA) {
        //元素 ConcreteElementA 操作代码
    }

    public void visit(ConcreteElementB elementB) {
        //元素 ConcreteElementB 操作代码
    }
}
```

对于元素类而言,在其中一般都定义了一个 accept()方法,用于接受访问者的访问。典型的抽象元素类代码如下:

```
interface Element {
    public void accept(Visitor visitor);
}
```

需要注意的是,该方法传入了一个抽象访问者 Visitor 类型的参数,即针对抽象访问者进行编程,而不是具体访问者。在程序运行时再确定具体访问者的类型,并调用具体访问者对象的 visit()方法实现对元素对象的操作。在抽象元素类 Element 的子类中实现了 accept()方法，用于接受访问者的访问。在具体元素类中还可以定义不同类型的元素所特有的业务方法，其典型代码如下：

```
class ConcreteElementA implements Element {
    public void accept(Visitor visitor) {
        visitor.visit(this);
    }

    public void operationA() {
        //业务方法
    }
}
```

在具体元素类 ConcreteElementA 的 accept()方法中，通过调用 Visitor 类的 visit()方法实现对元素的访问，并以当前对象作为 visit()方法的参数。其具体执行过程如下：

(1) 调用具体元素类的 accept(Visitor visitor)方法，并将 Visitor 子类对象作为其参数。

(2) 在具体元素类 accept(Visitor visitor)方法内部调用传入的 Visitor 对象的 visit()方法，例如 visit(ConcreteElementA elementA)。将当前具体元素类对象(this)作为参数，例如 visitor.visit(this)。

(3) 执行 Visitor 对象的 visit()方法，在其中还可以调用具体元素对象的业务方法。

这种调用机制也称为**"双重分派"**。正因为使用了双重分派机制，使得增加新的访问者无须修改现有类库代码，只需将新的访问者对象作为参数传入具体元素对象的 accept()方法。程序运行时将回调在新增 Visitor 类中定义的 visit()方法，从而增加新的元素访问方式。

思考

双重分派机制如何用代码实现？

在访问者模式中，对象结构是一个集合，它用于存储元素对象并接受访问者的访问，其典型代码如下：

```
class ObjectStructure {
    private ArrayList<Element> list = new ArrayList<Element>(); //定义一个集合用于存储
    //元素对象

    //接受访问者的访问操作
    public void accept(Visitor visitor) {
        Iterator i = list.iterator();

        while(i.hasNext()) {
            ((Element)i.next()).accept(visitor); //遍历访问集合中的每一个元素
        }
    }

    public void addElement(Element element) {
        list.add(element);
```

```
    }

    public void removeElement(Element element) {
        list.remove(element);
    }
}
```

在对象结构中可以使用迭代器对存储在集合中的元素对象进行遍历，并逐个调用每一个对象的 accept()方法，实现对元素对象的访问操作。

思考

访问者模式是否符合开闭原则？(从增加新的访问者和增加新的元素两方面考虑。)

26.3 完整解决方案

Sunny 软件公司开发人员使用访问者模式对 OA 系统中员工数据汇总模块进行重构，使得系统可以很方便地增加新类型的访问者，更加符合单一职责原则和开闭原则。重构后的基本结构如图 26-3 所示。

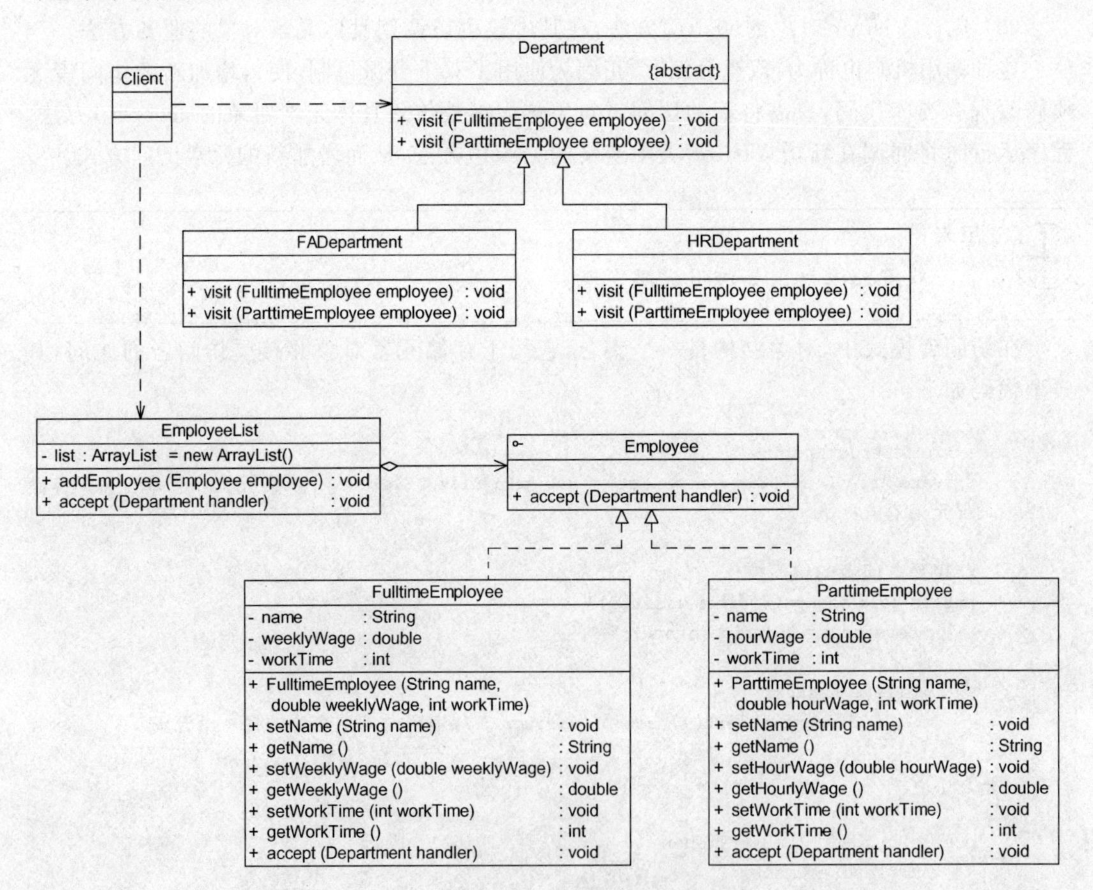

图 26-3 员工数据汇总模块结构图

在图 26-3 中，FADepartment 表示财务部，HRDepartment 表示人力资源部，它们充当具体访问者角色，其抽象父类 Department 充当抽象访问者角色；EmployeeList 充当对象结构，用于存储员工列表；FulltimeEmployee 表示正式员工，ParttimeEmployee 表示临时工，它们充当具体元素角色，其父接口 Employee 充当抽象元素角色。完整代码如下：

```
import java.util. * ;

//员工类：抽象元素类
interface Employee {
    public void accept(Department handler); //接受一个抽象访问者访问
}

//全职员工类：具体元素类
class FulltimeEmployee implements Employee {
    private String name; //员工姓名
    private double weeklyWage; //员工周薪
    private int workTime; //工作时间

    public FulltimeEmployee(String name,double weeklyWage,int workTime) {
        this.name = name;
        this.weeklyWage = weeklyWage;
        this.workTime = workTime;
    }

    public void setName(String name) {
        this.name = name;
    }

    public void setWeeklyWage(double weeklyWage) {
        this.weeklyWage = weeklyWage;
    }

    public void setWorkTime(int workTime) {
        this.workTime = workTime;
    }

    public String getName() {
        return (this.name);
    }

    public double getWeeklyWage() {
        return (this.weeklyWage);
    }

    public int getWorkTime() {
        return (this.workTime);
    }
```

```
    public void accept(Department handler) {
        handler.visit(this); //调用访问者的访问方法
    }
}

//兼职员工类: 具体元素类
class ParttimeEmployee implements Employee {
    private String name;                //员工姓名
    private double hourWage;            //员工时薪
    private int workTime;               //工作时间

    public ParttimeEmployee(String name,double hourWage,int workTime) {
        this.name = name;
        this.hourWage = hourWage;
        this.workTime = workTime;
    }

    public void setName(String name) {
        this.name = name;
    }

    public void setHourWage(double hourWage) {
        this.hourWage = hourWage;
    }

    public void setWorkTime(int workTime) {
        this.workTime = workTime;
    }

    public String getName() {
        return (this.name);
    }

    public double getHourWage() {
        return (this.hourWage);
    }

    public int getWorkTime() {
        return (this.workTime);
    }

    public void accept(Department handler) {
        handler.visit(this);        //调用访问者的访问方法
    }
}

//部门类: 抽象访问者类
abstract class Department {
```

```
    //声明一组重载的访问方法,用于访问不同类型的具体元素
    public abstract void visit(FulltimeEmployee employee);
    public abstract void visit(ParttimeEmployee employee);
}

//财务部类：具体访问者类
class FADepartment extends Department {
    //实现财务部对全职员工的访问
    public void visit(FulltimeEmployee employee) {
        int workTime = employee.getWorkTime();
        double weekWage = employee.getWeeklyWage();
        if(workTime > 40) {
            weekWage = weekWage + (workTime - 40) * 100;
        }
        else if(workTime < 40) {
            weekWage = weekWage - (40 - workTime) * 80;
            if(weekWage < 0) {
                weekWage = 0;
            }
        }
        System.out.println("正式员工" + employee.getName() + "实际工资为：" + weekWage +
"元。");
    }

    //实现财务部对兼职员工的访问
    public void visit(ParttimeEmployee employee) {
        int workTime = employee.getWorkTime();
        double hourWage = employee.getHourWage();
        System.out.println("临时工" + employee.getName() + "实际工资为：" + workTime *
hourWage + "元。");
    }
}

//人力资源部类：具体访问者类
class HRDepartment extends Department {
    //实现人力资源部对全职员工的访问
    public void visit(FulltimeEmployee employee) {
        int workTime = employee.getWorkTime();
        System.out.println("正式员工" + employee.getName() + "实际工作时间为：" +
workTime + "小时。");
        if(workTime > 40) {
            System.out.println("正式员工" + employee.getName() + "加班时间为：" +
(workTime - 40) + "小时。");
        }
        else if(workTime < 40) {
            System.out.println("正式员工" + employee.getName() + "请假时间为：" + (40 -
workTime) + "小时。");
        }
```

```
    }

    //实现人力资源部对兼职员工的访问
    public void visit(ParttimeEmployee employee) {
        int workTime = employee.getWorkTime();
        System.out.println("临时工" + employee.getName() + "实际工作时间为:" + workTime +
"小时。");
    }
}

//员工列表类:对象结构
class EmployeeList {
    //定义一个集合用于存储员工对象
    private ArrayList<Employee> list = new ArrayList<Employee>();

    public void addEmployee(Employee employee) {
        list.add(employee);
    }

    //遍历访问员工集合中的每一个员工对象
    public void accept(Department handler) {
        for(Object obj : list) {
            ((Employee)obj).accept(handler);
        }
    }
}
```

为了提高系统的灵活性和可扩展性,这里将具体访问者类的类名存储在配置文件config.xml中,并通过工具类XMLUtil来读取配置文件并反射生成对象。XMLUtil类的代码如下:

```
import javax.xml.parsers.*;
import org.w3c.dom.*;
import org.xml.sax.SAXException;
import java.io.*;

public class XMLUtil {
    //该方法用于从XML配置文件中提取具体类类名,并返回一个实例对象
    public static Object getBean() {
        try {
            //创建文档对象
            DocumentBuilderFactory dFactory = DocumentBuilderFactory.newInstance();
            DocumentBuilder builder = dFactory.newDocumentBuilder();
            Document doc;
            doc = builder.parse(new File("config.xml"));

            //获取包含类名的文本节点
```

```
            NodeList nl = doc.getElementsByTagName("className");
            Node classNode = nl.item(0).getFirstChild();
            String cName = classNode.getNodeValue();

            //通过类名生成实例对象并将其返回
            Class c = Class.forName(cName);
            Object obj = c.newInstance();
            return obj;
        }
        catch(Exception e) {
            e.printStackTrace();
            return null;
        }
    }
}
```

配置文件 config.xml 中存储了具体访问者类的类名，代码如下：

```
<?xml version = "1.0"?>
<config>
    <className>FADepartment</className>
</config>
```

编写如下客户端测试代码：

```
class Client {
    public static void main(String args[]) {
        EmployeeList list = new EmployeeList();
        Employee fte1,fte2,fte3,pte1,pte2;

        fte1 = new FulltimeEmployee("张无忌",3200.00,45);
        fte2 = new FulltimeEmployee("杨过",2000.00,40);
        fte3 = new FulltimeEmployee("段誉",2400.00,38);
        pte1 = new ParttimeEmployee("洪七公",80.00,20);
        pte2 = new ParttimeEmployee("郭靖",60.00,18);

        list.addEmployee(fte1);
        list.addEmployee(fte2);
        list.addEmployee(fte3);
        list.addEmployee(pte1);
        list.addEmployee(pte2);

        Department dep;
        dep = (Department)XMLUtil.getBean();
        list.accept(dep);
    }
}
```

编译并运行程序，输出结果如下：

```
正式员工张无忌实际工资为：3700.0元。
正式员工杨过实际工资为：2000.0元。
正式员工段誉实际工资为：2240.0元。
临时工洪七公实际工资为：1600.0元。
临时工郭靖实际工资为：1080.0元。
```

如果需要更换具体访问者类，无须修改源代码，只需修改配置文件。例如将访问者类由财务部改为人力资源部，只需将存储在配置文件中的具体访问者类 FADepartment 改为 HRDepartment，代码如下：

```
<?xml version = "1.0"?>
<config>
    <className>HRDepartment</className>
</config>
```

重新运行客户端程序，输出结果如下：

```
正式员工张无忌实际工作时间为：45小时。
正式员工张无忌加班时间为：5小时。
正式员工杨过实际工作时间为：40小时。
正式员工段誉实际工作时间为：38小时。
正式员工段誉请假时间为：2小时。
临时工洪七公实际工作时间为：20小时。
临时工郭靖实际工作时间为：18小时。
```

如果要在系统中增加一种新的访问者，无须修改源代码，只要增加一个新的具体访问者类即可，在该具体访问者中封装了新的操作元素对象的方法。从增加新的访问者的角度来看，访问者模式符合开闭原则。

如果要在系统中增加一种新的具体元素，例如增加一种新的员工类型为“退休人员”。由于原有系统并未提供相应的访问接口（在抽象访问者中没有声明任何访问“退休人员”的方法），因此必须对原有系统进行修改，在原有的抽象访问者类和具体访问者类中增加相应的访问方法。从增加新的元素的角度来看，访问者模式违背了开闭原则。

综上所述，访问者模式与抽象工厂模式类似，对开闭原则的支持具有倾斜性，可以很方便地添加新的访问者，但是添加新的元素较为麻烦。

26.4 访问者模式与组合模式联用

在访问者模式中，包含一个用于存储元素对象集合的对象结构，通常可以使用迭代器来遍历对象结构。具体元素之间如果存在整体与部分关系，有些元素作为容器对象，有些元素作为成员对象，则可以使用组合模式来组织元素。引入组合模式后的访问者模式结构图如图 26-4 所示。

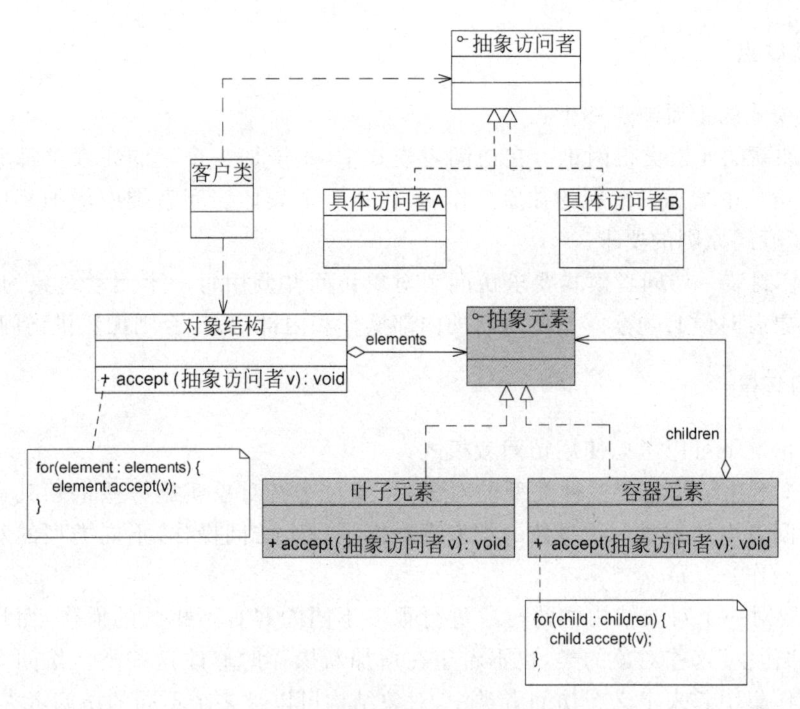

图 26-4 访问者模式与组合模式联用示意图

需要注意的是,在图 26-4 所示结构中,由于叶子元素的遍历操作已经在容器元素中完成,因此要防止单独将已增加到容器元素中的叶子元素再次加入对象结构中。对象结构中只保存容器元素和孤立的叶子元素。

26.5 访问者模式总结

由于访问者模式的使用条件较为苛刻,本身结构也较为复杂,因此在实际应用中使用频率不是特别高。当系统中存在一个较为复杂的对象结构,且不同访问者对其所采取的操作也不相同时,可以考虑使用访问者模式进行设计。在 XML 文档解析、编译器的设计、复杂集合对象的处理等领域,访问者模式得到了一定的应用。

1. 主要优点

访问者模式的主要优点如下:

(1) 增加新的访问操作很方便。使用访问者模式,增加新的访问操作就意味着增加一个新的具体访问者类,实现简单,无须修改源代码,符合开闭原则。

(2) 将有关元素对象的访问行为集中到一个访问者对象中,而不是分散在一个个的元素类中。类的职责更加清晰,有利于对象结构中元素对象的复用,相同的对象结构可以供多个不同的访问者访问。

(3) 让用户能够在不修改现有元素类层次结构的情况下,定义作用于该层次结构的操作。

2. 主要缺点

访问者模式的主要缺点如下：

(1) 增加新的元素类很困难。在访问者模式中，每增加一个新的元素类都意味着要在抽象访问者角色中增加一个新的抽象操作，并在每一个具体访问者类中增加相应的具体操作，这违背了开闭原则的要求。

(2) 破坏封装。访问者模式要求访问者对象访问并调用每一个元素对象的操作，这意味着元素对象有时候必须暴露一些自己的内部操作和内部状态，否则无法供访问者访问。

3. 适用场景

在以下情况下可以考虑使用访问者模式：

(1) 一个对象结构包含多种类型的对象，希望对这些对象实施一些依赖其具体类型的操作。在访问者中针对每一种具体的类型都提供了一个访问操作，不同类型的对象可以有不同的访问操作。

(2) 需要对一个对象结构中的对象进行很多不同的并且不相关的操作，而且需要避免让这些操作"污染"这些对象的类，也不希望在增加新操作时修改这些类。访问者模式将相关的访问操作集中起来定义在访问者类中，对象结构可以被多个不同的访问者类所使用，将对象本身与对象的访问操作分离。

(3) 对象结构中元素对象对应的类很少改变，但经常需要在此对象结构上定义新的操作。

练习

Sunny 软件公司欲为某高校开发一套奖励审批系统，该系统可以实现教师奖励和学生奖励的审批(Award Check)。如果教师发表论文数超过 10 篇或者学生发表论文数超过 2 篇可以评选科研奖，如果教师教学反馈分大于或等于 90 分或者学生平均成绩大于或等于 90 分可以评选成绩优秀奖。试使用访问者模式设计该系统，以判断候选人集合中的教师或学生是否符合某种获奖要求。

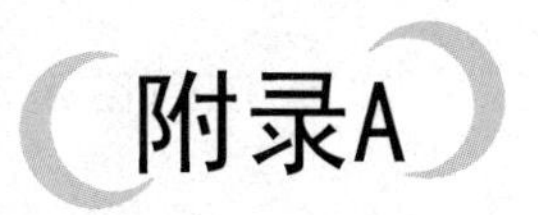

常用设计模式的定义及结构图

A.1 创建型设计模式

A.1.1 简单工厂模式

1. 定义

简单工厂模式(Simple Factory Pattern)：定义一个工厂类，它可以根据参数的不同返回不同类的实例，被创建的实例通常都具有共同的父类。

2. 结构图(图 A-1)

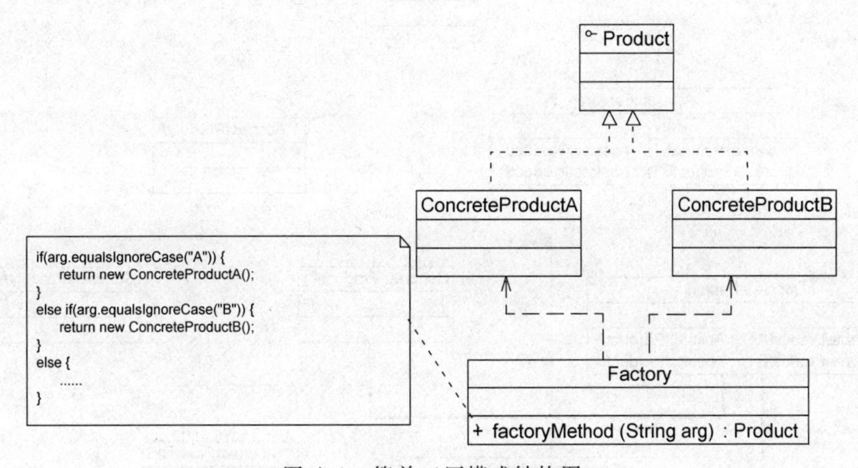

图 A-1 简单工厂模式结构图

A.1.2 工厂方法模式

1. 定义

工厂方法模式(Factory Method Pattern)：定义一个用于创建对象的接口，但是让子类决定将哪一个类实例化。工厂方法模式让一个类的实例化延迟到其子类。

2. 结构图(图 A-2)

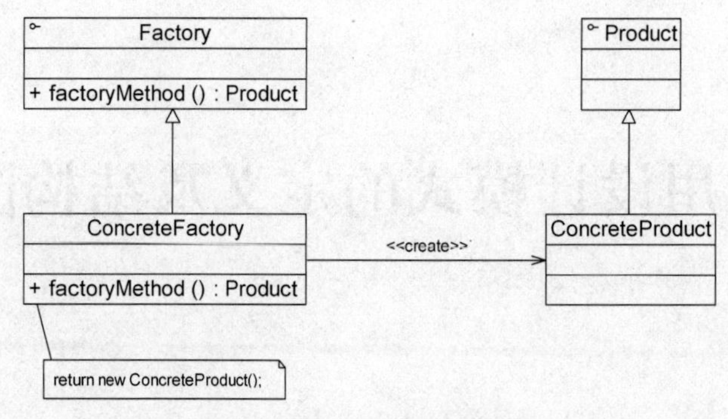

图 A-2 工厂方法模式结构图

A.1.3 抽象工厂模式

1. 定义

抽象工厂模式(Abstract Factory Pattern):提供一个创建一系列相关或相互依赖对象的接口,而无须指定它们具体的类。

2. 结构图(图 A-3)

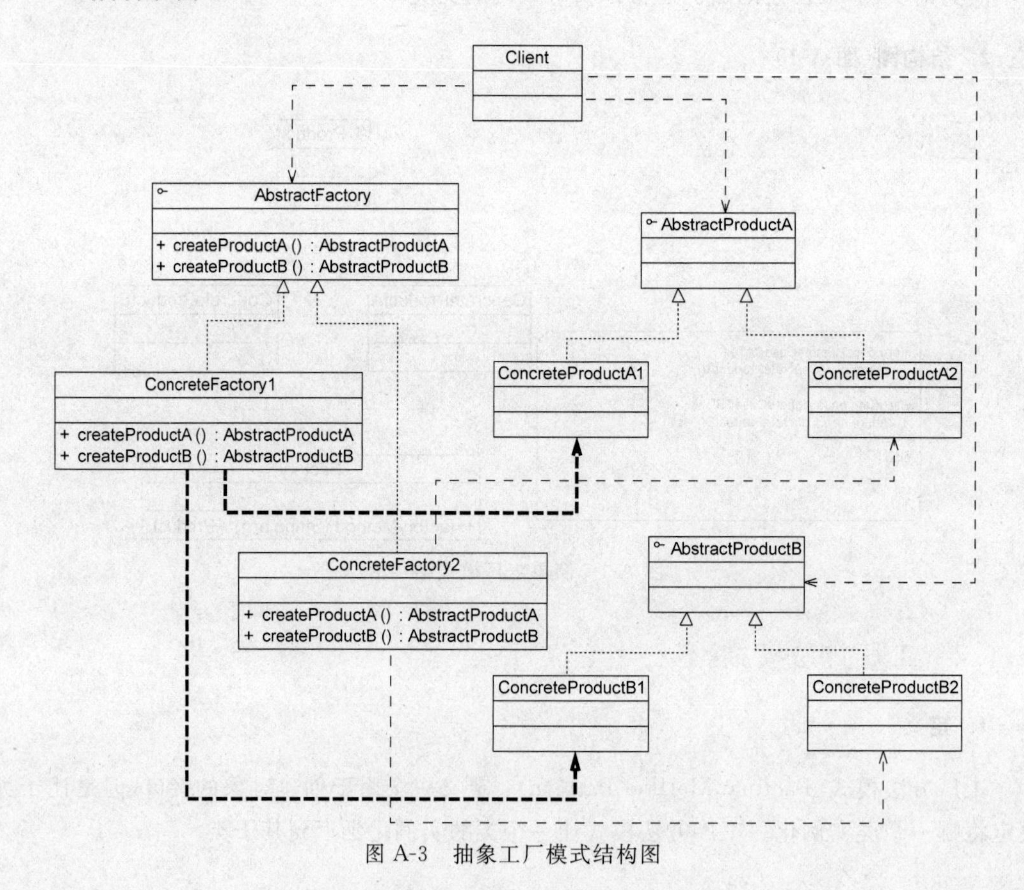

图 A-3 抽象工厂模式结构图

A.1.4 建造者模式

1. 定义

建造者模式(Builder Pattern)：将一个复杂对象的构建与它的表示分离，使得同样的构建过程可以创建不同的表示。

2. 结构图(图 A-4)

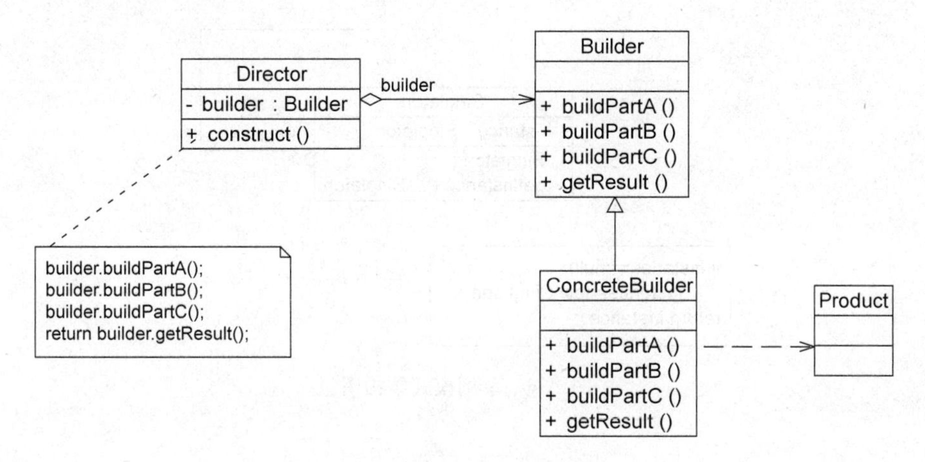

图 A-4　建造者模式结构图

A.1.5 原型模式

1. 定义

原型模式(Prototype Pattern)：使用原型实例指定待创建对象的类型，并且通过复制这个原型来创建新的对象。

2. 结构图(图 A-5)

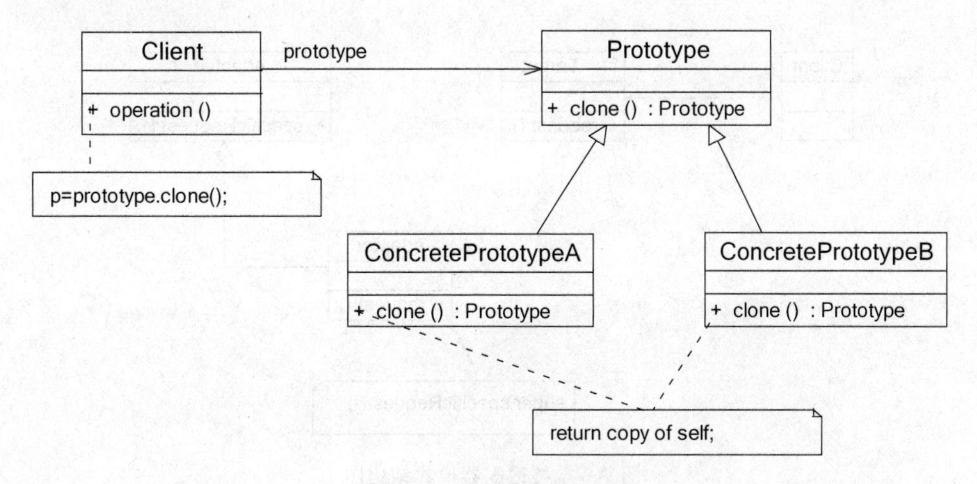

图 A-5　原型模式结构图

A.1.6 单例模式

1. 定义

单例模式(Singleton Pattern)：确保一个类只有一个实例,并提供一个全局访问点来访问这个唯一实例。

2. 结构图(图 A-6)

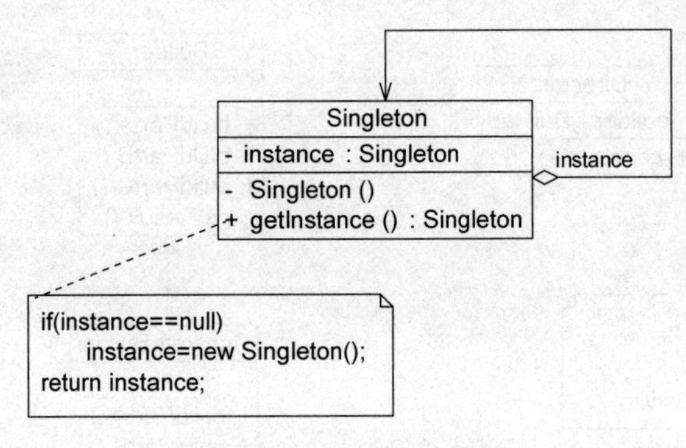

图 A-6 单例模式结构图

A.2 结构型设计模式

A.2.1 适配器模式

1. 定义

适配器模式(Adapter Pattern)：将一个类的接口转换成客户希望的另一个接口。适配器模式让那些接口不兼容的类可以一起工作。

2. 结构图(图 A-7、图 A-8)

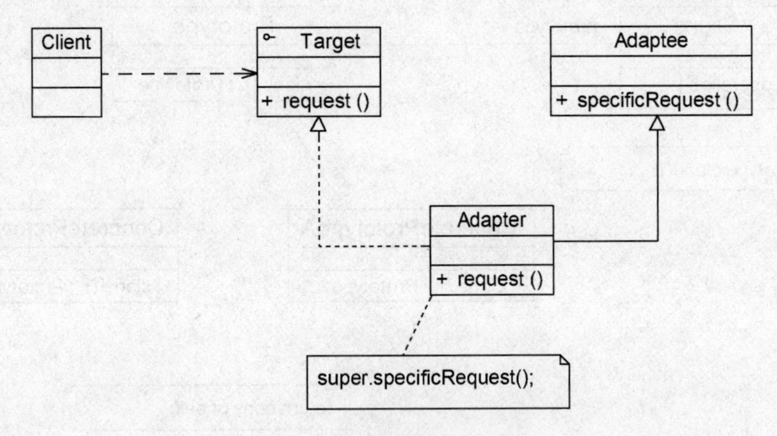

图 A-7 类适配器模式结构图

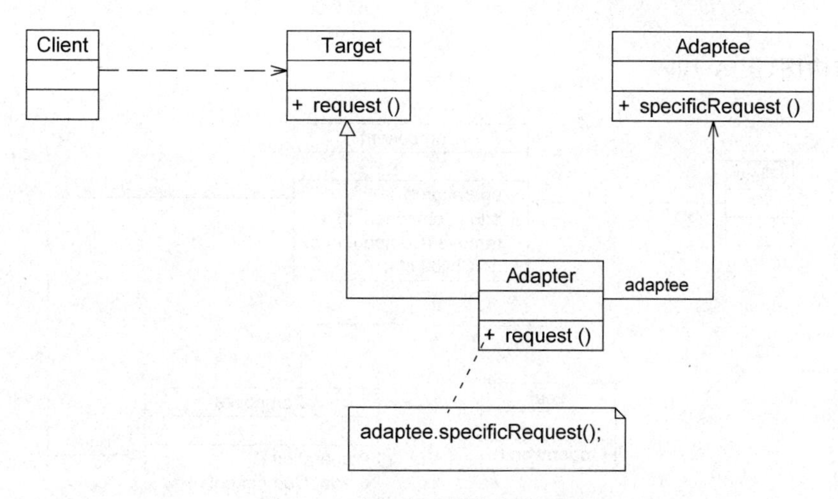

图 A-8　对象适配器模式结构图

A.2.2　桥接模式

1. 定义

桥接模式(Bridge Pattern)：将抽象部分与它的实现部分解耦，使得两者都能够独立变化。

2. 结构图(图 A-9)

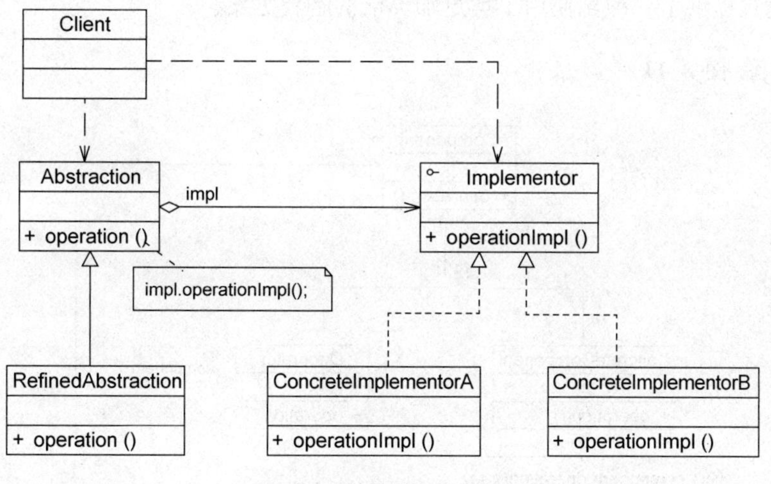

图 A-9　桥接模式结构图

A.2.3　组合模式

1. 定义

组合模式(Composite Pattern)：组合多个对象形成树形结构以表示具有部分-整体关系的层次结构。组合模式让客户端可以统一对待单个对象和组合对象。

2. 结构图(图 A-10)

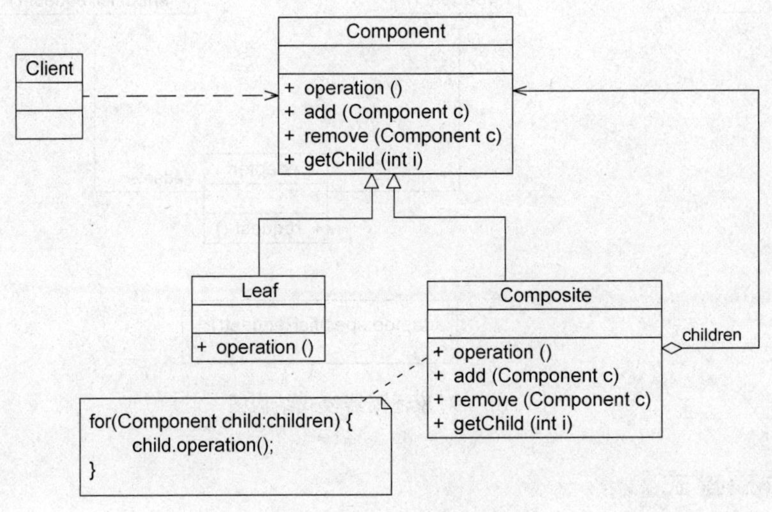

图 A-10 组合模式结构图

A.2.4 装饰模式

1. 定义

装饰模式(Decorator Pattern):动态地给一个对象增加一些额外的职责。就扩展功能而言,装饰模式提供了一种比使用子类更加灵活的替代方案。

2. 结构图(图 A-11)

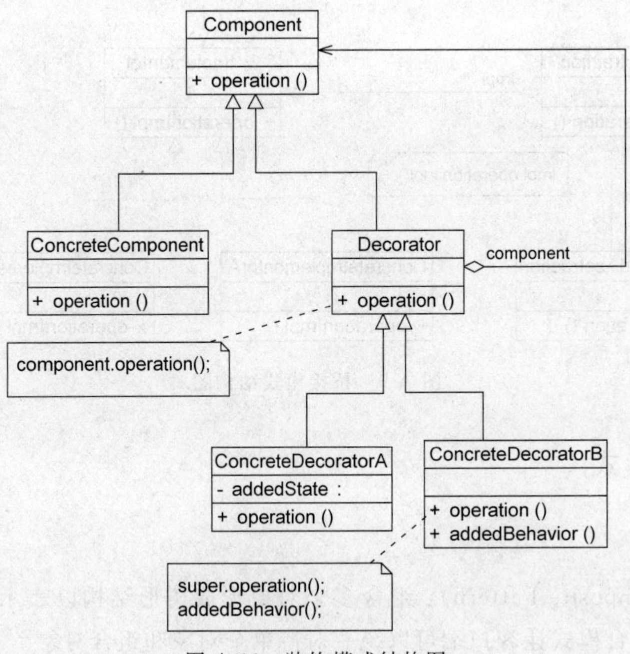

图 A-11 装饰模式结构图

A.2.5 外观模式

1. 定义

外观模式(Facade Pattern)：为子系统中的一组接口提供一个统一的入口。外观模式定义了一个高层接口，这个接口使得子系统更加容易使用。

2. 结构图(图 A-12)

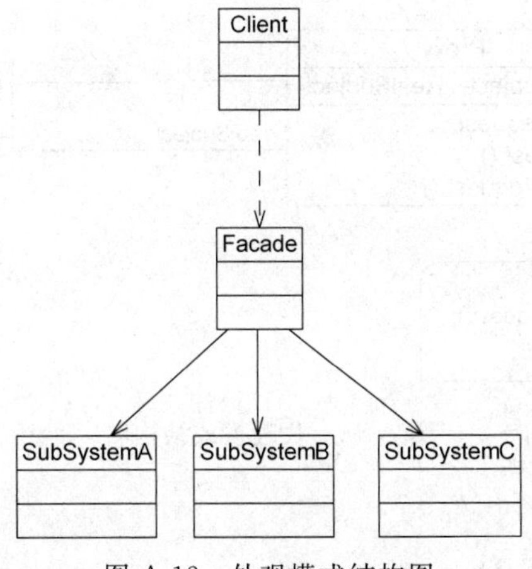

图 A-12 外观模式结构图

A.2.6 享元模式

1. 定义

享元模式(Flyweight Pattern)：运用共享技术有效地支持大量细粒度对象的复用。

2. 结构图(图 A-13)

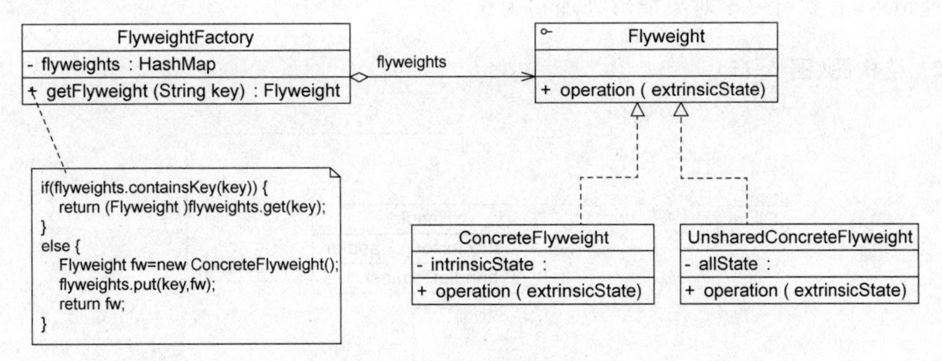

图 A-13 享元模式结构图

A.2.7 代理模式

1. 定义

代理模式(Proxy Pattern)：给某一个对象提供一个代理或占位符，并由代理对象来控制对原对象的访问。

2. 结构图(图 A-14)

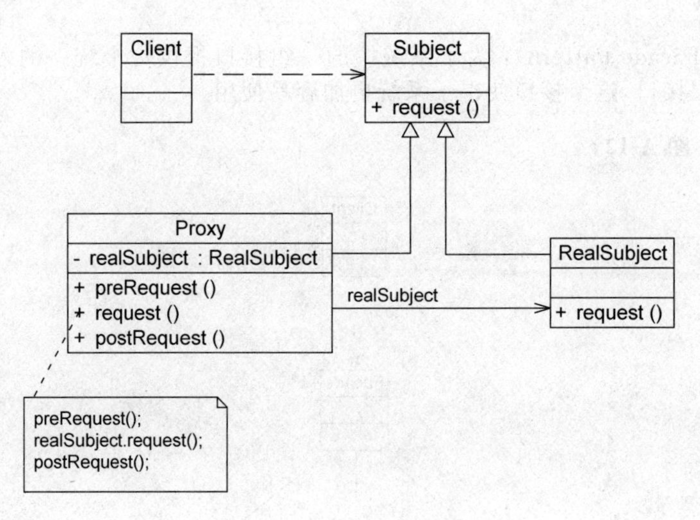

图 A-14 代理模式结构图

A.3 行为型设计模式

A.3.1 职责链模式

1. 定义

职责链模式(Chain of Responsibility Pattern):避免将一个请求的发送者与接收者耦合在一起,让多个对象都有机会处理请求。将接收请求的对象连接成一条链,并且沿着这条链传递请求,直到有一个对象能够处理它为止。

2. 结构图(图 A-15)

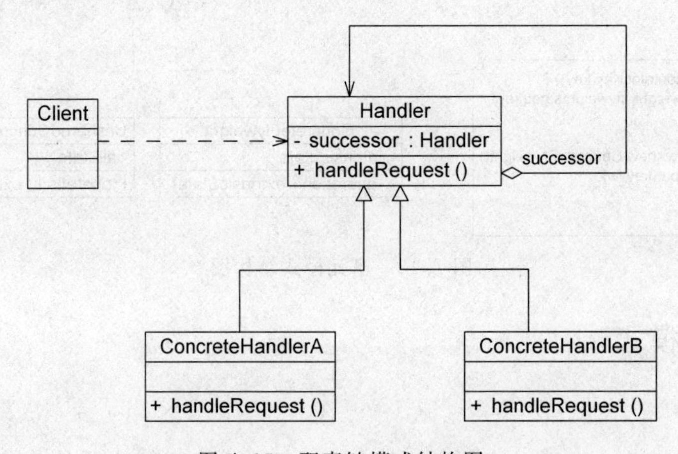

图 A-15 职责链模式结构图

A.3.2　命令模式

1. 定义

命令模式(Command Pattern)：将一个请求封装为一个对象，从而让你可用不同的请求对客户进行参数化，对请求排队或者记录请求日志，以及支持可撤销的操作。

2. 结构图(图 A-16)

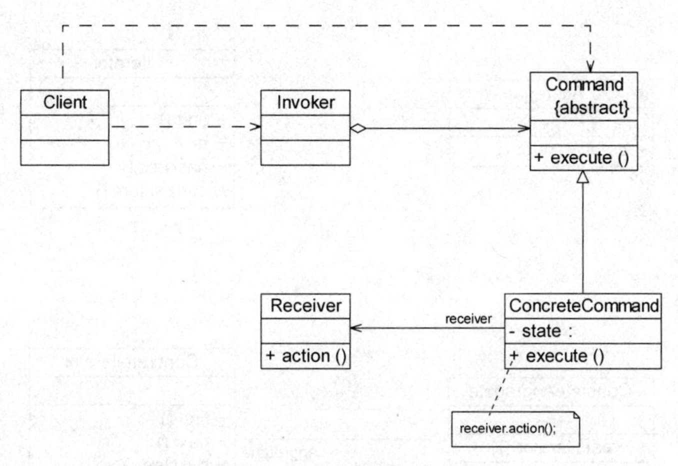

图 A-16　命令模式结构图

A.3.3　解释器模式

1. 定义

解释器模式(Interpreter Pattern)：给定一个语言，定义它的文法的一种表示，并定义一个解释器，这个解释器使用该表示来解释语言中的句子。

2. 结构图(图 A-17)

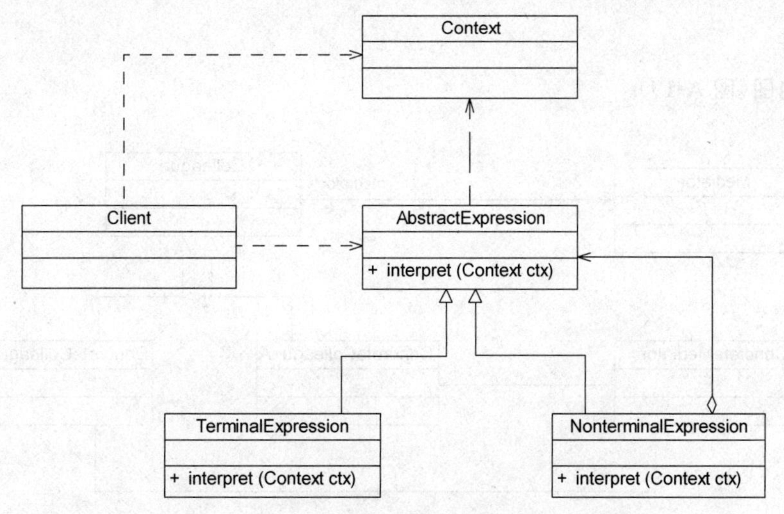

图 A-17　解释器模式结构图

A.3.4 迭代器模式

1. 定义

迭代器模式(Iterator Pattern)：提供一种方法顺序访问一个聚合对象中各个元素，而又不用暴露该对象的内部表示。

2. 结构图(图 A-18)

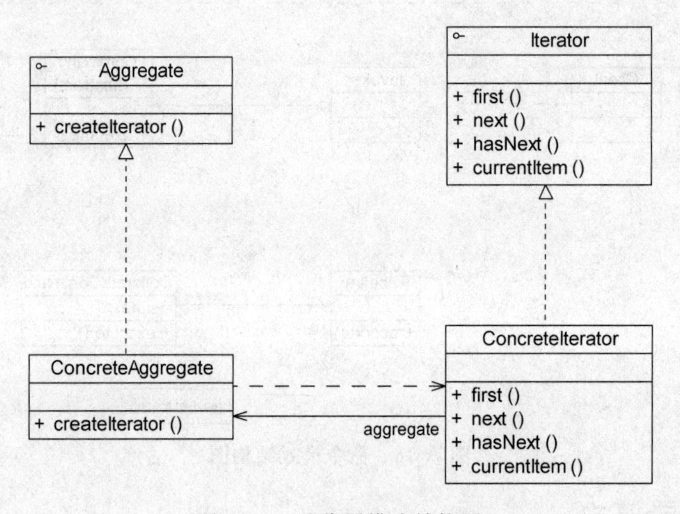

图 A-18 迭代器模式结构图

A.3.5 中介者模式

1. 定义

中介者模式(Mediator Pattern)：定义一个对象来封装一系列对象的交互。中介者模式使各对象之间不需要显式地相互引用，从而使其耦合松散，而且让你可以独立地改变它们之间的交互。

2. 结构图(图 A-19)

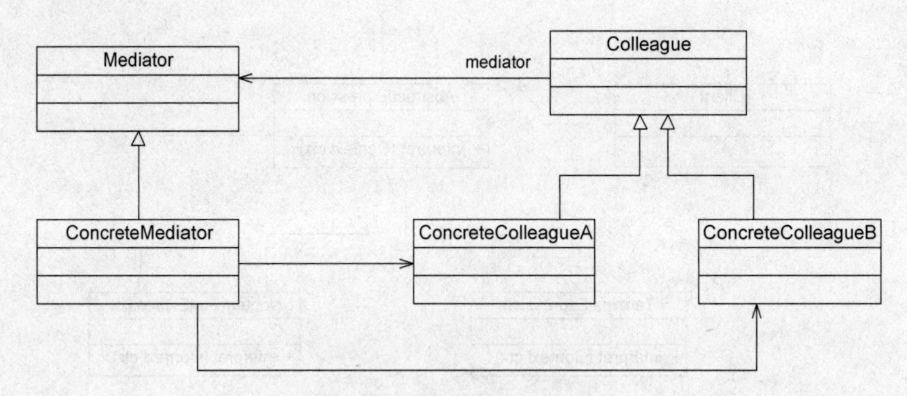

图 A-19 中介者模式结构图

A.3.6 备忘录模式

1. 定义

备忘录模式(Memento Pattern)：在不破坏封装的前提下，捕获一个对象的内部状态，并在该对象之外保存这个状态，这样可以在以后将对象恢复到原先保存的状态。

2. 结构图(图 A-20)

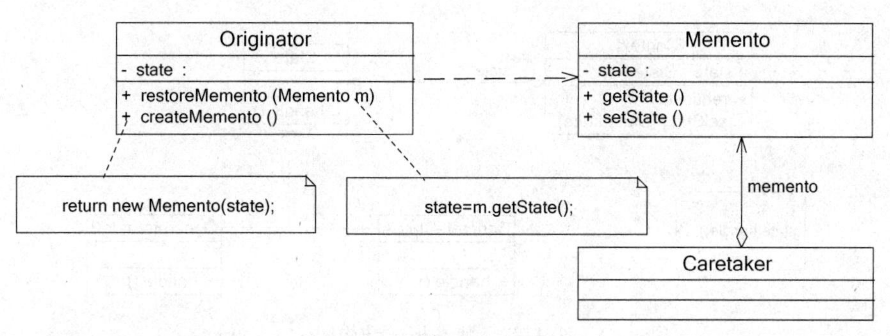

图 A-20 备忘录模式结构图

A.3.7 观察者模式

1. 定义

观察者模式(Observer Pattern)：定义对象之间的一种一对多依赖关系，使得每当一个对象状态发生改变时，其相关依赖对象皆得到通知并被自动更新。

2. 结构图(图 A-21)

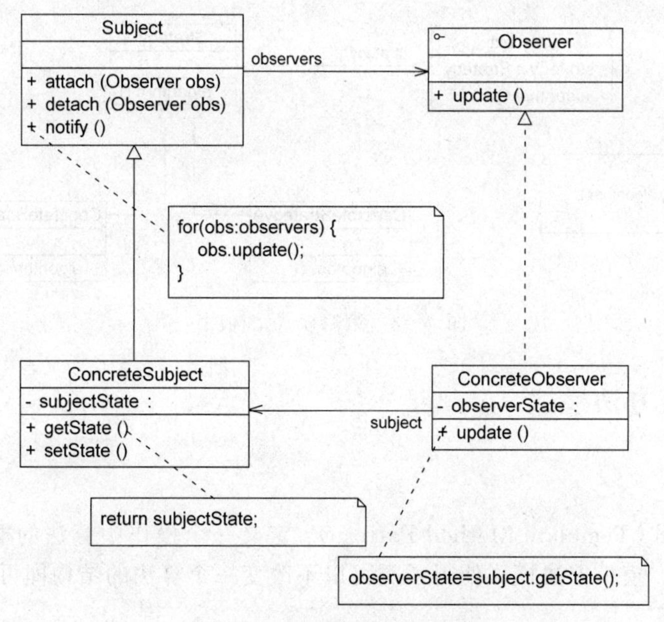

图 A-21 观察者模式结构图

A.3.8 状态模式

1. 定义

状态模式(State Pattern)：允许一个对象在其内部状态改变时改变它的行为。对象看起来似乎修改了它的类。

2. 结构图(图 A-22)

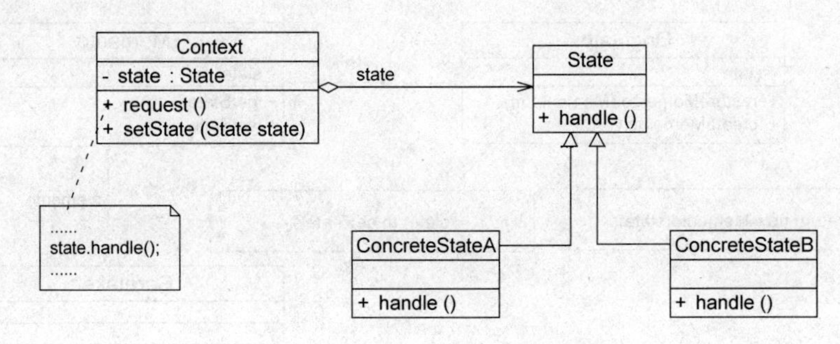

图 A-22 状态模式结构图

A.3.9 策略模式

1. 定义

策略模式(Strategy Pattern)：定义一系列算法，将每一个算法封装起来，并让它们可以相互替换。策略模式让算法可以独立于使用它的客户而变化。

2. 结构图(图 A-23)

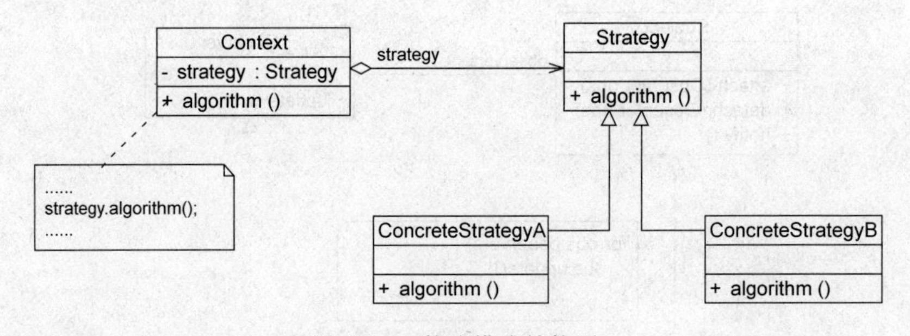

图 A-23 策略模式结构图

A.3.10 模板方法模式

1. 定义

模板方法模式(Template Method Pattern)：定义一个操作中算法的框架，而将一些步骤延迟到子类中。模板方法模式使得子类可以不改变一个算法的结构即可重定义该算法的某些特定步骤。

2. 结构图(图 A-24)

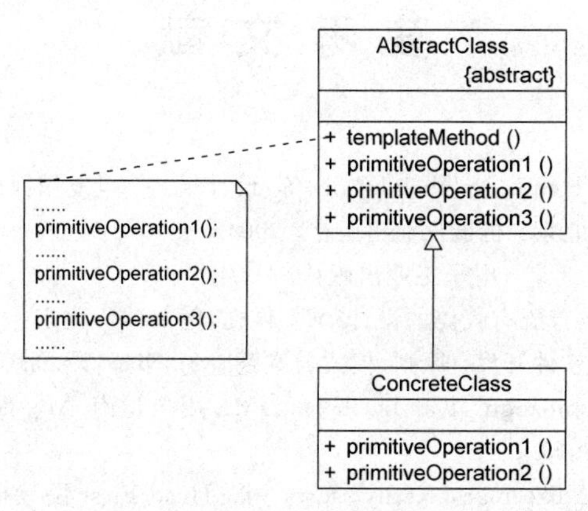

图 A-24　模板方法模式结构图

A.3.11　访问者模式

1. 定义

访问者模式(Visitor Pattern)：表示一个作用于某对象结构中的各个元素的操作。访问者模式可以在不改变各元素的类的前提下定义作用于这些元素的新操作。

2. 结构图(图 A-25)

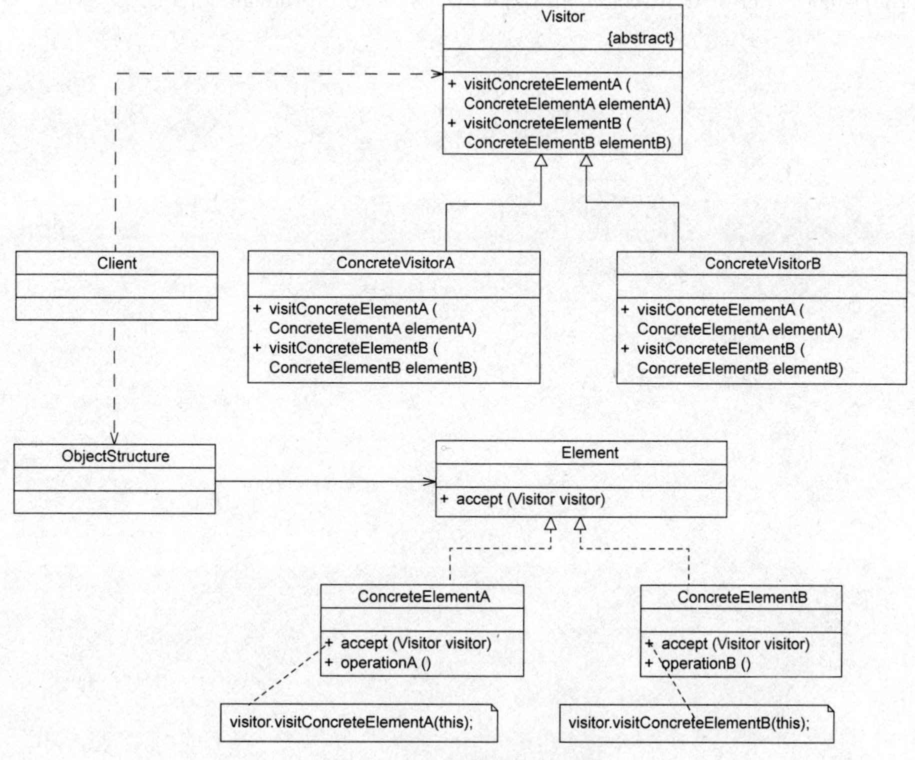

图 A-25　访问者模式结构图

参考文献

[1] Erich Gamma, Richard Helm, Ralph Johnson,等.设计模式：可复用面向对象软件的基础[M].李英军,马晓星,蔡敏,等译.北京：机械工业出版社，2004.

[2] 阎宏. Java与模式[M].北京：电子工业出版社，2004.

[3] Martin Fowler.重构：改善既有代码的设计[M].侯捷,熊节,译.北京：中国电力出版社，2003.

[4] Robert C. Martin.敏捷软件开发：原则、模式与实践[M].邓辉,译.北京：清华大学出版社，2003.

[5] Grady Booch, James Rumbaugh, Ivar Jacobson. UML用户指南[M].邵维忠,麻志毅,等译.2版.北京：人民邮电出版社，2006.

[6] Elisabeth Freeman, Eric Freeman, Kathy Sierra,等. Head First设计模式[M]. O'Reilly Taiwan公司,译. 北京：中国电力出版社，2007.

[7] Joshua Kerievsky.重构与模式[M].杨光,刘基诚,译.北京：清华大学出版社，2010.

[8] 刘伟,胡志刚,郭克华.设计模式[M].北京：清华大学出版社，2011.

[9] 刘伟. Java设计模式[M].北京：清华大学出版社，2018.

[10] 刘伟.设计模式实训教程[M].2版.北京：清华大学出版社，2018.

[11] 结城浩.图解设计模式[M].杨文轩,译.北京：人民邮电出版社，2016.

[12] 程杰.大话设计模式[M].北京：清华大学出版社，2007.

[13] 秦小波.设计模式之禅[M].2版.北京：机械工业出版社，2014.

[14] 陈臣,王斌.研磨设计模式[M].北京：清华大学出版社，2011.

[15] IBM developerWorks中国. Java设计模式. https://www.ibm.com/developerworks/cn/java/design/.

[16] Java Design Patterns At a Glance. http://www.javacamp.org/designPattern/.

图书资源支持

感谢您一直以来对清华版图书的支持和爱护。为了配合本书的使用，本书提供配套的资源，有需求的读者请扫描下方的"书圈"微信公众号二维码，在图书专区下载，也可以拨打电话或发送电子邮件咨询。

如果您在使用本书的过程中遇到了什么问题，或者有相关图书出版计划，也请您发邮件告诉我们，以便我们更好地为您服务。

我们的联系方式：

地　　址：北京市海淀区双清路学研大厦 A 座 701

邮　　编：100084

电　　话：010-83470236　010-83470237

资源下载：http://www.tup.com.cn

客服邮箱：2301891038@qq.com

QQ：2301891038（请写明您的单位和姓名）

资源下载、样书申请

书圈

扫一扫，获取最新目录

课　程　直　播

用微信扫一扫右边的二维码，即可关注清华大学出版社公众号"书圈"。